教育部高职高专规划教材

工 程 数 学

建工类

主　编　李天然
副主编　张新宇
　　　　田罗生

高等教育出版社

内容提要

本书是“湖南省普通高等教育面向21世纪教学内容和课程体系改革计划”课题的研究成果。全书即充分注意了工程数学的基础理论，又强调了“培养创新精神和应用能力为重点”的指导思想，内容处理新颖，专业色彩鲜明，工程氛围浓厚。

书中包括了线性代数、概率论、数理统计的基本内容，还介绍了 MATLAB 和 SAS 2 个软件系统，8 个数学建模问题，18 个数学实验，66 个有鲜明建工专业色彩的例题与习题。

本书适合作高职高专建工类各专业，包括房屋建筑工程、道路桥梁、给水排水、风景园林、规划设计、工程造价、房地产管理等专业的工程数学课程的教材，也可作为相关专业、夜大学、函授大学的教材。

图书在版编目(CIP)数据

工程数学/李天然主编. 建工类. —北京:高等教育出版社,2002. 1(2016. 12 重印)
教育部高职高专规划教材
ISBN 978-7-04-010169-0

Ⅰ. 工… Ⅱ. 李… Ⅲ. 工程数学-高等学校:技术学校-教材 Ⅳ. TB11

中国版本图书馆 CIP 数据核字(2001)第 065334 号

责任编辑 李艳馥　　封面设计 杨立新　　责任绘图 陈均元
版式设计 马敬茹　　责任校对 杨雪莲　　责任印制 尤 静

出版发行 高等教育出版社
社　　址 北京市西城区德外大街 4 号
邮政编码 100120
印　　刷 北京明月印务有限责任公司
开　　本 787×1092 1/16
印　　张 17.25
字　　数 420 000
购书热线 010-58581118
咨询电话 400-810-0598
网　　址 http://www.hep.edu.cn
　　　　 http://www.hep.com.cn
网上订购 http://www.landraco.com
　　　　 http://www.landraco.com.cn
版　　次 2002 年 12 月第 1 版
印　　次 2016 年 12 月第 21 次印刷
定　　价 23.70 元

物 料 号 10169-A0

出版说明

教材建设工作是整个高职高专教育教学工作中的重要组成部分．改革开放以来，在各级教育行政部门、学校和有关出版社的共同努力下，各地已出版了一批高职高专教育教材．但从整体上看，具有高职高专教育特色的教材极其匮乏，不少院校尚在借用本科或中专教材，教材建设仍落后于高职高专教育的发展需要．为此，1999年教育部组织制定了《高职高专教育基础课程教学基本要求》(以下简称《基本要求》)和《高职高专教育专业人才培养目标及规格》(以下简称《培养规格》)，通过推荐、招标及遴选，组织了一批学术水平高、教学经验丰富、实践能力强的教师，成立了“教育部高职高专规划教材”编写队伍，并在有关出版社的积极配合下，推出一批“教育部高职高专规划教材”．

“教育部高职高专规划教材”计划出版500种，用5年左右时间完成．出版后的教材将覆盖高职高专教育的基础课程和主干专业课程．计划先用2～3年的时间，在继承原有高职、高专和成人高等学校教材建设成果的基础上，充分汲取近几年来各类学校在探索培养技术应用性专门人才方面取得的成功经验，解决好新形势下高职高专教育教材的有无问题；然后再用2～3年的时间，在《新世纪高职高专教育人才培养模式和教学内容体系改革与建设项目计划》立项研究的基础上，通过研究、改革和建设，推出一大批教育部高职高专教育教材，从而形成优化配套的高职高专教育教材体系．

“教育部高职高专规划教材”是按照《基本要求》和《培养规格》的要求，充分汲取高职、高专和成人高等学校在探索培养技术应用性专门人才方面取得的成功经验和教学成果编写而成的，适用于高等职业学校、高等专科学校、成人高校及本科院校举办的二级职业技术学院和民办高校使用．

教育部高等教育司

2000年4月3日

前　　言

这本教材是“湖南省普通高等教育面向21世纪教学内容和课程体系改革计划”立项项目的成果之一．编者以“再设计”的思想，按照高职高专工科基础课内容“以应用为目的，以必需够用为度”的原则，全面审视了工程数学传统的教学内容，以及当代科学技术的发展水平和前景，提出了

[基础理论]+[数学建模]+[数学软件]

三大模块有机结合的工程专科数学教学内容的设计方案，并以此编成了这本书．它有以下3个特点：

1．充分注意了工程数学基础理论的重要地位．全书以2/3的篇幅介绍了建工类高职高专学生所必需的线性代数、概率与数理统计方面的基础知识，仅删去一些烦琐的证明、神奇的运算技巧和少数几个概念．

2．强调“以培养创新精神和应用能力为重点”的指导思想．介绍了MATLAB和SAS 2个软件系统，讨论了8个数学建模问题，列出了18个数学实验，有66个例题或习题具有鲜明的建工类专业色彩，使学生能感受到工程氛围，注意基础知识用于工程实践，并能在建模训练中培养探索、创新能力．

3．内容处理新颖．本书在强调数学概念与基础理论的基础上，进行了6个方面的渗透：(1) 渗透数学在工程技术中应用的实例；(2) 渗透数学建模思想；(3) 渗透数学实验方法；(4) 渗透数学软件应用；(5) 渗透经济效益意识；(6) 渗透科学思维方法．这样，三大模块有机结合起来，互相渗透，融为一体，成为一个新的课程体系．这种体系以数学知识为基础，实际问题为背景，数学建模为手段，数学软件为工具，既有利于教学手段、教学方法的改革，更有利于学生素质的综合提高．

本书大部分内容在湖南城建高等专科学校试讲多年，编者做过大量的跟踪调查，召开座谈会、调查会，与会人数累计上百人次，问卷调查不下千人，收集“读书报告”(或数学学习心得)600多份．这些调查充分证明，本书的内容设计与讲述方法，有利于提高学生的应用能力，有利于培养学生的数学意识，而且在后续课程学习中，数学知识也基本够用．

这本书是为房屋建筑工程、道路桥梁、给水排水、规划设计、风景园林、工程造价、房地产管理等建工类专业的高职高专学生编写的，也可供其他专业的高职高专学生和教师参考．讲授本书内容约需50～70课时，目录中打“*”号的可作选学．

本书是湖南城建高等专科学校信息工程系数学教研室集体研究的成果．李天然副教授担任主编，张新宇、田罗生两位副教授担任副主编，参编人员分工如下：李天然编写第三、四、十一、十二章，张新宇编写第六、八章，田罗生编写第一、二章，龚卫明副教授编写第九、十章，龙韬讲师编写第五章，李俊锋讲师编写第七章．此外，何孟义教授、金庆华副教授、彭德权副教授、肖劲松讲师、郭冰阳讲师等也参加了本书大部分内容的教学研究．

我国著名的数学家，中国科学院院士丁夏畦、中南大学博士生导师侯振挺、蔡海涛教授曾参加本书指导思想的讨论，湖南大学博士生导师周叔子教授担任了本书的主审．对于他们的热情关怀与帮助，在此表示衷心的感谢！

书中不当之处，敬请读者指正．

编　者

2000年10月23日

目　录

第一章 n 阶行列式

在建筑工程、规划设计、工商管理和其他实际活动中，我们常常遇到由很多个一次方程(以后称为线性方程)组成的线性方程组．例如，计算建筑结构的内力和位移时，常需求解四元或四元以上的线性方程组，有时未知数与方程的个数多达成百上千个，很难或无法进行手算，需借助电子计算机来完成．

为了简化表达和求解多元线性方程组，为了便于编制计算机的程序，就要用到一种新的数学工具——矩阵代数．由于矩阵代数与行列式密切相关，所以先讨论 n 阶行列式．

第一节 排列及其逆序数

由初等数学知，将 n 个不同的元素(数)排成一列，称为这 n 个元素(数)的排列．n 个不同的自然数 $1,2,3,\cdots,n$，共有 $n!$ 种不同的排列法．

例如 n 个数的排列 $j_1j_2\cdots j_n$，若各个数是从小到大递增排列起来的，即 $j_1<j_2<\cdots<j_r<j_{r+1}<\cdots<j_n$，则称该排列为自然顺序，又叫标准次序．当排列中任意两个数(如 j_r,j_k)，其前后位置与大小顺序相反时(即 $j_r>j_k$)，便称(j_rj_k)为一个逆序．

例如，① 三个自然数的排列 1 2 3，便是一个自然顺序，又叫标准次序；

② 排列 1 3 2 中，“3 2”便是一个逆序(前面数大，后面数小)，而这一排列中，只有这一个逆序，又称此排列的逆序数为 1；

③ 排列 3 2 1 中，共有“3 2”，“3 1”，“2 1”三个逆序，称此排列的逆序数为 3.

定义 排列 $j_1j_2\cdots j_n$ 中，任意两个数 j_r,j_k，若 j_r 在前，j_k 在后，且 $j_r>j_k$，称“j_rj_k”为一个逆序，此排列中的逆序总数，称为这个排列的逆序数，记为 $t(j_1j_2\cdots j_n)$．

逆序数 t 为奇数的排列，叫**奇排列**，t 为偶数(含零)的排列，叫**偶排列**．

例 1 计算排列 1 3 2 5 4 的逆序数．

解 此排列中的逆序为 3 2 和 5 4，共两个，所以逆序数为 2，即 $t(1\ 3\ 2\ 5\ 4)=2$．

或者说，此排列中 1 与后面的诸数无逆序，即 1 的逆序数为 0;3 与其后面的数有一个逆序 3 2，即 3 有一个逆序；同理 2 无逆序，5 的逆序数为 1(4 不可能有逆序)，故该排列的逆序数为 $t(1\ 3\ 2\ 5\ 4)=0+1+0+1=2$．

一般说，设排列 $j_1j_2\cdots j_n$ 中，元素 j_1 与其后面的各数构成的逆序数为 t_1，j_2 与其后面的各数构成的逆序数为 $t_2,\cdots,j_{n-1}$与 j_n 构成的逆序数为 t_{n-1}，则该排列的逆序数为各元素的上述逆序数的和，即

$$t(j_1j_2\cdots j_n)=t_1+t_2+\cdots+t_{n-1}$$

$$= \sum_{m=1}^{n-1} t_m . \tag{1.1}$$

例 2 求排列 $n(n-1)(n-2)\cdots 3\ 2\ 1$ 的逆序数.

解 元素 n 与其后面的 $n-1$ 个数均构成逆序,即 n 为 $n-1$ 个逆序,元素 $n-1$ 有 $n-2$ 个逆序,…,元素 3 有 2 个逆序,元素 2 有 1 个逆序,故此排列的逆序数为

$$\begin{aligned} t[n(n-1)(n-2)\cdots 3\ 2\ 1] &= (n-1)+(n-2)+\cdots+2+1 \\ &= \frac{1}{2}n(n-1) . \end{aligned}$$

最后,应当指出:在一个排列 $j_1 j_2 \cdots j_n$ 中,若对换其中任意两个元素 j_r 与 j_k(其他元素位置不变),如果原来"$j_r j_k$"是顺序,对换后"$j_k j_r$"变为逆序,则不难推知,整个排列增加奇数个逆序;若原来"$j_r j_k$"是逆序,对换后"$j_k j_r$"为顺序,整个排列减少奇数个逆序. 所以,对换两个元素后的排列的奇偶性与原排列相反,简言之:**一个排列中任意两个元素对换将改变排列的奇偶性**.

第二节　n 阶行列式的定义与性质

为了定义 n 阶行列式,我们先来观察一下比较简单的二阶和三阶行列式.

由两行两列元素(数,函数等)所组成的二阶行列式,以及由三行三列元素组成的三阶行列式,分别定义为

$$D_2 = \begin{vmatrix} a_{11} & a_{12} \\ a_{21} & a_{22} \end{vmatrix} = a_{11}a_{22} - a_{12}a_{21}, \tag{1.2}$$

$$\begin{aligned} D_3 = \begin{vmatrix} a_{11} & a_{12} & a_{13} \\ a_{21} & a_{22} & a_{23} \\ a_{31} & a_{32} & a_{33} \end{vmatrix} &= a_{11}a_{22}a_{33} + a_{12}a_{23}a_{31} + a_{13}a_{21}a_{32} - \\ &\quad a_{13}a_{22}a_{31} - a_{12}a_{21}a_{33} - a_{11}a_{23}a_{32} . \end{aligned} \tag{1.3}$$

行列式中的 a_{ij} 称为元素,其中 i,j 叫下标,第一个下标 i 表示行,称为行标,第二个下标 j 表示列,称为列标,两个下标 i,j 确定了元素 a_{ij} 的位置——第 i 行与第 j 列的交叉位置上.

经过对二阶和三阶行列式定义中右边各项予以仔细研究,不难发现它们具有如下的共同规律:

(一) 二阶行列式共有 $2!=2$ 项,三阶行列式共有 $3!=6$ 项,而且正负项均各为一半.

(二) 二阶行列式 D_2 中,各项构成均为两个元素的乘积,三阶行列式 D_3 中,各项构成均为三个元素的乘积,而且,每项中的元素都取自不同行和不同列上,或者说每行、每列必有一个元素,也只有一个元素.

(三) 行列式中,各项的正负是怎样确定的呢?

请看三阶行列式,各项除正负号外,都可排成 $a_{1j_1}a_{2j_2}a_{3j_3}$,其中行标取自然顺序,而列标的排列为 $j_1 j_2 j_3$,它是自然数 1,2,3 的某个排列,这样的排列共有 $3!=6$ 种,恰好对应右边的 6

项，从而可知，各项正负号是元素的积中，当行标取自然顺序时，由列标的排列确定的.

三阶行列式的定义中：

(1) 三项正的列标排列分别为

$$1\,2\,3, 2\,3\,1, 3\,1\,2,$$

它们的逆序数分别是 $t=0,2,2$，为偶数，可知都是偶排列，故各项的正号可写成 $(-1)^t=+1$；

(2) 三项负的列标排列分别是

$$3\,2\,1, 2\,1\,3, 1\,3\,2,$$

逆序数是 $t=3,1,1$，为奇数，即均为奇排列，各项前的负号也可表为 $(-1)^t=-1$.

综合以上剖析，三阶行列式的定义，可简写成

$$D_3=\begin{vmatrix} a_{11} & a_{12} & a_{13} \\ a_{21} & a_{22} & a_{23} \\ a_{31} & a_{32} & a_{33} \end{vmatrix}=\sum(-1)^t a_{1j_1}a_{2j_2}a_{3j_3}, \tag{1.4}$$

其中 $t=t(j_1j_2j_3)$，$\sum$ 表示对 j_1,j_2,j_3 三个数的所有排列对应的项数求和.

二阶行列式也一样满足上述分析，其定义也可简写为

$$D_2=\begin{vmatrix} a_{11} & a_{12} \\ a_{21} & a_{22} \end{vmatrix}=\sum(-1)^{t(j_1j_2)}a_{1j_1}a_{2j_2}. \tag{1.5}$$

这样定义的二阶与三阶行列式，与用沙流氏对角线法则所规定的二阶和三阶行列式计算法完全一致.

当 $n=1$ 时，一阶行列式为 $|a_{11}|=a_{11}$，即一阶行列式的值，就是元素本身.

类似地，我们可将二阶与三阶行列式的定义，推广到一般（n 阶）情形，从而便得出 n 阶行列式的定义.

定义 由 n^2 个元素 $a_{ij}(i,j=1,2,\cdots,n)$，排成 n 行 n 列的 n 阶行列式

$$D_n=\begin{vmatrix} a_{11} & a_{12} & \cdots & a_{1n} \\ a_{21} & a_{22} & \cdots & a_{2n} \\ \vdots & \vdots & & \vdots \\ a_{n1} & a_{n2} & \cdots & a_{nn} \end{vmatrix}$$

定义为 $n!$ 项的代数和，每项为不同行且不同列的 n 个元素的乘积，即（行标取自然顺序）形如

$$(-1)^{t(j_1j_2\cdots j_n)}a_{1j_1}a_{2j_2}\cdots a_{nj_n},$$

各项的正负号由 $(-1)^{t(j_1j_2\cdots j_n)}$ 所定，而 $j_1j_2\cdots j_n$ 为自然数 $1,2,\cdots,n$ 的所有不同排列，t 为各排列的逆序数，当 $t(j_1j_2\cdots j_n)$ 是偶数时为正项，奇数时为负项.

由此，n 阶行列式的计算定义式又可简写为

$$D_n=\begin{vmatrix} a_{11} & a_{12} & \cdots & a_{1n} \\ a_{21} & a_{22} & \cdots & a_{2n} \\ \vdots & \vdots & & \vdots \\ a_{n1} & a_{n2} & \cdots & a_{nn} \end{vmatrix}=\sum(-1)^{t(j_1j_2\cdots j_n)}a_{1j_1}a_{2j_2}\cdots a_{nj_n}, \tag{1.6}$$

其中 $t=t(j_1j_2\cdots j_n)$ 为各项中当行标取自然顺序时，列标排列的逆序数.

由(1.6)式所表示的 n 阶行列式 D_n 的计算定义式中，我们是取各项中元素的行标为自然顺序，即 $1\ 2\cdots n$，由列标排列 $j_1 j_2\cdots j_n$ 的逆序数确定正负项的；当然也可以反过来，理论上可以证明，在 n 阶 $(n=2,3,\cdots)$ 行列式中，各项元素的乘积，也可以将列标取为自然顺序 $1\ 2\cdots n$，由行标排列 $i_1 i_2\cdots i_n$ 的逆序数 $t(i_1 i_2\cdots i_n)$ 确定各项的正负号，这样，n 阶行列式 D_n，还可等价地写为

$$D_n=\begin{vmatrix} a_{11} & a_{12} & \cdots & a_{1n} \\ a_{21} & a_{22} & \cdots & a_{2n} \\ \vdots & \vdots & & \vdots \\ a_{n1} & a_{n2} & \cdots & a_{nn} \end{vmatrix}=\sum(-1)^{t(i_1 i_2\cdots i_n)}a_{i_1 1}a_{i_2 2}\cdots a_{i_n n}. \tag{1.7}$$

例 1 计算对角行列式(省略的元素均为零)：

$$(1)\ D_n=\begin{vmatrix} \lambda_1 & & & \\ & \lambda_2 & & \\ & & \ddots & \\ & & & \lambda_n \end{vmatrix};\quad (2)\ D_n=\begin{vmatrix} & & & \lambda_1 \\ & & \lambda_2 & \\ & \iddots & & \\ \lambda_n & & & \end{vmatrix}.$$

解 (1) 是一个 n 阶对角行列式，共有 $n!$ 项，但是，行列式中大部分元素为"0"，因此，大部分的项也为"0"，依定义直接求非零项即可.

行列式中只有 n 个非零数，又位于不同行与不同列上，按行列式定义，这 n 个元素恰为一项，当行标取自然顺序时，行列式

$$D_n=\begin{vmatrix} \lambda_1 & & & \\ & \lambda_2 & & \\ & & \ddots & \\ & & & \lambda_n \end{vmatrix}\overset{令}{=\!=}\begin{vmatrix} a_{11} & & & \\ & a_{22} & & \\ & & \ddots & \\ & & & a_{nn} \end{vmatrix}$$
$$=(-1)^{t(1\,2\cdots n)}a_{11}a_{22}\cdots a_{nn}=a_{11}a_{22}\cdots a_{nn}=\lambda_1\lambda_2\cdots\lambda_n.$$

(2) 是一个 n 阶"次对角行列式"，同(1)的分析，当行标取顺序时，

$$D_n=\begin{vmatrix} & & & \lambda_1 \\ & & \lambda_2 & \\ & \iddots & & \\ \lambda_n & & & \end{vmatrix}=\begin{vmatrix} & & & a_{1n} \\ & & a_{2(n-1)} & \\ & \iddots & & \\ a_{n1} & & & \end{vmatrix}$$
$$=(-1)^{t[n(n-1)\cdots 3\,2\,1]}a_{1n}a_{2(n-1)}\cdots a_{n1}$$
$$=(-1)^{t[n(n-1)\cdots 3\,2\,1]}\lambda_1\lambda_2\cdots\lambda_n,$$

其中列标排列 $n(n-1)\cdots 3\ 2\ 1$ 的逆序数，由第一节中例 2 知 $t=\dfrac{1}{2}n(n-1)$，故得

$$D_n=\begin{vmatrix} & & & \lambda_1 \\ & & \lambda_2 & \\ & \iddots & & \\ \lambda_n & & & \end{vmatrix}=(-1)^{\frac{1}{2}n(n-1)}\lambda_1\lambda_2\cdots\lambda_n.$$

例 2 计算三角形行列式：

(1) $D_n=\begin{vmatrix} a_{11} & a_{12} & \cdots & a_{1n} \\ 0 & a_{22} & \cdots & a_{2n} \\ \vdots & \vdots & & \vdots \\ 0 & 0 & \cdots & a_{nn} \end{vmatrix}$（上三角形行列式）；

(2) $D_n=\begin{vmatrix} a_{11} & 0 & \cdots & 0 \\ a_{21} & a_{22} & \cdots & 0 \\ \vdots & \vdots & & \vdots \\ a_{n1} & a_{n2} & \cdots & a_{nn} \end{vmatrix}$（下三角形行列式）.

解 (1) 为 n 阶上三角形行列式,共应有 $n!$ 项,但由于行列式中有众多的零元素,只需直接求非零项便可.

由 n 阶行列式定义,每项除正负号外,均为不同行、列的 n 个元素的积,这 n 个元素,各行各列必有一个,也只能有一个,因此在 D_n 中显然只有含第一列中元素 a_{11} 的项,才可能非零,对于第一行来说,D_n 中含有 a_{11} 的项,必然不含元素 $a_{12},a_{13},\cdots,a_{1n}$,即 D_n 的项中,取 a_{11} 后第一行其他元素无需考虑,这时,第二列元素中只有取 a_{22},D_n 中含 a_{11} 又含 a_{22} 的项方可非零(由此,第二行除 a_{22} 外其他元素不予考虑),…,最后,第 n 行第 n 列只有一个元素 a_{nn},D_n 中含 $a_{11},a_{12},\cdots,a_{(n-1)(n-1)}$ 的项必又含 a_{nn},从而得到行列式 D_n 只有一个非零项 $(-1)^t a_{11}a_{22}\cdots a_{nn}$.

又因该项列标的排列 $1\ 2\cdots n$ 为顺序,$t=t(1\ 2\cdots n)=0$(偶排列),故得

$$D_n=\begin{vmatrix} a_{11} & a_{12} & \cdots & a_{1n} \\ 0 & a_{22} & \cdots & a_{2n} \\ \vdots & \vdots & & \vdots \\ 0 & 0 & \cdots & a_{nn} \end{vmatrix}=a_{11}a_{22}\cdots a_{nn} \tag{1.8}$$

就是说,上三角形行列式,等于其主对角线上诸元素的积. 由于这个结果简洁,应用上,常把一个行列式化为等值的上三角形行列式,以求其结果,因此,上三角形行列式是一个非常重要的行列式.

(2) 为 n 阶下三角形行列式. 类似于(1)的分析,由定义,D_n 中只有含第一行中元素 a_{11} 的项,才有可能非零(这些项中必不含第一列中 $a_{21}\sim a_{n1}$ 的各元素),余下第二行中,D_n 含 a_{11} 的项又只可取 a_{22} 方可非零,…,最后第 n 行只有 a_{nn},所以

$$D_n=\begin{vmatrix} a_{11} & 0 & \cdots & 0 \\ a_{21} & a_{22} & \cdots & 0 \\ \vdots & \vdots & & \vdots \\ a_{n1} & a_{n2} & \cdots & a_{nn} \end{vmatrix}=(-1)^t a_{11}a_{12}\cdot\cdots\cdot a_{nn}=a_{11}a_{22}\cdot\cdots\cdot a_{nn},$$

其中 $t=t(1\ 2\cdots n)=0$.

由行列式的定义知,若用定义直接计算 n 阶行列式,共有 $n!$ 项,当 n 较大时,非常麻烦,甚至不可能. 例如,五阶行列式 D_5,就有 $5!=120$ 项,那么 20 阶行列式呢? 共 $20!$ 项,用巨型计算机,也要算几个月.

往下我们来研究行列式的若干性质. 利用这些性质,可以简化行列式的计算,使之变得有效、方便;而且对于行列式的理论研究,也有重要意义.

性质 1 将行列式 $D_n=\begin{vmatrix} a_{11} & a_{12} & \cdots & a_{1n} \\ a_{21} & a_{22} & \cdots & a_{2n} \\ \vdots & \vdots & & \vdots \\ a_{n1} & a_{n2} & \cdots & a_{nn} \end{vmatrix}$ 中的行列互换,得到的行列式 $D_n'=\begin{vmatrix} a_{11} & a_{21} & \cdots & a_{n1} \\ a_{12} & a_{22} & \cdots & a_{n2} \\ \vdots & \vdots & & \vdots \\ a_{1n} & a_{2n} & \cdots & a_{nn} \end{vmatrix}$ 称为 D_n 的转置行列式. 行列式与它的转置行列式相等. 即

$$D_n=D_n'.$$

根据转置行列式的定义,这一性质又可表述为:行列互换,行列式不变.

证 由于 D_n 与 D_n' 中元素是行列互换,所以 D_n 中元素 a_{ij} 在 D_n' 中,i 变为列标,j 变为行标,设 D_n' 中元素为 $a_{ji}'(j,i=1,2,\cdots,n)$,则 $a_{ij}=a_{ji}'$,由定义,当 D_n' 中各项元素的积其行标取自然顺序时,

$$\begin{aligned} D_n' &=(-1)^{t(i_1i_2\cdots i_n)}a_{1i_1}'a_{2i_2}'\cdots a_{ni_n}' \\ &=(-1)^{t(i_1i_2\cdots i_n)}a_{i_11}a_{i_22}\cdots a_{i_nn}, \end{aligned}$$

由 n 阶行列式定义(1.7)式知,上式右边等于原行列式 D_n,故有 $D_n'=D_n$.

性质 2 对调行列式的两行(或两列),行列式变号.

证 由 n 阶行列式定义,设 n 阶行列式

$$D_n=\begin{vmatrix} a_{11} & a_{12} & \cdots & a_{1n} \\ \vdots & \vdots & & \vdots \\ a_{r1} & a_{r2} & \cdots & a_{rn} \\ \vdots & \vdots & & \vdots \\ a_{k1} & a_{k2} & \cdots & a_{kn} \\ \vdots & \vdots & & \vdots \\ a_{n1} & a_{n2} & \cdots & a_{nn} \end{vmatrix}=\sum(-1)^t a_{1j_1}\cdots a_{rj_r}\cdots a_{kj_k}\cdots a_{nj_n},$$

其中,行标为自然顺序,列标排列逆序数

$$t=t(j_1\cdots j_r\cdots j_k\cdots j_n).$$

将 D_n 中第 r 行与第 k 行对调后得 D_n^*,即

$$D_n^*=\begin{vmatrix} a_{11} & a_{12} & \cdots & a_{1n} \\ \vdots & \vdots & & \vdots \\ a_{k1} & a_{k2} & \cdots & a_{kn} \\ \vdots & \vdots & & \vdots \\ a_{r1} & a_{r2} & \cdots & a_{rn} \\ \vdots & \vdots & & \vdots \\ a_{n1} & a_{n2} & \cdots & a_{nn} \end{vmatrix}=\sum(-1)^{t'} a_{1j_1}a_{2j_2}\cdots a_{kj_k}\cdots a_{rj_r}\cdots a_{nj_n}.$$

显然,对换 D_n^* 中各项内的元素 a_{kj_k} 与 a_{rj_r},又变为原行列式 D_n,但是,对换后,列标排列 $j_1\cdots j_k\cdots j_r\cdots j_n$ 中的"j_kj_r",变为"j_rj_k",由第一节知,使得 D_n^* 中各项元素列标排列的逆序数 t'

增加奇数个或减少奇数个而变成 t，即

$$t' \pm 奇数 = t, t' = t \mp 奇数.$$

从而

$$\begin{aligned} D_n^* &= \sum (-1)^{t'} a_{1j_1} \cdots a_{kj_k} \cdots a_{rj_r} \cdots a_{nj_n} \\ &= -\sum (-1)^{t} a_{1j_1} \cdots a_{rj_r} \cdots a_{kj_k} \cdots a_{nj_n} = -D_n. \end{aligned}$$

用行列式的定义容易证明下列性质 3～5.

性质 3 行列式中某行(或某列)中的所有元素，同乘以常数 k，等于用 k 乘行列式.

在应用上，也即：行列式中，任一行(或任一列)各元素的公因子，可提到行列式外面.

例如，

$$D_n = \begin{vmatrix} a_{11} & a_{12} & \cdots & a_{1n} \\ \vdots & \vdots & & \vdots \\ ka_{i1} & ka_{i2} & \cdots & ka_{in} \\ \vdots & \vdots & & \vdots \\ a_{n1} & a_{n2} & \cdots & a_{nn} \end{vmatrix} = k \begin{vmatrix} a_{11} & a_{12} & \cdots & a_{1n} \\ \vdots & \vdots & & \vdots \\ a_{i1} & a_{i2} & \cdots & a_{in} \\ \vdots & \vdots & & \vdots \\ a_{n1} & a_{n2} & \cdots & a_{nn} \end{vmatrix}.$$

性质 4 行列式中若有两行(或两列)元素对应成比例，则行列式为零.

推论 1 若行列式中，有两行(或两列)元素对应相同，则行列式为零.

推论 2 若行列式中某行(或某列)的元素全部为零，则行列式为零.

推论 3 若行列式 D_n 中有 $n^2 - n$ 个以上的元素为零，不论零位如何，则该行列式必为零.

性质 5 若行列式中，某一行(或某一列)各元素为两数的和，则此行列式等于两个行列式的和，即

$$D_n = \begin{vmatrix} a_{11} & a_{12} & \cdots & a_{1n} \\ \vdots & \vdots & & \vdots \\ (a_{i1}+b_{i1}) & (a_{i2}+b_{i2}) & \cdots & (a_{in}+b_{in}) \\ \vdots & \vdots & & \vdots \\ a_{n1} & a_{n2} & \cdots & a_{nn} \end{vmatrix}$$

$$= \begin{vmatrix} a_{11} & a_{12} & \cdots & a_{1n} \\ \vdots & \vdots & & \vdots \\ a_{i1} & a_{i2} & \cdots & a_{in} \\ \vdots & \vdots & & \vdots \\ a_{n1} & a_{n2} & \cdots & a_{nn} \end{vmatrix} + \begin{vmatrix} a_{11} & a_{12} & \cdots & a_{1n} \\ \vdots & \vdots & & \vdots \\ b_{i1} & b_{i2} & \cdots & b_{in} \\ \vdots & \vdots & & \vdots \\ a_{n1} & a_{n2} & \cdots & a_{nn} \end{vmatrix}.$$

例 3 计算行列式

$$D_3 = \begin{vmatrix} 12 & -1 & 3 \\ 0 & 4 & -2 \\ -120 & 10 & -27 \end{vmatrix}.$$

解 第一列提出公因子 12，第三行各元素拆成两个数的和，即

$$D_3=12\begin{vmatrix}1&-1&3\\0&4&-2\\-10&10&-27\end{vmatrix}=12\begin{vmatrix}1&-1&3\\0&4&-2\\-10+0&10+0&-30+3\end{vmatrix}$$

$$=12\begin{vmatrix}1&-1&3\\0&4&-2\\-10&10&-30\end{vmatrix}+12\begin{vmatrix}1&-1&3\\0&4&-2\\0&0&3\end{vmatrix},$$

易察觉其中第一个行列式的第一、三行元素对应成比例，由性质 4 知其值为零，又显见第二个行列式为上三角，故得 $D_3=0+12\times12=144$.

性质 6 若把行列式中某一行(或列)的各元素，同乘一常数后再加到另一行(或列)的对应元素上去，则行列式值不变.

例如，将行列式 D_n 中第 i 行各元素，同乘一常数 k，加到第 r 行对应元素上，则 D_n 不变，即

$$D_n=\begin{vmatrix}a_{11}&a_{12}&\cdots&a_{1n}\\\vdots&\vdots&&\vdots\\a_{i1}&a_{i2}&\cdots&a_{in}\\\vdots&\vdots&&\vdots\\a_{r1}&a_{r2}&\cdots&a_{rn}\\\vdots&\vdots&&\vdots\\a_{n1}&a_{n2}&\cdots&a_{nn}\end{vmatrix}$$

$$=\begin{vmatrix}a_{11}&a_{12}&\cdots&a_{1n}\\\vdots&\vdots&&\vdots\\a_{i1}&a_{i2}&\cdots&a_{in}\\\vdots&\vdots&&\vdots\\(ka_{i1}+a_{r1})&(ka_{i2}+a_{r2})&\cdots&(ka_{in}+a_{rn})\\\vdots&\vdots&&\vdots\\a_{n1}&a_{n2}&\cdots&a_{nn}\end{vmatrix}.$$

该性质在应用上非常重要，其成立是显然的. 根据性质 5 可将右边的行列式分拆成两个行列式的和：第一个行列式中第 r 行元素，由前项各元素所组成，这时，由于第 i 行与第 r 行各元素对应成比例，故为零；而第二个行列式中第 r 行元素，由后项各元素组成，恰为原行列式 D_n.

为了方便，行列式的上述变换用相关符号予以表示：

(1) 将行列式的第 i 行与第 l 行互换，记为 $r_i\leftrightarrow r_l$；将行列式的第 j 列与第 p 列互换，记为 $c_j\leftrightarrow c_p$.

(2) 以常数 k 乘第 i 行各元素，记为 kr_i；用常数 k 乘第 j 列各元素，记为 kc_j.

(3) 用常数 k 乘第 i 行各元素，加到第 l 行对应元素上，记为 kr_i+r_l；用常数 k 乘第 j 列各元素，加到第 p 列对应元素上，记为 kc_j+c_p.

例 4 计算 $D_3=\begin{vmatrix}2&-8&1\\-4&4&2\\3&-3&0\end{vmatrix}$.

解法 1　首先将第二列乘 1 加至第一列上，即

$$D_3 \xlongequal{c_2+c_1} \begin{vmatrix} -6 & -8 & 1 \\ 0 & 4 & 2 \\ 0 & -3 & 0 \end{vmatrix} \xlongequal{\text{由定义}} (-1)^t(-6)(2)(-3),$$

只有一项，当相乘的三个数，行标取自然顺序时，列标排列为 1 3 2，有一个逆序“3 2”，$t=1$，故得 $D_3=-36$.

解法 2　$$D_3 \xlongequal{c_2+c_1} \begin{vmatrix} -6 & -8 & 1 \\ 0 & 4 & 2 \\ 0 & -3 & 0 \end{vmatrix} \xlongequal{c_2 \leftrightarrow c_3} -\begin{vmatrix} -6 & 1 & -8 \\ 0 & 2 & 4 \\ 0 & 0 & -3 \end{vmatrix} = -36.$$

第三节　行列式的计算方法

行列式的计算方法颇多，技巧性甚强，但是，计算行列式的一个常用方法是，利用行列式的性质，使行列式中出现众多的零元素，以简化计算. 下面只讨论常用的几种算法.

（一）化为上三角形行列式法

从第二节例 2 知，上三角形行列式的计算比较简单，它等于主对角线元素的积. 因此，计算行列式的重要方法之一，就是利用行列式的性质（尤其是性质 6），将原行列式化为上三角形行列式，从而简捷地计算出结果.

例 1　计算

$$D_4 = \begin{vmatrix} 2 & 3 & 4 & 1 \\ 3 & 4 & 1 & 2 \\ 4 & 1 & 2 & 3 \\ 1 & 2 & 3 & 4 \end{vmatrix}.$$

解法 1　为了计算方便，最好使 D_4 中左上角的元素 $a_{11}=1$，因此，可将第一、四两行元素互换得

$$D_4 \xlongequal{r_1 \leftrightarrow r_4} -\begin{vmatrix} 1 & 2 & 3 & 4 \\ 3 & 4 & 1 & 2 \\ 4 & 1 & 2 & 3 \\ 2 & 3 & 4 & 1 \end{vmatrix} \xlongequal[\substack{-4r_1+r_3 \\ -2r_1+r_4}]{-3r_1+r_2} -\begin{vmatrix} 1 & 2 & 3 & 4 \\ 0 & -2 & -8 & -10 \\ 0 & -7 & -10 & -13 \\ 0 & -1 & -2 & -7 \end{vmatrix} \xlongequal[\substack{-7r_4+r_3 \\ r_2 \leftrightarrow r_4}]{-2r_4+r_2} \begin{vmatrix} 1 & 2 & 3 & 4 \\ 0 & -1 & -2 & -7 \\ 0 & 0 & 4 & 36 \\ 0 & 0 & -4 & 4 \end{vmatrix}$$

$$\xlongequal{r_3+r_4} \begin{vmatrix} 1 & 2 & 3 & 4 \\ 0 & -1 & -2 & -7 \\ 0 & 0 & 4 & 36 \\ 0 & 0 & 0 & 40 \end{vmatrix} = -160 .$$

解法 2　可先将 D_4 中的第二至第四行各元素均乘 1，加到第一行上，提出公因子 10，然后再化为三角形行列式.

例 2　计算

$$D_4=\begin{vmatrix} a & 1 & 0 & 0 \\ -1 & b & 1 & 0 \\ 0 & -1 & c & 1 \\ 0 & 0 & -1 & d \end{vmatrix}.$$

解

$$D_4 \xlongequal{r_1\leftrightarrow r_2} -\begin{vmatrix} -1 & b & 1 & 0 \\ a & 1 & 0 & 0 \\ 0 & -1 & c & 1 \\ 0 & 0 & -1 & d \end{vmatrix} \xlongequal{ar_1+r_2} -\begin{vmatrix} -1 & b & 1 & 0 \\ 0 & ab+1 & a & 0 \\ 0 & -1 & c & 1 \\ 0 & 0 & -1 & d \end{vmatrix}$$

$$\xlongequal{r_2\leftrightarrow r_3} \begin{vmatrix} -1 & b & 1 & 0 \\ 0 & -1 & c & 1 \\ 0 & ab+1 & a & 0 \\ 0 & 0 & -1 & d \end{vmatrix} \xlongequal{(ab+1)r_2+r_3} \begin{vmatrix} -1 & b & 1 & 0 \\ 0 & -1 & c & 1 \\ 0 & 0 & c(ab+1)+a & ab+1 \\ 0 & 0 & -1 & d \end{vmatrix}$$

$$\xlongequal{r_3\leftrightarrow r_4} -\begin{vmatrix} -1 & b & 1 & 0 \\ 0 & -1 & c & 1 \\ 0 & 0 & -1 & d \\ 0 & 0 & c(ab+1)+a & ab+1 \end{vmatrix}$$

$$\xlongequal{[c(ab+1)+a]r_3+r_4} -\begin{vmatrix} -1 & b & 1 & 0 \\ 0 & -1 & c & 1 \\ 0 & 0 & -1 & d \\ 0 & 0 & 0 & [c(ab+1)+a]d+ab+1 \end{vmatrix}$$

$$=1+ab+ad+cd+abcd .$$

例 3　计算 n 阶行列式

$$D_n=\begin{vmatrix} a & b & \cdots & b \\ b & a & \cdots & b \\ \vdots & \vdots & & \vdots \\ b & b & \cdots & a \end{vmatrix}.$$

解　此行列式的特点是各元素均为文字，但是各行(各列)元素之和均为 $a+(n-1)b$. 因此，可将第二至第 n 行(或列)各元素乘 1，加到第一行(或列)上，再提出公因子，即

$$D_n \xlongequal[\cdots,r_n+r_1]{r_2+r_1,r_3+r_1} \begin{vmatrix} a+(n-1)b & a+(n-1)b & \cdots & a+(n-1)b \\ b & a & \cdots & b \\ \vdots & \vdots & & \vdots \\ b & b & \cdots & a \end{vmatrix}$$

$$=\!=\!=[a+(n-1)b]\begin{vmatrix} 1 & 1 & \cdots & 1 \\ b & a & \cdots & b \\ \vdots & \vdots & & \vdots \\ b & b & \cdots & a \end{vmatrix}$$

$$\xlongequal[\cdots,\, -br_1+r_n]{-br_1+r_2,\, -br_1+r_3}[a+(n-1)b]\begin{vmatrix} 1 & 1 & \cdots & 1 \\ 0 & a-b & \cdots & 0 \\ \vdots & \vdots & & \vdots \\ 0 & 0 & \cdots & a-b \end{vmatrix}$$

$$=[a+(n-1)b](a-b)^{n-1}.$$

注意 在第二步中,也可将第一列各元素乘以(-1),分别加到第二至第 n 列上.

(二) 按行(列)展开法

首先请看个例子:三阶行列式若用二阶行列式表示出来,则

$$\begin{vmatrix} a_{11} & a_{12} & a_{13} \\ a_{21} & a_{22} & a_{23} \\ a_{31} & a_{32} & a_{33} \end{vmatrix} = a_{11}\begin{vmatrix} a_{22} & a_{23} \\ a_{32} & a_{33} \end{vmatrix} - a_{12}\begin{vmatrix} a_{21} & a_{23} \\ a_{31} & a_{33} \end{vmatrix} + a_{13}\begin{vmatrix} a_{21} & a_{22} \\ a_{31} & a_{32} \end{vmatrix},$$

再将其中三个二阶行列式按定义写出来,便是上节三阶行列式的定义.

而右边三项中的元素 a_{11}, a_{12}, a_{13} 恰是此行列式的第一行元素,因此,这种做法又可说是“按第一行元素展开法”.

对于一个具体的三阶行列式,在右边三项中,假若再利用行列式的性质,使其中 1~2 项变为零,那么,三阶行列式的计算就很简单了.

此例使我们得到启发:一个 n 阶行列式,可以按某一行(或列)展开,用 $n-1$ 阶行列式表示,而 $n-1$ 阶行列式,又可按某一行(列)展开,用 $n-2$ 阶行列式表示,…,直到最后,用二阶行列式表示. 在展开过程中,结合运用行列式的性质,不断地使很多项为零,则 n 阶行列式的计算也就很简单了.

这就是行列式按行(列)展开法的思想与目的,上述对 D_n 的这种计算方法,又称拉普拉斯降阶法. 为使上述想法成为定理,还得先引入余子式和代数余子式的概念.

定义 在 n 阶行列式中,把元素 a_{ij} 所在的第 i 行和第 j 列元素划去后,所留下的 $n-1$ 阶行列式,称为元素 a_{ij} 的余子式,记为 M_{ij},即 a_{ij} 的余子式

$$M_{ij} = \begin{vmatrix} a_{11} & \cdots & a_{1(j-1)} & a_{1(j+1)} & \cdots & a_{1n} \\ \vdots & & \vdots & \vdots & & \vdots \\ a_{(i-1)1} & \cdots & a_{(i-1)(j-1)} & a_{(i-1)(j+1)} & \cdots & a_{(i-1)n} \\ a_{(i+1)1} & \cdots & a_{(i+1)(j-1)} & a_{(i+1)(j+1)} & \cdots & a_{(i+1)n} \\ \vdots & & \vdots & \vdots & & \vdots \\ a_{n1} & \cdots & a_{n(j-1)} & a_{n(j+1)} & \cdots & a_{nn} \end{vmatrix},$$

而称$(-1)^{i+j}M_{ij}$为 a_{ij} 的代数余子式,记为 A_{ij},即

$$A_{ij}=(-1)^{i+j}M_{ij}.$$

例如,三阶行列式 $D_3 = \begin{vmatrix} a_{11} & a_{12} & a_{13} \\ a_{21} & a_{22} & a_{23} \\ a_{31} & a_{32} & a_{33} \end{vmatrix}$ 中,元素 a_{23} 的余子式和代数余子式分别为

$$M_{23}=\begin{vmatrix} a_{11} & a_{12} \\ a_{31} & a_{32} \end{vmatrix}=a_{11}a_{32}-a_{12}a_{31},$$

$$A_{23}=(-1)^{2+3}M_{23}=-M_{23}=a_{12}a_{31}-a_{11}a_{32}.$$

引理 若 n 阶行列式 D_n 中,第 i $(i=1,2,\cdots,n)$行元素除 a_{ij} $(j=1,2,\cdots,n)$外均为零,则该行列式等于元素 a_{ij} 与其代数余子式 A_{ij} 的积,即

$$D_n=a_{ij}A_{ij}=(-1)^{i+j}a_{ij}M_{ij}. \tag{1.9}$$

证 (1) 先证 a_{ij} 位于左上角,即 $a_{ij}=a_{11}$ 的情形,即

$$D_n=\begin{vmatrix} a_{11} & 0 & \cdots & 0 \\ a_{21} & a_{22} & \cdots & a_{2n} \\ \vdots & \vdots & & \vdots \\ a_{n1} & a_{n2} & \cdots & a_{nn} \end{vmatrix}.$$

由行列式定义知,D_n 的每一项都应含有第一行的元素,但其中只有含 a_{11} 的项可能非零,因此除去零项,而 $D_n=\sum(-1)^{t(1j_2j_3\cdots j_n)}a_{11}a_{2j_2}a_{3j_3}\cdots a_{nj_n}$,又因为逆序数 $t(1j_2j_3\cdots j_n)=t(j_2j_3\cdots j_n)$,故得

$$D_n=a_{11}\sum(-1)^{t(j_2j_3\cdots j_n)}a_{2j_2}a_{3j_3}\cdots a_{nj_n},$$

其中,右边和式部分正好是 a_{11} 的余子式,即 $n-1$ 阶行列式

$$D_{n-1}=\begin{vmatrix} a_{22} & a_{23} & \cdots & a_{2n} \\ a_{32} & a_{33} & \cdots & a_{3n} \\ \vdots & \vdots & & \vdots \\ a_{n2} & a_{n3} & \cdots & a_{nn} \end{vmatrix}=M_{11},$$

故得

$$D_n=a_{11}M_{11}=a_{11}(-1)^{1+1}M_{11}=a_{11}A_{11}.$$

(2) 再证一般情况,由引理条件

$$D_n=\begin{vmatrix} a_{11} & \cdots & a_{1j} & \cdots & a_{1n} \\ \vdots & & \vdots & & \vdots \\ 0 & \cdots & a_{ij} & \cdots & 0 \\ \vdots & & \vdots & & \vdots \\ a_{n1} & \cdots & a_{nj} & \cdots & a_{nn} \end{vmatrix},$$

为了利用已证(1)的结果,只需把 D_n 中第 i 行连续向上调换 $i-1$ 次便调至第一行;再将第 j 列连续向左调换 $j-1$ 次便调为第一列,共调换了 $i+j-2$ 次,得出行列式 D_n^*,根据行列式性质 2,

$$D_n^*=(-1)^{i+j-2}D_n=(-1)^{i+j}D_n,$$

从而

$$D_n=(-1)^{i+j}D_n^*.$$

在 D_n^* 中,元素 a_{ij} 位于左上角 a_{11} 处,其他行列相对保持不变,因此,a_{ij} 在 D_n^* 中的余子式 M_{11}^*,就是 a_{ij} 在 D_n 中的余子式 M_{ij},所以

$$D_n^*=(-1)^{1+1}a_{ij}M_{11}^*=a_{ij}M_{ij},$$

则得 $$D_n=(-1)^{i+j}a_{ij}M_{ij}=a_{ij}A_{ij}.$$

定理 行列式等于它的任一行(列)各元素与其对应的代数余子式乘积的和,即

$$D_n=a_{i1}A_{i1}+a_{i2}A_{i2}+\cdots+a_{in}A_{in}=\sum_{k=1}^{n}a_{ik}A_{ik}\quad(i=1,2,\cdots,n)\tag{1.10}$$

或

$$D_n=a_{1j}A_{1j}+a_{2j}A_{2j}+\cdots+a_{nj}A_{nj}=\sum_{k=1}^{n}a_{kj}A_{kj}\quad(j=1,2,\cdots,n).\tag{1.11}$$

(1.10)式称为行列式 D_n 按第 i 行的展开式,(1.11)式称为行列式 D_n 按第 j 列展开式,其中 A_{ik} 与 A_{kj} 均为 $n-1$ 阶行列式.

证 为了证明(1.10)式成立,我们把 D_n 中第 i 行各元素分别写成它与 $n-1$ 个零的和,并利用行列式性质 5 和引理,则

$$D_n=\begin{vmatrix}a_{11}&a_{12}&\cdots&a_{1n}\\ \vdots&\vdots&&\vdots\\ a_{i1}+0+\cdots+0&0+a_{i2}+\cdots+0&\cdots&0+0+\cdots+a_{in}\\ \vdots&\vdots&&\vdots\\ a_{n1}&a_{n2}&\cdots&a_{nn}\end{vmatrix}$$

$$=\begin{vmatrix}a_{11}&a_{12}&\cdots&a_{1n}\\ \vdots&\vdots&&\vdots\\ a_{i1}&0&\cdots&0\\ \vdots&\vdots&&\vdots\\ a_{n1}&a_{n2}&\cdots&a_{nn}\end{vmatrix}+\begin{vmatrix}a_{11}&a_{12}&\cdots&a_{1n}\\ \vdots&\vdots&&\vdots\\ 0&a_{i2}&\cdots&0\\ \vdots&\vdots&&\vdots\\ a_{n1}&a_{n2}&\cdots&a_{nn}\end{vmatrix}+\cdots+\begin{vmatrix}a_{11}&a_{12}&\cdots&a_{1n}\\ \vdots&\vdots&&\vdots\\ 0&0&\cdots&a_{in}\\ \vdots&\vdots&&\vdots\\ a_{n1}&a_{n2}&\cdots&a_{nn}\end{vmatrix}$$

$$=a_{i1}A_{i1}+a_{i2}A_{i2}+\cdots+a_{in}A_{in}=\sum_{k=1}^{n}a_{ik}A_{ik}\quad(i=1,2,\cdots,n).$$

至于按第 j 列展开,同理可证(1.11)式成立.

用按行(列)展开法计算行列式时,应反复使用此定理,把高阶行列式降成低阶行列式,直到求出结果. 为了减少计算工作量,每次展开前,应首先利用行列式性质,使行列式中某行或某列出现尽量多的零(最好出现 $n-1$ 个零),这样才能达到简化计算的目的.

例 4 计算行列式

$$D_4=\begin{vmatrix}3&1&-1&2\\-5&1&3&-4\\2&0&1&-1\\1&-5&3&-3\end{vmatrix}.$$

解 由于 D_4 中元素 $a_{32}=0$,为了利用这个零元素,用行列式的性质,使第二列(或第三行)出现 $n-1=3$ 个零,即

$$D_4\xlongequal[5r_1+r_4]{-r_1+r_2}\begin{vmatrix}3&1&-1&2\\-8&0&4&-6\\2&0&1&-1\\16&0&-2&7\end{vmatrix}=(-1)^{1+2}1\cdot\begin{vmatrix}-8&4&-6\\2&1&-1\\16&-2&7\end{vmatrix}$$

$$\xlongequal[c_2+c_3]{-2c_2+c_1} -\begin{vmatrix} -16 & 4 & -2 \\ 0 & 1 & 0 \\ 20 & -2 & 5 \end{vmatrix}$$

$$=(-1)(-1)^{2+2}1\cdot\begin{vmatrix} -16 & -2 \\ 20 & 5 \end{vmatrix}=40 .$$

例 5 计算 n ($n\geqslant 4$)阶行列式

$$D_n=\begin{vmatrix} x & y & 0 & 0 & \cdots & 0 & 0 \\ 0 & x & y & 0 & \cdots & 0 & 0 \\ 0 & 0 & x & y & \cdots & 0 & 0 \\ \vdots & \vdots & \vdots & \vdots & & \vdots & \vdots \\ 0 & 0 & 0 & 0 & \cdots & x & y \\ y & 0 & 0 & 0 & \cdots & 0 & x \end{vmatrix} .$$

解 此行列式中各行各列有 $n-2$ 个零元素,现在直接按第一行展开:

$$D_n=(-1)^{1+1}x\begin{vmatrix} x & y & 0 & \cdots & 0 & 0 \\ 0 & x & y & \cdots & 0 & 0 \\ \vdots & \vdots & \vdots & & \vdots & \vdots \\ 0 & 0 & 0 & \cdots & x & y \\ 0 & 0 & 0 & \cdots & 0 & x \end{vmatrix}(\text{上三角形 } D_{n-1})+$$

$$(-1)^{1+2}y\begin{vmatrix} 0 & y & 0 & \cdots & 0 & 0 \\ 0 & x & y & \cdots & 0 & 0 \\ \vdots & \vdots & \vdots & & \vdots & \vdots \\ 0 & 0 & 0 & \cdots & x & y \\ y & 0 & 0 & \cdots & 0 & x \end{vmatrix}(D_{n-1},\text{再按第一列展开})$$

$$=x\cdot x^{n-1}-y\cdot(-1)^{n-1+1}y\begin{vmatrix} y & 0 & \cdots & 0 & 0 \\ x & y & \cdots & 0 & 0 \\ \vdots & \vdots & & \vdots & \vdots \\ 0 & 0 & \cdots & x & y \end{vmatrix}(\text{下三角形 } D_{n-2})$$

$$=x^n-(-1)^n y^n .$$

推论 行列式任一行(列)的元素与其他行(列)对应元素的代数余子式乘积的和为零,即

$$a_{i1}A_{r1}+a_{i2}A_{r2}+\cdots+a_{in}A_{rn}=0\ (i\neq r)\ , \qquad (1.12)$$

$$a_{1j}A_{1k}+a_{2j}A_{2k}+\cdots+a_{nj}A_{nk}=0\ (j\neq k)\ . \qquad (1.13)$$

证明从略.

(三) 归纳与递推法

在行列式的计算与证明中,归纳与递推也是一种行之有效的方法,现举例说明如下.

例 6 计算 n 阶范德蒙德(Vandermonde,A. T. 1735—1796)行列式

$$D_{n,v}=\begin{vmatrix}1&1&\cdots&1\\x_1&x_2&\cdots&x_n\\x_1^2&x_2^2&\cdots&x_n^2\\\vdots&\vdots&&\vdots\\x_1^{n-1}&x_2^{n-1}&\cdots&x_n^{n-1}\end{vmatrix}.$$

解 用归纳法,推出其结果.

当 $n=2$ 时,$D_{2,v}$为二阶范德蒙德行列式

$$D_{2,v}=\begin{vmatrix}1&1\\x_1&x_2\end{vmatrix}=x_2-x_1=\prod_{2\geqslant i>j\geqslant 1}(x_i-x_j).$$

当 $n=3$ 时,三阶范德蒙德行列式为

$$D_{3,v}=\begin{vmatrix}1&1&1\\x_1&x_2&x_3\\x_1^2&x_2^2&x_3^2\end{vmatrix}\xlongequal[-x_1r_2+r_3]{-x_1r_1+r_2}\begin{vmatrix}1&1&1\\0&x_2-x_1&x_3-x_1\\0&x_2(x_2-x_1)&x_3(x_3-x_1)\end{vmatrix}$$

$$=(-1)^{1+1}1\cdot\begin{vmatrix}x_2-x_1&x_3-x_1\\x_2(x_2-x_1)&x_3(x_3-x_1)\end{vmatrix}$$

$$=x_3(x_3-x_1)(x_2-x_1)-x_2(x_3-x_1)(x_2-x_1)$$

$$=(x_3-x_1)(x_3-x_2)(x_2-x_1)$$

$$=\prod_{3\geqslant i>j\geqslant 1}(x_i-x_j).$$

……

从而利用数学归纳法可推得 n 阶范德蒙德行列式

$$D_{n,v}=\prod_{n\geqslant i>j\geqslant 1}(x_i-x_j).\tag{1.14}$$

就是说,**任一 n 阶范德蒙德行列式,等于 $x_1,x_2,\cdots,x_n$ 这 n 个数作成的所有形如 x_i-x_j ($n\geqslant i>j\geqslant 1$)的差之连乘积**. 此结论不难用数学归纳法证明其成立.

例如,

$$D_4=\begin{vmatrix}1&1&1&1\\2&4&6&8\\4&16&36&64\\8&64&216&512\end{vmatrix}=\begin{vmatrix}1&1&1&1\\2&4&6&8\\2^2&4^2&6^2&8^2\\2^3&4^3&6^3&8^3\end{vmatrix}=D_{4,v}$$

$$=(8-2)(8-4)(8-6)(6-2)(6-4)(4-2)=768.$$

例 7 计算 $2n$ 阶行列式

$$D_{2n}=\begin{vmatrix}
a &&&&&&& b\\
& a &&&&& b &\\
&& \ddots &&& \iddots &&\\
&&& a & b &&&\\
&&& c & d &&&\\
&& \iddots &&& \ddots &&\\
& c &&&&& d &\\
c &&&&&&& d
\end{vmatrix}$$

解　首先按第一行展开,得

$$D_{2n}=(-1)^{1+1}a\begin{vmatrix}
a &&&&& b & 0\\
& \ddots &&& \iddots && \\
&& a & b &&& \\
&& c & d &&& \\
& \iddots &&& \ddots && \\
c &&&&& d & 0\\
0 &&&&& 0 & d
\end{vmatrix}_{(2n-1)\times(2n-1)}+$$

$$(-1)^{1+2n}b\begin{vmatrix}
0 & a &&&&& b\\
&& \ddots &&& \iddots & \\
&&& a & b && \\
&&& c & d && \\
&& \iddots &&& \ddots & \\
0 & c &&&&& d\\
c & 0 &&&&& 0
\end{vmatrix}_{(2n-1)\times(2n-1)},$$

再将右边两个$(2n-1)$阶行列式按最后一行展开,便得

$$D_{2n}=a(-1)^{(2n-1)+(2n-1)}d\begin{vmatrix}
a &&&&& b\\
& \ddots &&& \iddots & \\
&& a & b && \\
&& c & d && \\
& \iddots &&& \ddots & \\
c &&&&& d
\end{vmatrix}_{(2n-2)\times(2n-2)}-$$

$$(-1)^{(2n-1)+1}c\begin{vmatrix}
a &&&&& b\\
& \ddots &&& \iddots & \\
&& a & b && \\
&& c & d && \\
& \iddots &&& \ddots & \\
c &&&&& d
\end{vmatrix}_{(2n-2)\times(2n-2)}$$

$$=adD_{2n-2}-bcD_{2n-2}=(ad-bc)D_{2n-2},$$

按此规律递推下去,共经过$2n-2=2(n-1)$次展开,终得

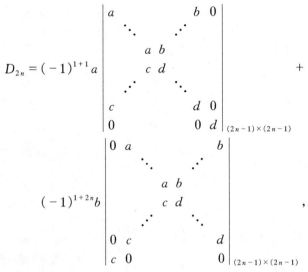

$$D_{2n}=(ad-bc)^{n-1}D_2=(ad-bc)^{n-1}\begin{vmatrix} a & b \\ c & d \end{vmatrix}$$
$$=(ad-bc)^n.$$

习　题　一

1. 求下列各排列的逆序数：

(1) 3 4 2 1；

(2) 2 1 7 6 3 4 5；

(3) 1 3 … $2n-1$ $2n$ $2n-2$ … 4 2.

2. 选取 i 与 k，使 1 2 7 4 i 5 6 k 9 成偶排列.

3. 决定 6 阶行列式中的一项 $a_{35}a_{21}a_{13}a_{66}a_{42}a_{54}$ 前的正负号.

4. 计算下列各行列式（方法不论，力求简便）：

(1) $\begin{vmatrix} 1 & \log_a b \\ \log_b a & 1 \end{vmatrix}$；(2) $\begin{vmatrix} 1 & -1 & 2 \\ 3 & 2 & 1 \\ 0 & 1 & 4 \end{vmatrix}$；(3) $\begin{vmatrix} \sin^2\alpha & \cos^2\alpha & \cos 2\alpha \\ \sin^2\beta & \cos^2\beta & \cos 2\beta \\ \sin^2\gamma & \cos^2\gamma & \cos 2\gamma \end{vmatrix}$；

(4) $\begin{vmatrix} x & y & x+y \\ y & x+y & x \\ x+y & x & y \end{vmatrix}$；(5) 求方程 $\begin{vmatrix} 1+x & 2 & 3 \\ 1 & 2+x & 3 \\ 1 & 2 & 3+x \end{vmatrix}=0$ 的三个根；

(6) $\begin{vmatrix} 4 & 1 & 2 & 4 \\ 1 & 2 & 0 & 2 \\ 10 & 5 & 2 & 0 \\ 0 & 1 & 1 & 7 \end{vmatrix}$；(7) $\begin{vmatrix} 2 & 1 & 4 & 1 \\ 3 & -1 & 2 & 1 \\ 1 & 2 & 3 & 2 \\ 5 & 0 & 6 & 2 \end{vmatrix}$；

(8) $\begin{vmatrix} 0.5 & 0.5 & 0.5 & 0.5 \\ 1 & -1 & 1 & 1 \\ 1 & 1 & -1 & 1 \\ 1 & 1 & 1 & -1 \end{vmatrix}$；(9) $\begin{vmatrix} 1 & 2 & 3 & 4 & 5 \\ 2 & 3 & 4 & 5 & 1 \\ 3 & 4 & 5 & 1 & 2 \\ 4 & 5 & 1 & 2 & 3 \\ 5 & 1 & 2 & 3 & 4 \end{vmatrix}$；(10) $\begin{vmatrix} 1 & p & q & r+s \\ 1 & q & r & p+s \\ 1 & r & s & p+q \\ 1 & s & p & q+r \end{vmatrix}$；

(11) $\begin{vmatrix} a^2 & (a+1)^2 & (a+2)^2 & (a+3)^2 \\ b^2 & (b+1)^2 & (b+2)^2 & (b+3)^2 \\ c^2 & (c+1)^2 & (c+2)^2 & (c+3)^2 \\ d^2 & (d+1)^2 & (d+2)^2 & (d+3)^2 \end{vmatrix}$；(12) $\begin{vmatrix} 1 & 1 & 1 & 1 \\ a & b & c & d \\ a^2 & b^2 & c^2 & d^2 \\ a^4 & b^4 & c^4 & d^4 \end{vmatrix}$；

(13) $D_n=\begin{vmatrix} x & y & 0 & \cdots & 0 & 0 \\ 0 & x & y & \cdots & 0 & 0 \\ \vdots & \vdots & \vdots & & \vdots & \vdots \\ 0 & 0 & 0 & \cdots & x & y \\ y & 0 & 0 & \cdots & 0 & x \end{vmatrix}$；(14) $D_n=\begin{vmatrix} a & 0 & \cdots & 0 & 1 \\ 0 & a & \cdots & 0 & 0 \\ \vdots & \vdots & & \vdots & \vdots \\ 0 & 0 & \cdots & a & 0 \\ 1 & 0 & \cdots & 0 & a \end{vmatrix}$；

(15) $D_{n+1}=\begin{vmatrix} a^n & (a-1)^n & \cdots & (a-n)^n \\ a^{n-1} & (a-1)^{n-1} & \cdots & (a-n)^{n-1} \\ \vdots & \vdots & & \vdots \\ a & a-1 & \cdots & a-n \\ 1 & 1 & \cdots & 1 \end{vmatrix}$

(提示:利用范德蒙德行列式的结果).

5. 利用行列式定义,证明:

$$\begin{vmatrix} a_1 & a_2 & a_3 & a_4 & a_5 \\ b_1 & b_2 & b_3 & b_4 & b_5 \\ c_1 & c_2 & 0 & 0 & 0 \\ d_1 & d_2 & 0 & 0 & 0 \\ e_1 & e_2 & 0 & 0 & 0 \end{vmatrix} = 0 .$$

6. 证明:若行列式 D_n 中有 $n^2 - n$ 个以上的元素为零,不论零的位置如何,则该行列式必为零(提示:先证非零元素少于 n 个).

7. 计算

$$D_4 = \begin{vmatrix} 64 & 27 & 343 & -125 \\ 16 & 9 & 49 & 25 \\ 4 & 3 & 7 & -5 \\ 1 & 1 & 1 & 1 \end{vmatrix}$$

(提示:利用范德蒙德行列式公式).

第二章　矩　　阵

矩阵是英国人西尔维斯特(Sylvester，J. J.，1814—1897)于 1850 年首先引入的. 百多年来，人们在各个领域的科学实践中，确认了矩阵是一种应用甚广、极其重要的数学工具. 特别是随着电子计算机技术的发展，矩阵在科学与工程计算中的作用日益突出. 本章仅介绍矩阵代数中最基本、最重要的概念与运算.

第一节　矩阵的概念

何谓矩阵？先看两个引例：

引例 1　在初等数学中，曾讨论过简单的线性方程组，如三元一次方程组

$$\begin{cases} x_1+2x_2-3x_3=5, \\ 2x_1-x_2-3x_3=0, \\ x_1+5x_2-9x_3=11 . \end{cases}$$

如果将未知数 x_1, x_2, x_3 前面的系数，按照其相对位置排成一个三行三列的表

$$\begin{bmatrix} 1 & 2 & -3 \\ 2 & -1 & -3 \\ 1 & 5 & -9 \end{bmatrix},$$

此表就是一个矩阵. 这种矩阵在线性方程组求解时，有着很重要的作用.

引例 2　有 m 个工人，组织加工 n 种零件，第 i 个工人加工第 j 个零件的日工效为 a_{ij} ($i=1,2,\cdots,m$; $j=1,2,\cdots,n$)，则把全部 mn 个日工效列成一个有 m 行 n 列的表

$$\begin{bmatrix} a_{11} & a_{12} & a_{13} & \cdots & a_{1n} \\ a_{21} & a_{22} & a_{23} & \cdots & a_{2n} \\ \vdots & \vdots & \vdots & & \vdots \\ a_{m1} & a_{m2} & a_{m3} & \cdots & a_{mn} \end{bmatrix},$$

该表也是一个矩阵. 生产管理者可根据此矩阵，一目了然地了解生产工效的情况.

从而可给出矩阵如下的定义：

定义　由 $m \times n$ 个数 a_{ij} ($i=1,2,\cdots,m$; $j=1,2,\cdots,n$) 排成的 m 行 n 列的数表

$$\begin{bmatrix} a_{11} & a_{12} & a_{13} & \cdots & a_{1n} \\ a_{21} & a_{22} & a_{23} & \cdots & a_{2n} \\ a_{31} & a_{32} & a_{33} & \cdots & a_{3n} \\ \vdots & \vdots & \vdots & & \vdots \\ a_{m1} & a_{m2} & a_{m3} & \cdots & a_{mn} \end{bmatrix}$$

叫做 m 行 n 列矩阵,简称 $m\times n$ 矩阵. 横的各排叫矩阵的行;纵的各排叫矩阵的列;a_{ij} 称为矩阵(第 i 行第 j 列交叉位置上)的元素. 矩阵通常用大写字母 $\boldsymbol{A},\boldsymbol{B},\cdots$ 等表示. m 行 n 列矩阵也可简记为

$$\boldsymbol{A}=(a_{ij}),\ \boldsymbol{A}=(a_{ij})_{m\times n}\text{或}\boldsymbol{A}_{m\times n}.$$

元素是实数的矩阵,称为**实矩阵**. 元素是复数的矩阵,称为**复矩阵**. 本书中的矩阵,除特别说明外,都指实矩阵.

下面介绍几个特殊矩阵:

(1) 方阵

当 $m=n$ 时,即 n 行 n 列矩阵 $\boldsymbol{A}=(a_{ij})_{n\times n}$,称为 **$n$ 阶方阵**.

(2) 对角矩阵

形如

$$\Lambda=\begin{bmatrix}\lambda_1 & 0 & \cdots & 0\\ 0 & \lambda_2 & \cdots & 0\\ \vdots & \vdots & & \vdots\\ 0 & 0 & \cdots & \lambda_n\end{bmatrix}$$

的 n 阶方阵,叫 n 阶对角矩阵,这个方阵的特点是:不在主对角线上的元素全是零.

(3) 单位矩阵

主对角线上元素皆为 1 的 n 阶对角矩阵,称为 n 阶**单位矩阵**,又称**幺方阵**,记作 $\boldsymbol{E}_n$,即

$$\boldsymbol{E}_n=\begin{bmatrix}1 & 0 & \cdots & 0\\ 0 & 1 & \cdots & 0\\ \vdots & \vdots & & \vdots\\ 0 & 0 & \cdots & 1\end{bmatrix}.$$

(4) 行矩阵和列矩阵

只有一行的矩阵,叫**行矩阵**,记为

$$\boldsymbol{A}=[a_1\quad a_2\quad\cdots\quad a_n].$$

只有一列的矩阵,叫**列矩阵**,记为

$$\boldsymbol{A}=\begin{bmatrix}a_1\\ a_2\\ \vdots\\ a_m\end{bmatrix}.$$

(5) 零矩阵

当矩阵的元素全为零时,称为**零矩阵**,记作 $\boldsymbol{O}_{m\times n}$ 或 $\boldsymbol{o}$,零矩阵可以是行阵、列阵、方阵和 $m\times n$ 零矩阵.

注意　n 阶方阵与 n 阶行列式不同,不但表示的形式不一样,而且代表着两个完全不同的概念,n 阶行列式是一个数,n 阶方阵不是一个数,而是由 n^2 个元素排成的 n 行 n 列的表.

第二节　矩阵的运算

下面我们来定义矩阵的各种运算，即：矩阵的相等、加减法、矩阵与数的乘法、矩阵的乘法、矩阵的转置及方阵的行列式，并指出它们的运算规律.

一、矩阵的相等

如果两矩阵 $\boldsymbol{A}=(a_{ij})_{m\times n}$ 与 $\boldsymbol{B}=(b_{ij})_{m\times n}$ 的行数和列数分别相同，对应的元素也相等，即

$$a_{ij}=b_{ij}(i=1,2,\cdots,m;j=1,2,\cdots,n),$$

则称两个矩阵相等，记为 $\boldsymbol{A}=\boldsymbol{B}$.

二、矩阵的加法

定义 1　设两矩阵为 $\boldsymbol{A}=(a_{ij})_{m\times n}$，$\boldsymbol{B}=(b_{ij})_{m\times n}$，则

$$\boldsymbol{A}+\boldsymbol{B}=\begin{bmatrix}a_{11}&a_{12}&\cdots&a_{1n}\\a_{21}&a_{22}&\cdots&a_{2n}\\\vdots&\vdots&&\vdots\\a_{m1}&a_{m2}&\cdots&a_{mn}\end{bmatrix}+\begin{bmatrix}b_{11}&b_{12}&\cdots&b_{1n}\\b_{21}&b_{22}&\cdots&b_{2n}\\\vdots&\vdots&&\vdots\\b_{m1}&b_{m2}&\cdots&b_{mn}\end{bmatrix}$$

$$=\begin{bmatrix}a_{11}+b_{11}&a_{12}+b_{12}&\cdots&a_{1n}+b_{1n}\\a_{21}+b_{21}&a_{22}+b_{22}&\cdots&a_{2n}+b_{2n}\\\vdots&\vdots&&\vdots\\a_{m1}+b_{m1}&a_{m2}+b_{m2}&\cdots&a_{mn}b_{mn}\end{bmatrix}.\tag{2.1}$$

矩阵的加法就是它们的对应元素相加. 应该注意，当且仅当两矩阵的行数与列数分别相同时，它们的加法运算才有意义.

矩阵的加法运算，满足如下规律：

(1) $\boldsymbol{A}+\boldsymbol{B}=\boldsymbol{B}+\boldsymbol{A}$　(交换律)；

(2) $(\boldsymbol{A}+\boldsymbol{B})+\boldsymbol{C}=\boldsymbol{A}+(\boldsymbol{B}+\boldsymbol{C})$　(结合律)；

(3) $\boldsymbol{A}+\boldsymbol{O}=\boldsymbol{O}+\boldsymbol{A}$　(零矩阵的特性)；

设矩阵 $\boldsymbol{A}=(a_{ij})$，记

$$-\boldsymbol{A}=(-a_{ij}),$$

而 $-\boldsymbol{A}$ 称为矩阵 $\boldsymbol{A}$ 的**负矩阵**，显然有：

(4) $\boldsymbol{A}+(-\boldsymbol{A})=\boldsymbol{O}$.

规定矩阵的减法为

$$\boldsymbol{A}-\boldsymbol{B}=\boldsymbol{A}+(-\boldsymbol{B}).$$

三、数与矩阵相乘

定义 2　设矩阵 $\boldsymbol{A}=(a_{ij})$，常数 λ 为实数，则 λ 与矩阵 $\boldsymbol{A}$ 的乘积，记作 $\lambda\boldsymbol{A}$ 或 $\boldsymbol{A}\lambda$，规定

$$\lambda\boldsymbol{A}=\boldsymbol{A}\lambda=(\lambda a_{ij}),$$

即
$$\lambda \boldsymbol{A}=\begin{bmatrix}\lambda a_{11} & \lambda a_{12} & \cdots & \lambda a_{1n}\\ \lambda a_{21} & \lambda a_{22} & \cdots & \lambda a_{2n}\\ \vdots & \vdots & & \vdots\\ \lambda a_{m1} & \lambda a_{m2} & \cdots & \lambda a_{mn}\end{bmatrix}. \tag{2.2}$$

换句话说,用数 λ 乘矩阵 $\boldsymbol{A}$,就是用数 λ 去乘矩阵的每一个元素.

数乘矩阵满足下列运算规律:

设 λ,μ 为实数,$\boldsymbol{A},\boldsymbol{B}$ 为 $m\times n$ 矩阵,则

(1) $(\lambda+\mu)\boldsymbol{A}=\lambda\boldsymbol{A}+\mu\boldsymbol{A}$ (分配律);

(2) $\lambda(\boldsymbol{A}+\boldsymbol{B})=\lambda\boldsymbol{A}+\lambda\boldsymbol{B}$ (分配律);

(3) $\lambda(\mu\boldsymbol{A})=(\lambda\mu)\boldsymbol{A}$ (结合律);

(4) $1\boldsymbol{A}=\boldsymbol{A},(-1)\boldsymbol{A}=-\boldsymbol{A}$.

四、矩阵与矩阵相乘

在叙述矩阵乘法的定义之前,先看一个引例. 设变量 x_1,x_2,x_3 与 y_1,y_2 之间的关系为
$$\begin{cases}x_1=a_{11}y_1+a_{12}y_2,\\ x_2=a_{21}y_1+a_{22}y_2,\\ x_3=a_{31}y_1+a_{32}y_2.\end{cases} \tag{2.3}$$
显然,这一关系是由系数 a_{ij} 完全确定的,把系数记为一个矩阵
$$\boldsymbol{A}=\begin{bmatrix}a_{11} & a_{12}\\ a_{21} & a_{22}\\ a_{31} & a_{32}\end{bmatrix};$$
再设变量 y_1,y_2 与 t_1,t_2 之间的关系为
$$\begin{cases}y_1=b_{11}t_1+b_{12}t_2,\\ y_2=b_{21}t_1+b_{22}t_2.\end{cases} \tag{2.4}$$
把诸系数写成矩阵
$$\boldsymbol{B}=\begin{bmatrix}b_{11} & b_{12}\\ b_{21} & b_{22}\end{bmatrix}.$$

在数学上把(2.3)与(2.4)叫做线性变换,将(2.4)中的 y_1,y_2 代入(2.3),可得 x_1,x_2,x_3 与 t_1,t_2 的关系式
$$\begin{cases}x_1=(a_{11}b_{11}+a_{12}b_{21})t_1+(a_{11}b_{12}+a_{12}b_{22})t_2,\\ x_2=(a_{21}b_{11}+a_{22}b_{21})t_1+(a_{21}b_{12}+a_{22}b_{22})t_2,\\ x_3=(a_{31}b_{11}+a_{32}b_{21})t_1+(a_{31}b_{12}+a_{32}b_{22})t_2.\end{cases} \tag{2.5}$$
为了简便,用 $c_{11},c_{12},c_{21},c_{22},c_{31},c_{32}$ 表示(2.5)的系数,则关系式中系数矩阵为
$$\boldsymbol{C}=\begin{bmatrix}c_{11} & c_{12}\\ c_{21} & c_{22}\\ c_{31} & c_{32}\end{bmatrix}=\begin{bmatrix}a_{11}b_{11}+a_{12}b_{21} & a_{11}b_{12}+a_{12}b_{22}\\ a_{21}b_{11}+a_{22}b_{21} & a_{21}b_{12}+a_{22}b_{22}\\ a_{31}b_{11}+a_{32}b_{21} & a_{31}b_{12}+a_{32}b_{22}\end{bmatrix}.$$

我们把(2.5)的系数矩阵,定义为(2.3)与(2.4)中系数矩阵的积,即

$$C=AB,(c_{ij})_{3\times 2}=(a_{rs})_{3\times 2}(b_{lk})_{2\times 2},$$

也即

$$\begin{bmatrix} a_{11}b_{11}+a_{12}b_{21} & a_{11}b_{12}+a_{12}b_{22} \\ a_{21}b_{11}+a_{22}b_{21} & a_{21}b_{12}+a_{22}b_{22} \\ a_{31}b_{11}+a_{32}b_{21} & a_{31}b_{12}+a_{32}b_{22} \end{bmatrix}=\begin{bmatrix} a_{11} & a_{12} \\ a_{21} & a_{22} \\ a_{31} & a_{32} \end{bmatrix}\begin{bmatrix} b_{11} & b_{12} \\ b_{21} & b_{22} \end{bmatrix},$$

显见,C 是 A,B 所对应的两个线性变换连贯的结果.

定义 3 设 $A=(a_{ij})_{m\times n}$,$B=(b_{ij})_{n\times k}$,令

$$c_{ij}=a_{i1}b_{1j}+a_{i2}b_{2j}+\cdots+a_{in}b_{nj}\quad(i=1,2,\cdots,m;j=1,2,\cdots,k),$$

称 $C=(c_{ij})_{m\times k}$ 为 A 与 B 相乘所得的积,记为

$$C=AB.$$

应当注意,当且仅当左边矩阵 A 的列数与右边矩阵 B 的行数相等时,矩阵 A 与 B 的乘积运算才有意义. 而乘积矩阵 C 的行数等于 A 的行数,C 的列数等于 B 的列数,其元素 $c_{ij}(i=1,2,\cdots,m;j=1,2,\cdots,k)$ 是 A 的第 i 行与 B 的第 j 列的对应元素的乘积之和.

例 1 设矩阵

$$A=\begin{bmatrix} 1 & 0 & 3 \\ 2 & -1 & 0 \end{bmatrix},\quad B=\begin{bmatrix} 1 & 0 & -2 & 4 \\ 4 & 7 & 2 & -1 \\ -1 & 0 & 3 & 0 \end{bmatrix},$$

求乘积 AB.

解 因为 A 是 2×3 矩阵,B 是 3×4 矩阵,A 的列数等于 B 的行数,所以 AB 有意义,且 $C=AB$ 是一个 2×4 矩阵,由定义 3 得

$$C=\begin{bmatrix} 1 & 0 & 3 \\ 2 & -1 & 0 \end{bmatrix}\begin{bmatrix} 1 & 0 & -2 & 4 \\ 4 & 7 & 2 & -1 \\ -1 & 0 & 3 & 0 \end{bmatrix},$$

其中

$$c_{11}=1\times 1+0\times 4+3\times(-1)=-2,$$
$$c_{12}=1\times 0+0\times 7+3\times 0=0,$$
$$\cdots$$

从而得到

$$C=AB=\begin{bmatrix} -2 & 0 & 7 & 4 \\ -2 & -7 & -6 & 9 \end{bmatrix}.$$

一个行矩阵与一个列矩阵的乘积

$$[a_1\ a_2\cdots a_n]\begin{bmatrix} b_1 \\ b_2 \\ \vdots \\ b_n \end{bmatrix}=a_1b_1+a_2b_2+\cdots+a_nb_n$$

是一个一阶方阵,也就是一个数.

一个列矩阵与一个行矩阵的乘积

$$\begin{bmatrix} a_1 \\ a_2 \\ \vdots \\ a_m \end{bmatrix} [b_1\ b_2 \cdots b_n] = \begin{bmatrix} a_1 b_1 & a_1 b_2 & \cdots & a_1 b_n \\ a_2 b_1 & a_2 b_2 & \cdots & a_2 b_n \\ \vdots & \vdots & & \vdots \\ a_m b_1 & a_m b_2 & \cdots & a_m b_n \end{bmatrix}$$

是 $m \times n$ 矩阵.

例 2 设 $m \times n$ 矩阵 $\boldsymbol{A}$ 与列矩阵 $\boldsymbol{X}, \boldsymbol{B}$ 分别为

$$\boldsymbol{A} = \begin{bmatrix} a_{11} & a_{12} & \cdots & a_{1n} \\ a_{21} & a_{22} & \cdots & a_{2n} \\ \vdots & \vdots & & \vdots \\ a_{m1} & a_{m2} & \cdots & a_{mn} \end{bmatrix}, \boldsymbol{X} = \begin{bmatrix} x_1 \\ x_2 \\ \vdots \\ x_n \end{bmatrix}, \boldsymbol{B} = \begin{bmatrix} b_1 \\ b_2 \\ \vdots \\ b_m \end{bmatrix},$$

则 $\boldsymbol{AX} = \boldsymbol{B}$,即

$$\begin{bmatrix} a_{11} & a_{12} & \cdots & a_{1n} \\ a_{21} & a_{22} & \cdots & a_{2n} \\ \vdots & \vdots & & \vdots \\ a_{m1} & a_{m2} & \cdots & a_{mn} \end{bmatrix} \begin{bmatrix} x_1 \\ x_2 \\ \vdots \\ x_n \end{bmatrix} = \begin{bmatrix} b_1 \\ b_2 \\ \vdots \\ b_m \end{bmatrix},$$

也就是线性方程组

$$\begin{cases} a_{11} x_1 + a_{12} x_2 + \cdots + a_{1n} x_n = b_1, \\ a_{21} x_1 + a_{22} x_2 + \cdots + a_{2n} x_n = b_2, \\ \cdots\cdots \\ a_{m1} x_1 + a_{m2} x_2 + \cdots + a_{mn} x_n = b_m. \end{cases}$$

不难验证,矩阵的乘法满足下列运算规律:

(1) $(\boldsymbol{AB})\boldsymbol{C} = \boldsymbol{A}(\boldsymbol{BC})$ (结合律);

(2) $\lambda(\boldsymbol{AB}) = (\lambda\boldsymbol{A})\boldsymbol{B} = \boldsymbol{A}(\lambda\boldsymbol{B})$ (结合律);

(3) $(\boldsymbol{A} + \boldsymbol{B})\boldsymbol{C} = \boldsymbol{AC} + \boldsymbol{BC}$ (分配律),

$\boldsymbol{A}(\boldsymbol{B} + \boldsymbol{C}) = \boldsymbol{AB} + \boldsymbol{AC}$ (分配律).

注意 一般说来,矩阵乘法不满足交换律,即 $\boldsymbol{AB} \neq \boldsymbol{BA}$. 这是因为,若 $\boldsymbol{AB}$ 有意义,$\boldsymbol{BA}$ 却未必有意义;当 $\boldsymbol{A}$ 与 $\boldsymbol{B}$ 为同阶方阵时,$\boldsymbol{BA}$ 虽然有意义,但是它与 $\boldsymbol{AB}$ 的元素又未必对应相等. 如,设

$$\boldsymbol{A} = \begin{bmatrix} 2 & 4 \\ -1 & 0 \end{bmatrix}, \boldsymbol{B} = \begin{bmatrix} 3 \\ -2 \end{bmatrix}, \boldsymbol{C} = \begin{bmatrix} 2 & -4 \\ -1 & 2 \end{bmatrix},$$

(1)
$$\boldsymbol{AB} = \begin{bmatrix} 2 & 4 \\ -1 & 0 \end{bmatrix} \begin{bmatrix} 3 \\ -2 \end{bmatrix} = \begin{bmatrix} -2 \\ -3 \end{bmatrix},$$

而 $\boldsymbol{B}$ 与 $\boldsymbol{A}$ 显然不能相乘,即 $\boldsymbol{AB}$ 虽然有意义,而 $\boldsymbol{BA}$ 却无意义.

(2)
$$\boldsymbol{AC} = \begin{bmatrix} 2 & 4 \\ -1 & 0 \end{bmatrix} \begin{bmatrix} 2 & -4 \\ -1 & 2 \end{bmatrix} = \begin{bmatrix} 0 & 0 \\ -2 & 4 \end{bmatrix},$$

而

$$CA=\begin{bmatrix}2&-4\\-1&2\end{bmatrix}\begin{bmatrix}2&4\\-1&0\end{bmatrix}=\begin{bmatrix}8&8\\-4&-4\end{bmatrix},$$

即 $\boldsymbol{AC}$ 与 $\boldsymbol{CA}$ 虽均有意义，但 $\boldsymbol{AC}\neq\boldsymbol{CA}$.

对于单位矩阵 $\boldsymbol{E}$，容易验证：

$$\boldsymbol{A}_{m\times n}\boldsymbol{E}_n=\boldsymbol{A}_{m\times n},\boldsymbol{E}_m\boldsymbol{A}_{m\times n}=\boldsymbol{A}_{m\times n},$$

或简记为：$\boldsymbol{AE}=\boldsymbol{EA}=\boldsymbol{A}$.

因为矩阵的乘法满足结合律，所以可以定义**方阵的幂**：设 $\boldsymbol{A}$ 是一个 n 阶方阵，用 $\boldsymbol{A}^k$（k 为自然数）表示 k 个 $\boldsymbol{A}$ 的连乘积，称为 $\boldsymbol{A}$ 的 k 次方幂. 可以验证，方阵的幂满足以下运算规律：

$$\boldsymbol{A}^k\boldsymbol{A}^l=\boldsymbol{A}^{k+l},(\boldsymbol{A}^k)^l=\boldsymbol{A}^{kl},$$

其中 k,l 为正整数，又因为矩阵乘法一般不满足交换律，所以对于两个同阶方阵 $\boldsymbol{A}$ 与 $\boldsymbol{B}$，一般地，$(\boldsymbol{AB})^k\neq\boldsymbol{A}^k\boldsymbol{B}^k$.

例 3 求证：

$$\begin{bmatrix}1&1&0\\0&1&0\\0&0&1\end{bmatrix}^n=\begin{bmatrix}1&n&0\\0&1&0\\0&0&1\end{bmatrix}.$$

证 用数学归纳法. 当 $n=1$ 时，等式显然成立. 设 $n=k$ 时等式成立，即

$$\begin{bmatrix}1&1&0\\0&1&0\\0&0&1\end{bmatrix}^k=\begin{bmatrix}1&k&0\\0&1&0\\0&0&1\end{bmatrix},$$

需证 $n=k+1$ 时等式也成立.

$$\text{而}\begin{bmatrix}1&1&0\\0&1&0\\0&0&1\end{bmatrix}^{k+1}=\begin{bmatrix}1&1&0\\0&1&0\\0&0&1\end{bmatrix}^k\begin{bmatrix}1&1&0\\0&1&0\\0&0&1\end{bmatrix}$$

$$=\begin{bmatrix}1&k&0\\0&1&0\\0&0&1\end{bmatrix}\begin{bmatrix}1&1&0\\0&1&0\\0&0&1\end{bmatrix}=\begin{bmatrix}1&k+1&0\\0&1&0\\0&0&1\end{bmatrix},$$

于是等式得证.

五、矩阵的转置

定义 4 设矩阵 $\boldsymbol{A}=(a_{ij})_{m\times n}$，将 $\boldsymbol{A}$ 中的行换成同序数的列（或者将列换成同序数的行），即行列对调，所得到的新矩阵 $\boldsymbol{A}'$①称为 $\boldsymbol{A}$ 的转置矩阵，即

$$\boldsymbol{A}=\begin{bmatrix}a_{11}&a_{12}&\cdots&a_{1n}\\a_{21}&a_{22}&\cdots&a_{2n}\\\vdots&\vdots&&\vdots\\a_{m1}&a_{m2}&\cdots&a_{mn}\end{bmatrix}_{m\times n},\quad\boldsymbol{A}'=\begin{bmatrix}a_{11}&a_{21}&\cdots&a_{m1}\\a_{12}&a_{22}&\cdots&a_{m2}\\\vdots&\vdots&&\vdots\\a_{1n}&a_{2n}&\cdots&a_{mn}\end{bmatrix}_{n\times m}.$$

例如，矩阵

① $\boldsymbol{A}$ 的转置，通常用 $\boldsymbol{A}^{\mathrm{T}}$ 表示，本书用记号 $\boldsymbol{A}'$ 表示.

$$A=\begin{bmatrix}1&2&3\\0&-2&4\end{bmatrix}$$

的转置矩阵

$$A'=\begin{bmatrix}1&0\\2&-2\\3&4\end{bmatrix}.$$

不难验证,对于矩阵的转置,满足下列运算规律:

(1) $(\boldsymbol{A}')'=\boldsymbol{A}$;

(2) $(\boldsymbol{A}+\boldsymbol{B})'=\boldsymbol{A}'+\boldsymbol{B}'$;

(3) $(\lambda\boldsymbol{A})'=\lambda\boldsymbol{A}'$($\lambda$ 为任一实数);

(4) $(\boldsymbol{AB})'=\boldsymbol{B}'\boldsymbol{A}'$.

现证(4):设 $\boldsymbol{A}=(a_{ij})_{m\times n}$,$\boldsymbol{B}=(b_{ij})_{n\times s}$,$\boldsymbol{AB}=\boldsymbol{C}=(c_{ij})_{m\times s}$;$\boldsymbol{A}'=(a_{ji})_{n\times m}$,$\boldsymbol{B}'=(b_{ji})_{s\times n}$,而 $\boldsymbol{B}'\boldsymbol{A}'=\boldsymbol{D}=(d_{ij})_{s\times m}$,$(\boldsymbol{AB})'=(c_{ij})'_{m\times s}=(c_{ji})_{s\times m}$,都是 $s\times m$ 矩阵,且

$$c_{ji}=\sum_{k=1}^{n}a_{jk}b_{ki}=\sum_{k=1}^{n}b_{ki}a_{jk}=d_{ij},$$

其中 $i=1,2,\cdots,s$;$j=1,2,\cdots,m$. 即 $\boldsymbol{C}'=\boldsymbol{D}$,也即$(\boldsymbol{AB})'=\boldsymbol{B}'\boldsymbol{A}'$.

例 4 设 $\boldsymbol{A}=\begin{bmatrix}1&-1&2\\0&1&3\\1&2&1\end{bmatrix}$, $\boldsymbol{B}=\begin{bmatrix}3&1\\2&2\\1&-1\end{bmatrix}$,求$(\boldsymbol{AB})'$.

解法 1 先求积,再转置. 因为

$$\boldsymbol{AB}=\begin{bmatrix}1&-1&2\\0&1&3\\1&2&1\end{bmatrix}\begin{bmatrix}3&1\\2&2\\1&-1\end{bmatrix}=\begin{bmatrix}3&-3\\5&-1\\8&4\end{bmatrix},$$

所以$(\boldsymbol{AB})'=\begin{bmatrix}3&5&8\\-3&-1&4\end{bmatrix}$.

解法 2 利用两矩阵积的转置公式,有

$$(\boldsymbol{AB})'=\boldsymbol{B}'\boldsymbol{A}'=\begin{bmatrix}3&2&1\\1&2&-1\end{bmatrix}\begin{bmatrix}1&0&1\\-1&1&2\\2&3&1\end{bmatrix}=\begin{bmatrix}3&5&8\\-3&-1&4\end{bmatrix}.$$

六、方阵的行列式

由于行列式中的行数与列数相等,所以,只有对方阵才能取行列式计算其值.

定义 5 设 $\boldsymbol{A}=(a_{ij})_{n\times n}$是一个 n 阶的方阵,由元素 a_{ij}所构成的 n 阶行列式

$$\begin{vmatrix}a_{11}&a_{12}&\cdots&a_{1n}\\a_{21}&a_{22}&\cdots&a_{2n}\\\vdots&\vdots&&\vdots\\a_{n1}&a_{n2}&\cdots&a_{nn}\end{vmatrix}$$

称为方阵 $\boldsymbol{A}$ 的行列式,记为 $\det\boldsymbol{A}$.

可以证明,方阵的行列式满足下列运算规律:

(1) $\det \boldsymbol{A}' = \det \boldsymbol{A}$;

(2) $\det(\lambda \boldsymbol{A}) = \lambda^n \det \boldsymbol{A}$;

(3) $\det(\boldsymbol{AB}) = \det \boldsymbol{A} \cdot \det \boldsymbol{B}$, $\det(\boldsymbol{A}^k) = (\det \boldsymbol{A})^k$.

其中 $\boldsymbol{A}, \boldsymbol{B}$ 为 n 阶方阵,λ 为实数,k 为正整数.

第三节　方阵的逆矩阵及其求法

在科技领域中,经常涉及求方阵乘法的逆运算. 人们熟知,非零实数 a 的倒数为 a^{-1},且 $aa^{-1} = a^{-1}a = 1$.

那么,对于一个方阵 $\boldsymbol{A}$,是否存在 $\boldsymbol{A}^{-1}$,使得 $\boldsymbol{AA}^{-1} = \boldsymbol{A}^{-1}\boldsymbol{A} = \boldsymbol{E}$ 呢? 存在条件是什么? 如何求出 $\boldsymbol{A}^{-1}$? 等等,这些问题我们将逐一解决.

定义 1　设 $\boldsymbol{A}, \boldsymbol{B}$ 都是 n 阶方阵,且满足 $\boldsymbol{AB} = \boldsymbol{BA} = \boldsymbol{E}$,则 $\boldsymbol{A}$ 有逆矩阵,称 $\boldsymbol{A}$ 可逆;$\boldsymbol{B}$ 是 $\boldsymbol{A}$ 的逆矩阵,记为 $\boldsymbol{A}^{-1}$,即 $\boldsymbol{B} = \boldsymbol{A}^{-1}$.

也就是说,若对 n 阶方阵 $\boldsymbol{A}$,存在另一方阵 $\boldsymbol{A}^{-1}$,使 $\boldsymbol{A}^{-1}\boldsymbol{A} = \boldsymbol{AA}^{-1} = \boldsymbol{E}$,则 $\boldsymbol{A}^{-1}$ 是 $\boldsymbol{A}$ 的逆方阵.

根据矩阵乘法规则可知,只有方阵才可能有逆矩阵存在,而且 $\boldsymbol{A}^{-1}$ 与 $\boldsymbol{A}$ 是同阶方阵.

如果方阵 $\boldsymbol{A}$ 的逆矩阵 $\boldsymbol{A}^{-1}$ 存在,则 $\boldsymbol{A}^{-1}$ 是唯一的.

证　设 $\boldsymbol{B}, \boldsymbol{C}$ 都是 $\boldsymbol{A}$ 的逆矩阵,则有

$$\begin{aligned} \boldsymbol{B} &= \boldsymbol{BE} = \boldsymbol{B}(\boldsymbol{AC}) \\ &= (\boldsymbol{BA})\boldsymbol{C} = \boldsymbol{EC} \\ &= \boldsymbol{C}. \end{aligned}$$

方阵的逆矩阵满足下列性质:

(1) 若 $\boldsymbol{A}$ 可逆,则 $\boldsymbol{A}^{-1}$ 也可逆,而且 $(\boldsymbol{A}^{-1})^{-1} = \boldsymbol{A}$;

(2) 若 $\boldsymbol{A}$ 可逆,数 $\lambda \neq 0$,则 $\lambda \boldsymbol{A}$ 也可逆,且 $(\lambda \boldsymbol{A})^{-1} = \dfrac{1}{\lambda}\boldsymbol{A}^{-1}$;

(3) 若 $\boldsymbol{A}$ 可逆,则 $\boldsymbol{A}$ 的转置矩阵 $\boldsymbol{A}'$ 也可逆,且 $(\boldsymbol{A}')^{-1} = (\boldsymbol{A}^{-1})'$;

(4) 若 $\boldsymbol{A}, \boldsymbol{B}$ 为同阶方阵,而且均可逆,则 $\boldsymbol{AB}$ 也可逆,且 $(\boldsymbol{AB})^{-1} = \boldsymbol{B}^{-1}\boldsymbol{A}^{-1}$.

证(4)　因为 $(\boldsymbol{AB})(\boldsymbol{B}^{-1}\boldsymbol{A}^{-1}) = \boldsymbol{A}(\boldsymbol{BB}^{-1})\boldsymbol{A}^{-1} = \boldsymbol{AEA}^{-1} = \boldsymbol{AA}^{-1} = \boldsymbol{E}$;同理可验证,$(\boldsymbol{B}^{-1}\boldsymbol{A}^{-1})(\boldsymbol{AB}) = \boldsymbol{B}^{-1}(\boldsymbol{A}^{-1}\boldsymbol{A})\boldsymbol{B} = \boldsymbol{B}^{-1}\boldsymbol{EB} = \boldsymbol{B}^{-1}\boldsymbol{B} = \boldsymbol{E}$. 故 $(\boldsymbol{AB})$ 可逆,而且 $(\boldsymbol{AB})^{-1} = \boldsymbol{B}^{-1}\boldsymbol{A}^{-1}$.

其他留给读者自我练习.

一、利用伴随矩阵求逆矩阵

定义 2　设 $\boldsymbol{A} = (a_{ij})$ 是 n 阶方阵,由行列式 $\det \boldsymbol{A}$ 的元素 a_{ij} 的代数余子式 A_{ij} $(i, j = 1, 2, \cdots, n)$ 所构成的矩阵的转置,即矩阵

$$\boldsymbol{A}^* = \begin{bmatrix} A_{11} & A_{21} & \cdots & A_{n1} \\ A_{12} & A_{22} & \cdots & A_{n2} \\ \vdots & \vdots & & \vdots \\ A_{1n} & A_{2n} & \cdots & A_{nn} \end{bmatrix} \tag{2.6}$$

称为方阵 $\boldsymbol{A}$ 的伴随矩阵.

例 1 设

$$\boldsymbol{A}=\begin{bmatrix}2&1&1\\3&1&2\\1&-1&0\end{bmatrix},$$

试写出伴随矩阵 $\boldsymbol{A}^*$.

解 因为 $\det\boldsymbol{A}=\begin{vmatrix}2&1&1\\3&1&2\\1&-1&0\end{vmatrix}=2$,其各元素的代数余子式

$$A_{11}=(-1)^{1+1}\begin{vmatrix}1&2\\-1&0\end{vmatrix}=2,\ A_{12}=(-1)^{1+2}\begin{vmatrix}3&2\\1&0\end{vmatrix}=2,$$

$$A_{13}=-4,\ A_{21}=-1,\ A_{22}=-1,\ A_{23}=3,$$

$$A_{31}=1,\ A_{32}=-1,\ A_{33}=(-1)^{3+3}\begin{vmatrix}2&1\\3&1\end{vmatrix}=-1,$$

则

$$\boldsymbol{A}^*=\begin{bmatrix}2&-1&1\\2&-1&-1\\-4&3&-1\end{bmatrix}.$$

定理 1 设 $\boldsymbol{A}$ 是 n 阶方阵,则 $\boldsymbol{A}$ 可逆(逆矩阵存在)的充要条件是 $\det\boldsymbol{A}\neq0$. 且

$$\boldsymbol{A}^{-1}=\frac{1}{\det\boldsymbol{A}}\cdot\boldsymbol{A}^* \tag{2.7}$$

证 必要性. 设 $\boldsymbol{A}$ 为可逆方阵,即存在同阶方阵 $\boldsymbol{A}^{-1}$,使得 $\boldsymbol{A}\boldsymbol{A}^{-1}=\boldsymbol{E}$,则 $\det\boldsymbol{A}\cdot\det\boldsymbol{A}^{-1}=\det\boldsymbol{E}=1$,即 $\det\boldsymbol{A}\cdot\det\boldsymbol{A}^{-1}\neq0$,$\det\boldsymbol{A}\neq0$.

充分性. 设 $\det\boldsymbol{A}\neq0$,由第一章的行列式按行(列)展开法及其推论:

$$\boldsymbol{A}\boldsymbol{A}^*=\begin{bmatrix}a_{11}&a_{12}&\cdots&a_{1n}\\a_{21}&a_{22}&\cdots&a_{2n}\\\vdots&\vdots&&\vdots\\a_{n1}&a_{n2}&\cdots&a_{nn}\end{bmatrix}\begin{bmatrix}A_{11}&A_{21}&\cdots&A_{n1}\\A_{12}&A_{22}&\cdots&A_{n2}\\\vdots&\vdots&&\vdots\\A_{1n}&A_{2n}&\cdots&A_{nn}\end{bmatrix}$$

$$=\begin{bmatrix}\det\boldsymbol{A}&0&\cdots&0\\0&\det\boldsymbol{A}&\cdots&0\\\vdots&\vdots&&\vdots\\0&0&\cdots&\det\boldsymbol{A}\end{bmatrix}=(\det\boldsymbol{A})\cdot\boldsymbol{E}.$$

同理,$\boldsymbol{A}^*\boldsymbol{A}=(\det\boldsymbol{A})\boldsymbol{E}$,即

$$\boldsymbol{A}\boldsymbol{A}^*=\boldsymbol{A}^*\boldsymbol{A}=(\det\boldsymbol{A})\boldsymbol{E},$$

因 $\det\boldsymbol{A}\neq0$,故有

$$\boldsymbol{A}\left(\frac{1}{\det\boldsymbol{A}}\boldsymbol{A}^*\right)=\left(\frac{1}{\det\boldsymbol{A}}\boldsymbol{A}^*\right)\boldsymbol{A}=\boldsymbol{E},$$

由逆矩阵定义 $\boldsymbol{A}\boldsymbol{A}^{-1}=\boldsymbol{A}^{-1}\boldsymbol{A}=\boldsymbol{E}$,所以,$\boldsymbol{A}^{-1}$存在,且

$$\boldsymbol{A}^{-1}=\frac{1}{\det\boldsymbol{A}}\boldsymbol{A}^*.$$

例 2 求例 1 中 $\boldsymbol{A}$ 的逆矩阵 $\boldsymbol{A}^{-1}$.

解 因为 $\det \boldsymbol{A}=2$,故 $\boldsymbol{A}$ 可逆(逆矩阵存在),依(2.7)式,得

$$\boldsymbol{A}^{-1}=\frac{1}{\det \boldsymbol{A}}\boldsymbol{A}^{*}=\frac{1}{2}\begin{bmatrix}2 & -1 & 1\\ 2 & -1 & -1\\ -4 & 3 & -1\end{bmatrix}=\begin{bmatrix}1 & -\frac{1}{2} & \frac{1}{2}\\ 1 & -\frac{1}{2} & -\frac{1}{2}\\ -2 & \frac{3}{2} & -\frac{1}{2}\end{bmatrix}.$$

二、利用矩阵的初等变换求逆矩阵

矩阵的初等变换,是矩阵的一种基本运算,它有着十分广泛的应用,用矩阵的初等变换求逆矩阵,也是矩阵求逆的重要方法.

定义 3 (矩阵的初等变换) 对矩阵的行元素,进行下述三种变换,称为矩阵的初等行变换.

(i) 对调矩阵的任两行元素(用 $r_i \leftrightarrow r_l$ 表示第 i 行与第 l 行相交换);

(ii) 用非零常数 k 去乘矩阵某一行的所有元素(用 kr_i 表示数 k 乘矩阵的第 i 行元素);

(iii) 用常数 k 乘矩阵中某一行元素,加到另一行对应元素上(用 kr_i+r_l 表示用 k 乘第 i 行加到第 l 行上去).

类似地,将上面所述的行换成列,便可得矩阵**初等列变换**的定义,并分别记为:$c_j \leftrightarrow c_p$;kc_j;kc_j+c_p.

矩阵的初等行变换和初等列变换,统称为矩阵的**初等变换**.

易知,矩阵的初等变换都是可逆的,而且其逆变换也是同一类型的初等变换. 如:① 初等变换 $r_i \leftrightarrow r_l$ 的逆变换,还是其本身;② 初等变换 kr_i 的逆变换为 $\frac{1}{k}r_i$;③ 初等变换 kr_i+r_l 的逆变换是 $(-k)r_i+r_l$.

定义 4 (初等方阵) 将单位矩阵 $\boldsymbol{E}$,进行一次初等变换所得到的方阵称为初等方阵.

三种初等变换,对应三种初等方阵:

(1) 对调 $\boldsymbol{E}$ 的两行或两列;如对调矩阵 $\boldsymbol{E}$ 的第 i 行与第 l 行 $(r_i \leftrightarrow r_l)$,得初等方阵

$$\boldsymbol{E}(i,l)=\begin{bmatrix}1 & & & & & & & & \\ & \ddots & & & & & & & \\ & & 1 & & & & & & \\ & & & 0 & \cdots & 1 & & & \\ & & & & 1 & & & & \\ & & & \vdots & \ddots & \vdots & & & \\ & & & & & 1 & & & \\ & & & 1 & \cdots & 0 & & & \\ & & & & & & 1 & & \\ & & & & & & & \ddots & \\ & & & & & & & & 1\end{bmatrix}\begin{matrix} \\ \\ \\ \leftarrow 第\ i\ 行 \\ \\ \\ \\ \leftarrow 第\ l\ 行 \\ \\ \\ \\ \end{matrix};$$

若用 m 阶初等方阵 $\boldsymbol{E}_m(i,l)$ 左乘 $m\times n$ 矩阵 $\boldsymbol{A}=(a_{ij})_{m\times n}$,即

$$
\boldsymbol{E}_m(i,l)\boldsymbol{A}=\begin{bmatrix} a_{11} & a_{12} & \cdots & a_{1n} \\ \vdots & \vdots & & \vdots \\ a_{l1} & a_{l2} & \cdots & a_{ln} \\ \vdots & \vdots & & \vdots \\ a_{i1} & a_{i2} & \cdots & a_{in} \\ a_{m1} & a_{m2} & \cdots & a_{mn} \end{bmatrix}\begin{matrix} \\ \\ \leftarrow 第\ i\ 行 \\ \\ \leftarrow 第\ l\ 行 \\ \\ \end{matrix},
$$

其结果等于对 $\boldsymbol{A}$ 进行一次第一种初等行变换($r_i \leftrightarrow r_l$).

同理可验证,若用 n 阶初等方阵 $\boldsymbol{E}_n(i,l)$ 右乘 $\boldsymbol{A}=(a_{ij})_{m\times n}$,其结果等于对 $\boldsymbol{A}$ 施行一次第一种初等列变换($c_i \leftrightarrow c_l$).

(2) 用常数 $k(k\neq 0)$ 乘 $\boldsymbol{E}$ 的第 i 行元素(kr_i),得初等方阵

$$
\boldsymbol{E}(i(k))=\begin{bmatrix} 1 & & & & \\ & \ddots & & & \\ & & k & & \\ & & & 1 & \\ & & & & \ddots \\ & & & & & 1 \end{bmatrix}\begin{matrix} \\ \\ \leftarrow 第\ i\ 行 \\ \\ \\ \\ \end{matrix};
$$

若用 $\boldsymbol{E}_m(i(k))$ 左乘 $\boldsymbol{A}=(a_{ij})_{m\times n}$,得

$$
\boldsymbol{E}_m(i(k))\boldsymbol{A}=\begin{bmatrix} a_{11} & a_{12} & \cdots & a_{1n} \\ \vdots & \vdots & & \vdots \\ ka_{i1} & ka_{i2} & \cdots & ka_{in} \\ \vdots & \vdots & & \vdots \\ a_{m1} & a_{m2} & \cdots & a_{mn} \end{bmatrix},
$$

即等于对 $\boldsymbol{A}$ 作第二种初等行变换,用数 k 乘 $\boldsymbol{A}$ 的第 i 行元素(kr_i). 可验知,若用 $\boldsymbol{E}_n(i(k))$ 右乘 $\boldsymbol{A}$,则等于用 k 乘 $\boldsymbol{A}$ 的第 i 列(kc_i).

(3) 用常数 k 乘矩阵 $\boldsymbol{E}$ 的第 l 行,加到第 i 行上(kr_l+r_i),得初等方阵

$$
\boldsymbol{E}(l(k),i)=\begin{bmatrix} 1 & & & & \\ & \ddots & & & \\ & & 1 \cdots & k & \\ & & \ddots & \vdots & \\ & & & 1 & \\ & & & & \ddots \\ & & & & & 1 \end{bmatrix}\begin{matrix} \\ \\ \leftarrow 第\ i\ 行 \\ \\ \leftarrow 第\ l\ 行 \\ \\ \\ \end{matrix};
$$

若用 $\boldsymbol{E}_m(l(k),i)$ 左乘 $\boldsymbol{A}=(a_{ij})_{m\times n}$,其结果等于用 k 乘 $\boldsymbol{A}$ 的第 l 行加到 i 行上(kr_l+r_i),即

$$
\boldsymbol{E}(l(k),i)\boldsymbol{A}=\begin{bmatrix} a_{11} & a_{12} & \cdots & a_{1n} \\ \vdots & \vdots & & \vdots \\ ka_{l_1}+a_{i_1} & ka_{l_2}+a_{i_2} & \cdots & ka_{l_n}+a_{i_n} \\ \vdots & \vdots & & \vdots \\ a_{l1} & a_{l2} & \cdots & a_{ln} \\ \vdots & \vdots & & \vdots \\ a_{m1} & a_{m2} & \cdots & a_{mn} \end{bmatrix}.
$$

可验知,若用 $\boldsymbol{E}_n(l(k),i)$ 右乘 $\boldsymbol{A}_{m\times n}$,则等于用 k 乘 $\boldsymbol{A}$ 的第 i 列加到第 l 列上(kc_i+c_l).

因为初等方阵是单位矩阵经过初等变换得到的,而初等变换是可逆的,所以初等方阵也都是可逆的,且其逆矩阵亦属同类初等方阵,即

$$\boldsymbol{E}^{-1}(i,l)=\boldsymbol{E}(i,l);$$

$$\boldsymbol{E}^{-1}(i(k))=\boldsymbol{E}\left(i\left(\frac{1}{k}\right)\right);$$

$$\boldsymbol{E}^{-1}(l(k),i)=\boldsymbol{E}(l(-k),i).$$

根据以上讨论,得到如下引理:

引理 对一个 $m\times n$ 矩阵 $\boldsymbol{A}$ 作一次初等行变换,相当于在 $\boldsymbol{A}$ 的左边乘上相应的 m 阶初等方阵;对 $\boldsymbol{A}$ 作一次初等列变换,相当于在 $\boldsymbol{A}$ 的右边乘上相应的 n 阶初等方阵.

依这个引理,我们得到

定理 2 n 阶方阵 $\boldsymbol{A}$ 可逆的充分必要条件是 $\boldsymbol{A}$ 可表示为有限个初等方阵的乘积:

$$\boldsymbol{A}=\boldsymbol{P}_1\boldsymbol{P}_2\cdot\cdots\cdot\boldsymbol{P}_l, \tag{2.8}$$

其中 $\boldsymbol{P}_i$ 为初等方阵($i=1,2,\cdots,l$).

证 充分性. 因为初等方阵 $\boldsymbol{P}_i(i=1,2,\cdots,l)$ 是可逆的,所以 $\boldsymbol{A}=\boldsymbol{P}_1\boldsymbol{P}_2\cdot\cdots\cdot\boldsymbol{P}_l$ 也可逆.

必要性. 因为 $\boldsymbol{A}$ 可逆,$\det\boldsymbol{A}\neq0$,故 $\boldsymbol{A}$ 的任一列的元素都不全为零,从而 $\boldsymbol{A}$ 的第一列元素不全为零,不妨设 $a_{11}\neq0$,这样,对 $\boldsymbol{A}$ 施行初等行变换 $-\dfrac{a_{i1}}{a_{11}}r_1+r_i(i=2,3,\cdots,n)$ 与初等列变换 $-\dfrac{a_{1j}}{a_{11}}c_1+c_j(j=2,3,\cdots,n)$;再对 $\boldsymbol{A}$ 施行初等行变换 $\dfrac{1}{a_{11}}r_1$,则 $\boldsymbol{A}$ 变为

$$\boldsymbol{A}\to\begin{bmatrix}1 & 0 & \cdots & 0\\ 0 & & & \\ \vdots & & \boldsymbol{A}_1 & \\ 0 & & & \end{bmatrix}.$$

由于 $\boldsymbol{A}$ 可逆,而 $\boldsymbol{A}_1$ 是一个($n-1$)阶的可逆矩阵,对 $\boldsymbol{A}_1$ 再重复以上的步骤,如此下去,最后将 $\boldsymbol{A}$ 用初等变换变成了单位矩阵 $\boldsymbol{E}$. 反之,由于初等变换可逆,逆变换仍是初等变换,所以对 $\boldsymbol{E}$ 经有限次初等变换也可变为 $\boldsymbol{A}$,也就是存在有限个初等方阵 $\boldsymbol{P}_1,\boldsymbol{P}_2,\cdots,\boldsymbol{P}_l$,使得

$$\boldsymbol{P}_1\boldsymbol{P}_2\cdot\cdots\cdot\boldsymbol{P}_r\boldsymbol{E}\boldsymbol{P}_{r+1}\boldsymbol{P}_{r+2}\cdot\cdots\cdot\boldsymbol{P}_l=\boldsymbol{A},$$

即

$$\boldsymbol{A}=\boldsymbol{P}_1\boldsymbol{P}_2\cdots\boldsymbol{P}_l.$$

证毕.

根据定理 2,可得到利用初等变换求逆矩阵的重要方法.

由单位矩阵的乘法,(2.8)式可写成:

$$\boldsymbol{A}=\boldsymbol{P}_1\boldsymbol{P}_2\cdots\boldsymbol{P}_l\boldsymbol{E},$$

从而得

$$\boldsymbol{P}_l^{-1}\cdots\boldsymbol{P}_2^{-1}\boldsymbol{P}_1^{-1}\boldsymbol{A}=\boldsymbol{E}. \tag{2.9}$$

两边右乘 $\boldsymbol{A}^{-1}$,得

$$P_l^{-1}\cdots P_2^{-1}P_1^{-1}AA^{-1}=EA^{-1},$$

也即

$$P_l^{-1}\cdots P_2^{-1}P_1^{-1}E=A^{-1}. \tag{2.10}$$

由于初等方阵 P_i 的逆 $P_i^{-1}(i=1,2,\cdots,l)$ 仍是初等方阵，由引理，(2.9)式说明对 A 施行 l 次初等变换，可变为 E，而(2.10)式则说明对 E 施行 l 次同样的初等变换，可变为 A^{-1}，因此可以将(2.9)与(2.10)合并起来，得

$$P_l^{-1}\cdot\cdots\cdot P_2^{-1}P_1^{-1}(A\ \vdots\ E)=(E\ \vdots\ A^{-1}),$$

就是说对 $n\times 2n$ 矩阵$(A\ \vdots\ E)$施行初等行变换，当把 A 变为单位矩阵 E 时，原来的单位矩阵就变成了 A^{-1}，从而便得到了 A^{-1}，也即

$$(A\ \vdots\ E)\xrightarrow{\text{初等行变换}}(E\ \vdots\ A^{-1}). \tag{2.11}$$

同理，若取 $2n\times n$ 矩阵为$\begin{pmatrix}A\\ \hdashline E\end{pmatrix}$，对其施行有限次初等列变换，当 A 变为 E 时，E 也就变为了 A^{-1}，即

$$\begin{pmatrix}A\\ \hdashline E\end{pmatrix}\xrightarrow{\text{初等列变换}}\begin{pmatrix}E\\ \hdashline A^{-1}\end{pmatrix}. \tag{2.12}$$

例 3 设 $A=\begin{bmatrix}0&1&2\\1&1&4\\2&-1&0\end{bmatrix}$，求 A^{-1}.

解 由

$$(A\ \vdots\ E)=\left[\begin{array}{ccc|ccc}0&1&2&1&0&0\\1&1&4&0&1&0\\2&-1&0&0&0&1\end{array}\right]\xrightarrow[r_1\leftrightarrow r_2]{(-2)r_2+r_3}\left[\begin{array}{ccc|ccc}1&1&4&0&1&0\\0&1&2&1&0&0\\0&-3&-8&0&-2&1\end{array}\right]$$

$$\xrightarrow[3r_2+r_3]{(-1)r_2+r_1}\left[\begin{array}{ccc|ccc}1&0&2&-1&1&0\\0&1&2&1&0&0\\0&0&-2&3&-2&1\end{array}\right]\xrightarrow[r_3+r_2]{r_3+r_1}\left[\begin{array}{ccc|ccc}1&0&0&2&-1&1\\0&1&0&4&-2&1\\0&0&-2&3&-2&1\end{array}\right]$$

$$\xrightarrow{-\frac{1}{2}r_3}\left[\begin{array}{ccc|ccc}1&0&0&2&-1&1\\0&1&0&4&-2&1\\0&0&1&-\frac{3}{2}&1&-\frac{1}{2}\end{array}\right],$$

得

$$A^{-1}=\begin{bmatrix}2&-1&1\\4&-2&1\\-\frac{3}{2}&1&-\frac{1}{2}\end{bmatrix}.$$

定义 5 （矩阵等价） 若矩阵 A 经有限次初等变换为矩阵 B，则称矩阵 A 与 B 等价，记为 $A\overset{\text{等价于}}{\sim}B$.

矩阵的等价关系满足：

(1) 对称性 若 $A\overset{\text{等价于}}{\sim}B$，则 $B\overset{\text{等价于}}{\sim}A$；

(2) 自反性　$A \overset{\text{等价于}}{\sim} A$;

(3) 传递性　若 $A \overset{\text{等价于}}{\sim} B, B \overset{\text{等价于}}{\sim} C$,则 $A \overset{\text{等价于}}{\sim} C$.

据此矩阵等价定义和由定理 2 所提出的求逆矩阵的方法,可得到定理 2 的如下推论:

推论 1　n 阶方阵 A 可逆的充分必要条件是:A 与 n 阶单位矩阵 E 等价,即 $A \overset{\text{等价于}}{\sim} E$.

推论 2　$m \times n$ 矩阵 $A \overset{\text{等价于}}{\sim} B$ 的充分必要条件是:存在 m 阶可逆方阵 P 及 n 阶可逆方阵 Q,使 $PAQ = B$.

由矩阵等价定义和矩阵乘法的结合律,方阵 P 在此为对 A 进行的若干次初等行变换所对应的初等方阵的积;而方阵 Q 为对 A 进行的若干次初等列变换所对应的初等方阵的积.

由推论 1 知,假若对 $n \times 2n$ 矩阵 $(A \mid E)$ 经过一系列初等行变换,若不可能将 A 变为 E 时,则 A^{-1} 不存在,所以利用这种方法,既可以判断 A^{-1} 是否存在,又可以在 A 可逆时求出 A^{-1}.

例 4　以下矩阵 A 是否可逆?若可逆,求 A^{-1}:

$$A = \begin{bmatrix} 1 & 2 & 0 & 0 \\ -1 & -3 & 1 & 3 \\ 0 & 0 & 2 & 4 \\ 3 & 6 & 1 & 2 \end{bmatrix}.$$

解　取矩阵 $(A \mid E)$,且施以初等行变换

$$(A \mid E) = \left[\begin{array}{cccc:cccc} 1 & 2 & 0 & 0 & 1 & 0 & 0 & 0 \\ -1 & -3 & 1 & 3 & 0 & 1 & 0 & 0 \\ 0 & 0 & 2 & 4 & 0 & 0 & 1 & 0 \\ 3 & 6 & 1 & 2 & 0 & 0 & 0 & 1 \end{array}\right] \xrightarrow[-3r_1 + r_4]{r_1 + r_2} \left[\begin{array}{cccc:cccc} 1 & 2 & 0 & 0 & 1 & 0 & 0 & 0 \\ 0 & -1 & 1 & 3 & 1 & 1 & 0 & 0 \\ 0 & 0 & 2 & 4 & 0 & 0 & 1 & 0 \\ 0 & 0 & 1 & 2 & -3 & 0 & 0 & 1 \end{array}\right]$$

$$\xrightarrow{-\frac{1}{2}r_3 + r_4} \left[\begin{array}{cccc:cccc} 1 & 2 & 0 & 0 & 1 & 0 & 0 & 0 \\ 0 & -1 & 1 & 3 & 1 & 1 & 0 & 0 \\ 0 & 0 & 2 & 4 & 0 & 0 & 1 & 0 \\ 0 & 0 & 0 & 0 & -3 & 0 & -\frac{1}{2} & 1 \end{array}\right].$$

由于左边那块的第四行的元素全化为零,A 不可能变为 E,因此,A^{-1} 不存在.

第四节　矩阵的分块及其运算

为便于行(列)数较高的矩阵运算,需讨论矩阵分块法.

用若干条横线和纵线,把矩阵分割成一些小块,每一小块也是一个矩阵,称为矩阵的子矩阵(或子块),这种以子块为元素的矩阵,叫**分块矩阵**.

例如,将一个 5 阶矩阵分成四块:

$$A=\left[\begin{array}{cc:ccc}4&0&0&0&0\\0&4&0&0&0\\ \hdashline 3&-1&1&0&0\\2&4&0&1&0\\1&5&0&0&1\end{array}\right],$$

则 $\boldsymbol{A}$ 可简记为

$$A=\begin{bmatrix}4E_2 & O\\ A_{21} & E_3\end{bmatrix},$$

其中 $\boldsymbol{E}_2,\boldsymbol{E}_3$ 分别为二阶与三阶单位矩阵,而

$$A_{21}=\begin{bmatrix}3&-1\\2&4\\1&5\end{bmatrix}.$$

对矩阵进行分块,方法颇多,同一个矩阵可以根据需要划分成不同的子块,构成形式不同的分块矩阵,但分块后,最好有若干个子块是单位矩阵或较简单的矩阵. 以子块作为元素,则分块矩阵的运算规则与一般矩阵相类似.

① 分块矩阵的加法

设 $\boldsymbol{A},\boldsymbol{B}$ 均为 $m\times n$ 矩阵,并用相同的分块方法,那么 $\boldsymbol{A}$ 与 $\boldsymbol{B}$ 相加,就是对应的子块相加.

② 分块矩阵的乘法

经常用到的是分块矩阵相乘. 先看下面的例子:

例 1 设矩阵 $A=\begin{bmatrix}1&0&1&3\\0&1&2&4\\0&0&-1&0\\0&0&0&-1\end{bmatrix},B=\begin{bmatrix}1&2&0&0\\2&0&0&0\\6&3&1&0\\0&-2&0&1\end{bmatrix}$,

求 $\boldsymbol{A}+\boldsymbol{B}$ 与 $\boldsymbol{AB}$.

解 将 $\boldsymbol{A},\boldsymbol{B}$ 分块为

$$A=\left[\begin{array}{cc:cc}1&0&1&3\\0&1&2&4\\ \hdashline 0&0&-1&0\\0&0&0&-1\end{array}\right],B=\left[\begin{array}{cc:cc}1&2&0&0\\2&0&0&0\\ \hdashline 6&3&1&0\\0&-2&0&1\end{array}\right],$$

其中,子块

$$A_{12}=\begin{bmatrix}1&3\\2&4\end{bmatrix},B_{11}=\begin{bmatrix}1&2\\2&0\end{bmatrix},B_{21}=\begin{bmatrix}6&3\\0&-2\end{bmatrix}.$$

以子块为元素,而 $\boldsymbol{A},\boldsymbol{B}$ 均为二阶方阵,即

$$A=\begin{bmatrix}E_2&A_{12}\\O&-E_2\end{bmatrix},\ B=\begin{bmatrix}B_{11}&O\\B_{21}&E_2\end{bmatrix},$$

则

$$A+B=\begin{bmatrix}E_2&A_{12}\\O&-E_2\end{bmatrix}+\begin{bmatrix}B_{11}&O\\B_{21}&E_2\end{bmatrix}=\begin{bmatrix}E_2+B_{11}&A_{12}\\B_{21}&-E_2+E_2\end{bmatrix}$$

$$=\begin{bmatrix}2&2&1&3\\2&1&2&4\\6&3&0&0\\0&-2&0&0\end{bmatrix}.$$

而 $$\boldsymbol{AB}=\begin{bmatrix}\boldsymbol{E}_2&\boldsymbol{A}_{12}\\\boldsymbol{O}&-\boldsymbol{E}_2\end{bmatrix}\begin{bmatrix}\boldsymbol{B}_{11}&\boldsymbol{O}\\\boldsymbol{B}_{21}&\boldsymbol{E}_2\end{bmatrix}=\begin{bmatrix}\boldsymbol{B}_{11}+\boldsymbol{A}_{12}\boldsymbol{B}_{21}&\boldsymbol{A}_{12}\\-\boldsymbol{B}_{21}&-\boldsymbol{E}_2\end{bmatrix},$$

其中 $$\boldsymbol{B}_{11}+\boldsymbol{A}_{12}\boldsymbol{B}_{21}=\begin{bmatrix}1&2\\2&0\end{bmatrix}+\begin{bmatrix}1&3\\2&4\end{bmatrix}\begin{bmatrix}6&3\\0&-2\end{bmatrix}=\begin{bmatrix}7&-1\\14&-2\end{bmatrix},$$

所以 $$\boldsymbol{AB}=\begin{bmatrix}7&-1&1&3\\14&-2&2&4\\-6&-3&-1&0\\0&2&0&-1\end{bmatrix}.$$

可知,分块矩阵相乘时,把子块作为"元素",应用一般矩阵乘法规则进行运算. 矩阵的分块乘法的目的,就是将阶数或行列数较高的大型矩阵的乘法,化为两次较低阶的小型矩阵相乘来完成. 第一次是形式上以子块为元素的(分块)矩阵相乘,第二次是子块矩阵相乘. 为使这两次乘法均有意义,一定要注意分块方法:前一个矩阵列的分法与后一个矩阵行的分法要相同.

例 2 设 $\boldsymbol{A}=(a_{ij})_{m\times s}$,$\boldsymbol{B}=(b_{ij})_{s\times n}$. 如果 $\boldsymbol{A}$ 为行分块矩阵,$\boldsymbol{B}$ 为列分块矩阵,即

$$\boldsymbol{A}=\begin{bmatrix}\boldsymbol{A}_1\\\boldsymbol{A}_2\\\vdots\\\boldsymbol{A}_m\end{bmatrix},\ \boldsymbol{B}=(\boldsymbol{B}_1\boldsymbol{B}_2\cdots\boldsymbol{B}_n),$$

其中子块

$$\boldsymbol{A}_i=(a_{i1}a_{i2}\cdots a_{is}),i=1,2,\cdots,m;\boldsymbol{B}_j=\begin{bmatrix}b_{1j}\\b_{2j}\\\vdots\\b_{sj}\end{bmatrix},j=1,2,\cdots,n\ ,$$

则

$$\boldsymbol{AB}=\begin{bmatrix}\boldsymbol{A}_1\\\boldsymbol{A}_2\\\vdots\\\boldsymbol{A}_m\end{bmatrix}(\boldsymbol{B}_1\boldsymbol{B}_2\cdots\boldsymbol{B}_n)=\begin{bmatrix}\boldsymbol{A}_1\boldsymbol{B}_1&\boldsymbol{A}_1\boldsymbol{B}_2&\cdots&\boldsymbol{A}_1\boldsymbol{B}_n\\\boldsymbol{A}_2\boldsymbol{B}_1&\boldsymbol{A}_2\boldsymbol{B}_2&\cdots&\boldsymbol{A}_2\boldsymbol{B}_n\\\vdots&\vdots&&\vdots\\\boldsymbol{A}_m\boldsymbol{B}_1&\boldsymbol{A}_m\boldsymbol{B}_2&\cdots&\boldsymbol{A}_m\boldsymbol{B}_n\end{bmatrix}.$$

如果 $\boldsymbol{A}$ 不是分块矩阵,而 $\boldsymbol{B}$ 为分块矩阵,则

$$\boldsymbol{AB}=\boldsymbol{A}(\boldsymbol{B}_1\boldsymbol{B}_2\cdots\boldsymbol{B}_n)=(\boldsymbol{AB}_1\boldsymbol{AB}_2\cdots\boldsymbol{AB}_n).$$

③ 分块对角矩阵

设 $\boldsymbol{A}$ 为 n 阶方阵,$\boldsymbol{A}_i$ 是 k_i 阶方阵($i=1,2,\cdots,n$),则称矩阵

$$\boldsymbol{A}=\begin{bmatrix}\boldsymbol{A}_1&\boldsymbol{O}&\cdots&\boldsymbol{O}\\\boldsymbol{O}&\boldsymbol{A}_2&\cdots&\boldsymbol{O}\\\vdots&\vdots&&\vdots\\\boldsymbol{O}&\boldsymbol{O}&\cdots&\boldsymbol{A}_n\end{bmatrix}$$

为**分块对角矩阵**.

分块对角矩阵具有下述性质:

(1) $\det \boldsymbol{A} = \det \boldsymbol{A}_1 \cdot \det \boldsymbol{A}_2 \cdot \cdots \cdot \det \boldsymbol{A}_n$;

(2) $\boldsymbol{A}^k = \begin{bmatrix} \boldsymbol{A}_1^k & \boldsymbol{O} & \cdots & \boldsymbol{O} \\ \boldsymbol{O} & \boldsymbol{A}_2^k & \cdots & \boldsymbol{O} \\ \vdots & \vdots & & \vdots \\ \boldsymbol{O} & \boldsymbol{O} & \cdots & \boldsymbol{A}_n^k \end{bmatrix}$;

(3) 若各子块 $\boldsymbol{A}_i$ 均为可逆矩阵($i=1,2,\cdots,n$),则

$$\boldsymbol{A}^{-1} = \begin{bmatrix} \boldsymbol{A}_1^{-1} & \boldsymbol{O} & \cdots & \boldsymbol{O} \\ \boldsymbol{O} & \boldsymbol{A}_2^{-1} & \cdots & \boldsymbol{O} \\ \vdots & \vdots & & \vdots \\ \boldsymbol{O} & \boldsymbol{O} & \cdots & \boldsymbol{A}_n^{-1} \end{bmatrix}.$$

我们只证明第(3)个性质.

证 因为

$$\begin{bmatrix} \boldsymbol{A}_1 & \boldsymbol{O} & \cdots & \boldsymbol{O} \\ \boldsymbol{O} & \boldsymbol{A}_2 & \cdots & \boldsymbol{O} \\ \vdots & \vdots & & \vdots \\ \boldsymbol{O} & \boldsymbol{O} & \cdots & \boldsymbol{A}_n \end{bmatrix} \begin{bmatrix} \boldsymbol{A}_1^{-1} & \boldsymbol{O} & \cdots & \boldsymbol{O} \\ \boldsymbol{O} & \boldsymbol{A}_2^{-1} & \cdots & \boldsymbol{O} \\ \vdots & \vdots & & \vdots \\ \boldsymbol{O} & \boldsymbol{O} & \cdots & \boldsymbol{A}_n^{-1} \end{bmatrix}$$

$$= \begin{bmatrix} \boldsymbol{A}_1\boldsymbol{A}_1^{-1} & \boldsymbol{O} & \cdots & \boldsymbol{O} \\ \boldsymbol{O} & \boldsymbol{A}_2\boldsymbol{A}_2^{-1} & \cdots & \boldsymbol{O} \\ \vdots & \vdots & & \vdots \\ \boldsymbol{O} & \boldsymbol{O} & \cdots & \boldsymbol{A}_n\boldsymbol{A}_n^{-1} \end{bmatrix} = \begin{bmatrix} \boldsymbol{E} & \boldsymbol{O} & \cdots & \boldsymbol{O} \\ \boldsymbol{O} & \boldsymbol{E} & \cdots & \boldsymbol{O} \\ \vdots & \vdots & & \vdots \\ \boldsymbol{O} & \boldsymbol{O} & \cdots & \boldsymbol{E} \end{bmatrix},$$

所以性质(3)为真.

例 3 已知 $\boldsymbol{A} = \begin{bmatrix} 0 & -4 & 0 \\ 1 & 2 & 0 \\ 0 & 0 & 4 \end{bmatrix}$,求 $\boldsymbol{A}^{-1}$.

解 将 $\boldsymbol{A}$ 分块为对角矩阵,即

$$\boldsymbol{A} = \left[\begin{array}{cc:c} 0 & -4 & 0 \\ 1 & 2 & 0 \\ \hdashline 0 & 0 & 4 \end{array}\right] = \begin{bmatrix} \boldsymbol{A}_1 & \boldsymbol{O} \\ \boldsymbol{O} & \boldsymbol{A}_2 \end{bmatrix},$$

子块 $\boldsymbol{A}_1, \boldsymbol{A}_2$ 均为方阵且可逆,而

$$\boldsymbol{A}_1 = \begin{bmatrix} 0 & -4 \\ 1 & 2 \end{bmatrix}, \ \boldsymbol{A}_1^{-1} = \begin{bmatrix} \frac{1}{2} & 1 \\ -\frac{1}{4} & 0 \end{bmatrix},$$

$$\boldsymbol{A}_2 = 4, \ \boldsymbol{A}_2^{-1} = \frac{1}{4},$$

则

$$A^{-1}=\begin{bmatrix}A_1^{-1} & O\\ O & A_2^{-1}\end{bmatrix}=\left[\begin{array}{cc:c}\frac{1}{2} & 1 & 0\\ -\frac{1}{4} & 0 & 0\\ \hdashline 0 & 0 & \frac{1}{4}\end{array}\right]=\begin{bmatrix}\frac{1}{2} & 1 & 0\\ -\frac{1}{4} & 0 & 0\\ 0 & 0 & \frac{1}{4}\end{bmatrix}.$$

第五节　矩 阵 的 秩

矩阵的秩是线性代数中一个非常有用的概念,它与行列式和矩阵的初等变换有着密切的联系.

一、两个定义

定义 1 （k 阶子式） 在一个 $m\times n$ 矩阵$\boldsymbol{A}$ 中,任意取定 k 行($k\leqslant m$)和 k 列($k\leqslant n$),位于这些选定的行列交叉位置处的 k^2 个元素,按原来的次序所组成的 k 阶行列式,称为矩阵 $\boldsymbol{A}$ 的一个 k 阶子式.

易知,$m\times n$ 矩阵$\boldsymbol{A}$ 的k 阶子式共有 $C_m^k C_n^k$ 个,其中 $k=1,2,\cdots,\min\{m,n\}$,下面将通过矩阵的子式,来揭示矩阵的一个很重要的内在特性,即所谓矩阵的秩.

定义 2 （矩阵的秩） 若矩阵 $\boldsymbol{A}$ 存在一个r 阶子式$D_r\neq 0$,而所有 $r+1$ 阶子式(假若存在)全为零,则 D_r 称为矩阵$\boldsymbol{A}$ 的最高阶非零子式,阶数 r 称为矩阵$\boldsymbol{A}$ 的秩,记作 $R(\boldsymbol{A})$,即 $R(\boldsymbol{A})=r$. 规定零矩阵的秩是零.

例 1 在矩阵

$$\boldsymbol{A}=\begin{bmatrix}1 & 2 & 3 & 1\\ 0 & 1 & -1 & 2\\ 0 & 0 & 0 & 4\\ 0 & 0 & 0 & 0\end{bmatrix}$$

中,存在三阶子式 D_3(如由 $\boldsymbol{A}$ 的一、二、三行及一、二、四列等组成的子式)

$$D_3=\begin{vmatrix}1 & 2 & 1\\ 0 & 1 & 2\\ 0 & 0 & 4\end{vmatrix}=4\neq 0,$$

而 4 阶子式只有 $\boldsymbol{A}$ 的行列式 $\det\boldsymbol{A}$,且 $\det\boldsymbol{A}=0$,由定义,$R(\boldsymbol{A})=r=3$.

由行列式按行(列)展开定理可知,如果矩阵 $\boldsymbol{A}$ 的 $r+1$ 阶子式全为零,则所有高于 $r+1$ 阶的子式(如果存在)必全等于零. 这说明:矩阵 $\boldsymbol{A}$ 的秩 $R(\boldsymbol{A})$就是 $\boldsymbol{A}$ 中非零子式的最高阶数.

一般地,利用定义直接求矩阵 $\boldsymbol{A}$ 的秩是比较麻烦的,因为有时需要计算许多个行列式,下面我们介绍利用矩阵的初等变换方法来求秩.

二、利用初等变换求秩

该法要领是:利用矩阵的初等变换,将矩阵中很多元素变为零,得一阶梯形矩阵. 何谓阶梯形矩阵呢？观察形如下列两个具体的实例：

在矩阵 $\boldsymbol{C}=\begin{bmatrix}1&2&-1&3\\0&4&2&-3\\0&0&-2&0\\0&0&0&2\end{bmatrix}$ 与 $\boldsymbol{D}=\begin{bmatrix}2&-1&4&2\\0&-2&5&0\\0&0&3&3\\0&0&0&0\end{bmatrix}$ 中，

虚线呈阶梯状，每一梯级仅跨一行，梯下元素全部为零，$\boldsymbol{C}$ 与 $\boldsymbol{D}$ 便是**行阶梯形矩阵**.

由矩阵秩的定义很容易验证：阶梯形矩阵的秩就等于它的含有非零元素的行数(即所含的阶梯数)，而任一矩阵都可通过初等变换化成阶梯形. 下面的定理表明：矩阵 $\boldsymbol{A}$ 的秩等于它所对应的阶梯形矩阵的秩.

定理 如果 $\boldsymbol{A}\overset{\text{等价于}}{\sim}\boldsymbol{B}$，则 $R(\boldsymbol{A})=R(\boldsymbol{B})$，也就是说，等价的矩阵一定有相同的秩.

证 不妨就进行一次初等变换的情形来证明.

(1) 如果互换矩阵 $\boldsymbol{A}$ 的两行(或两列)得矩阵 $\boldsymbol{B}$，由行列式的性质，交换行列式的两行(列)，行列式仅改变正负号，所以，交换后的矩阵 $\boldsymbol{B}$ 的每一个子式，与原来矩阵 $\boldsymbol{A}$ 中相应的子式或者相等，或者仅改变正负号，故 $R(\boldsymbol{A})=R(\boldsymbol{B})$.

(2) 如果以非零常数 k 乘矩阵 $\boldsymbol{A}$ 的某一行(或某一列)得矩阵 $\boldsymbol{B}$，由行列式某一行(列)乘非零常数 k，等于行列式值扩大 k 倍. 因此，矩阵 $\boldsymbol{B}$ 的每一个子式，与原来矩阵 $\boldsymbol{A}$ 对应的子式或者相等，或者仅差 k 倍，故 $R(\boldsymbol{A})=R(\boldsymbol{B})$.

(3) 如果以数 k 乘矩阵 $\boldsymbol{A}$ 的某一行(或某一列)加到另一行(或另一列)上得矩阵 $\boldsymbol{B}$，由行列式的性质知，矩阵 $\boldsymbol{B}$ 的每一个子式，都与原来矩阵 $\boldsymbol{A}$ 对应的子式相等，故 $R(\boldsymbol{A})=R(\boldsymbol{B})$.

该定理说明了：矩阵的初等变换不改变矩阵的秩. 因此，我们可以利用初等变换，使矩阵的许多元素变为零，从而直接看出矩阵的秩. 在应用上，可以使用初等行变换，将待求秩的矩阵 $\boldsymbol{A}$ 变成行阶梯形矩阵 $\boldsymbol{B}$，其中含有非零元素的行数，便是此行阶梯形矩阵 $\boldsymbol{B}$ 的秩，由定理知，也是矩阵 $\boldsymbol{A}$ 的秩.

例 2 求矩阵

$$\boldsymbol{A}=\begin{bmatrix}4&1&2&1&3\\1&-2&-1&-2&-3\\2&5&4&-1&0\\1&1&1&1&2\end{bmatrix}$$

的秩 $R(\boldsymbol{A})$.

解

$$\boldsymbol{A}=\begin{bmatrix}4&1&2&1&3\\1&-2&-1&-2&-3\\2&5&4&-1&0\\1&1&1&1&2\end{bmatrix}\xrightarrow[\substack{-2r_1+r_3\\-4r_1+r_4}]{\substack{r_1\leftrightarrow r_4\\-r_1+r_2}}\begin{bmatrix}1&1&1&1&2\\0&-3&-2&-3&-5\\0&3&2&-3&-4\\0&-3&-2&-3&-5\end{bmatrix}$$

$$\xrightarrow[-r_2+r_4]{r_2+r_3}\begin{bmatrix}1&1&1&1&2\\0&-3&-2&-3&-5\\0&0&0&-6&-9\\0&0&0&0&0\end{bmatrix}=\boldsymbol{B},$$

即经一连串初等行变换，将 $\boldsymbol{A}$ 化为了行阶梯形矩阵 $\boldsymbol{B}$，其中前三行有非零数，易知，三阶子式

$$D_3=\begin{vmatrix}1&1&1\\0&-3&-3\\0&0&-6\end{vmatrix}\neq 0,$$

又 $\boldsymbol{B}$ 的第四行全部是零元素，所以全部 $D_4=0$，故此行阶梯形矩阵 $\boldsymbol{B}$ 的秩为 3，从而 $R(\boldsymbol{A})=3$.

对于一个 $m\times n$ 矩阵，也可用初等列变换，求出列阶梯形矩阵，则具有非零元素的列的个数，即为原矩阵的秩. 由于一个矩阵的秩是一定的，所以，无论用初等行变换还是用初等列变换，所得到的秩必相同，均为矩阵的秩.

如例 2，若使用初等列变换：

$$\boldsymbol{A}\xrightarrow[2c_1+c_4,3c_1+c_5]{2c_1+c_2,c_1+c_3}\begin{bmatrix}4&9&6&9&15\\1&0&0&0&0\\2&9&6&3&6\\1&3&2&3&5\end{bmatrix}\xrightarrow[\frac{1}{3}c_4]{\frac{1}{3}c_2,\frac{1}{2}c_3}\begin{bmatrix}4&3&3&3&15\\1&0&0&0&0\\2&3&3&1&6\\1&1&1&1&5\end{bmatrix}$$

$$\xrightarrow[(-5)c_2+c_5]{(-1)c_2+c_3,(-1)c_2+c_4}\begin{bmatrix}4&3&0&0&0\\1&0&0&0&0\\2&3&0&-2&-9\\1&1&0&0&0\end{bmatrix}\xrightarrow[c_3\leftrightarrow c_4]{\left(-\frac{9}{2}\right)c_4+c_5}\begin{bmatrix}4&3&0&0&0\\1&0&0&0&0\\2&3&-2&0&0\\1&1&0&0&0\end{bmatrix},$$

这样就得到了列阶梯形矩阵，因其前三列有非零元素，故此矩阵秩为 3，从而 $R(\boldsymbol{A})=3$.

三、矩阵的最简形和标准形

对例 2 中矩阵 $\boldsymbol{A}$ 的行阶梯形矩阵，继续施行初等行变换，还可进一步化为更简单的形式：

$$\boldsymbol{A}\overset{等价于}{\sim}\boldsymbol{B}=\begin{bmatrix}1&1&1&1&2\\0&-3&-2&-3&-5\\0&0&0&-6&-9\\0&0&0&0&0\end{bmatrix}\xrightarrow[\frac{1}{6}r_3+r_1,-\frac{1}{6}r_3]{\left(-\frac{1}{2}\right)r_3+r_2}\begin{bmatrix}1&1&1&0&\frac{1}{2}\\0&-3&-2&0&-\frac{1}{2}\\0&0&0&1&\frac{3}{2}\\0&0&0&0&0\end{bmatrix}$$

$$\xrightarrow[-\frac{1}{3}r_2]{\frac{1}{3}r_2+r_1}\begin{bmatrix}1&0&\frac{1}{3}&0&\frac{1}{3}\\0&1&\frac{2}{3}&0&\frac{1}{6}\\0&0&0&1&\frac{3}{2}\\0&0&0&0&0\end{bmatrix}=\boldsymbol{C}$$

此行阶梯形矩阵 $\boldsymbol{C}$，称为矩阵 $\boldsymbol{A}$ 的行**最简形**，它具有以下特点：非零行中的第一个非零元素是 1，且这些元素所在列的其余元素全是零.

对上述矩阵的行最简形，再进行初等列变换，还可化为如下的最简形式：

$$A \overset{\text{等价于}}{\sim} C = \begin{bmatrix} 1 & 0 & \frac{1}{3} & 0 & \frac{1}{3} \\ 0 & 1 & \frac{2}{3} & 0 & \frac{1}{6} \\ 0 & 0 & 0 & 1 & \frac{3}{2} \\ 0 & 0 & 0 & 0 & 0 \end{bmatrix}$$

$$\xrightarrow[\substack{(-\frac{2}{3})c_2+c_3,\ -\frac{1}{6}c_2+c_5 \\ (-\frac{3}{2})c_4+c_5,\ c_3 \leftrightarrow c_4}]{\substack{(-\frac{1}{3})c_1+c_3 \\ (-\frac{1}{3})c_1+c_5}} \begin{bmatrix} 1 & 0 & 0 & 0 & 0 \\ 0 & 1 & 0 & 0 & 0 \\ 0 & 0 & 1 & 0 & 0 \\ 0 & 0 & 0 & 0 & 0 \end{bmatrix}.$$

此最简单形式，称为矩阵 $\boldsymbol{A}$ 的**标准形**. 它具有以下的特点：左上角的 r 阶子块是单位矩阵，其余子块全是零矩阵. 当 $R(\boldsymbol{A})=r$，则矩阵 $\boldsymbol{A}$ 的标准形式为：

$$\boldsymbol{I} = \left[\begin{array}{c:c} \boldsymbol{E}_r & \boldsymbol{O} \\ \hdashline \boldsymbol{O} & \boldsymbol{O} \end{array}\right].$$

因此，任意 $m \times n$ 矩阵 $\boldsymbol{A}$ 总可施行初等行变换化为行阶梯形及行最简形，再施行初等列变换可化为标准形.

四、满秩矩阵及其性质

定义 3 （满秩矩阵） 设 $\boldsymbol{A}$ 为 n 阶方阵，若 $R(\boldsymbol{A})=n$，则称 $\boldsymbol{A}$ 为满秩方阵（又叫非奇异方阵），如果 $R(\boldsymbol{A})<n$，则称 $\boldsymbol{A}$ 为降秩方阵（又叫奇异方阵）.

注意 满秩矩阵一定是方阵，而且满秩矩阵的秩与它的阶数相等，因此，可逆方阵必满秩.

不难验证，满秩矩阵具有以下性质：

性质 1 方阵 $\boldsymbol{A}$ 为满秩的充要条件是 $\det \boldsymbol{A} \neq 0$（即 $\boldsymbol{A}^{-1}$ 存在）.

性质 2 若方阵 $\boldsymbol{A}$ 是满秩矩阵，则 $\boldsymbol{A} \overset{\text{等价于}}{\sim} \boldsymbol{E}$. 即满秩矩阵的标准形是单位矩阵.

第六节 矩阵的特征值与花卉培育方案

一、问题

某公园要培育一片花卉，它由三种基因型 AA、Aa 及 aa 的某种分布组成. 园林专家的育种方案要求：子代总体中的每种花卉总是用 AA 型的植株来授粉. 问：第 k 代后代中三种基因的分布情况（指各基因型所占的百分比）如何？

二、数学模型

生物遗传规律说明，若亲代的基因型为 AA，Aa 及 aa（其中 A 为显性基因，a 为隐性基因），而产生子代时，都用 AA 型亲代去配对，则子代的基因型就有如下分布：

AA 与 AA 配对时，子代中只有 AA 型；

AA 与 Aa 配对,子代中有 AA,Aa 两种基因,各占$\frac{1}{2}$;

AA 与 aa 配对,子代中只有 Aa 型.

设 x_i, y_i, z_i 分别表示在第 i 代后代中 AA,Aa,aa 三种基因型花卉所占的百分数,$i=0,1,\cdots,k$. x_0, y_0, z_0 对应基因型的原始分布,显然有

$$x_0 + y_0 + z_0 = 1.$$

由遗传规律可知,第一代后代中各基因型品种所占百分数

$$\begin{cases} x_1 = 1 \cdot x_0 + \frac{1}{2} y_0, \\ y_1 = 1 \cdot z_0 + \frac{1}{2} y_0, \\ z_1 = 0, \end{cases}$$

可以写成矩阵形式

$$\begin{bmatrix} x_1 \\ y_1 \\ z_1 \end{bmatrix} = \begin{bmatrix} 1 & \frac{1}{2} & 0 \\ 0 & \frac{1}{2} & 1 \\ 0 & 0 & 0 \end{bmatrix} \begin{bmatrix} x_0 \\ y_0 \\ z_0 \end{bmatrix},$$

简记为

$$\boldsymbol{W}_1 = \boldsymbol{A}\boldsymbol{W}_0.$$

对第二代后代可写成

$$\begin{cases} x_2 = 1 \cdot x_1 + \frac{1}{2} y_1, \\ y_2 = 1 \cdot z_1 + \frac{1}{2} y_1, \\ z_2 = 0, \end{cases}$$

即

$$\boldsymbol{W}_2 = \boldsymbol{A}\boldsymbol{W}_1 = \boldsymbol{A}^2 \boldsymbol{W}_0.$$

依此类推,第 k 代后代,有

$$\boldsymbol{W}_k = \boldsymbol{A}^k \boldsymbol{W}_0. \tag{2.13}$$

这就是这个问题的数学模型,其中

$$\boldsymbol{W}_k = \begin{bmatrix} x_k \\ y_k \\ z_k \end{bmatrix}, \boldsymbol{W}_0 = \begin{bmatrix} x_0 \\ y_0 \\ z_0 \end{bmatrix}, \boldsymbol{A} = \begin{bmatrix} 1 & \frac{1}{2} & 0 \\ 0 & \frac{1}{2} & 1 \\ 0 & 0 & 0 \end{bmatrix}.$$

三、矩阵的特征值

当 k 比较大时,求 $\boldsymbol{A}^k$ 是比较麻烦的. 下面介绍的几个概念在矩阵代数中有重要的地位,也是计算模型(2.13)的理论基础.

1. 矩阵 $\boldsymbol{A}$ 的特征值与特征向量

(i) **定义 1** n 个有顺序的数 $a_1, a_2, \cdots, a_n$ 组成的有序数组

$$\boldsymbol{\alpha} = (a_1, a_2, \cdots, a_n)$$

叫做 n 维向量,其中数 $a_i(i=1,2,\cdots,n)$称为向量 $\boldsymbol{\alpha}$ 的分量,也叫做坐标.

有时,分量之间的逗号换成空格,实际上就是行矩阵. 行矩阵和列矩阵都可以看成向量,因为它们都是有序数组. 向量的相等及加、减、数乘等运算 $\boldsymbol{\alpha}=\boldsymbol{\beta}$, $\boldsymbol{\alpha}+\boldsymbol{\beta}$, $\lambda\boldsymbol{\alpha}$ 的定义也与矩阵的一样.

(ii) **定义 2** 设 $\boldsymbol{A}$ 是 n 阶的方阵,数 λ 和 n 维非零列向量 $\boldsymbol{x}$ 使关系式

$$\boldsymbol{A}\boldsymbol{x} = \lambda\boldsymbol{x} \tag{2.14}$$

成立,那么,这样的数 λ 称为方阵 $\boldsymbol{A}$ 的特征值,非零向量 $\boldsymbol{x}$ 称为 $\boldsymbol{A}$ 的对应于特征值 λ 的特征向量.

(2.14)式也可写成

$$(\boldsymbol{A} - \lambda\boldsymbol{E})\boldsymbol{x} = \boldsymbol{0}. \tag{2.15}$$

(2.15)式有非零解的充要条件是

$$\det(\boldsymbol{A} - \lambda\boldsymbol{E}) = 0. \tag{2.16}$$

特征值 λ 就是方程(2.16)的解,(2.16)式叫做 $\boldsymbol{A}$ 的特征方程.

(iii) **定理 1** 设 λ 是方阵 $\boldsymbol{A}$ 的特征值,则 λ^2 是 $\boldsymbol{A}^2$ 的特征值.

证 由于 λ 是 $\boldsymbol{A}$ 的特征值,所以有特征向量 $\boldsymbol{p}\neq\boldsymbol{0}$,使 $\boldsymbol{A}\boldsymbol{p}=\lambda\boldsymbol{p}$,于是

$$\boldsymbol{A}^2\boldsymbol{p} = \boldsymbol{A}(\boldsymbol{A}\boldsymbol{p}) = \boldsymbol{A}(\lambda\boldsymbol{p}) = \lambda(\boldsymbol{A}\boldsymbol{p}) = \lambda(\lambda\boldsymbol{p}) = \lambda^2\boldsymbol{p}.$$

即 λ^2 是 $\boldsymbol{A}^2$ 的特征值,而且 $\boldsymbol{p}$ 也是 $\boldsymbol{A}^2$ 的对应于 λ^2 的特征向量.

依此类推,若 $\boldsymbol{A}$ 有特征值 λ 及对应于 λ 的特征向量 $\boldsymbol{p}$,则 λ^k 是 $\boldsymbol{A}^k$ 的特征值,$\boldsymbol{p}$ 也是 $\boldsymbol{A}^k$ 的对应于 λ^k 的特征向量,其中 k 为正整数.

2. 相似矩阵

(i) **定义 3** 设 $\boldsymbol{A}$, $\boldsymbol{B}$ 都是 n 阶方阵,若有可逆方阵 $\boldsymbol{P}$,使

$$\boldsymbol{P}^{-1}\boldsymbol{A}\boldsymbol{P} = \boldsymbol{B},$$

则称 $\boldsymbol{B}$ 是 $\boldsymbol{A}$ 的相似矩阵.

(ii) **定理 2** 若 $\boldsymbol{A}$ 与 $\boldsymbol{B}$ 相似,则 $\boldsymbol{A}$ 与 $\boldsymbol{B}$ 的特征值相同.

证 由于 $\boldsymbol{A}$ 与 $\boldsymbol{B}$ 相似,有 $\boldsymbol{P}$,使 $\boldsymbol{P}^{-1}\boldsymbol{A}\boldsymbol{P}=\boldsymbol{B}$,所以

$$\begin{aligned}\det(\boldsymbol{B} - \lambda\boldsymbol{E}) &= \det(\boldsymbol{P}^{-1}\boldsymbol{A}\boldsymbol{P} - \boldsymbol{P}^{-1}(\lambda\boldsymbol{E})\boldsymbol{P}) \\ &= \det(\boldsymbol{P}^{-1}(\boldsymbol{A} - \lambda\boldsymbol{E})\boldsymbol{P}) \\ &= \det\boldsymbol{P}^{-1}\cdot\det(\boldsymbol{A} - \lambda\boldsymbol{E})\cdot\det\boldsymbol{P} \\ &= \det(\boldsymbol{A} - \lambda\boldsymbol{E}).\end{aligned}$$

从而方程 $\det(\boldsymbol{B}-\lambda\boldsymbol{E})=0$ 与 $\det(\boldsymbol{A}-\lambda\boldsymbol{E})=0$ 的解相同,即 $\boldsymbol{A}$, $\boldsymbol{B}$ 的特征值相同.

定理 3 若有对角方阵

$$\boldsymbol{\Lambda} = \begin{bmatrix} \lambda_1 & & & \\ & \lambda_2 & & \\ & & \ddots & \\ & & & \lambda_n \end{bmatrix}$$

与方阵 $\boldsymbol{A}$ 相似,则 $\lambda_1, \lambda_2, \cdots, \lambda_n$ 即为 $\boldsymbol{A}$ 的 n 个特征值.

证 由于 $\boldsymbol{A}$ 与 $\boldsymbol{\Lambda}$ 相似,所以存在可逆方阵 $\boldsymbol{P}$,使

$$\boldsymbol{P}^{-1}\boldsymbol{A}\boldsymbol{P}=\boldsymbol{\Lambda},$$

即

$$\boldsymbol{A}\boldsymbol{P}=\boldsymbol{P}\boldsymbol{\Lambda}.$$

记方阵 $\boldsymbol{P}$ 的列向量为 $\boldsymbol{p}_1,\boldsymbol{p}_2,\cdots,\boldsymbol{p}_n$,则

$$\boldsymbol{A}[\boldsymbol{p}_1,\boldsymbol{p}_2,\cdots,\boldsymbol{p}_n]=[\boldsymbol{p}_1,\boldsymbol{p}_2,\cdots,\boldsymbol{p}_n]\begin{bmatrix}\lambda_1 & & & \\ & \lambda_2 & & \\ & & \ddots & \\ & & & \lambda_n\end{bmatrix},$$

$$[\boldsymbol{A}\boldsymbol{p}_1,\boldsymbol{A}\boldsymbol{p}_2,\cdots,\boldsymbol{A}\boldsymbol{p}_n]=[\lambda_1\boldsymbol{p}_1,\lambda_2\boldsymbol{p}_2,\cdots,\lambda_n\boldsymbol{p}_n],$$

因此 $\boldsymbol{A}\boldsymbol{p}_i=\lambda_i\boldsymbol{p}_i \quad (i=1,2,\cdots,n)$.

就是说,λ_i 是 $\boldsymbol{A}$ 的特征值,$\boldsymbol{p}_i(i=1,2,\cdots,n)$是 $\boldsymbol{A}$ 的对应于λ_i $(i=1,2,\cdots,n)$的特征向量.

定理 3 的逆命题"如果 $\lambda_1,\lambda_2,\cdots,\lambda_n$ 是 n 阶方阵 $\boldsymbol{A}$ 的 n 个特征值,

$$\boldsymbol{\Lambda}=\begin{bmatrix}\lambda_1 & & & \\ & \lambda_2 & & \\ & & \ddots & \\ & & & \lambda_n\end{bmatrix},$$

那么 $\boldsymbol{A}$ 与 $\boldsymbol{\Lambda}$ 相似"成立吗?这个命题不一定成立.但是如果加上一个条件:$\lambda_1,\lambda_2,\cdots,\lambda_n$ 互不相等,则这个命题是正确的.

由上述讨论可知,下述定理成立.

定理 4 若 $\boldsymbol{A}$ 的特征值$\lambda_1,\lambda_2,\cdots,\lambda_n$ 互不相等,则

$$\boldsymbol{A}^k=\boldsymbol{P}\boldsymbol{\Lambda}^k\boldsymbol{P}^{-1}, \tag{2.17}$$

其中 $\boldsymbol{A}$ 是 n 阶方阵,k 是正整数,

$$\boldsymbol{\Lambda}^k=\begin{bmatrix}\lambda_1^k & & & \\ & \lambda_2^k & & \\ & & \ddots & \\ & & & \lambda_n^k\end{bmatrix},\boldsymbol{P}=[\boldsymbol{p}_1,\boldsymbol{p}_2,\cdots,\boldsymbol{p}_n],$$

$\boldsymbol{p}_i(i=1,2,\cdots,n)$是 $\boldsymbol{A}$ 的对应于特征值λ_i 的特征向量.

四、问题解答

现在我们回到本节一开始提出的花卉培育模型.将(2.17)式代入(2.13)式,得

$$\boldsymbol{W}_k=\boldsymbol{P}\boldsymbol{\Lambda}^k\boldsymbol{P}^{-1}\boldsymbol{W}_0.$$

1. 解特征方程 $\det(\boldsymbol{A}-\lambda\boldsymbol{E})=0$,即

$$\begin{vmatrix}1-\lambda & \frac{1}{2} & 0\\ 0 & \frac{1}{2}-\lambda & 1\\ 0 & 0 & -\lambda\end{vmatrix}=0,$$

得特征值 $\lambda_1=0,\lambda_2=\frac{1}{2},\lambda_3=1$.

2. 求特征向量.

对于 $\lambda_1=0$,由(2.15)式,有

$$(\boldsymbol{A}-\lambda_1\boldsymbol{E})\boldsymbol{p}=\boldsymbol{0},$$

设

$$\boldsymbol{p}=[x\ y\ z]',$$

$$\begin{bmatrix}1 & \frac{1}{2} & 0\\ 0 & \frac{1}{2} & 1\\ 0 & 0 & 0\end{bmatrix}\begin{bmatrix}x\\ y\\ z\end{bmatrix}=\begin{bmatrix}0\\ 0\\ 0\end{bmatrix},$$

$$\begin{cases}x+\frac{1}{2}y=0,\\ \frac{1}{2}y+z=0.\end{cases}$$

这里有三个未知数,但只两个方程,不妨设 $z=1$,代入方程组,解得 $x=1,y=-2$. 于是可得

$$\boldsymbol{p}_1=\begin{bmatrix}1\\ -2\\ 1\end{bmatrix}.$$

类似可得

$$\boldsymbol{p}_2=\begin{bmatrix}-1\\ 1\\ 0\end{bmatrix},\boldsymbol{p}_3=\begin{bmatrix}1\\ 0\\ 0\end{bmatrix}.$$

3. $\boldsymbol{\Lambda}=\begin{bmatrix}0 & 0 & 0\\ 0 & \frac{1}{2} & 0\\ 0 & 0 & 1\end{bmatrix},\boldsymbol{P}=\begin{bmatrix}1 & -1 & 1\\ -2 & 1 & 0\\ 1 & 0 & 0\end{bmatrix}$.

4. $\boldsymbol{P}^{-1}=\frac{1}{\det\boldsymbol{P}}\boldsymbol{P}^*=\begin{bmatrix}0 & 0 & 1\\ 0 & 1 & 2\\ 1 & 1 & 1\end{bmatrix}$.

5. $\boldsymbol{W}_k=\boldsymbol{P}\boldsymbol{\Lambda}^k\boldsymbol{P}^{-1}\boldsymbol{W}_0$

$$=\begin{bmatrix}1 & -1 & 1\\ -2 & 1 & 0\\ 1 & 0 & 0\end{bmatrix}\begin{bmatrix}0 & 0 & 0\\ 0 & \frac{1}{2^k} & 0\\ 0 & 0 & 1\end{bmatrix}\begin{bmatrix}0 & 0 & 1\\ 0 & 1 & 2\\ 1 & 1 & 1\end{bmatrix}\begin{bmatrix}x_0\\ y_0\\ z_0\end{bmatrix}$$

$$=\begin{bmatrix}1 & 1-\frac{1}{2^k} & 1-\frac{1}{2^{k-1}}\\ 0 & \frac{1}{2^k} & \frac{1}{2^{k-1}}\\ 0 & 0 & 0\end{bmatrix}\begin{bmatrix}x_0\\ y_0\\ z_0\end{bmatrix},$$

即

$$\begin{bmatrix} x_k \\ y_k \\ z_k \end{bmatrix} = \begin{bmatrix} x_0 + y_0 + z_0 - \frac{1}{2^k}y_0 - \frac{1}{2^{k-1}}z_0 \\ \frac{1}{2^k}y_0 + \frac{1}{2^{k-1}}z_0 \\ 0 \end{bmatrix}.$$

又 $x_0 + y_0 + z_0 = 1$,得第 k 代后代三种可能的基因型分布表达式

$$\begin{cases} x_k = 1 - \frac{1}{2^k}y_0 - \frac{1}{2^{k-1}}z_0, \\ y_k = \frac{1}{2^k}y_0 + \frac{1}{2^{k-1}}z_0, \\ z_k = 0. \end{cases}$$

此即本节一开始提出的花卉培育方案的预测公式.

若 $k \to +\infty$,则

$$\begin{cases} x_\infty = 1, \\ y_\infty = 0, \\ z_\infty = 0. \end{cases}$$

说明经多次遗传后,显性基因型的后代占主导. 这是生物学的一个重要结论.

习 题 二

1. 设 $A = \begin{bmatrix} 1 & 1 & 1 \\ 1 & 1 & -1 \\ 1 & -1 & 1 \end{bmatrix}$, $B = \begin{bmatrix} 1 & 2 & 3 \\ -1 & -2 & 4 \\ 0 & 5 & 1 \end{bmatrix}$,求 $3AB - 2A$ 及 $A'B$.

2. 设 $A = \begin{bmatrix} 3 & 1 \\ -1 & 2 \\ 3 & 4 \end{bmatrix}$, $B = \begin{bmatrix} -1 & 0 \\ -1 & 1 \\ 2 & 1 \end{bmatrix}$,求矩阵 X,使之满足矩阵方程 $3A - 2X = B$.

3. 计算下列矩阵的乘积:

(1) $\begin{bmatrix} 8 & 0 & -1 \\ 2 & 4 & 1 \\ -3 & -2 & 1 \end{bmatrix} \begin{bmatrix} 1 & -2 \\ -2 & 1 \\ 3 & 0 \end{bmatrix}$;

(2) $\begin{bmatrix} 3 \\ 0 \end{bmatrix} [5]$; (3) $\begin{bmatrix} -1 \\ 2 \\ 3 \end{bmatrix} [3 \quad 2 \quad -1]$;

(4) $[x_1 \ x_2 \ x_3] \begin{bmatrix} a_{11} & a_{12} & a_{13} \\ a_{21} & a_{22} & a_{23} \\ a_{31} & a_{32} & a_{33} \end{bmatrix} \begin{bmatrix} x_1 \\ x_2 \\ x_3 \end{bmatrix}$(其中 $a_{ij} = a_{ji}$);

(5) $\begin{bmatrix} 0 & 1 & 0 \\ 1 & 0 & 0 \\ 0 & 0 & 1 \end{bmatrix} \begin{bmatrix} a_{11} & a_{12} & a_{13} \\ a_{21} & a_{22} & a_{23} \\ a_{31} & a_{32} & a_{33} \end{bmatrix} \begin{bmatrix} 1 & 0 & 0 \\ 0 & 1 & k \\ 0 & 0 & 1 \end{bmatrix}$;

(6) $\begin{bmatrix}1&2&1&0\\0&1&0&1\\0&0&2&2\\0&0&0&1\end{bmatrix}\begin{bmatrix}1&0&3&1\\0&1&2&-1\\0&0&-2&3\\0&0&0&-3\end{bmatrix}$.

4. 求满足条件 $\boldsymbol{A}^2=\begin{bmatrix}0&0\\0&0\end{bmatrix}$的一切二阶矩阵 $\boldsymbol{A}$.

5. 将下列线性方程组的变量、系数与右边常数,均用矩阵表示,并写出各线性方程组对应的矩阵方程:

(1) $\begin{cases}x_1+2x_2+3x_3=1,\\2x_1+2x_2+5x_3=2,\\3x_1+5x_2+x_3=3;\end{cases}$

(2) $\begin{cases}x_1-x_2-x_3=2,\\2x_1-x_2-3x_3=1,\\3x_1+2x_2-5x_3=0;\end{cases}$

(3) $\begin{cases}\delta_{11}x_1+\delta_{12}x_2+\cdots+\delta_{1n}x_n=-\Delta_{1\mathrm{P}},\\\delta_{21}x_1+\delta_{22}x_2+\cdots+\delta_{2n}x_n=-\Delta_{2\mathrm{P}},\\\cdots\cdots\cdots\cdots\cdots\cdots\cdots\cdots\cdots\cdots\\\delta_{n1}x_1+\delta_{n2}x_2+\cdots+\delta_{nn}x_n=-\Delta_{n\mathrm{P}}.\end{cases}$ (n 次超静定结构力法方程).

6. 计算:

(1) $\begin{bmatrix}\cos\theta&-\sin\theta\\\sin\theta&\cos\theta\end{bmatrix}^n$; (2) $\begin{bmatrix}0&0&1\\0&1&0\\1&0&0\end{bmatrix}^{100}$; (3) $\begin{bmatrix}2&0&0\\0&-1&1\\0&1&-1\end{bmatrix}^n$.

7. 设 m 次多项式 $f(x)=a_0+a_1x+a_2x^2+\cdots+a_mx^m$,记 $f(\boldsymbol{A})=a_0\boldsymbol{E}+a_1\boldsymbol{A}+a_2\boldsymbol{A}^2+\cdots+a_m\boldsymbol{A}^m$,$f(\boldsymbol{A})$ 称为方阵 $\boldsymbol{A}$ 的 m 次多项式,求 $f(\boldsymbol{A})$:

(1) $f(x)=x^2-5x+3,\boldsymbol{A}=\begin{bmatrix}2&-1\\-3&3\end{bmatrix}$;

(2) $f(x)=x^3-3x^2+3x-1,\boldsymbol{A}=\begin{bmatrix}1&1&0\\0&1&1\\0&0&1\end{bmatrix}$.

8. 设 $\boldsymbol{AB}=\boldsymbol{BA}$,亦即 $\boldsymbol{A},\boldsymbol{B}$ 可交换,证明:

(1) $(\boldsymbol{A}+\boldsymbol{B})^k=\boldsymbol{A}^k+\mathrm{C}_k^1\boldsymbol{A}^{k-1}\boldsymbol{B}+\mathrm{C}_k^2\boldsymbol{A}^{k-2}\boldsymbol{B}^2+\cdots+\boldsymbol{B}^k$;

(2) $\boldsymbol{A}^k-\boldsymbol{B}^k=(\boldsymbol{A}-\boldsymbol{B})(\boldsymbol{A}^{k-1}+\boldsymbol{A}^{k-2}\boldsymbol{B}+\cdots+\boldsymbol{AB}^{k-2}+\boldsymbol{B}^{k-1})$,其中 k 为正整数.

9. 如果 $\boldsymbol{A}'=\boldsymbol{A}$,称 $\boldsymbol{A}$ 为**对称矩阵**. 证明:若 $\boldsymbol{A}$ 是实对称矩阵且 $\boldsymbol{A}^2=\boldsymbol{O}$,则 $\boldsymbol{A}=\boldsymbol{O}$.

10. 如果 $\boldsymbol{A}'=-\boldsymbol{A}$,则 $\boldsymbol{A}$ 是**反对称矩阵**. 证明:奇数阶的反对称矩阵的行列式一定等于零.

11. 求下列矩阵的逆矩阵:

(1) $\begin{bmatrix}3&1\\4&2\end{bmatrix}$; (2) $\begin{bmatrix}1&2&3\\2&2&1\\3&4&3\end{bmatrix}$;

(3) $\begin{bmatrix}1&1&1&1\\1&1&-1&-1\\1&-1&1&-1\\1&-1&-1&1\end{bmatrix}$; (4) $\begin{bmatrix}1&2&3&4\\0&1&2&3\\0&0&1&2\\0&0&0&1\end{bmatrix}$.

12. 将下列矩阵分块,并求其逆矩阵:

(1) $\begin{bmatrix} 5 & 0 & 0 \\ 0 & 1 & 3 \\ 0 & 2 & 4 \end{bmatrix}$;　　(2) $\begin{bmatrix} 2 & 3 & 0 & 0 & 0 \\ 1 & 2 & 0 & 0 & 0 \\ 0 & 0 & 2 & 3 & 0 \\ 0 & 0 & 3 & 2 & 0 \\ 0 & 0 & 0 & 0 & 2 \end{bmatrix}$;

(3) $\begin{bmatrix} 0 & 1 & 0 & 0 \\ 0 & 0 & 2 & 0 \\ 0 & 0 & 0 & 3 \\ 4 & 0 & 0 & 0 \end{bmatrix}$;　　(4) $\begin{bmatrix} 1 & 2 & 0 & 0 \\ 4 & 1 & 0 & 0 \\ 3 & 4 & 1 & 2 \\ 2 & 3 & 4 & 1 \end{bmatrix}$.

13. 设 $\boldsymbol{X} = \begin{bmatrix} \boldsymbol{O} & \boldsymbol{A} \\ \boldsymbol{B} & \boldsymbol{O} \end{bmatrix}$,已知 $\boldsymbol{A}^{-1}$ 与 $\boldsymbol{B}^{-1}$ 存在,证明:$\boldsymbol{X}^{-1} = \begin{bmatrix} \boldsymbol{O} & \boldsymbol{B}^{-1} \\ \boldsymbol{A}^{-1} & \boldsymbol{O} \end{bmatrix}$.

14. 解下列矩阵方程:

(1) $\begin{bmatrix} 1 & 4 \\ -1 & 2 \end{bmatrix} \boldsymbol{X} \begin{bmatrix} 2 & 0 \\ -1 & 1 \end{bmatrix} = \begin{bmatrix} 3 & 1 \\ 0 & -1 \end{bmatrix}$;

(2) $\boldsymbol{AX} = \boldsymbol{A} + 2\boldsymbol{X}$,其中 $\boldsymbol{A} = \begin{bmatrix} 4 & 2 & 3 \\ 1 & 1 & 0 \\ -1 & 2 & 3 \end{bmatrix}$.

15. 设 $\boldsymbol{A} = (a_{ij})$,$\boldsymbol{B} = (b_{ij})$,$\boldsymbol{C} = (c_{ij})$ 都是 n 阶方阵,且 $c_{ij} = a_{ij} + \sum\limits_{k=1}^{n} c_{ik} b_{kj} \ (i, j = 1, 2, \cdots, n)$.

(1) 写出矩阵 $\boldsymbol{A}, \boldsymbol{B}, \boldsymbol{C}$ 之间的关系式;

(2) 设 $\boldsymbol{A} = \begin{bmatrix} 1 & 2 & 1 \\ 0 & 1 & 0 \\ 0 & 0 & 3 \end{bmatrix}$,$\boldsymbol{B} = \begin{bmatrix} -1 & 1 & 1 \\ 1 & 2 & 0 \\ 0 & 1 & 1 \end{bmatrix}$,求 $\boldsymbol{C}$.

16. 设 $\boldsymbol{A}^k = \boldsymbol{O}$ (k 为正整数),证明:

$$(\boldsymbol{E} - \boldsymbol{A})^{-1} = \boldsymbol{E} + \boldsymbol{A} + \boldsymbol{A}^2 + \cdots + \boldsymbol{A}^{k-1}.$$

17. 分别对适合下列等式的方阵 $\boldsymbol{A}$,证明 $\boldsymbol{E} - \boldsymbol{A}$ 的逆矩阵存在,并求出 $(\boldsymbol{E} - \boldsymbol{A})^{-1}$.

(1) $\boldsymbol{A}^2 - \boldsymbol{A} + \boldsymbol{E} = \boldsymbol{O}$;

(2) $\boldsymbol{A}^3 = 3\boldsymbol{A}(\boldsymbol{A} - \boldsymbol{E})$.

18. 设 $\boldsymbol{A} = \begin{bmatrix} 0 & 10 & 6 \\ 1 & -3 & -3 \\ -2 & 10 & 8 \end{bmatrix}$,$\boldsymbol{P} = \begin{bmatrix} 2 & 2 & 3 \\ 1 & -1 & 0 \\ -1 & 2 & 1 \end{bmatrix}$,求:

(1) $\boldsymbol{P}^{-1}\boldsymbol{AP}$;

(2) $\boldsymbol{A}^k$(k 为正整数).

19. 求下列矩阵的秩:

(1) $\begin{bmatrix} 3 & 1 & 0 & 2 \\ 1 & -1 & 2 & -1 \\ 1 & 3 & -4 & 4 \end{bmatrix}$;　(2) $\begin{bmatrix} 3 & 2 & -1 & -3 & -2 \\ 2 & -1 & 3 & 1 & -3 \\ 7 & 0 & 5 & -1 & -8 \end{bmatrix}$;

(3) $\begin{bmatrix} 1 & 1 & 2 & 2 & 1 \\ 0 & 2 & 1 & 5 & -1 \\ 2 & 0 & 3 & -1 & 3 \\ 1 & 1 & 0 & 4 & -1 \end{bmatrix}$.

20. 求下列矩阵的行阶梯形矩阵、行最简形矩阵及标准形：

(1) $\begin{bmatrix} 1 & 1 & 2 & 1 \\ 2 & -1 & 2 & 4 \\ 1 & -2 & 0 & 3 \\ 4 & 1 & 4 & 2 \end{bmatrix}$；　(2) $\begin{bmatrix} 1 & -2 & 3 & -4 & 4 \\ 0 & 1 & -1 & 1 & -3 \\ 1 & 3 & 0 & -3 & 1 \\ 0 & -7 & 3 & 1 & -3 \end{bmatrix}$.

21. 证明：$R(\boldsymbol{AB}) \leqslant \min\{R(\boldsymbol{A}), R(\boldsymbol{B})\}$.

22. 证明：两矩阵等价的充要条件是它们的秩相同.

23. 求方阵

$$\boldsymbol{A} = \begin{bmatrix} 1 & 2 & 2 \\ 2 & 1 & 2 \\ 2 & 2 & 1 \end{bmatrix}$$

的实特征值和特征向量.

*24. 求方阵

$$\boldsymbol{A} = \begin{bmatrix} 3 & 2 & 0 \\ -2 & 1 & -1 \\ 0 & 2 & 0 \end{bmatrix}$$

的特征值. 这个方阵是否相似于对角矩阵？

第三章　线性方程组

在工程技术中，我们会遇到如下形式的方程组：

$$\begin{cases} a_{11}x_1 + a_{12}x_2 + \cdots + a_{1n}x_n = b_1, \\ a_{21}x_1 + a_{22}x_2 + \cdots + a_{2n}x_n = b_2, \\ \cdots\cdots\cdots\cdots\cdots\cdots\cdots\cdots\cdots\cdots \\ a_{m1}x_1 + a_{m2}x_2 + \cdots + a_{mn}x_n = b_m, \end{cases} \tag{3.1}$$

其中 $x_1, x_2, \cdots, x_n$ 表示 n 个未知量，由于方程组中未知量都是一次的，所以叫线性方程组.

如果设

$$A = \begin{bmatrix} a_{11} & a_{12} & \cdots & a_{1n} \\ a_{21} & a_{22} & \cdots & a_{2n} \\ \vdots & \vdots & & \vdots \\ a_{m1} & a_{m2} & \cdots & a_{mn} \end{bmatrix}, \quad B = \begin{bmatrix} b_1 \\ b_2 \\ \vdots \\ b_m \end{bmatrix},$$

$$X = \begin{bmatrix} x_1 \\ x_2 \\ \vdots \\ x_n \end{bmatrix}, \quad \widetilde{A} = \left[\begin{array}{cccc:c} a_{11} & a_{12} & \cdots & a_{1n} & b_1 \\ a_{21} & a_{22} & \cdots & a_{2n} & b_2 \\ \vdots & \vdots & & \vdots & \vdots \\ a_{m1} & a_{m2} & \cdots & a_{mn} & b_m \end{array}\right],$$

则线性方程组(3.1)可以写成矩阵形式

$$AX = B, \tag{3.2}$$

矩阵 A 叫做线性方程组(3.1)的系数矩阵，B 叫做方程组(3.1)的常数列向量，$\widetilde{A}$ 叫做(3.1)的**增广矩阵**. 若有 n 个数 $c_1, c_2, \cdots, c_n$ 组成的列向量 C 使(3.2)变成恒等式 $AC \equiv B$，则说(3.2)有一个解 $X = C$，即方程组(3.1)有一个解 $x_1 = c_1, x_2 = c_2, \cdots, x_n = c_n$. 此时向量

$$X = \begin{bmatrix} c_1 \\ c_2 \\ \vdots \\ c_n \end{bmatrix}$$

叫做方程组(3.1)或(3.2)的一个**解向量**.

本章主要讨论线性方程组的解向量的求法.

第一节　线性方程组的解法

一、用矩阵的初等行变换法解线性方程组

回顾在中学我们学习过的解二元一次方程组的加减消元法．例如，求解线性方程组

$$\begin{cases}2x_1-\ x_2=0, & ①\\ x_1+3x_2=7, & ②\end{cases}$$

我们可作如下同解变换：

原方程组 $\xRightarrow{①与②对调}\begin{cases}x_1+3x_2=7, & ③\\ 2x_1-\ x_2=0 & ④\end{cases}$

$\xRightarrow{-2③+④}\begin{cases}x_1+3x_2=7, & ③\\ \quad -7x_2=-14 & ⑤\end{cases}$

$\xRightarrow{\left(-\frac{1}{7}\right)\times⑤}\begin{cases}x_1+3x_2=7, & ③\\ \quad x_2=2 & ⑥\end{cases}$

$\xRightarrow{-3⑥+③}\begin{cases}x_1=1,\\ x_2=2.\end{cases}$

可以看出，上述变换对应着线性方程组增广矩阵的三种初等行变换 $r_i\leftrightarrow r_j, k\times r_i, kr_i+r_j$，所以可以利用增广矩阵的初等行变换法来解线性方程组．

例 1 解线性方程组

$$\begin{cases}x_1+\ x_2+\ x_3+3x_4=0,\\ 2x_1+\ x_2-2x_3+\ x_4=-1,\\ x_1+2x_2+3x_3+2x_4=-1,\\ \quad x_2+4x_3-\ x_4=1.\end{cases}$$

解 用初等行变换将该方程组的增广矩阵化为阶梯形矩阵：

$$\widetilde{\mathbf{A}}=\left[\begin{array}{cccc:c}1&1&1&3&0\\2&1&-2&1&-1\\1&2&3&2&-1\\0&1&4&-1&1\end{array}\right]\xrightarrow[\substack{-r_1+r_3\\(-1)r_2}]{-2r_1+r_2}\left[\begin{array}{cccc:c}1&1&1&3&0\\0&1&4&5&1\\0&1&2&-1&-1\\0&1&4&-1&1\end{array}\right]\xrightarrow[\left(-\frac{1}{2}\right)r_3]{\substack{-r_2+r_3\\-r_2+r_4}}\left[\begin{array}{cccc:c}1&1&1&3&0\\0&1&4&5&1\\0&0&1&3&1\\0&0&0&-6&0\end{array}\right],$$

这就得到了阶梯形矩阵．由此可见，本题中系数矩阵 $\mathbf{A}$ 的秩等于增广矩阵 $\widetilde{\mathbf{A}}$ 的秩：$R(\mathbf{A})=R(\widetilde{\mathbf{A}})$．我们继续化简：

$$\xrightarrow[\left(-\frac{1}{6}\right)r_4]{-r_2+r_1}\left[\begin{array}{cccc:c}1&0&-3&-2&-1\\0&1&4&5&1\\0&0&1&3&1\\0&0&0&1&0\end{array}\right]\xrightarrow[-4r_3+r_2]{3r_3+r_1}\left[\begin{array}{cccc:c}1&0&0&7&2\\0&1&0&-7&-3\\0&0&1&3&1\\0&0&0&1&0\end{array}\right]$$

$$\xrightarrow[-3r_4+r_3]{\substack{-7r_4+r_1\\7r_4+r_2}}\left[\begin{array}{cccc:c}1&0&0&0&2\\0&1&0&0&-3\\0&0&1&0&1\\0&0&0&1&0\end{array}\right].$$

最后这个阶梯形矩阵是矩阵 $\widetilde{\mathbf{A}}$ 的最简形．由这个最简形可以写出原方程组的同解方程组

$$\begin{cases} x_1 = 2, \\ x_2 = -3, \\ x_3 = 1, \\ x_4 = 0. \end{cases}$$

这就是原方程组的解.

本题满足等式

$$R(\boldsymbol{A}) = R(\widetilde{\boldsymbol{A}}) = n,$$

其中 n 是方程组中未知数的个数. 不难理解,上式成立时,最简形左边一定是个单位方阵,在此情况下,方程组一定有解,而且只有一个解.

例 2 解线性方程组

$$\begin{cases} x_1 - 2x_2 + 3x_3 = 1, \\ 3x_1 - x_2 + 5x_3 = 6, \\ 2x_1 + x_2 + 2x_3 = 3. \end{cases}$$

解 利用初等行变换将增广矩阵化为阶梯形矩阵:

$$\widetilde{\boldsymbol{A}} = \left[\begin{array}{ccc:c} 1 & -2 & 3 & 1 \\ 3 & -1 & 5 & 6 \\ 2 & 1 & 2 & 3 \end{array}\right] \xrightarrow[-2r_1 + r_3]{-3r_1 + r_2} \left[\begin{array}{ccc:c} 1 & -2 & 3 & 1 \\ 0 & 5 & -4 & 3 \\ 0 & 5 & -4 & 1 \end{array}\right] \xrightarrow{-r_2 + r_3} \left[\begin{array}{ccc:c} 1 & -2 & 3 & 1 \\ 0 & 5 & -4 & 3 \\ 0 & 0 & 0 & -2 \end{array}\right].$$

由这个阶梯形矩阵可以看出:$R(\boldsymbol{A}) = 2$,$R(\widetilde{\boldsymbol{A}}) = 3$,也就是说,$R(\boldsymbol{A}) \neq R(\widetilde{\boldsymbol{A}})$. 这时第三行代表的第三个方程是

$$0 \cdot x_1 + 0 \cdot x_2 + 0 \cdot x_3 = -2,$$

这是个矛盾的方程,说明这个线性方程组无解.

可以证明,当 $R(\boldsymbol{A}) \neq R(\widetilde{\boldsymbol{A}})$时,线性方程组无解.

例 3 解线性方程组

$$\begin{cases} x_1 + x_2 + x_3 + x_4 = 0, \\ x_2 + 2x_3 + 2x_4 = 1, \\ x_1 - x_3 - x_4 = -1, \\ 3x_1 + 2x_2 + x_3 + x_4 = -1. \end{cases}$$

解 用初等行变换将增广矩阵化为阶梯形矩阵:

$$\widetilde{\boldsymbol{A}} = \left[\begin{array}{cccc:c} 1 & 1 & 1 & 1 & 0 \\ 0 & 1 & 2 & 2 & 1 \\ 1 & 0 & -1 & -1 & -1 \\ 3 & 2 & 1 & 1 & -1 \end{array}\right] \xrightarrow[-3r_1 + r_4]{-r_1 + r_3} \left[\begin{array}{cccc:c} 1 & 1 & 1 & 1 & 0 \\ 0 & 1 & 2 & 2 & 1 \\ 0 & -1 & -2 & -2 & -1 \\ 0 & -1 & -2 & -2 & -1 \end{array}\right]$$

$$\xrightarrow[r_2 + r_4]{r_2 + r_3} \left[\begin{array}{cccc:c} 1 & 1 & 1 & 1 & 0 \\ 0 & 1 & 2 & 2 & 1 \\ 0 & 0 & 0 & 0 & 0 \\ 0 & 0 & 0 & 0 & 0 \end{array}\right].$$

这个阶梯形矩阵说明：$R(\mathbf{A})=2, R(\widetilde{\mathbf{A}})=2$，即

$$R(\mathbf{A})=R(\widetilde{\mathbf{A}})<n,$$

其中 n 是方程组中未知数的个数.

我们进一步将这个矩阵化为最简形：

$$\xrightarrow{-r_2+r_1}\left[\begin{array}{cccc:c}1 & 0 & -1 & -1 & -1\\ 0 & 1 & 2 & 2 & 1\\ 0 & 0 & 0 & 0 & 0\\ 0 & 0 & 0 & 0 & 0\end{array}\right].$$

这个最简形代表着原方程组的同解方程组

$$\begin{cases}x_1 \quad - x_3 - x_4 = -1,\\ \quad x_2 + 2x_3 + 2x_4 = 1.\end{cases}$$

这两个方程不能完全约束四个未知量的取值，只能约束其中两个未知量(例如 x_1, x_2)的取值，另外两个未知量(例如 x_3, x_4)是自由未知量(可取任意实数)，因而线性方程组有无穷多个解. 可以写成

$$\begin{cases}x_1=-1+x_3+x_4,\\ x_2=1-2x_3-2x_4,\\ x_3=x_3,\\ x_4=x_4\end{cases}$$

的形式. 或者令 $x_3=c_1, x_4=c_2$，用参数 c_1, c_2 表示成

$$\begin{cases}x_1=-1+c_1+c_2,\\ x_2=1-2c_1-2c_2,\\ x_3=c_1,\\ x_4=c_2\end{cases}$$

其中 c_1, c_2 可取任意实数. 还可以写成矩阵形式

$$\begin{bmatrix}x_1\\x_2\\x_3\\x_4\end{bmatrix}=\begin{bmatrix}-1\\1\\0\\0\end{bmatrix}+c_1\begin{bmatrix}1\\-2\\1\\0\end{bmatrix}+c_2\begin{bmatrix}1\\-2\\0\\1\end{bmatrix}.$$

上面三种形式都表示了原方程组的全部解(通解).

二、线性方程组解的判定

上述例 1、例 2、例 3 对解的讨论，可以推广到一般情况. 对于线性方程组

$$\boldsymbol{AX}=\boldsymbol{B}, \tag{3.3}$$

我们有判定定理：

定理 1 线性方程组(3.1)有解的充分必要条件是，它的系数矩阵的秩和增广矩阵的秩相等，即 $R(\mathbf{A})=R(\widetilde{\mathbf{A}})$.

定理 2 当 $R(\mathbf{A})=R(\widetilde{\mathbf{A}})=n$ 时,线性方程组(3.1)有唯一解;当 $R(\mathbf{A})=R(\widetilde{\mathbf{A}})<n$ 时,线性方程组(3.1)有无穷多个解;当 $R(\mathbf{A})\neq R(\widetilde{\mathbf{A}})$时,线性方程组(3.1)无解. 其中 n 为方程组(3.1)中未知量的个数.

例 4 a 取何值时,下列线性方程组有唯一解? 无穷多个解? 无解?

$$\begin{cases}ax_1+x_2+x_3=1,\\ x_1+ax_2+x_3=a,\\ x_1+x_2+ax_3=a^2.\end{cases}$$

解 将增广矩阵化为阶梯矩阵:

$$\widetilde{\mathbf{A}}=\left[\begin{array}{ccc:c}a&1&1&1\\1&a&1&a\\1&1&a&a^2\end{array}\right]\xrightarrow{r_1\leftrightarrow r_3}\left[\begin{array}{ccc:c}1&1&a&a^2\\1&a&1&a\\a&1&1&1\end{array}\right]\xrightarrow[-ar_1+r_3]{-r_1+r_2}\left[\begin{array}{ccc:c}1&1&a&a^2\\0&a-1&1-a&a(1-a)\\0&1-a&1-a^2&1-a^3\end{array}\right]$$

$$\xrightarrow{r_2+r_3}\left[\begin{array}{ccc:c}1&1&a&a^2\\0&a-1&1-a&a(1-a)\\0&0&(1-a)(2+a)&(1-a)(1+a)^2\end{array}\right].$$

由最后的阶梯矩阵可知

① 当 $a\neq1$ 且 $a\neq-2$ 时,$R(\mathbf{A})=R(\widetilde{\mathbf{A}})=3$,方程组有唯一的解. ② 当 $a=1$ 时,$R(\mathbf{A})=R(\widetilde{\mathbf{A}})=1<3$,方程组有无穷多个解. ③ 当 $a=-2$ 时,$R(\mathbf{A})=2$,$R(\widetilde{\mathbf{A}})=3$,$R(\mathbf{A})\neq R(\widetilde{\mathbf{A}})$,方程组无解.

第二节 线性方程组多解的结构

一、向量空间

定义 1 许多个 n 维向量组成的集合 V,如果对于向量的加法和数乘两种运算封闭,即若 $\alpha\in V$,$\beta\in V$,则 $\alpha+\beta\in V$;若 $\alpha\in V$,λ 为实数,则 $\lambda\alpha\in V$. 那么我们就称集合 V 为向量空间.

定义 2 对于 m 个 n 维向量 $\boldsymbol{\alpha}_1,\boldsymbol{\alpha}_2,\cdots,\boldsymbol{\alpha}_m$ 组成的向量组,如果存在一组不全为零的数 $k_1,k_2,\cdots,k_m$,使

$$k_1\boldsymbol{\alpha}_1+k_2\boldsymbol{\alpha}_2+\cdots+k_m\boldsymbol{\alpha}_m=\mathbf{0},\tag{3.4}$$

则称向量组 $\boldsymbol{\alpha}_1,\boldsymbol{\alpha}_2,\cdots,\boldsymbol{\alpha}_m$ 线性相关. 如果只有当 $k_1,k_2,\cdots,k_m$ 全为零时(3.4)式才能成立,就称 $\boldsymbol{\alpha}_1,\boldsymbol{\alpha}_2,\cdots,\boldsymbol{\alpha}_m$ 线性无关.

例 1 判断向量组 $\boldsymbol{\alpha}_1=(1,1,1,1)$,$\boldsymbol{\alpha}_2=(0,1,1,1)$,$\boldsymbol{\alpha}_3=(1,1,1,0)$的线性相关性.

解 设 $k_1\boldsymbol{\alpha}_1+k_2\boldsymbol{\alpha}_2+k_3\boldsymbol{\alpha}_3=\mathbf{0}$,即

$$k_1(1,1,1,1)+k_2(0,1,1,1)+k_3(1,1,1,0)=(0,0,0,0),$$

可得线性方程组

$$
\begin{cases}
k_1 \qquad + k_3 = 0, \\
k_1 + k_2 + k_3 = 0, \\
k_1 + k_2 + k_3 = 0, \\
k_1 + k_2 \qquad = 0.
\end{cases}
\tag{3.5}
$$

$$
\widetilde{\mathbf{A}} = \left[\begin{array}{ccc:c} 1 & 0 & 1 & 0 \\ 1 & 1 & 1 & 0 \\ 1 & 1 & 1 & 0 \\ 1 & 1 & 0 & 0 \end{array}\right] \xrightarrow[-r_1+r_4]{\substack{-r_2+r_3 \\ -r_1+r_2}} \left[\begin{array}{ccc:c} 1 & 0 & 1 & 0 \\ 0 & 1 & 0 & 0 \\ 0 & 0 & 0 & 0 \\ 0 & 1 & -1 & 0 \end{array}\right] \xrightarrow[-r_2+r_3]{r_3 \leftrightarrow r_4} \left[\begin{array}{ccc:c} 1 & 0 & 1 & 0 \\ 0 & 1 & 0 & 0 \\ 0 & 0 & -1 & 0 \\ 0 & 0 & 0 & 0 \end{array}\right]
$$

$$
\xrightarrow[(-1)\times r_3]{r_3+r_1} \left[\begin{array}{ccc:c} 1 & 0 & 0 & 0 \\ 0 & 1 & 0 & 0 \\ 0 & 0 & 1 & 0 \\ 0 & 0 & 0 & 0 \end{array}\right],
$$

可见 $R(\mathbf{A}) = R(\widetilde{\mathbf{A}}) = 3$.

依上节定理 2,方程组(3.5)只有唯一解 $k_1 = 0, k_2 = 0, k_3 = 0$. 因此判定 $\boldsymbol{\alpha}_1, \boldsymbol{\alpha}_2, \boldsymbol{\alpha}_3$ 组成的向量组线性无关.

定义 3 设 V 为向量空间,若有向量组 $\boldsymbol{\alpha}_1, \boldsymbol{\alpha}_2, \cdots, \boldsymbol{\alpha}_r \in V$,且满足

(1) $\boldsymbol{\alpha}_1, \boldsymbol{\alpha}_2, \cdots, \boldsymbol{\alpha}_r$ 线性无关;

(2) V 中任一个向量 $\boldsymbol{\alpha}$ 都可由 $\boldsymbol{\alpha}_1, \boldsymbol{\alpha}_2, \cdots, \boldsymbol{\alpha}_r$ 线性表示,即存在一组实数 $\lambda_1, \lambda_2, \cdots, \lambda_r$,使

$$
\boldsymbol{\alpha} = \lambda_1 \boldsymbol{\alpha}_1 + \lambda_2 \boldsymbol{\alpha}_2 + \cdots + \lambda_r \boldsymbol{\alpha}_r,
$$

则称向量组 $\boldsymbol{\alpha}_1, \boldsymbol{\alpha}_2, \cdots, \boldsymbol{\alpha}_r$ 为向量空间 V 的一个基.

二、齐次线性方程组通解的结构

线性方程组

$$
\mathbf{AX} = \mathbf{0} \tag{3.6}
$$

叫做**齐次线性方程组**,它的常数列向量为零向量.

易见,齐次线性方程组一定有解,至少有零解 $\mathbf{X} = \mathbf{0}$. 我们关心的是它有多解的情况.

例 2 解齐次线性方程组

$$
\begin{cases}
x_1 + x_2 + x_3 + x_4 = 0, \\
3x_1 + 2x_2 + x_3 - x_4 = 0, \\
5x_1 + 4x_2 + 3x_3 + x_4 = 0.
\end{cases}
\tag{3.7}
$$

解 我们用矩阵的初等行变换求解. 由例 1 可见齐次线性方程组右边的常数列在行变换中不发生变化,我们可以只变换系数矩阵.

$$
\mathbf{A} = \begin{bmatrix} 1 & 1 & 1 & 1 \\ 3 & 2 & 1 & -1 \\ 5 & 4 & 3 & 1 \end{bmatrix} \xrightarrow[-5r_1+r_3]{-3r_1+r_2} \begin{bmatrix} 1 & 1 & 1 & 1 \\ 0 & -1 & -2 & -4 \\ 0 & -1 & -2 & -4 \end{bmatrix}
$$

$$
\xrightarrow[(-1)\times r_2]{-r_2+r_3} \begin{bmatrix} 1 & 1 & 1 & 1 \\ 0 & 1 & 2 & 4 \\ 0 & 0 & 0 & 0 \end{bmatrix} \xrightarrow{-r_2+r_1} \begin{bmatrix} 1 & 0 & -1 & -3 \\ 0 & 1 & 2 & 4 \\ 0 & 0 & 0 & 0 \end{bmatrix}.
$$

最后的矩阵代表着原方程组的同解方程组

$$\begin{cases} x_1 - x_3 - 3x_4 = 0, \\ x_2 + 2x_3 + 4x_4 = 0. \end{cases}$$

取 x_3, x_4 为自由未知量,得通解

$$\begin{cases} x_1 = x_3 + 3x_4, \\ x_2 = -2x_3 - 4x_4, \\ x_3 = x_3, \\ x_4 = x_4, \end{cases}$$

写成向量形式,有

$$\begin{bmatrix} x_1 \\ x_2 \\ x_3 \\ x_4 \end{bmatrix} = c_1 \begin{bmatrix} 1 \\ -2 \\ 1 \\ 0 \end{bmatrix} + c_2 \begin{bmatrix} 3 \\ -4 \\ 0 \\ 1 \end{bmatrix},$$

这里 c_1, c_2 为任意实数,所以原方程组有无穷多个解向量. 我们来证明齐次线性方程组 $\boldsymbol{AX} = \boldsymbol{0}$ 的全体解向量的集合 V,对于向量加法和数乘两种运算是封闭的:

若 $\boldsymbol{\alpha}_1, \boldsymbol{\alpha}_2 \in V$,即 $\boldsymbol{A\alpha}_1 = \boldsymbol{0}, \boldsymbol{A\alpha}_2 = \boldsymbol{0}$,则 $\boldsymbol{A}(\boldsymbol{\alpha}_1 + \boldsymbol{\alpha}_2) = \boldsymbol{A\alpha}_1 + \boldsymbol{A\alpha}_2 = \boldsymbol{0}$,说明 $\alpha_1 + \alpha_2 \in V$.

若 $\boldsymbol{\alpha} \in V$, λ 为一个实数, 则 $\boldsymbol{A}(\lambda\boldsymbol{\alpha}) = \lambda(\boldsymbol{A\alpha}) = \boldsymbol{0}$, 即 $\lambda\boldsymbol{\alpha} \in V$.

所以,齐次线性方程组的全体解向量的集合 V 是个向量空间,我们叫它**解空间**.

对于例 2,

$$\boldsymbol{\xi}_1 = \begin{bmatrix} 1 \\ -2 \\ 1 \\ 0 \end{bmatrix} \quad 与 \quad \boldsymbol{\xi}_2 = \begin{bmatrix} 3 \\ -4 \\ 0 \\ 1 \end{bmatrix}$$

都是原方程组的解向量. 易证它们是线性无关的,而且例 2 的解空间中任何一个解向量 $\boldsymbol{X}$ 都可以用 $\boldsymbol{\xi}_1, \boldsymbol{\xi}_2$ 线性表示:

$$\boldsymbol{X} = c_1\boldsymbol{\xi}_1 + c_2\boldsymbol{\xi}_2.$$

依定义 3,向量组 $\boldsymbol{\xi}_1, \boldsymbol{\xi}_2$ 是方程组(3.7)的解空间的一个基,我们叫它为这个齐次线性方程组的一个**基础解系**.

一般地,如果一个齐次线性方程组有非零解,那么用初等变换法将系数矩阵 $\boldsymbol{A}$ 化为最简形后得到的通解都可以写成如下形式:

$$\boldsymbol{X} = c_1\boldsymbol{\xi}_1 + c_2\boldsymbol{\xi}_2 + \cdots + c_r\boldsymbol{\xi}_r, \tag{3.8}$$

其中 $\boldsymbol{\xi}_1, \boldsymbol{\xi}_2, \cdots, \boldsymbol{\xi}_r$ 是这个齐次线性方程组的一个基础解系,$c_1, c_2, \cdots, c_r$ 为任意常数,$r = n - R(\boldsymbol{A})$,$n$ 是未知量的个数,$R(\boldsymbol{A})$是系数矩阵的秩.

(3.8)式就是齐次线性方程组的通解的结构. 不过由于自由未知量的选择可能不同,所以向量组 $\boldsymbol{\xi}_1, \boldsymbol{\xi}_2, \cdots, \boldsymbol{\xi}_r$ 可能不同.

三、非齐次线性方程组通解的结构

形式为 $\boldsymbol{AX} = \boldsymbol{B}$,且 $\boldsymbol{B} \neq \boldsymbol{0}$的线性方程组叫做**非齐次线性方程组**.

例 3 解非齐次线性方程组

$$\begin{cases} x_1 - 2x_2 + 3x_3 + x_4 = 8, \\ 3x_1 - 5x_2 + 6x_3 - x_4 = 21, \\ -x_1 + 3x_2 - 6x_3 - 5x_4 = -11, \\ 2x_1 - 5x_2 + 9x_3 + 6x_4 = 19. \end{cases}$$

解

$$\widetilde{\boldsymbol{A}} = \left[\begin{array}{cccc:c} 1 & -2 & 3 & 1 & 8 \\ 3 & -5 & 6 & -1 & 21 \\ -1 & 3 & -6 & -5 & -11 \\ 2 & -5 & 9 & 6 & 19 \end{array}\right] \xrightarrow[-2r_1+r_4]{\substack{-3r_1+r_2 \\ r_1+r_3}} \left[\begin{array}{cccc:c} 1 & -2 & 3 & 1 & 8 \\ 0 & 1 & -3 & -4 & -3 \\ 0 & 1 & -3 & -4 & -3 \\ 0 & -1 & 3 & 4 & 3 \end{array}\right]$$

$$\xrightarrow[r_2+r_4]{-r_2+r_3} \left[\begin{array}{cccc:c} 1 & -2 & 3 & 1 & 8 \\ 0 & 1 & -3 & -4 & -3 \\ 0 & 0 & 0 & 0 & 0 \\ 0 & 0 & 0 & 0 & 0 \end{array}\right] \xrightarrow{2r_2+r_1} \left[\begin{array}{cccc:c} 1 & 0 & -3 & -7 & 2 \\ 0 & 1 & -3 & -4 & -3 \\ 0 & 0 & 0 & 0 & 0 \\ 0 & 0 & 0 & 0 & 0 \end{array}\right].$$

由 $\widetilde{\boldsymbol{A}}$ 的最简形得到

$$\begin{cases} x_1 - 3x_3 - 7x_4 = 2, \\ x_2 - 3x_3 - 4x_4 = -3. \end{cases}$$

令 $x_3 = c_1, x_4 = c_2$,得通解

$$\begin{bmatrix} x_1 \\ x_2 \\ x_3 \\ x_4 \end{bmatrix} = \begin{bmatrix} 2 \\ -3 \\ 0 \\ 0 \end{bmatrix} + c_1 \begin{bmatrix} 3 \\ 3 \\ 1 \\ 0 \end{bmatrix} + c_2 \begin{bmatrix} 7 \\ 4 \\ 0 \\ 1 \end{bmatrix}.$$

计算证明:

$$\boldsymbol{X}^* = \begin{bmatrix} 2 \\ -3 \\ 0 \\ 0 \end{bmatrix}$$

是原方程组的一个特解,

$$\boldsymbol{\xi}_1 = \begin{bmatrix} 3 \\ 3 \\ 1 \\ 0 \end{bmatrix}, \quad \boldsymbol{\xi}_2 = \begin{bmatrix} 7 \\ 4 \\ 0 \\ 1 \end{bmatrix}$$

是原方程组对应的齐次线性方程组

$$\begin{cases} x_1 - 2x_2 + 3x_3 + x_4 = 0, \\ 3x_1 - 5x_2 + 6x_3 - x_4 = 0, \\ -x_1 + 3x_2 - 6x_3 - 5x_4 = 0, \\ 2x_1 - 5x_2 + 9x_3 + 6x_4 = 0 \end{cases}$$

的一个基础解系.

一般地,非齐次线性方程组的通解

$$X = X^{*} + c_1\xi_1 + c_2\xi_2 + \cdots + c_r\xi_r, \tag{3.9}$$

也就是说,非齐次线性方程组的通解,等于它的一个特解与对应的齐次线性方程组通解之和.

第三节　解线性方程组的其他方法

对于 n 元 n 个方程组成的线性方程组,在系数矩阵为满秩方阵时,除了前述初等行变换外,还有两种常用的方法.

一、用逆矩阵左乘法解线性方程组

对于线性方程组

$$AX = B, \tag{3.10}$$

如果 $\det A \neq 0$,那么 A^{-1}必然存在,用 A^{-1}左乘(3.10)式两边就可以得到线性方程组(3.10)的解向量

$$X = A^{-1}B, \tag{3.11}$$

而且(3.11)的右边的解向量是唯一确定的.

例 1　解线性方程组

$$\begin{cases} 2x_1 + x_2 + x_3 = 1, \\ 3x_1 + x_2 + 2x_3 = 0, \\ x_1 - x_2 = 2. \end{cases}$$

解　设

$$A = \begin{bmatrix} 2 & 1 & 1 \\ 3 & 1 & 2 \\ 1 & -1 & 0 \end{bmatrix}, \quad B = \begin{bmatrix} 1 \\ 0 \\ 2 \end{bmatrix}, \quad X = \begin{bmatrix} x_1 \\ x_2 \\ x_3 \end{bmatrix},$$

原方程组化为矩阵形式

$$AX = B.$$

易见 $\det A = 2 \neq 0$,并且可得

$$A^{-1} = \frac{1}{\det A}A^{*} = \begin{bmatrix} 1 & -\frac{1}{2} & \frac{1}{2} \\ 1 & -\frac{1}{2} & -\frac{1}{2} \\ -2 & \frac{3}{2} & -\frac{1}{2} \end{bmatrix},$$

于是

$$X = A^{-1}B = \begin{bmatrix} 1 & -\frac{1}{2} & \frac{1}{2} \\ 1 & -\frac{1}{2} & -\frac{1}{2} \\ -2 & \frac{3}{2} & -\frac{1}{2} \end{bmatrix}\begin{bmatrix} 1 \\ 0 \\ 2 \end{bmatrix} = \begin{bmatrix} 2 \\ 0 \\ -3 \end{bmatrix},$$

所以原方程组的解为

$$x_1=2,\quad x_2=0,\quad x_3=-3.$$

二、克拉默法则

对于方程个数等于未知量个数的线性方程组

$$\begin{cases} a_{11}x_1+a_{12}x_2+\cdots+a_{1n}x_n=b_1, \\ a_{21}x_1+a_{22}x_2+\cdots+a_{2n}x_n=b_2, \\ \cdots\cdots\cdots\cdots\cdots\cdots\cdots\cdots\cdots\cdots \\ a_{n1}x_1+a_{n2}x_2+\cdots+a_{nn}x_n=b_n, \end{cases} \tag{3.12}$$

如果系数矩阵 $\boldsymbol{A}$ 的行列式 $\det \boldsymbol{A}\neq 0$,则 $\boldsymbol{A}^{-1}=\dfrac{1}{\det \boldsymbol{A}}\boldsymbol{A}^{*}$.

$$\boldsymbol{X}=\boldsymbol{A}^{-1}\boldsymbol{B}=\frac{1}{\det \boldsymbol{A}}\boldsymbol{A}^{*}\boldsymbol{B}=\frac{1}{\det \boldsymbol{A}}\begin{bmatrix} A_{11} & A_{21} & \cdots & A_{n1} \\ A_{12} & A_{22} & \cdots & A_{n2} \\ \vdots & \vdots & & \vdots \\ A_{1n} & A_{2n} & \cdots & A_{nn} \end{bmatrix}\begin{bmatrix} b_1 \\ b_2 \\ \vdots \\ b_n \end{bmatrix}$$

$$=\frac{1}{\det \boldsymbol{A}}\begin{bmatrix} b_1A_{11}+b_2A_{21}+\cdots+b_nA_{n1} \\ b_1A_{12}+b_2A_{22}+\cdots+b_nA_{n2} \\ \vdots \\ b_1A_{1n}+b_2A_{2n}+\cdots+b_nA_{nn} \end{bmatrix}. \tag{3.13}$$

对照第一章公式 $\det \boldsymbol{A}=a_{1j}A_{1j}+a_{2j}A_{2j}+\cdots+a_{nj}A_{nj}$ 可知,$b_1A_{1j}+b_2A_{2j}+\cdots+b_nA_{nj}$ 即 $\det \boldsymbol{A}$ 的第 j 列换上常数列$[b_1\ b_2 \cdots\ b_n]'$后得到的行列式,记为 D_j,也就是说,记

$$D_1=\begin{vmatrix} b_1 & a_{12} & \cdots & a_{1n} \\ b_2 & a_{22} & \cdots & a_{2n} \\ \vdots & \vdots & & \vdots \\ b_n & a_{n2} & \cdots & a_{nn} \end{vmatrix},\quad D_2=\begin{vmatrix} a_{11} & b_1 & a_{13} & \cdots & a_{1n} \\ a_{21} & b_2 & a_{23} & \cdots & a_{2n} \\ \vdots & \vdots & \vdots & & \vdots \\ a_{n1} & b_n & a_{n3} & \cdots & a_{nn} \end{vmatrix},$$

$$\cdots,\quad D_n=\begin{vmatrix} a_{11} & a_{12} & \cdots & a_{1(n-1)} & b_1 \\ a_{21} & a_{22} & \cdots & a_{2(n-1)} & b_2 \\ \vdots & \vdots & & \vdots & \vdots \\ a_{n1} & a_{n2} & \cdots & a_{n(n-1)} & b_n \end{vmatrix},$$

而记 $\det \boldsymbol{A}=D$,那么(3.13)式可写成

$$\begin{bmatrix} x_1 \\ x_2 \\ \vdots \\ x_n \end{bmatrix}=\frac{1}{D}\begin{bmatrix} D_1 \\ D_2 \\ \vdots \\ D_n \end{bmatrix}. \tag{3.14}$$

于是我们有**克拉默法则:当** $\det \boldsymbol{A}=D\neq 0$ **时,线性方程组(3.12)有唯一的一组解** $x_1=\dfrac{D_1}{D}$, $x_2=\dfrac{D_2}{D},\cdots,x_n=\dfrac{D_n}{D}$.

克拉默法则的计算量大，一般实际计算时不用它，但它在理论推导中十分重要.

例 2 用克拉默法则解线性方程组

$$\begin{cases} x_1 + x_2 = 3, \\ x_1 + 2x_2 + x_3 = 4, \\ x_2 + 3x_3 + x_4 = -1, \\ 3x_3 + 2x_4 = -3. \end{cases}$$

解

$$D = \begin{vmatrix} 1 & 1 & 0 & 0 \\ 1 & 2 & 1 & 0 \\ 0 & 1 & 3 & 1 \\ 0 & 0 & 3 & 2 \end{vmatrix} \xlongequal{-r_1+r_2} \begin{vmatrix} 1 & 1 & 0 & 0 \\ 0 & 1 & 1 & 0 \\ 0 & 1 & 3 & 1 \\ 0 & 0 & 3 & 2 \end{vmatrix} = 1\cdot(-1)^2 \begin{vmatrix} 1 & 1 & 0 \\ 1 & 3 & 1 \\ 0 & 3 & 2 \end{vmatrix} = 1,$$

$$D_1 = \begin{vmatrix} 3 & 1 & 0 & 0 \\ 4 & 2 & 1 & 0 \\ -1 & 1 & 3 & 1 \\ -3 & 0 & 3 & 2 \end{vmatrix} = 1, \quad D_2 = \begin{vmatrix} 1 & 3 & 0 & 0 \\ 1 & 4 & 1 & 0 \\ 0 & -1 & 3 & 1 \\ 0 & -3 & 3 & 2 \end{vmatrix} = 2,$$

$$D_3 = \begin{vmatrix} 1 & 1 & 3 & 0 \\ 1 & 2 & 4 & 0 \\ 0 & 1 & -1 & 1 \\ 0 & 0 & -3 & 2 \end{vmatrix} = -1, \quad D_4 = \begin{vmatrix} 1 & 1 & 0 & 3 \\ 1 & 2 & 1 & 4 \\ 0 & 1 & 3 & -1 \\ 0 & 0 & 3 & -3 \end{vmatrix} = 0.$$

依克拉默法则得

$$x_1 = \frac{D_1}{D} = 1, \quad x_2 = \frac{D_2}{D} = 2, \quad x_3 = \frac{D_3}{D} = -1, \quad x_4 = \frac{D_4}{D} = 0.$$

第四节 盈亏转折分析

一、问题

已知某房产公司建造商品房数量 x(单位:套)与成本 C(单位:万元)的若干数据如下:

表 3-1

x	6	10	20
C	104	160	370

设每套房子的出售价 $w = 20$ 万元，试判断公司盈亏转折时的建房数量 x 的变化范围及公司获取最大利润额时的建房套数.

二、数学模型

由房产经营专业知识，可设成本函数

$$C = C(x) = a_0 + a_1 x + a_2 x^2,$$

其中 a_0, a_1, a_2 为待定系数.

代入原始数据得线性方程组

$$\begin{cases}a_0+\ \ 6a_1+\ \ 36a_2=104,\\a_0+10a_1+100a_2=160,\\a_0+20a_1+400a_2=370.\end{cases}$$

解得 $a_0=50,a_1=6,a_2=\frac{1}{2}$,即成本函数

$$C=C(x)=50+6x+\frac{1}{2}x^2. \tag{3.15}$$

产值函数

$$R=R(x)=wx=20x. \tag{3.16}$$

利润函数

$$\begin{aligned}L&=L(x)=R(x)-C(x)=wx-(a_0+a_1x+a_2x^2)\\&=20x-\left(50+6x+\frac{1}{2}x^2\right).\end{aligned} \tag{3.17}$$

成本函数的导函数 $C'(x)$称为边际成本,利润函数的导函数 $L'(x)$称为边际利润,这是在经济学上常用的两个函数.

三、盈亏分析

设 x_1 与 x_2 为方程 $L(x)=0$ 的两个实根,当 $a_2>0$ 时,$y=L(x)$的图象如图 3-1,可见,当建房数量 $x\in(x_1,x_2)$时 $L(x)>0$,在(x_1,x_2)范围以外,企业不能获得利润. x_1,x_2 称为盈亏转折点.

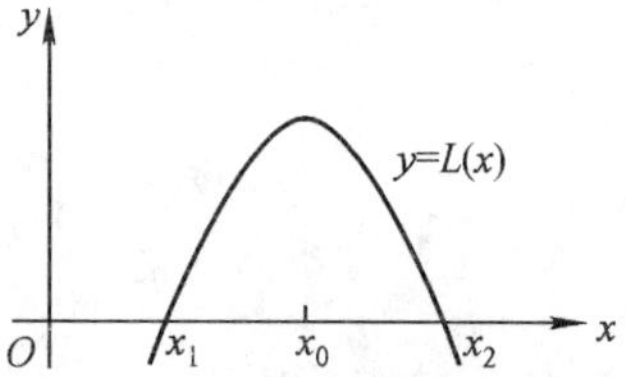

图 3-1

利润函数 $L(x)$的唯一极大值点 x_0 即 $L(x)$的最大值点,就是使公司获得最大利润的建房数量.

令
$$20x-\left(50+6x+\frac{1}{2}x^2\right)=0,$$
得
$$x_1=4.2,\qquad x_2=23.8.$$
即房产公司建房少于 4 套或多于 24 套,都不会获利.

令
$$\frac{\mathrm{d}L(x)}{\mathrm{d}x}=20-6-x=0,$$
得
$$x_0=14.$$
就是说,当公司建房 14 套时,获得最大利润,其数额为

$$L=20\times14-\left(50+6\times14+\frac{1}{2}\times14^2\right)=48(\text{万元}).$$

习　题　三

1. 解线性方程组

$$\begin{cases}x_1+x_2-2x_3=5,\\2x_1-x_2+2x_3=-2,\\4x_1+x_2+4x_3=2.\end{cases}$$

2. 对下列线性方程组求秩 $R(\widetilde{\boldsymbol{A}})$ 与 $R(\boldsymbol{A})$，判断解的情况，若有解，则求解.

(1) $\begin{cases} x_1 - 2x_2 + 3x_3 - 4x_4 = 4, \\ x_2 - x_3 + x_4 = -3, \\ x_1 + 3x_2 - 3x_4 = 1, \\ -7x_2 + 3x_3 + x_4 = -3; \end{cases}$

(2) $\begin{cases} 3x_1 + 4x_2 + x_3 + 2x_4 = 3, \\ 6x_1 + 8x_2 + 2x_3 + 5x_4 = 7, \\ 9x_1 + 12x_2 + 3x_3 + 10x_4 = 13; \end{cases}$

(3) $\begin{cases} 4x_1 + 2x_2 - x_3 = 2, \\ 3x_1 - x_2 + 2x_3 = 10, \\ 11x_1 + 3x_2 = 8. \end{cases}$

3. 已知线性方程组

$$\begin{cases} x_1 + 2x_3 = \lambda, \\ 2x_2 - x_3 = \lambda^2, \\ 2x_1 + \lambda^2 x_3 = 4, \end{cases}$$

讨论当 λ 为何值时，它有唯一解，有无穷多个解，或无解.

4. 判别向量组

$$\boldsymbol{\alpha}_1 = (5,1,1), \boldsymbol{\alpha}_2 = (-4,-2,1), \boldsymbol{\alpha}_3 = (4,0,2)$$

是否线性相关.

5. 已知齐次线性方程组

$$\begin{cases} x_1 + 2x_2 + x_3 - x_4 = 0, \\ 3x_1 + 6x_2 - x_3 - 3x_4 = 0, \\ 5x_1 + 10x_2 + x_3 - 5x_4 = 0, \end{cases}$$

求它的基础解系，写出通解.

6. 已知非齐次线性方程组

$$\begin{cases} x_1 + 2x_2 - x_3 + 2x_4 = 1, \\ 2x_1 + 4x_2 + x_3 + x_4 = 5, \\ -x_1 - 2x_2 - 2x_3 + x_4 = -4, \end{cases}$$

求它的通解.

7. 填空：

(1) 已知 x_0 为线性方程组 $\boldsymbol{AX} = \boldsymbol{B}$ 的解，若 $\boldsymbol{A}$ 与解 $\boldsymbol{X}_0$ 的表达式为

$$\boldsymbol{A} = \begin{bmatrix} 1 & 2 \\ -2 & 1 \end{bmatrix}, \quad \boldsymbol{X}_0 = \begin{bmatrix} 4 \\ -1 \end{bmatrix},$$

则 $\boldsymbol{B} =$ __________；

(2) 若线性方程组 $\boldsymbol{AX} = \boldsymbol{B}$ 的增广矩阵 $\widetilde{\boldsymbol{A}}$ 经初等行变换化为

$$\left[\begin{array}{ccc:c} 1 & 0 & 0 & 3 \\ 0 & 1 & 0 & 1 \\ 0 & 0 & 1 & 0 \end{array}\right],$$

则此线性方程组的解为__________；

(3) 若线性方程组 $\boldsymbol{AX}=\boldsymbol{B}$ 的增广矩阵 $\widetilde{\boldsymbol{A}}$ 经初等行变换化为

$$\begin{bmatrix} 1 & -3 & 0 & \vdots & 1 \\ 0 & 0 & 1 & \vdots & 2 \end{bmatrix},$$

则此线性方程组的解为__________；

(4) 已知线性方程组 $\boldsymbol{AX}=\boldsymbol{B}$ 有解,若系数矩阵 $\boldsymbol{A}$ 的秩 $R(\boldsymbol{A})=5$,则增广矩阵 $\widetilde{\boldsymbol{A}}$ 的秩 $R(\widetilde{\boldsymbol{A}})=$__________；

(5) 若线性方程组 $\boldsymbol{AX}=\boldsymbol{B}$ 的增广矩阵 $\widetilde{\boldsymbol{A}}$ 经初等变换化为

$$\begin{bmatrix} 1 & 3 & -2 & \vdots & 5 \\ 0 & 0 & 1 & \vdots & 2 \\ 0 & 0 & \lambda & \vdots & 6 \end{bmatrix},$$

则当 $\lambda=$__________时,此线性方程组有无穷多个解.

(6) 若线性方程组 $\boldsymbol{AX}=\boldsymbol{B}$ 的增广矩阵 $\widetilde{\boldsymbol{A}}$ 经初等行变换化为

$$\begin{bmatrix} 1 & 2 & 0 & 5 & \vdots & 2 \\ 0 & 0 & 1 & 4 & \vdots & 3 \\ 0 & 0 & 0 & a+2 & \vdots & 1 \end{bmatrix},$$

则当 $a=$__________时,此线性方程组无解；

(7) 已知四元齐次线性方程组 $\boldsymbol{AX}=\boldsymbol{0}$,若它仅有零解,则系数矩阵 $\boldsymbol{A}$ 的秩 $R(\boldsymbol{A})=$__________；

(8) 齐次线性方程组

$$\begin{cases} x_1 \quad\quad - 2x_3 = 0, \\ \quad x_2 \quad\quad\quad = 0 \end{cases}$$

的解为__________；

(9) 若齐次线性方程组 $\boldsymbol{AX}=\boldsymbol{0}$ 的基础解系由解向量 $\boldsymbol{\xi}_1,\boldsymbol{\xi}_2,\boldsymbol{\xi}_3$ 组成,则它的全部解 $\boldsymbol{X}=$____________________；

(10) 若 $\boldsymbol{X}_1,\boldsymbol{X}_2$ 为非齐次线性方程组 $\boldsymbol{AX}=\boldsymbol{B}(\boldsymbol{B}\neq\boldsymbol{0})$ 的两个解,则 $\boldsymbol{X}_1-\boldsymbol{X}_2$ 为线性方程组__________的解.

8. 在建筑力学中,常常需要解线性方程组. 某三铰钢架,其尺寸及受力情况如图 3-2, x_1, x_2, x_3, x_4 是支座反力. 依受力平衡条件可得线性方程组

$$\begin{cases} x_1 - x_3 = -1, \\ x_2 + x_4 = 24, \\ 4x_3 + 16x_4 = 54, \\ 8x_1 - 8x_2 = -146, \end{cases}$$

求各个支座反力.

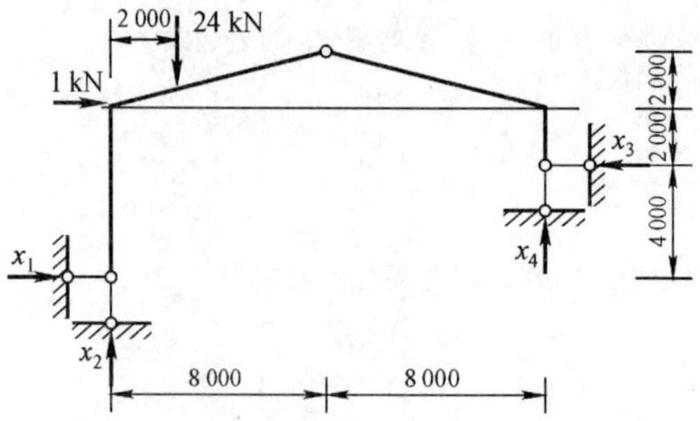

图 3-2

9. 有一位木工、一位电工和一位油漆工，三人相互同意彼此装修他们的房子. 在装修之前，他们达成了如下协议：(1) 每人总共工作 10 天(包括给自己家干活在内)；(2) 每人的日工资根据一般的市价在 60～80 元之间；(3) 每人的日工资数应使得每人的总收入与总支出相等. 表 3－2 是他们协商后制定出的工作天数的分配方案. 试求各人应得的工资.

表 3－2

工种 天数	木工	电工	油漆工
在木工家的工作天数	2	1	6
在电工家的工作天数	4	5	1
在油漆工家的工作天数	4	4	3

10. 某企业的产品数量 x(单位：百件)与成本 C(单位：千元)的数据如表 3－3，求其成本函数 $C(x)$，盈亏转折点及最大利润值.

表 3－3

产品数量/百件	5	10	15
成　　本/千元	100	155	220

第四章　MATLAB 数学软件的应用

MATLAB 是英文 Matrix Laboratory(矩阵实验室)的缩写,能够方便地用来进行矩阵代数运算,完成于 20 世纪 80 年代初,后来进行了大量的改进,功能大大地得到扩充. 本章介绍的是 5.2 版的 MATLAB 软件,在 Windows 95 以上的操作系统下的使用方法.

第一节　矩阵运算实验

一、实验目的

学会利用 MATLAB 软件进行矩阵运算.

二、实验内容

在计算机上完成以下实验内容:

(一) 启动

1. 接通电源;

2. 开主机,开显示器;

3. 当屏幕上出现 WINDOWS 的程序管理窗口时,用鼠标左键双击 MATLAB 图标,这时屏幕上出现了 MATLAB 命令窗口,并出现竖线光标,这时用户便可键入计算命令.

例如,键入

```
150 * sin(Pi/3) ↙
```

会得到结果显示

```
ans =
      129.9038
```

又如,键入

```
exit ↙
```

运行的结果是退出 MATLAB.

(二) 矩阵的输入

1. 用键盘直接输入矩阵. 具体做法是:在方括号内逐行键入矩阵各元素,同一行各元素之间用逗号或空格分隔,两行之间用分号分隔.

实验题 1　输入矩阵

$$\boldsymbol{A}=\begin{bmatrix}1&2&3\\4&5&6\\7&8&9\end{bmatrix}.$$

上机操作　启动 MATLAB 系统后,键入

$$A = [1,2,3;4,5,6;7,8,9] \swarrow$$

屏幕上便显示

```
A=
    1  2  3
    4  5  6
    7  8  9
```

这说明输入了这个矩阵.

对大矩阵的输入,可用回车键代替分号.

MATLAB 允许复数数据,虚数单位为 i 或 j,如 3+4*i. 矩阵元素可以为复数.

2. 矩阵元素的修改. 矩阵元素用矩阵名及其下标表示. 例如在输入实验题 1 的矩阵 A 后,若键入

A(2,3) ↙

屏幕显示　ans=

6

即矩阵 A 第 2 行第 3 列的元素为 6.

亦可修改矩阵,例如键入

A(3,3)=10 ↙

即得新的矩阵

```
A=
    1  2  3
    4  5  6
    7  8  10
```

这时矩阵 A 中 a_{33} 变成了 10.

3. 分块矩阵的读入. 可以先分块读入,再拼装.

实验题 2　分块输入矩阵

$$\boldsymbol{M} = \left[\begin{array}{ccc:cc} 1 & 2 & 3 & 7 & 4 \\ 4 & 5 & 6 & 8 & 3 \\ \hdashline 2 & 1 & 9 & 6 & 10 \\ 12 & 11 & 0 & 4 & 5 \end{array}\right] = \begin{bmatrix} \boldsymbol{M}_{11} & \boldsymbol{M}_{12} \\ \boldsymbol{M}_{21} & \boldsymbol{M}_{22} \end{bmatrix}.$$

上机操作　启动 MATLAB 后,键入

M_{11}=[1,2,3;4,5,6] ↙

M_{12}=[7,4;8,3] ↙

M_{21}=[2,1,9;12,11,0] ↙

M_{22}=[6,10;4,5] ↙

M=[M_{11},M_{12};M_{21},M_{22}] ↙

(三) 矩阵的运算

在输入有关的矩阵 $\boldsymbol{A}$,$\boldsymbol{B}$ 后,可以进行矩阵运算.

1. 矩阵运算符

(1) 加法　A+B ↲ ;

(2) 减法　A−B ↲ ;

(3) 数乘矩阵　λ*A ↲ 或 A*λ ↲ (λ为数);

(4) 矩阵乘法　A*B ↲ ;

(5) 矩阵乘方　A^k ↲ (k为整数);

(6) 矩阵除法　在MATLAB软件中有两种除法,"\"称为左除,"/"称为右除.

Z=A\B ↲ (表示Z是矩阵方程A*Z=B的解);

Z=B/A ↲ (表示Z是矩阵方程Z*A=B的解);

(7) 矩阵转置　A′ ↲ .

实验题3　已知

$$\boldsymbol{B}=\begin{bmatrix}1 & 0.5 & 2\\ 2 & 3 & 3\\ 4.5 & 1 & 6\end{bmatrix},\quad \boldsymbol{C}=\begin{bmatrix}2 & 2 & 3\\ 3 & 1 & 4\\ 1 & 1 & 2\end{bmatrix},$$

$$\boldsymbol{V}=\begin{bmatrix}1 & 2\\ 2 & 1\\ 3 & 1\end{bmatrix},$$

(1) 求 $\boldsymbol{R}_1=\boldsymbol{B}+\boldsymbol{C}$,　$\boldsymbol{R}_2=\boldsymbol{B}-\boldsymbol{C}$,

$\boldsymbol{R}_3=\boldsymbol{BC}$,　$\boldsymbol{R}_4=\boldsymbol{BV}$,

$\boldsymbol{R}_5=\boldsymbol{V}'$,　$\boldsymbol{R}_6=\boldsymbol{C}^2$;

(2) 解矩阵方程:① $\boldsymbol{VX}=\boldsymbol{C}$;② $\boldsymbol{YB}=\boldsymbol{C}$.

上机操作　在已启动MATLAB的窗口键入

B=[1,0.5,2;2,3,3;4.5,1,6]↲

C=[2,2,3;3,1,4;1,1,2]↲

V=[1,2;2,1;3,1]↲

(1) 键入

R1=B+C ↲　　(显示R1)

R2=B−C ↲　　(显示R2)

R3=B*C ↲　　(显示R3)

R4=B*V ↲　　(显示R4)

R5=V′↲　　(显示R5)

R6=C^2 ↲　　(显示R6)

(2) 键入

X=V\C ↲　　(显示X)

Y=C/B ↲　　(显示Y)

(四) 矩阵代数

1. 矩阵求逆. 输入矩阵 **A** 后,键入

inv(A)↲　　(注:inv只能小写)

如果 $\boldsymbol{A}$ 为非奇异矩阵,则屏幕上显示 $\boldsymbol{A}^{-1}$;如果 $\boldsymbol{A}$ 为奇异矩阵,则显示不存在逆矩阵的信息.

2. 求方阵的行列式. 输入矩阵 $\boldsymbol{A}$ 以后,键入

det(A)↙ (注:det 只能小写)

屏上显示 det $\boldsymbol{A}$ 的值.

3. 求 $\boldsymbol{A}$ 的行阶梯形矩阵. 输入 $\boldsymbol{A}$ 后键入

rref(A)↙ (注:rref 只能小写)

屏上显示 $\boldsymbol{A}$ 的行阶梯形矩阵的最简形.

4. 求矩阵的秩. 输入 $\boldsymbol{A}$ 后,键入

rank(A)↙

屏上显示 $\boldsymbol{A}$ 的秩.

实验题 4 已知矩阵

$$\boldsymbol{A}=\begin{bmatrix}1&2&3&4&5\\2&3&4&5&1\\3&4&5&1&2\\4&5&1&2&3\\5&1&2&3&4\end{bmatrix},$$

求:(1) det $\boldsymbol{A}$;(2) $R(\boldsymbol{A})$;(3) $\boldsymbol{A}^{-1}$;(4) $\boldsymbol{A}$ 的阶梯矩阵的最简形.

上机操作 在 MATLAB 窗口键入

```
A=[1,2,3,4,5 ↙
   2,3,4,5,1 ↙
   3,4,5,1,2 ↙
   4,5,1,2,3 ↙
   5,1,2,3,4]↙
det(A)↙
```

屏上输出 det $\boldsymbol{A}$ 的值 1875.

rank(A)↙

屏上显示 R($\boldsymbol{A}$)的值 5.

inv(A)↙

$$\text{得 } \boldsymbol{A}^{-1}=\begin{bmatrix}-0.1867&0.0133&0.0133&0.0133&0.2133\\0.0133&0.0133&0.0133&0.2133&-0.1867\\0.0133&0.0133&0.2133&-0.1867&0.0133\\0.0133&0.2133&-0.1867&0.0133&0.0133\\0.2133&-0.1867&0.0133&0.0133&0.0133\end{bmatrix}.$$

rref(A)↙

得 $\boldsymbol{A}$ 的阶梯形矩阵的最简形

$$\begin{bmatrix}1&0&0&0&0\\0&1&0&0&0\\0&0&1&0&0\\0&0&0&1&0\\0&0&0&0&1\end{bmatrix}.$$

（五）求方阵的特征值与特征向量

用 MATLAB 软件可以方便地求出矩阵的特征值与特征向量．常用的命令有：

poly(A)　返回 A 的特征多项式的系数组成的向量．

roots(P)　返回 A 的特征多项式 P 的零点，即 A 的特征值．

eig(A)　返回 A 的特征值组成的列向量．

实验题 5　已知矩阵

$$\boldsymbol{A}=\begin{bmatrix}1&2&3\\4&5&6\\7&8&0\end{bmatrix},$$

求 $\boldsymbol{A}$ 的特征值与特征向量．

上机操作　在 MATLAB 窗口键入

A=[1,2,3;4,5,6;7,8,9]↙

P=poly(A)↙

输出 P=

　　1　-6　-72　-27

即 $\boldsymbol{A}$ 的特征多项式 $\det(\lambda\boldsymbol{E}-\boldsymbol{A})=\lambda^3-6\lambda^2-72\lambda-27$.

再键入

λ=roots(P)↙

得　λ=

　　12.1229

　　-5.7345

　　-0.3884

此即 $\boldsymbol{A}$ 的特征值组成的列向量．有时特征值 λ 为复数．

键入

[X,D]=eig(A)↙

输出

```
X=   0.7471   -0.2998   -0.2763
    -0.6582   -0.7075   -0.3884
     0.0931   -0.6400   -0.8791
D=  -0.3884    0.0000    0.0000
     0.0000   12.1229    0.0000
     0.0000    0.0000   -5.7345
```

上面 X 的第一列为对应特征值 $\lambda_1=-0.3884$ 的特征向量；第二列为对应特征值 $\lambda_2=12.1229$

的特征向量;第三列为对应特征值 $\lambda_3=-5.7345$ 的特征向量.

上面仅介绍了应用 MATLAB 软件进行矩阵运算的一些操作命令. 其实 MATLAB 在微积分、数据分析与统计、作图等方面具有强大的功能,它提供的工具箱覆盖面更宽. 感兴趣的读者可参看叶其孝主编的《大学生数学建模竞赛辅导教材(三)》第六章或其他有关资料.

思考与练习

用 MATLAB 软件计算第一章与第二章的部分例题与习题,比较手算与机算的结果.

第二节　解线性方程组的实验

一、实验目的

学会使用 MATLAB 软件解线性方程组,了解欠定方程组、超定方程组及矛盾方程组的最小二乘解的概念及求法.

二、实验内容

运用 MATLAB 软件在计算机上完成下述实验题目:

(一) 解线性方程组 $\boldsymbol{AX}=\boldsymbol{B}$($\boldsymbol{A}$ 为方阵)

1. 若 $\det\boldsymbol{A}\neq0$,可直接用 $\boldsymbol{A}$ 左除 $\boldsymbol{B}$ 得到 $\boldsymbol{X}$.

实验题 1　解线性方程组

$$\begin{cases}2x_1+2x_2+3x_3=1,\\ x_1-x_2=2,\\ x_1-2x_2-x_3=3.\end{cases}$$

上机操作　在 MATLAB 窗口键入

```
A=[2,2,3;1,-1,0;1,-2,-1]↙
B=[1,2,3]'↙
det(A)↙                                  (屏上显示 det A=1)
X=A\B↙
```

得线性方程组的唯一解

$$x_1=2,\quad x_2=0,\quad x_3=-1.$$

2. 若 $\det\boldsymbol{A}=0$,可作行阶梯矩阵.

实验题 2　解线性方程组

$$\begin{cases}x_1-2x_2+4x_3-x_4=3,\\ 3x_1-7x_2+6x_3+x_4=5,\\ x_1-x_2+10x_3-5x_4=7,\\ 4x_1-11x_2-2x_3+8x_4=0.\end{cases}$$

上机操作　在 MATLAB 窗口键入

```
A=[1,-2,4,-1;3,-7,6,1;
     1,-1,10,-5;4,-11,-2,8]↙
B=[3,5,7,0]'↙
det(A)↙                                   (屏上显示 det A =0)
C=[A,B];↙
rref(C)↙
```

得行阶梯矩阵

```
1  0  16  -9  11
0  1   6  -4   4
0  0   0   0   0
0  0   0   0   0
```

这里秩 R(A)=R(C),与原方程组等价的方程组为

$$\begin{cases} x_1 + 16x_3 - 9x_4 = 11, \\ x_2 + \ \ 6x_3 - 4x_4 = 4, \end{cases}$$

即

$$\begin{cases} x_1 = 11 - 16x_3 + 9x_4, \\ x_2 = \ \ 4 - \ \ 6x_3 + 4x_4, \\ x_3 = \qquad\qquad x_3, \\ x_4 = \qquad\qquad\qquad x_4. \end{cases}$$

所以原方程组的解为

$$\begin{bmatrix} x_1 \\ x_2 \\ x_3 \\ x_4 \end{bmatrix} = \begin{bmatrix} 11 \\ 4 \\ 0 \\ 0 \end{bmatrix} + k_1 \begin{bmatrix} -16 \\ -6 \\ 1 \\ 0 \end{bmatrix} + k_2 \begin{bmatrix} 9 \\ 4 \\ 0 \\ 1 \end{bmatrix},$$

k_1, k_2 为任意常数.

(二) 欠定方程组

当系数矩阵的列数多于行数时,表示方程组中未知数的个数多于方程的个数,这种方程组称为欠定方程组,一般得不到唯一解. 用左除仍能得到一组特解,但用行阶梯矩阵可以进行较详细的讨论.

实验题 3 解线性方程组

$$\begin{cases} x - \ \ y + \ \ z - w = 0, \\ x + \ \ y + \ \ z - w = 2, \\ 2x - 2y + 2z - w = 1. \end{cases}$$

上机操作 在 MATLAB 窗口键入

```
A=[1,-1,1,-1;1,1,1,-1;2,-2,2,-1];↙
B=[0,2,1]';↙
C=[A,B];↙
rank(A)↙                                  (得 A 的秩=3)
```

rank(C)↙ (得 $\boldsymbol{C}$ 的秩 = 3)

R(A) = R(C) = 3 < 4,所以本题有无穷多个解.

rref(C)↙

得 $\boldsymbol{C}$ 的行阶梯矩阵

$$\left[\begin{array}{cccc:c} 1 & 0 & 1 & 0 & 2 \\ 0 & 1 & 0 & 0 & 1 \\ 0 & 0 & 0 & 1 & 1 \end{array}\right].$$

由此可得原方程组的同解方程组

$$\begin{cases} x \quad + z = 2, \\ y = 1, \\ w = 1, \end{cases}$$

即

$$\begin{cases} x = 2 - z, \\ y = 1, \\ z = \quad z, \\ w = 1. \end{cases}$$

因此原方程组的解的一般表达式为

$$\begin{bmatrix} x \\ y \\ z \\ w \end{bmatrix} = \begin{bmatrix} 2 \\ 1 \\ 0 \\ 1 \end{bmatrix} + k \begin{bmatrix} -1 \\ 0 \\ 1 \\ 0 \end{bmatrix}.$$

k 为任意常数.

讨论 如果用左除,键入

M = A \ B↙

则只能输出一组特解 M =

2.0000
1.0000
0
1.0000.

(三) 超定方程组

方程组 $\boldsymbol{AX} = \boldsymbol{B}$ 的系数矩阵 $\boldsymbol{A}$ 的行数大于列数时,该方程组方程个数多于未知量个数,称为超定方程组. 此时若系数矩阵的秩等于增广矩阵的秩,仍可求解,否则只能得到最小二乘意义下的近似解.

实验题 4 解线性方程组

$$\begin{cases} x_1 + x_2 + x_3 = 2, \\ 2x_1 - x_2 - x_3 = 1, \\ x_1 - x_2 - 3x_3 = 2, \\ 3x_1 + 2x_2 + 4x_3 = 3. \end{cases}$$

上机操作 在 MATLAB 窗口键入

```
A=[1,1,1;2,-1,-1;1,-1,-3;3,2,4];↙
B=[2,1,2,3]';↙
C=[A,B];↙
rank(A)↙                                  (得 A 的秩=3)
rank(C)↙                                  (得增广矩阵 C 的秩=3)
```

因为 R($\boldsymbol{A}$)=R($\boldsymbol{B}$)=3,所以该方程组有唯一解. 键入

```
X=A\B↙
```

得方程组的解　X=

```
     1.0000
     2.0000
    -1.0000
```

(四) 矛盾的线性方程组的最小二乘解

设有线性方程组 $\boldsymbol{AX}=\boldsymbol{B}$,其中

$\boldsymbol{A}=(a_{ij})_{m\times n}$,

$\boldsymbol{B}=[b_1,b_2,\cdots,b_n]'$,

$\boldsymbol{X}=[x_1,x_2,\cdots,x_n]'$.

如果系数矩阵的秩小于增广矩阵的秩,这时方程组 $\boldsymbol{AX}=\boldsymbol{B}$ 无解,我们称这个方程组为矛盾方程组. 但是用 MATLAB 软件可能得到它的最小二乘解.

所谓求矛盾方程组 $\boldsymbol{AX}=\boldsymbol{B}$ 的最小二乘解,就是求方程组 $\boldsymbol{AX}=\boldsymbol{B}$ 的近似解 $\widetilde{\boldsymbol{X}}=[\widetilde{x_1},\widetilde{x_2},\cdots,\widetilde{x_n}]'$,使各个方程的偏差的平方和

$$\sum_{i=1}^{n}\left[b_i-\sum_{j=1}^{n}a_{ij}\widetilde{x_j}\right]^2$$

达到最小.

实验题 5　解线性方程组

$$\begin{cases}x_1+x_2=0.82,\\ x_1+0.740\,8x_2=0.72,\\ x_1+0.449\,3x_2=0.63,\\ x_1+0.332\,9x_2=0.6,\\ x_1+0.201\,9x_2=0.55,\\ x_1+0.100\,3x_2=0.5.\end{cases}$$

上机操作　在 MATLAB 窗口键入

```
A=[1,1;1,0.7408;1,0.4493;1,0.3329;
   1,0.2019;1,0.1003];↙
B=[0.82,0.72,0.63,0.6,0.55,0.5]';↙
C=[A,B];↙
rank(A)↙                                  (得 R(A)=2)
```

rank(C)↙ (得 R($\boldsymbol{C}$)=3)

由于 R($\boldsymbol{A}$)≠R($\boldsymbol{C}$),所以该方程组没有解. 但用左除可得在最小二乘的意义下的近似解. 键入

X=A\B↙

得 X=

0.475 9

0.341 3

即

$$x_1 \approx 0.4759, \quad x_2 \approx 0.3413.$$

实验题 6 解线性方程组

$$\begin{cases} x_1 - x_2 = 1, \\ 3x_2 + x_3 = 3, \\ x_1 + 2x_2 + x_3 = 1. \end{cases}$$

上机操作 在 MATLAB 窗口键入

```
A=[1,-1,0;0,3,1;1,2,1];↙
B=[1,3,1]';↙
C=[A,B];↙
rank(A)↙
```
(得 R($\boldsymbol{A}$)=2)

```
rank(C)↙
```
(得 R($\boldsymbol{C}$)=3)

由于 R($\boldsymbol{A}$)≠R($\boldsymbol{C}$),所以原方程组是矛盾方程组,若用左除,键入

X=A\B↙

输出 ans=

Inf

Inf

Inf

这说明对于本题,用左除法也得不到近似解.

思考与练习

用 MATLAB 软件解第三章的部分例题和习题,比较手算与机算的结果.

第三节 投入产出模型

作为线性方程组与 MATLAB 软件应用的例子,我们来讨论一个投入产出问题.

一、问题

已知某个经济系统包括甲、乙、丙三个部门,最近一个经济周期的投入产出平衡表如下(表 4-1).

若计划各部门在下个经济周期里的最终产品量为 $y_1=280, y_2=190, y_3=90$,预测这个经济系统在下个经济周期里的投入产出平衡表.

表 4-1 价值型投入产出平衡表

部门间流量 产出 / 投入		消费部门			最终产品	总产出
		甲	乙	丙		
生产部门	甲	30	40	15	215	300
	乙	30	20	30	120	200
	丙	30	20	30	70	150
创造价值		210	120	75		
总投入		300	200	150		

二、模型假设

1. 表中采用价值表现,即所有数值都统一按价值单位计量.

2. 所有部门都有双重身份:一方面作为生产者,以自己的产品分配给各部门,并为社会提供最终产品,它们之和即为此部门的总产出;另一方面作为消费者,消耗各部门的产品,即接受各部门的投入,同时创造价值,它们之和即为对此部门的总投入.

3. 一个部门的总产出应该等于对它的总投入.

三、数学模型

为了讨论方便起见,我们仿照表 4-1 给出一张投入产出平衡表(表 4-2):

表 4-2 价值型投入产出平衡表

部门间流量 产出 / 投入		消费部门				最终产品	总产出
		1	2	…	n		
生产部门	1	a_{11}	a_{12}	…	a_{1n}	y_1	x_1
	2	a_{21}	a_{22}	…	a_{2n}	y_2	x_2
	…	…	…	…	…	…	…
	n	a_{n1}	a_{n2}	…	a_{nn}	y_n	x_n
创造价值		z_1	z_2	…	z_n		
总投入		x_1	x_2	…	x_n		

注意 表中 a_{ij} 表示第 j 部门在生产过程中消耗第 i 部门的产品数量.

表 4-2 中前 n 行,每一行都反映了一个部门的总产出,于是得到分配平衡方程组

$$\begin{cases} x_1 = a_{11} + a_{12} + \cdots + a_{1n} + y_1, \\ x_2 = a_{21} + a_{22} + \cdots + a_{2n} + y_2, \\ \cdots\cdots\cdots\cdots\cdots\cdots \\ x_n = a_{n1} + a_{n2} + \cdots + a_{nn} + y_n. \end{cases} \tag{4.1}$$

表 4-2 中前 n 列,每一列都反映了一个部门的总投入,于是得到产品消耗平衡方程组

$$
\begin{cases}
x_1 = a_{11} + a_{21} + \cdots + a_{n1} + z_1, \\
x_2 = a_{12} + a_{22} + \cdots + a_{n2} + z_2, \\
\cdots\cdots\cdots\cdots\cdots\cdots\cdots\cdots\cdots\cdots \\
x_n = a_{1n} + a_{2n} + \cdots + a_{nn} + z_n.
\end{cases} \tag{4.2}
$$

为了揭示部门间流量与总投入的内在联系，还要考虑一个部门消耗各部门的产品在对该部门的总投入中占有多大比重，这就是 j 部门对 i 部门的直接消耗系数，记作

$$
b_{ij} = \frac{a_{ij}}{x_j} \quad (i = 1,2,\cdots,n; j = 1,2,\cdots,n). \tag{4.3}
$$

直接消耗系数基本上是技术性的，因而是相对稳定的，在短期内变化很小．所以上个经济周期的直接消耗系数可以作为下一个经济周期的直接消耗系数．

由(4.3)式知

$$
a_{ij} = b_{ij}x_j \quad (i,j = 1,2,\cdots,n),
$$

代入到产品分配方程组(4.1)，得到

$$
\begin{cases}
x_1 = b_{11}x_1 + b_{12}x_2 + \cdots + b_{1n}x_n + y_1, \\
x_2 = b_{21}x_1 + b_{22}x_2 + \cdots + b_{2n}x_n + y_2, \\
\cdots\cdots\cdots\cdots\cdots\cdots\cdots\cdots\cdots\cdots\cdots\cdots \\
x_n = b_{n1}x_1 + b_{n2}x_2 + \cdots + b_{nn}x_n + y_n.
\end{cases} \tag{4.4}
$$

设

$$
\boldsymbol{A} = \begin{bmatrix} a_{11} & a_{12} & \cdots & a_{1n} \\ a_{21} & a_{22} & \cdots & a_{2n} \\ \vdots & \vdots & & \vdots \\ a_{n1} & a_{n2} & \cdots & a_{nn} \end{bmatrix}
$$
为生产消耗关系矩阵，

$\boldsymbol{X} = [x_1, x_2, \cdots, x_n]'$为总产出(总投入)列向量，

$\boldsymbol{Y} = [y_1, y_2, \cdots, y_n]'$为最终产品列向量，

$\boldsymbol{Z} = [z_1, z_2, \cdots, z_n]$为创造价值行向量，

$$
\boldsymbol{B} = \begin{bmatrix} b_{11} & b_{12} & \cdots & b_{1n} \\ b_{21} & b_{22} & \cdots & b_{2n} \\ \vdots & \vdots & & \vdots \\ b_{n1} & b_{n2} & \cdots & b_{nn} \end{bmatrix}
$$
为直接消耗系数矩阵，

则上述数学模型(4.1)，(4.2)，(4.4)式可以用矩阵形式表示为

$$
\boldsymbol{X} = \mathrm{sum}(\boldsymbol{A}') + \boldsymbol{Y}, \tag{4.5}
$$

$$
\boldsymbol{X} = \mathrm{sum}(\boldsymbol{A}) + \boldsymbol{Z}, \tag{4.6}
$$

$$
(\mathrm{eye}(n) - \boldsymbol{B})\boldsymbol{X} = \boldsymbol{Y}, \tag{4.7}
$$

其中 sum($\boldsymbol{A}$)表示矩阵 $\boldsymbol{A}$ 的列和，sum($\boldsymbol{A}'$)表示 $\boldsymbol{A}'$的列和，eye(n)表示生成 n 阶单位矩阵．

四、模型运用

1. 在一个经济周期的投入产出平衡关系中若已知生产消耗关系矩阵 $\boldsymbol{A}$ 和创造价值行向量 $\boldsymbol{Z}$,则可求出 $\boldsymbol{X},\boldsymbol{Y},\boldsymbol{B}$:

```
X = sum(A) + Z ↲
Y = X - sum(A′)↲
```

为求 $\boldsymbol{B}$,需用循环语句

```
for  j=1:n;
for  i=1:n;
B(i,j)=A(i,j)/X(j);
end;
end;
B ↲
```

2. 若已算出上一个经济周期的直接消耗系数矩阵 B,并提出下一个经济周期的最终产品列向量 Y1,则可预测下一个经济周期的总产出列向量 X1,生产消耗关系矩阵 A1,创造价值行向量 Z1:

```
C=eye(n) - B;
X1=C \ Y1 ↲
for  j=1:n;
for  i=1:n;
A1(i,j)=B(i,j) * X1(j);
end;
end;
A1 ↲
Z1=X1′ - sum(A1)↲
```

五、问题解答

应用 MATLAB 软件系统,在计算机上键入

```
A=[30,40,15;30,20,30;30,20,30];
X=[300,200,150];
for  j=1:3;
for  i=1:3;
B(i,j)=A(i,j)/X(j);
end;
end;
B ↲
```

输出

```
B=
    0.1000  0.2000  0.1000
    0.1000  0.1000  0.2000
    0.1000  0.1000  0.2000
```

```
再键入 Y1=[280;190;90];
       C=eye(3)-B;
       X1=C\Y1 ↙
输出   X1=
          400.0000
          300.0000
          200.0000
键入   for  j=1:3;
       for  i=1:3;
       A1(i,j)=B(i,j)*X1(j);
       end;
       end;
       A1 ↙
输出   A1=
          40.0000   60.0000   20.0000
          40.0000   30.0000   40.0000
          40.0000   30.0000   40.0000
键入   A2=sum(A1);
       Z=X1'-A2 ↙
输出   Z=
        280.0000   180.0000   100.0000
```

于是得到这个系统下个经济周期投入产出预测平衡表(见表 4－3).

表 4－3　投入产出预测平衡表

部门间流量（产出/投入）		消费部门 甲	消费部门 乙	消费部门 丙	最终产品	总产出
生产部门	甲	40	60	20	280	400
	乙	40	30	40	190	300
	丙	40	30	40	90	200
创造价值		280	180	100		
总投入		400	300	200		

思考与练习

1. 已知某地区经济系统最近周期的价值型投入产出表(表 4－4)如下.

假设其计划周期的最终产品向量为 $\boldsymbol{Y}=(1\,000,1\,500,1\,000)$,那么计划周期的价值型投入产出表(预测)应如何编制?

2. 某地区有一个煤矿、一个发电厂和一条地方铁路.开采1元钱的煤,煤矿要支付0.20元的电费及0.25

表 4-4　价值型投入产出表

部门间流量（产出 / 投入）		中间产品			最终产品 Y				总产出 X
		1. 农业	2. 工业	3. 其他	消费	积累	出口	小计	
生产资料补偿价值	1. 农业	118	137	43	300	308	230	838	1 136
	2. 工业	206	835	273	950	524	266	1 740	3 054
	3. 其他	47	482	237	550	100	128	778	1 544
	固定资产折旧	115	320	107					
新创造价值	劳动报酬	520	510	414					
	纯收入	330	770	470					
	小计	850	1 280	884					
总投入 X		1 136	3 054	1 544					

元的运输费；生产 1 元钱的电力，发电厂要支付 0.55 元的煤费，0.05 元的电费及 0.10 元的运输费；创收 1 元钱的运输费，铁路要支付 0.50 元的煤费及 0.10 元的电费. 在某一周内，煤矿接到外地金额为 80 000 元的定货，铁路接到外地金额为 5 000 元的运输任务，发电厂接到外界 25 000 元的定货. 问三个企业在这一周内的总产值多少才能满足自身及外界的需要？

第四节　用 MATLAB 解线性规划问题

实践中，我们往往会遇到一类比线性方程组更复杂的问题——线性规划问题.

例 1　**[问题]**　某开发公司计划建造二室二厅、三室二厅、四室二厅三种住宅，现在需要确定每种住宅的数量，以使获得的利润最大，但要满足以下条件：

(1) 这项工程的总预算不超过 1 000 万元；

(2) 总单元数不少于 180 套；

(3) 二室二厅套数不超过总套数的 40%，三室二厅套数不超过总套数的 60%，四室二厅套数不超过总套数的 30%；

(4) 建筑造价(包括土地、建筑工程、水电设施、绿化等)：二室二厅 4 万元/套，三室二厅 5 万元/套，四室二厅 6 万元/套；

(5) 扣除利息、税收等之后的纯利润为：二室二厅 4 000 元/套，三室二厅 6 000 元/套，四室二厅 8 000 元/套.

[数学模型]　令 x_1, x_2, x_3 分别代表建造二室二厅、三室二厅、四室二厅住宅的套数.

我们的问题就是问 x_1, x_2, x_3 分别为多少套时，总利润

$$f = 0.4x_1 + 0.6x_2 + 0.8x_3 \tag{4.8}$$

最大.

约束条件是

$$\begin{cases}4x_1+5x_2+6x_3\leqslant 1\,000,\\ x_1+x_2+x_3\geqslant 180,\\ x_1\leqslant 0.4(x_1+x_2+x_3),\\ x_2\leqslant 0.6(x_1+x_2+x_3),\\ x_3\leqslant 0.3(x_1+x_2+x_3),\\ x_1,x_2,x_3\geqslant 0.\end{cases} \tag{4.9}$$

在这个数学模型中,非负数 x_1,x_2,x_3 称为**决策变量**,f 称为**目标函数**,它是决策变量的线性函数,约束条件是决策变量的线性等式或线性不等式,通常把这种问题称作**线性规划问题**. 这种问题可能需要求目标函数的最大值,也可能需要求它的最小值. 所以**线性规划问题的数学模型一般可以写作**

$\max(\text{或}\min)\ f=c_1x_1+c_2x_2+\cdots+c_nx_n,$

约束条件 $\begin{cases}a_{i1}x_1+a_{i2}x_2+\cdots+a_{in}x_n\geqslant b_i\quad(\text{或}\leqslant b_i,\text{或}=b_i),\\ x_j\geqslant 0.\quad(i=1,2,\cdots,m;j=1,2,\cdots,n)\end{cases}$

在线性规划问题中,满足约束条件的解称为可行解,使目标函数取值最大(或最小)的可行解称为最优解,对应于最优解的目标函数值称为最优值. 解线性规划问题就是求得最优解与最优值.

[线性规划问题的解] 解线性规划问题比较繁,但我们可以利用电算方法.

在 MATLAB 下,要解线性规划问题

$$\begin{cases}\min\ \boldsymbol{g}'\boldsymbol{x},\\ \boldsymbol{A}\boldsymbol{x}\leqslant\boldsymbol{B},\end{cases} \tag{4.10}$$

其中 $\boldsymbol{x}$ 是未知向量,$\boldsymbol{g}$ 是代价向量,约束条件中 $\boldsymbol{A}$ 是矩阵,$\boldsymbol{B}$ 是向量,约束条件 $\boldsymbol{AX}\leqslant\boldsymbol{B}$ 的前 n 个实际上是等式约束. 解这个线性规划问题的函数名为 lp,用法为

x = lp(g,A,B,n) (4.11)

解例 1 的线性规划问题:

将目标函数(4.8)式化为

$$\min S=-0.4x_1-0.6x_2-0.8x_3,$$

约束条件(4.9)化为

$$\begin{cases}4x_1+5x_2+6x_3\leqslant 1\,000,\\ -x_1-x_2-x_3\leqslant -180,\\ 0.6x_1-0.4x_2-0.4x_3\leqslant 0,\\ -0.6x_1+0.4x_2-0.6x_3\leqslant 0,\\ -0.3x_1-0.3x_2+0.7x_3\leqslant 0,\\ -x_1\leqslant 0,\\ -x_2\leqslant 0,\\ -x_3\leqslant 0.\end{cases}$$

化为矩阵形式,即得(4.10)式的形式

$$\begin{cases}\min \boldsymbol{S} = \boldsymbol{g}'\boldsymbol{x}, \\ \boldsymbol{A}\boldsymbol{x} \leqslant \boldsymbol{B},\end{cases}$$

其中

$$\boldsymbol{g} = \begin{bmatrix} -0.4 \\ -0.6 \\ -0.8 \end{bmatrix}, \quad \boldsymbol{x} = \begin{bmatrix} x_1 \\ x_2 \\ x_3 \end{bmatrix}, \quad \boldsymbol{A} = \begin{bmatrix} 4 & 5 & 6 \\ -1 & -1 & -1 \\ 0.6 & -0.4 & -0.4 \\ -0.6 & 0.4 & -0.6 \\ -0.3 & -0.3 & 0.7 \\ -1 & 0 & 0 \\ 0 & -1 & 0 \\ 0 & 0 & -1 \end{bmatrix}, \quad \boldsymbol{B} = \begin{bmatrix} 1\,000 \\ -180 \\ 0 \\ 0 \\ 0 \\ 0 \\ 0 \\ 0 \end{bmatrix}.$$

因此用 MATLAB 系统计算,需键入

```
g=[-0.4,-0.6,-0.8]'; ↙
A=[4,5,6;-1,-1,-1;0.6,-0.4,-0.4;
    -0.6,0.4,-0.6;-0.3,-0.3,0.7;-1,0,0;
    0,-1,0;0,0,-1]; ↙
B=[1000,-180,0,0,0,0,0,0]';↙
n=0; ↙
x=lp(g,A,B,n)↙
```

输出 x=

```
19.2308
115.3846
57.6923
```

键入

```
S=g'*x ↙
```

得

```
S=
  123.08
```

由于 $x_i(i=1,2,3)$代表建房的套数,只能取正整数,我们可取近似的正整数

$$x_1=19,\quad x_2=115,\quad x_3=58,$$

则 $f=123$(万元),而且可以验证约束条件(4.9)完全能够满足.

也就是说,二室二厅、三室二厅、四室二厅的住宅各修建 19,115,58 套,获利润最大,达 123 万元.

例 2 靠近河流规划建设两个工厂(见图 4-1).流经第一个工厂的河水流量为每天 50 万 m^3.在两个工厂之间有一条日流量为 20 万 m^3 的支流汇入.第一个工厂每天排放工业污水 1.0 万 m^3,第二个工厂每天排放工业污水为 0.7 万 m^3.从第一个工厂排出的污水流到第二个工厂之前,有 20%的污水可以得到自然净化,根据环保要求,河水中工业污水的含量应不大于

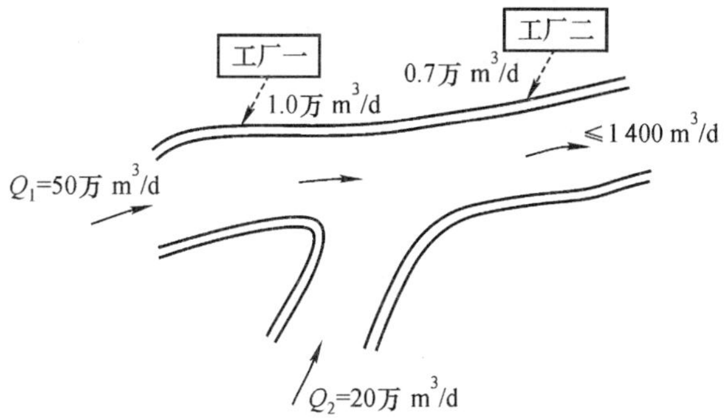

图 4－1

0.2%．若这两个工厂都各自处理一部分污水，第一个工厂污水处理的费用为 2 元/m^3，第二个工厂污水处理费用为 1.5 元/m^3．现在要在满足环保要求的条件下，各厂应处理多少污水，才能使两厂污水处理总费用最小？

解　设第一个工厂污水处理量为 x_1(单位:m^3)，第二个工厂污水处理量为 x_2(单位:m^3)．

目标函数

$$\min f = 2x_1 + 1.5x_2.$$

约束条件

$$\begin{cases} 10\,000 - x_1 \leqslant 500\,000 \cdot 0.2\%, \\ 0.8(10\,000 - x_1) + (7\,000 - x_2) \leqslant 700\,000 \cdot 0.2\%, \\ x_1 \leqslant 10\,000, \\ x_2 \leqslant 7\,000, \\ -x_1 \leqslant 0, \\ -x_2 \leqslant 0, \end{cases}$$

化简为

$$\begin{cases} -x_1 \leqslant -9\,000, \\ -0.8x_1 - x_2 \leqslant -13\,600, \\ x_1 \leqslant 10\,000, \\ x_2 \leqslant 7\,000, \\ -x_1 \leqslant 0, \\ -x_2 \leqslant 0. \end{cases}$$

化为如(4.7)式的矩阵形式

$$\begin{cases} \min \boldsymbol{f} = \boldsymbol{g}'\boldsymbol{x}, \\ \boldsymbol{A}\boldsymbol{x} \leqslant \boldsymbol{B}, \end{cases}$$

其中

$$\boldsymbol{g} = \begin{bmatrix} 2 \\ 1.5 \end{bmatrix}, \quad \boldsymbol{x} = \begin{bmatrix} x_1 \\ x_2 \end{bmatrix},$$

$$A=\begin{bmatrix}-1 & 0\\ -0.8 & -1\\ 1 & 0\\ 0 & 1\\ -1 & 0\\ 0 & -1\end{bmatrix},\quad B=\begin{bmatrix}-9\,000\\ -13\,600\\ 10\,000\\ 7\,000\\ 0\\ 0\end{bmatrix}.$$

用 MATLAB 系统计算,键入

```
g=[2,1.5]';↙
A=[-1,0;-0.8,-1;1,0;0,1;-1,0;0,-1];↙
B=[-9000,-13600,10000,7000,0,0]';↙
n=0;
x=lp(g,A,B,n)↙
```

输出

```
x=
  9000
  6400
```

键入

```
f=g'*x ↙
```

输出

```
f=
  27600
```

说明工厂一每日要处理 9 000m^3 污水,工厂二每日要处理6 400 m^{3}污水,两厂污水处理总费用为 27 600 元/d.

思考与练习

1. 解线性规划问题:

(1) $\begin{cases}\max\ S=3x_1+x_2,\\ x_1+2x_2\leqslant 8,\\ x_1\leqslant 6,\\ x_1,x_2\geqslant 0;\end{cases}$

(2) $\begin{cases}\min\ S=x_1-2x_2,\\ x_1+x_2\geqslant 9,\\ x_1-3x_2\geqslant 5,\\ x_1,x_2\geqslant 0.\end{cases}$

2. 某家具厂需要长 80 cm 的角钢 150 根与长 60 cm 的角钢 330 根,这两种长度不同的角钢由长 210 cm 的角钢截得. 工厂应如何下料,使得用料最省?

第五章　随机事件与概率

自然现象与社会现象多种多样，归纳起来不外乎两种：确定性的和非确定性的．在保持基本条件不变的情况下，重复实验或观察，其结果总是确定的，这一类现象称为确定性现象．例如，纯水在 1 个大气压下温度达到 100℃时必然沸腾，异性电荷必然相互吸引，等等．另一类现象是在保持基本条件不变的情况下，重复实验或观察，或出现这种结果，或出现那种结果，即它的结果是不确定的，此类现象称为随机现象．例如，抛掷一枚硬币，朝上出现的面；每天通过某座桥的汽车数量；等等．

经典的数学理论如微积分学、微分方程等都是研究确定性现象的有力的数学工具．随机现象虽然对于个别的实验或观察来说，无法预知其结果，但在保持基本条件不变的情况下进行大量的实验或观察，却又呈现出某种规律性．例如，查看各国人口统计资料，不难发现在新生婴儿中男孩与女孩约各占一半．随机现象所呈现的这种规律性称为随机现象的统计规律性．随着社会生产和科学技术的发展，研究随机现象的统计规律性的理论和方法也获得了迅速的发展，形成了数学的一个重要分支，并被广泛应用于生产实际和科学技术的各个领域．概率论与数理统计就是现代数学理论中揭示和应用随机现象统计规律性的一门基础学科．

第一节　随机现象与随机试验

在进行个别实验或观察时其结果的出现具有不确定性，但在大量重复实验或观察中其结果的出现又具有统计规律性的现象，称为**随机现象**．为对自然现象和社会现象加以研究所进行的实验或观察，称为试验．若一个试验具有以下三个特性：

(1) 可以在相同条件下重复进行；

(2) 每次试验的可能结果不止一个，并且事先可以知道试验的所有可能结果；

(3) 每次试验之前不能确定哪一个结果会出现，则称这一试验为**随机试验**，记为 E．例如

E_1：掷一枚骰子，观察出现的点数；

E_2：记录某路段每天汽车事故发生的次数；

E_3：记录某公园每天来到的游客人数；

E_4：测量两个目标之间的距离，记录产生的误差，等等．

第二节　随机事件与样本空间

在随机试验中，可能发生也可能不发生的结果，称为**随机事件**，简称**事件**．事件通常用字母

$A,B,C,\cdots$表示.

例如,在第一节试验 E_1 中,“出现偶数点”,“出现不超过 5 的点数”都是随机事件;在试验 E_4 中,“测量误差的绝对值超过 1 m”是随机事件等等.

在一个试验中,不论可能的结果有多少个,总可以找到这样一组基本结果,满足:

(1) 每一次试验,必然出现且只能出现其中的一个基本结果;

(2) 任何事件,都是由其中一些基本结果所组成.

随机试验的每一个基本结果是一个随机事件,称为这个试验的**基本事件**或**样本点**,记为 ω.

随机试验 E 的全体样本点组成的集合称为试验 E 的**样本空间**,记为 Ω.

随机事件可表述为样本点的某个集合,即样本空间 Ω 的某个子集,所谓事件 A 发生,是指在一次试验中,当且仅当 A 中包含的某个样本点出现.

下面给出了第一节中试验 E_1,E_4 的样本空间及随机事件的例子.

$E_1:\Omega=\{1,2,3,4,5,6\}$,

$A=\{$出现偶数点$\}=\{2,4,6\}$,

$B=\{$出现不超过 5 的点数$\}=\{1,2,3,4,5\}$.

$E_4:\Omega=\{\delta\mid\delta_1\leqslant\delta\leqslant\delta_2\}$,

$A=\{$测量误差的绝对值超过 1m$\}$,

$=\{\delta\mid|\delta|>1\}$.

在每次试验中一定发生的事件称为**必然事件**. 样本空间包含所有的样本点. 每次试验它必然会发生,因此,样本空间 Ω 就是必然事件. 在每次试验中一定不发生的事件称为**不可能事件**. 空集 $\varnothing$ 不包含任何一个样本点,每次试验它都不可能发生,因此,空集 $\varnothing$ 就是不可能事件. 必然事件与不可能事件所反映的现象是确定性现象,并不具有随机性,但为了研究的方便与统一起见,仍把必然事件与不可能事件视为特殊的“随机”事件.

第三节　事件间的关系及其运算

事件是一个集合,因此事件间的关系及其运算可用集合间的关系及其运算来处理. 下面介绍事件间的关系及其运算.

设 Ω 为某试验 E 的样本空间,$A,B,A_k(k=1,2,\cdots)$为随机事件.

1. 事件的包含关系

若事件 A 发生必然导致事件 B 发生,即 A 中的样本点一定属于 B,则称事件 B 包含事件 A,记为 $A\subset B$,或 $B\supset A$.

例 1　袋中装有编号为 1 号、2 号的 2 只白球和编号为 3 号的 1 只黑球,从袋中无放回地任意摸取 2 次,每次摸 1 个. (i,j)表示第一次摸得 i 号球、第二次摸得 j 号球的基本事件,则这一试验的样本空间为

$$\Omega=\{(1,2),(1,3),(2,1),(2,3),(3,1),(3,2)\},$$

且有下列随机事件:

$A=\{(1,2),(1,3),(2,1),(2,3)\}=\{$第一次摸得白球$\}$;
$B=\{(3,1),(3,2)\}=\{$第一次摸得黑球$\}$;
$C=\{(1,2),(2,1)\}=\{$两次都摸得白球$\}$;
$D=\{(1,3),(2,3)\}$
$=\{$第一次摸得白球,第二次摸得黑球$\}$;
$G=\{(1,2),(2,1)\}=\{$没有摸得黑球$\}$.

事件 C 发生必然导致事件 A 发生,故 $C\subset A$;同理,$D\subset A$.

容易知道,对任何事件 A,都有 $\varnothing\subset A\subset\Omega$.

事件间的包含关系可以用文氏(Venn)图(图 5-1)直观地表示.

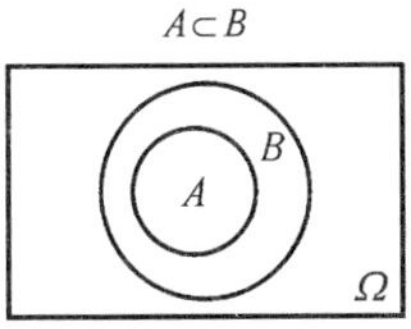

图 5-1

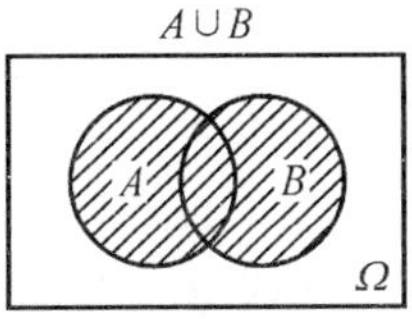

图 5-2

2. 事件的相等关系

若 $A\subset B$ 且 $B\subset A$,则称**事件 A 与 B 相等**,记为 $A=B$.

如在例 1 中,$C=G$.

3. 事件的和运算

"事件 A 与事件 B 中至少有一个发生"这一事件称为**事件 A 与 B 的和**,记为 $A\cup B$,它是由 A 与 B 的样本点合并而成的事件(图 5-2).

如在例 1 中,$A=C\cup D$.

类似地,"n 个事件 $A_1,A_2,\cdots,A_n$ 中至少有一个发生"的事件称为事件 $A_1,A_2,\cdots,A_n$ 的和,记为 $A_1\cup A_2\cup\cdots\cup A_n$ 或 $\bigcup\limits_{i=1}^{n}A_i$;"可列个事件 $A_1,A_2,\cdots,A_n,\cdots$ 中至少有一个发生"的事件称为事件 $A_1,A_2,\cdots,A_n,\cdots$ 的和,记为 $A_1\cup A_2\cup\cdots\cup A_n\cup\cdots$,或 $\bigcup\limits_{i=1}^{\infty}A_i$.

4. 事件的积运算

"事件 A 与事件 B 同时发生"这一事件称为**事件 A 与 B 的积**,记为 $A\cap B$ 或 AB,它是由 A 与 B 的公共的样本点所构成的事件(图 5-3).

如在例 1 中,$C=A\cap C$.

类似地,"n 个事件 $A_1,A_2,\cdots,A_n$ 同时发生"的事件称为事件 $A_1,A_2,\cdots,A_n$ 的积,记为 $A_1\cap A_2\cap\cdots\cap A_n$ 或 $\bigcap\limits_{i=1}^{n}A_i$;"可列个事件 $A_1,A_2,\cdots,A_n\cdots$ 同时发生"的事件称为事件 $A_1,A_2,\cdots,A_n,\cdots$ 的积,记为 $A_1\cap A_2\cap\cdots\cap A_n\cap\cdots$ 或 $\bigcap\limits_{i=1}^{\infty}A_i$.

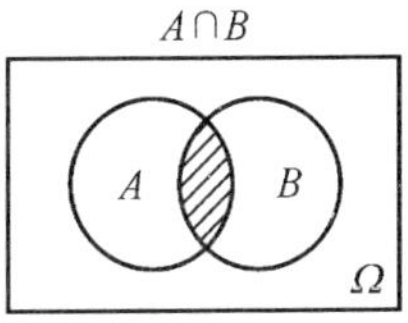

图 5-3

5. 事件的差运算

"事件 A 发生而事件 B 不发生"这一事件称为**事件 A 与 B 的差**，记为 $A-B$，它是由属于 A 而不属于 B 的样本点所构成的事件(图 5-4).

如在例 1 中，$C=A-D, D=A-C$.

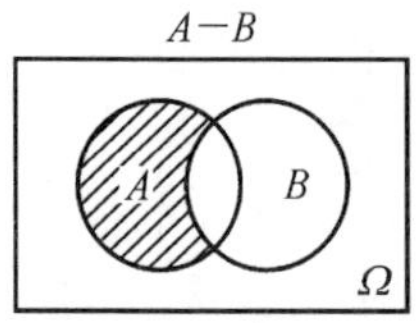

图 5-4

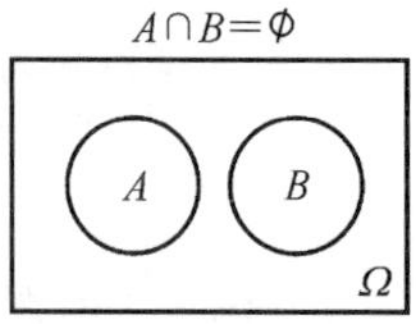

图 5-5

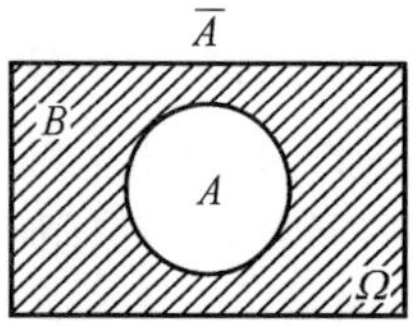

图 5-6

6. 事件的互不相容关系

若事件 A 与事件 B 不可能同时发生，即有 $A\cap B=\phi$，则称**事件 A 与 B 是互不相容**的或**互斥**的. 它意味着 A 与 B 没有公共的样本点(图 5-5).

如在例 1 中，$B\cap C=\phi, B\cap D=\phi, C\cap D=\phi$，即事件 B, C, D 是两两互不相容的.

7. 事件的对立关系

若在每次试验中，事件 A 与事件 B 必有且仅有一个发生，即有 $AB=\phi$ 且 $A\cup B=\Omega$，则称**事件** A 与 B 是互为**对立**的或**互逆**的，也称事件 A 与 B 互为对立事件或互为逆事件，记为 $B=\overline{A}, A=\overline{B}$(图 5-6).

如在例 1 中，$AB=\phi, A\cup B=\Omega$，即事件 A 与 B 互逆，$\overline{A}=B$.

不难验证以下三个结论：

(1) $\overline{\overline{A}}=A$；

(2) $A-B=A\overline{B}$；

(3) $\overline{A}=\Omega-A$.

显然，对立事件必为互不相容事件，反之，互不相容事件未必为对立事件. 当事件 A 与 B 互不相容时，可以把 $A\cup B$ 记为 $A+B$.

从前面的讨论我们知道，事件可以表述为样本空间的子集，而事件的关系与运算就是集合的关系与运算，只不过我们用概率论的语言方式给予了另一种描述. 因此，从集合的运算律可以得到事件的运算律，例如：

交换律 $A\cup B=B\cup A, A\cap B=B\cap A$；

结合律 $(A\cup B)\cup C=A\cup(B\cup C)$，

$(A\cap B)\cap C=A\cap(B\cap C)$；

分配律 $(A\cup B)\cap C=(A\cap C)\cup(B\cap C)$，

$(A\cap B)\cup C=(A\cup C)\cap(B\cup C)$；

摩根定律 $\overline{A\cup B}=\overline{A}\cap\overline{B}, \overline{A\cap B}=\overline{A}\cup\overline{B}$.

分配律和摩根定律还可以推广至任意有限个事件或可列个事件.

例 2 设 A, B, C 为三个事件，利用 A, B, C 表示下列事件：

(1) A 发生而 B 与 C 都不发生；

(2) A,B,C 恰有一个发生;

(3) A,B,C 中不多于两个发生;

(4) A,B 至少有一个发生而 C 不发生.

解 (1) $A\overline{B}\,\overline{C}$ 或 $A-B-C$.

(2) $\overline{A}\,\overline{B}C+\overline{A}B\overline{C}+A\overline{B}\,\overline{C}$.

(3) $\overline{ABC}$ 或 $\overline{A}\cup\overline{B}\cup\overline{C}$.

(4) $(A\cup B)\overline{C}$ 或 $A\overline{B}\,\overline{C}+\overline{A}B\overline{C}+AB\overline{C}$.

例 3 从一批钢筋中无放回地任意抽取三次,每次抽取一根,设 $A_i=\{$第 i 次抽取的钢筋是正品$\}(i=1,2,3)$,试用 A_1,A_2,A_3 表示下列事件:

(1) 没有抽到一根次品;

(2) 只有第三次抽得的是次品;

(3) 恰好抽得一根次品;

(4) 至少抽得一根次品.

解 (1) $A_1A_2A_3$.

(2) $A_1A_2\overline{A}_3$.

(3) $\overline{A}_1A_2A_3+A_1\overline{A}_2A_3+A_1A_2\overline{A}_3$.

(4) $\overline{A}_1\cup\overline{A}_2\cup\overline{A}_3$ 或 $\overline{A_1A_2A_3}$.

第四节 概率的定义与性质

除了必然事件和不可能事件外,任一随机事件在一次试验中都有发生与不发生的可能性.人们往往通过实际观察来估计某个事件发生的可能性的大小. 例如遇到某种天气,人们常会说“今天十之八九会下雨”,这个“十之八九”就是表示“今天下雨”这个事件发生的可能性的大小. 这是人们通过大量观察得出的一种统计规律,即已经历了 n 次这种天气,下雨的天数所占的比例大约是 $\frac{8}{10}$ 到 $\frac{9}{10}$. 一般地,人们希望用一个适当的数字来表示一个事件在一次试验中发生的可能性的大小.

一、概率的统计定义

定义 1 若事件 A 在 N 次试验中发生了 n 次,则称 $\frac{n}{N}$ 为事件 A 在这 N 次试验中发生的**频率**,记为 $f_N(A)=\frac{n}{N}$,称 n 为事件 A 在这 N 次试验中发生的**频数**.

频率具有如下性质:

1. $0\leqslant f_N(A)\leqslant 1$;

2. $f_N(\Omega)=1, f_N(\varnothing)=0$;

3. (1) $f_N(A\cup B)=f_N(A)+f_N(B)-f_N(AB)$;

(2) 若事件 A 与 B 互不相容,则

$$f_N(A+B)=f_N(A)+f_N(B);$$

(3) 若事件 $A_1,A_2,\cdots,A_n$ 两两互不相容,则

$$f_N(A_1+A_2+\cdots+A_n)=f_N(A_1)+f_N(A_2)+\cdots+f_N(A_n);$$

4. $f_N(A)=1-f_N(\overline{A})$;

5. 若事件 $A\subset B$,则

$$f_N(B-A)=f_N(B)-f_N(A).$$

事件 A 发生的频率越大,A 在一次试验中发生的可能性越大. 但是,频率除了与试验次数 N 有关外,还具有随机波动性,即使同样进行了 N 次试验,n 一般也会不同,频率也就会不同,但这种波动不是杂乱无章的. 历史上著名的统计学家蒲丰(Buffon)和皮尔逊(Pearson)曾进行过大量掷硬币的试验,结果如下:

试验者	掷硬币次数	出现正面次数	出现正面的频率
蒲丰	4 040	2 048	0.506 9
皮尔逊	12 000	6 019	0.501 6
皮尔逊	24 000	12 012	0.500 5

可见投掷次数充分多时,正面出现的频率总在 0.5 附近波动,且随着试验次数的增加,它逐渐趋定于 0.5,这个 0.5 就能反映正面出现的可能性的大小.

人们通过大量实践,发现了随机事件的一个极其重要的特性:在充分多次重复的试验中,事件 A 的频率 $f_N(A)$ 总在某定值 p 附近波动,且随着试验次数的增加,它逐渐趋定于 p. 这就是所谓的**频率稳定性**. 它表明数 p 是事件 A 本身客观存在的一种固有属性,因此,数 p 可以对事件 A 发生的可能性大小进行度量.

定义 2 (概率的统计定义) 当试验次数 N 充分大时,事件 A 的频率 $f_N(A)$ 总在区间[0,1]上的某个定数 p 附近波动,且随着试验次数 N 的增加,其波动的幅度越来越小,则称 p 为事件 A 的概率,记为 $P(A)$,即 $P(A)=p$.

任一事件 A 的概率是客观存在的. 在实际问题中,往往不知 $P(A)$ 为何值,这时可取当试验次数 N 充分大时事件 A 发生的频率作为它的近似值. 这正是该定义的优点.

由概率的统计定义和频率的性质,易知概率具有如下性质:

1. $0\leqslant P(A)\leqslant 1$;

2. $P(\Omega)=1, P(\varnothing)=0$;

3. (1) $P(A\cup B)=P(A)+P(B)-P(AB)$;

(2) 若事件 A 与 B 互不相容,则

$$P(A+B)=P(A)+P(B);$$

(3) 若事件 $A_1,A_2,\cdots,A_n$ 两两互不相容,则

$$P(A_1+A_2+\cdots+A_n)=P(A_1)+P(A_2)+\cdots+P(A_n);$$

4. $P(A)=1-P(\overline{A})$;

5. 若事件 $A\subset B$,则

$$P(B-A)=P(B)-P(A).$$

性质 3 称为概率的加法公式.

例 1 某人外出旅游两天,据天气预报,第一天下雨的概率为 0.7,第二天下雨的概率为 0.4,两天都下雨的概率为 0.3,试求:

(1) 第一天下雨而第二天不下雨的概率;

(2) 至少有一天下雨的概率;

(3) 两天都不下雨的概率.

解 设 $A_i=\{第\ i\ 天下雨\},(i=1,2)$,则

$P(A_1)=0.7,P(A_2)=0.4,P(A_1A_2)=0.3.$

(1) 设 $B=\{第一天下雨而第二天不下雨\}$,由

$B=A_1\overline{A_2}=A_1-A_2=A_1-A_1A_2$,且 $A_1A_2\subset A_1$,得

$$\begin{aligned}P(B)&=P(A_1-A_1A_2)=P(A_1)-P(A_1A_2)\\&=0.7-0.3=0.4.\end{aligned}$$

(2) 设 $C=\{至少有一天下雨\}$,由 $C=A_1\cup A_2$,得

$$\begin{aligned}P(C)&=P(A_1\cup A_2)=P(A_1)+P(A_2)-P(A_1A_2)\\&=0.7+0.4-0.3=0.8.\end{aligned}$$

(3) 设 $D=\{两天都不下雨\}$,由 $D=\overline{A_1\cup A_2}$,得

$$\begin{aligned}P(D)&=P(\overline{A_1\cup A_2})=1-P(A_1\cup A_2)\\&=1-0.8=0.2.\end{aligned}$$

二、古典概型

定义 3 若随机试验 E 满足下列条件:

(1) 样本空间只有有限个样本点,即

$$\Omega=\{\omega_1,\omega_2,\cdots,\omega_n\};$$

(2) 每个样本点发生的可能性相同,即

$$P(\omega_1)=P(\omega_2)=\cdots=P(\omega_n),$$

则称此试验为古典概型.

在古典概型中,由于基本事件是互不相容的,则

$$P(\omega_1)+P(\omega_2)+\cdots+P(\omega_n)=P(\Omega)=1,$$

再由(2),得

$$P(\omega_i)=\frac{1}{n},i=1,2,\cdots,n.$$

若事件 A 包含了 k 个基本事件,即 $A=\{\omega_{i_1},\omega_{i_2},\cdots,\omega_{i_k}\}$,则

$$\begin{aligned}P(A)&=P(\omega_{i_1})+P(\omega_{i_2})+\cdots+P(\omega_{i_k})\\&=\frac{k}{n}=\frac{A\ 所包含的基本事件数}{\Omega\ 中基本事件总数}\end{aligned}$$

古典概型中事件的概率称为**古典概率**,其计算的关键在于正确利用排列、组合及乘法原理、加法原理的知识计算基本事件总数及事件 A 包含的基本事件数.

例 2 10 根水管中有 3 根是次品,将这 10 根水管任意连接起来,求 3 根次品相邻连接在一

起的概率.

解 设 $A=\{3$ 根次品相邻连接在一起$\}$. 基本事件总数为 10!,事件 A 包含的基本事件数为 $3!\cdot 8!$,所以

$$P(A)=\frac{3!\cdot 8!}{10!}=\frac{1}{15}=0.0667.$$

例 3 从一批由 9 件正品、3 件次品组成的产品中,(1)无放回地抽取 5 次,每次抽 1 件,求其中恰有 2 件次品的概率;(2)有放回地抽取 5 次,每次抽 1 件,求其中恰有 2 件次品的概率.

解 (1) 设 $A=\{$所取 5 件产品中恰有 2 件次品$\}$. 基本事件总数为 P_{12}^5,事件 A 包含的基本事件数为 $C_5^2P_3^2P_9^3$,所以

$$P(A)=\frac{C_5^2P_3^2P_9^3}{P_{12}^5}=\frac{7}{22}=0.3182.$$

(2) 设 $B=\{$所取 5 件产品中恰有 2 件次品$\}$. 基本事件总数为 12^5,事件 B 包含的基本事件数为 $C_5^2\cdot 3^2\cdot 9^3$,所以

$$P(B)=\frac{C_5^2\cdot 3^2\cdot 9^3}{12^5}=\frac{135}{512}=0.2637.$$

例 4 某建筑工地进来 300 根钢筋,其中有 20 根为次品,浇注混凝土梁时,每根梁用 5 根钢筋作受力筋,试求:(1) 梁中至少有 4 根受力筋为次品的概率;(2) 梁中至少有 1 根受力筋为次品的概率.

解 (1) 设 $A=\{$梁中至少有 4 根受力筋为次品$\}$,$A_i=\{$梁中恰有 i 根受力筋为次品$\}$,$i=4,5$. 则 A_4 与 A_5 互不相容,且 $A=A_4+A_5$,由概率加法公式,得

$$\begin{aligned}P(A)&=P(A_4+A_5)=P(A_4)+P(A_5)\\&=\frac{C_{20}^4C_{280}^1}{C_{300}^5}+\frac{C_{20}^5}{C_{300}^5}=0.00007.\end{aligned}$$

(2) 设 $B=\{$梁中至少有 1 根受力筋为次品$\}$,则 $\overline{B}=\{$梁中的受力筋都不为次品$\}$,由于

$$P(\overline{B})=\frac{C_{280}^5}{C_{300}^5}=0.7065.$$

则

$$P(B)=1-P(\overline{B})=0.2935.$$

第五节 条件概率

一、条件概率

在实际问题中,往往需要计算在某个事件 B 已发生的条件下,另一事件 A 发生的概率,称此概率为事件 B 已发生的条件下事件 A 发生的**条件概率**,记为 $P(A|B)$.

例 1 从一批由 90 件正品、10 件次品组成的产品中,无放回地抽取两次,每次 1 个,

(1) 求第二次取到次品的概率;

(2) 已经知道第一次取到的是次品,求第二次也取到次品的概率.

解 设 $A=\{$第二次取到次品$\}$,

$B=\{$第一次取到次品$\}$.

(1) $P(A)=\dfrac{P_{99}^{1}P_{10}^{1}}{P_{100}^{2}}=\dfrac{1}{10}$;

(2) $P(A|B)=\dfrac{9}{99}=\dfrac{1}{11}$.

显然,$P(A|B)\neq P(A)$,这是因为限制在 B 已发生的条件下求 A 的概率的缘故. 另外,上例中有

$$P(B)=\frac{10}{100}=\frac{1}{10},$$

$$P(AB)=\frac{P_{10}^{2}}{P_{100}^{2}}=\frac{1}{110},$$

则

$$P(A\mid B)=\frac{P(AB)}{P(B)}.$$

一般地,上式也是成立的.

二、乘法公式

设有事件 A 和 B,若 $P(A)>0$,或 $P(B)>0$,则有概率的**乘法公式**:

$$P(AB)=P(A)P(B\mid A),$$

或

$$P(AB)=P(B)P(A\mid B).$$

一般地,设有事件 $A_1,A_2,\cdots,A_n$,如果 $P(A_1A_2\cdots A_{n-1})>0$,则有

$$P(A_1A_2\cdots A_n)=P(A_1)P(A_2|A_1)P(A_3|A_1A_2)\cdots P(A_n|A_1A_2\cdots A_{n-1}).$$

例 2 已知某种水泥的强度能达到 $500^{\#}$ 的概率为 0.9,能达到 $600^{\#}$ 的概率为 0.5,现取一水泥试块进行强度试验,已达到 $500^{\#}$ 标准而未被破坏,求其能达到 $600^{\#}$ 的概率.

解 设 $A=\{$试块强度达到 $500^{\#}\}$,

$B=\{$试块强度达到 $600^{\#}\}$.

则 $B\subset A$,$AB=B$. 则所求概率为

$$P(B\mid A)=\frac{P(AB)}{P(A)}=\frac{P(B)}{P(A)}=\frac{0.5}{0.9}=\frac{5}{9}.$$

例 3 100 根钢筋中有 10% 的次品,从中不放回地抽取 3 次,每次一根,求第 3 次才取到次品的概率.

解 设 $A_i=\{$第 i 次取到合格品$\}$,$i=1,2,3$,则所求概率为

$$\begin{aligned}P(A_1A_2\overline{A_3})&=P(A_1)P(A_2\mid A_1)P(\overline{A_3}\mid A_1A_2)\\&=\frac{90}{100}\cdot\frac{89}{99}\cdot\frac{10}{98}=0.0825.\end{aligned}$$

三、全概率公式

定理 1 设 B 为一事件,事件组 $A_1,A_2,\cdots,A_n$ 满足:

(1) $A_1, A_2, \cdots, A_n$ 两两互不相容，且 $P(A_i)>0, i=1,2,\cdots,n$；

(2) $B \subset A_1 + A_2 + \cdots + A_n$，

则有全概率公式

$$P(B) = P(A_1)P(B \mid A_1) + P(A_2)P(B \mid A_2) + \cdots + P(A_n)P(B \mid A_n) = \sum_{i=1}^{n} P(A_i)P(B \mid A_i).$$

证 由定理条件(图 5-7)，有

$$B = B(A_1 + A_2 + \cdots + A_n) = BA_1 + BA_2 + \cdots + BA_n,$$

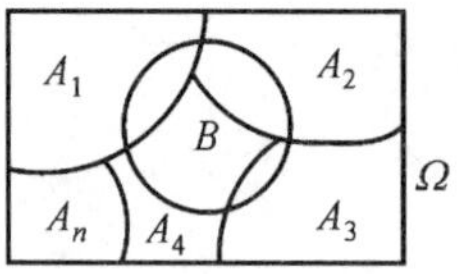

图 5-7

由概率的加法公式与乘法公式，有

$$\begin{aligned} P(B) &= P(BA_1 + BA_2 + \cdots + BA_n) \\ &= P(BA_1) + P(BA_2) + \cdots + P(BA_n) \\ &= P(A_1)P(B|A_1) + P(A_2)P(B|A_2) \\ &\quad + \cdots + P(A_n)P(B|A_n). \end{aligned}$$

全概率公式的实质是把一个复杂事件的概率化为若干个简单事件的概率之和，应用时，特别地可使 $A_1, A_2, \cdots, A_n$ 满足：

$$A_1 + A_2 + \cdots + A_n = \Omega.$$

例 4 某混凝土制品厂共有三条生产预应力空心板的生产线，各条生产线的产量分别占全厂的 30%，20%，50%，次品率分别为 3%，2%，2%，求全厂生产的预应力空心板的次品率.

解 从该厂任取一块空心板，设 $B=\{$取得的产品为次品$\}$，$A_i=\{$取得的产品为第 i 条生产线生产的$\}$，$(i=1,2,3)$. 显然，A_1, A_2, A_3 两两互不相容，且 $A_1 + A_2 + A_3 = \Omega$. 由全概率公式得

$$P(B) = \sum_{i=1}^{3} P(A_i)P(B \mid A_i) = \frac{30}{100} \cdot \frac{3}{100} + \frac{20}{100} \cdot \frac{2}{100} + \frac{50}{100} \cdot \frac{2}{100} = 0.023,$$

即全厂生产的预应力空心板的次品率为 2.3%.

例 5 某工厂生产的产品以 100 件为一批，假定每批产品中的次品数不超过 4，且具有如下概率：

一批产品中的次品数	0	1	2	3	4
概　率	0.1	0.2	0.4	0.2	0.1

现进行抽样检验，从每批中任取 10 件来检验，若发现其中有次品，则认为该批产品不合格，求一批产品通过检验的概率.

解 设 $B=\{$一批产品通过检验$\}$，$A_i=\{$一批产品中含有 i 个次品$\}$，$i=0,1,2,3,4$. 显然 A_0, A_1, A_2, A_3, A_4 两两互不相容，且

$$A_0 + A_1 + A_2 + A_3 + A_4 = \Omega.$$

由于

$$P(A_0) = 0.1,\ P(B \mid A_0) = 1,$$

$$P(A_1) = 0.2,\ P(B \mid A_1) = \frac{C_{99}^{10}}{C_{100}^{10}} = 0.900,$$

$$P(A_2) = 0.4,\ P(B \mid A_2) = \frac{C_{98}^{10}}{C_{100}^{10}} = 0.809,$$

$$P(A_3) = 0.2,\ P(B \mid A_3) = \frac{C_{97}^{10}}{C_{100}^{10}} = 0.727,$$

$$P(A_4) = 0.1,\ P(B \mid A_4) = \frac{C_{96}^{10}}{C_{100}^{10}} = 0.652,$$

得

$$\begin{aligned} P(B) &= \sum_{i=0}^{4} P(A_i)P(B \mid A_i) \\ &= 0.1 \times 1 + 0.2 \times 0.900 + 0.4 \times 0.809 \\ &\quad + 0.2 \times 0.727 + 0.1 \times 0.652 \\ &= 0.814. \end{aligned}$$

四、贝叶斯公式

在例 5 中,即使通过了检验的一批产品中仍可能含有 i $(i=0,1,2,3,4)$个次品,就顾客而言,希望所买的每批产品中含次品少的概率要大,即 $P(A_i|B)$ $(i=0,1,2,3,4)$中最大的一个所对应的 i 越小越好.

定理 2 设 B 为一事件,$P(B)>0$;事件组 $A_1,A_2,\cdots,A_n$ 满足:

(1) $A_1,A_2,\cdots,A_n$ 两两互不相容,且 $P(A_i)>0,i=1,2,\cdots,n$;

(2) $B\subset A_1+A_2+\cdots+A_n$,

则有贝叶斯公式

$$P(A_j \mid B) = \frac{P(A_jB)}{P(B)} = \frac{P(A_j)P(B \mid A_j)}{\sum_{i=1}^{n} P(A_i)P(B \mid A_i)},$$

$j=1,2,\cdots,n$.

证 由乘法公式

$$P(A_jB) = P(B)P(A_j \mid B) = P(A_j)P(B \mid A_j),j = 1,2,\cdots,n$$

及全概率公式

$$P(B) = \sum_{i=1}^{n} P(A_i)P(B \mid A_i),$$

得

$$P(A_j \mid B) = \frac{P(A_jB)}{P(B)} = \frac{P(A_j)P(B \mid A_j)}{\sum_{i=1}^{n} P(A_i)P(B \mid A_i)},$$

$$j = 1,2,\cdots,n.$$

例 6 在例 5 中,如果某批产品通过了检验,问该批产品中恰有 2 个次品的概率是多少?

解 仍采用例 5 中的记号,现在要计算条件概率 $P(A_2|B)$. 由贝叶斯公式,得

$$P(A_2 \mid B) = \frac{P(A_2)P(B \mid A_2)}{P(B)} = \frac{0.4 \times 0.809}{0.814} = 0.398.$$

第六节 事件的独立性

一、两个事件的独立性

设 A,B 为两个事件,若 $P(A)>0$,一般地 $P(B|A) \neq P(B)$,但在特殊情况下,也有例外.

例 1 从一批由 90 件正品、10 件次品组成的产品中,有放回地抽取两次,每次 1 件.

(1) 求第二次取到次品的概率;

(2) 已经知道第一次取到的是次品,求第二次也取到次品的概率.

解 设 $A=\{$第一次取到次品$\}$,$B=\{$第二次取到次品$\}$.

(1) $P(B)=\dfrac{100 \times 10}{100^2}=\dfrac{1}{10}$.

(2) $P(A)=\dfrac{1}{10}$,$P(AB)=\dfrac{10 \times 10}{100^2}=\dfrac{1}{100}$,则

$$P(B \mid A) = \frac{P(AB)}{P(A)} = \frac{1}{10} = P(B).$$

该例中事件 B 发生的概率与已知事件 A 发生的条件无关,即 $P(B|A)=P(B)$,此时

$$P(AB) = P(A)P(B \mid A) = P(A)P(B).$$

若 $P(A)>0$,反之亦然.

定义 1 对于事件 A,B,若

$$P(AB) = P(A)P(B),$$

则称事件 A 与 B 相互独立.

由定义,必然事件 Ω 及不可能事件 $\varnothing$ 与任何事件都相互独立.

定理 下列四对事件:

$$A \text{ 与 } B, \overline{A} \text{ 与 } B, \overline{A} \text{ 与 } \overline{B}, A \text{ 与 } \overline{B}$$

中,只要有一对相互独立,那么另外三对也都相互独立.

证 若 A 与 B 相互独立,由

$$\overline{A}B = B - A = B - AB, \quad AB \subset B,$$

得

$$\begin{aligned} P(\overline{A}B) &= P(B - AB) = P(B) - P(AB) \\ &= P(B) - P(A)P(B) = [1 - P(A)]P(B) \\ &= P(\overline{A})P(B), \end{aligned}$$

故 $\overline{A}$ 与 B 相互独立,其余类推可得.

在实际应用时,一般不是根据定义,而是根据实际经验来判断事件 A 与 B 的相互独立性,即一个事件的发生不影响另一个事件发生的概率.

例 2 某水厂由甲、乙两个互不影响的泵站供水，两泵站因故停车的概率分别为 0.015，0.02，问两泵站至少有一个因故停车的概率为多少？

解 设 A,B 分别表示甲、乙泵站因故停车，A 与 B 相互独立，所求概率为

$$\begin{aligned}P(A\cup B)&=P(A)+P(B)-P(AB)\\&=P(A)+P(B)-P(A)P(B)\\&=0.015+0.02-0.015\times0.02=0.0347.\end{aligned}$$

二、多个事件的独立性

定义 2 若对 n 个事件 $A_1,A_2,\cdots,A_n$ 中的任意 $k\ (k=2,3,\cdots,n)$ 个事件 $A_{i_1},A_{i_2},\cdots,A_{i_k}$，都有

$$P(A_{i_1}A_{i_2}\cdots A_{i_k})=P(A_{i_1})P(A_{i_2})\cdot\cdots\cdot P(A_{i_k}),$$

则称事件 $A_1,A_2,\cdots,A_n$ 相互独立.

若事件 $A_1,A_2,\cdots,A_n$ 相互独立，则将 $A_1,A_2,\cdots,A_n$ 中任意多个事件换成它们的逆事件，所得 n 个事件仍然相互独立.

多个事件的独立性往往也是根据实际经验来判断的.

例 3 预制钢筋混凝土构件的生产，分四个彼此无关的工序，即绑扎钢筋，支模板，搅拌混凝土，浇筑混凝土. 若四个工序施工质量不合格的概率分别为 0.02，0.018，0.025，0.028，求生产的构件不合格的概率.

解 设 $A_i=\{$第 i 道工序不合格$\}$，$i=1,2,3,4$.

$B=\{$生产的构件不合格$\}$，

则 $B=A_1\cup A_2\cup A_3\cup A_4$，$\overline{B}=\overline{A_1}\,\overline{A_2}\,\overline{A_3}\,\overline{A_4}$，且 A_1,A_2,A_3,A_4 相互独立，于是

$$\begin{aligned}P(\overline{B})&=P(\overline{A_1}\,\overline{A_2}\,\overline{A_3}\,\overline{A_4})=P(\overline{A_1})P(\overline{A_2})P(\overline{A_3})P(\overline{A_4})\\&=(1-0.02)(1-0.018)(1-0.025)(1-0.028)=0.912,\end{aligned}$$

故

$$P(B)=1-P(\overline{B})=0.088.$$

例 4 一元件能正常工作的概率称为该元件的可靠度，由元件组成的系统能正常工作的概率称为该系统的可靠度. 设每个元件的可靠度均为 $r(0<r<1)$，各个元件是否能正常工作是相互独立的，求：

(1) 由 3 个元件组成的串联系统(图 5－8(a))的可靠度；

(2) 由 3 个元件组成的并联系统(图 5－8(b))的可靠度.

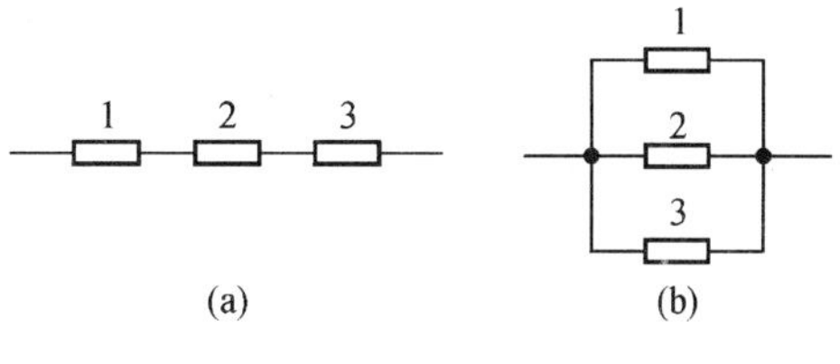

图 5－8

解 设 $A_i=\{$第 i 个元件能正常工作$\}$，$i=1,2,3$.

$A=\{$串联系统能正常工作$\}$,

$B=\{$并联系统能正常工作$\}$.

(1) $A=A_1A_2A_3$,又 A_1,A_2,A_3 相互独立,故

$$P(A)=P(A_1A_2A_3)=P(A_1)P(A_2)P(A_3)=r^3.$$

(2) $B=A_1\cup A_2\cup A_3,\overline{B}=\overline{A_1}\,\overline{A_2}\,\overline{A_3}$,故

$$\begin{aligned}P(B)&=1-P(\overline{B})=1-P(\overline{A_1}\,\overline{A_2}\,\overline{A_3})\\&=1-P(\overline{A_1})P(\overline{A_2})P(\overline{A_3})=1-(1-r)^3\\&=3r-3r^2+r^3.\end{aligned}$$

习 题 五

1. 从一批灯泡中任取一只,测试它的寿命,设 $A=\{$寿命大于2 000小时$\}$,$B=\{$寿命大于 3 000 小时$\}$,$C=\{$寿命不小于 2 000 小时$\}$. 试用集合的形式表示 A,B,C,并指出它们之间的关系.

2. 在某校的学生中任选一位学生,设 $A=\{$被选学生是男生$\}$,$B=\{$被选学生是三年级学生$\}$,$C=\{$被选学生是戴眼镜的$\}$.

(1) 写出事件 $AB\overline{C}$ 的意义;

(2) 在什么条件下 $ABC=C$?

(3) 什么时候关系 $C\subset B$ 是正确的?

(4) 什么时候 $\overline{A}=B$ 成立?

3. 设 A,B,C 为三个事件,利用 A,B,C 表示下列事件:

(1) A 与 B 都发生,C 不发生;

(2) A 与 B 都不发生,C 发生;

(3) A,B,C 都发生;

(4) A,B,C 都不发生;

(5) A,B,C 不都发生;

(6) A,B,C 中至少有一个发生;

(7) A,B,C 中不多于 1 个发生;

(8) A,B,C 中至少有两个发生.

4. 向指定的目标射三枪,以 A_i 表示事件"第 i 枪击中目标",$i=1,2,3$,试用 A_1,A_2,A_3 表示以下各事件:

(1) 只击中第一枪;

(2) 只击中一枪;

(3) 三枪都未击中;

(4) 至少击中一枪.

5. 从一批由 36 件正品,4 件次品组成的产品中任取 3 件产品,求

(1) 3 件中恰有 1 件次品的概率;

(2) 3 件全是正品的概率;

(3) 3 件中至少有 1 件次品的概率;

(4) 3 件中至少有 2 件次品的概率.

6. 用 4 个螺栓将"牛腿"连于钢柱上来承受压力,现有 50 个螺栓,其中混有 5 个强度较弱的,如取的 4 个螺栓中,有 2 个或 2 个以上是强度较弱的,则"牛腿"的承载力不够,问取出的 4 个螺栓使"牛腿"有足够承载力的概率是

多少？

7. 有 8 个零件，其中有 2 个是次品，有放回地取两次，每次 1 个，求

(1) 两次都取得正品的概率；

(2) 第一次取得正品，第二次取得次品的概率；

(3) 一次取得正品，一次取得次品的概率；

(4) 第一次取得正品的概率.

8. 某建筑群中有 60% 的建筑面积需要恒温空调，有 30% 的建筑面积需要洁净空调，现已知总空调面积占建筑面积的 80%，求既需要恒温空调又需要洁净空调的面积.

9. 根据长久的气象记录，知道甲、乙两城市一年中雨天占的比例分别为 30% 与 40%，两地同时下雨占的比例为 18%，求：

(1) 乙市为雨天时，甲市也为雨天的概率；

(2) 甲、乙两市至少有一个为雨天的概率.

10. 某地有 20 口水井，其中有 6 口水井受到严重污染，今有某环保局对该地水井污染情况进行调查，他们依次对每口水井进行检查，求第四次才检查到受到严重污染的水井的概率.

11. 某仓库中有 10 箱同类产品，其中有 5 箱、4 箱、1 箱依次是甲、乙、丙厂生产的，且甲、乙、丙厂生产的该种产品的次品率依次为 $\frac{1}{100}$，$\frac{2}{100}$，$\frac{4}{100}$，从这 10 箱产品中任选一箱，再从这箱中任取一件产品，求取得正品的概率.

12. 在上题中，从 10 箱产品中任选一箱，再从这箱中任取一件产品，若取的是次品，求它是甲厂生产的概率.

13. 已知一批产品中 96% 是合格品，检查产品时，一合格品被误认为是次品的概率是 0.02，一个次品被误认为是合格品的概率是 0.05，求一个产品在被检查后认为是合格品的概率.

14. 在上题中，求在被检查后认为是合格品的产品确是合格品的概率.

15. 电路由两个并联电池 A 与 B，再与电池 C 串联，已知电池 A，B，C 损坏的概率分别是 0.2，0.3，0.3，求电路因电池损坏而发生间断的概率.

16. 设每个元件的可靠度均为 $r(0<r<1)$，求下列系统(图 5－9)的可靠度.

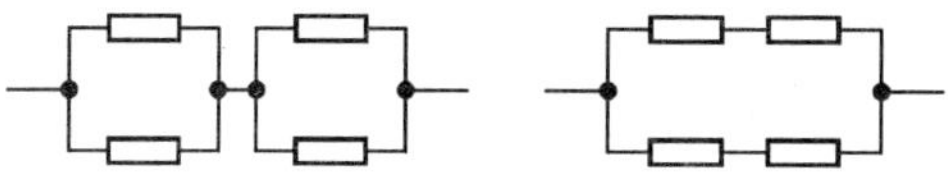

(a) (b)

图 5－9

17. 某工人看管甲、乙、丙三台机床，在一小时内，这三台机床不需照管的概率分别为 0.8，0.9，0.6. 设三台机床是否需要照管是相互独立的，求在 1 小时内

(1) 有机床需要工人照管的概率；

(2) 至少有两台机床需要工人照管的概率.

18. 某建筑工地有一项工程由三个工作互相独立的不同工种的班组施工，各个班组以往按期交工的概率分别为 0.89，0.96，0.97，按照施工组织计划及可采取的措施，如果一个班组按期交工，工程按期完工的概率为 0.3，两个班组按期交工，工程按期完工的概率为 0.85，求工程按期完工的概率.

第六章　随机变量及其分布

第一节　随机变量

在上一章中,我们通过随机试验来研究随机现象.我们运用集合论的观点和排列组合的计算方法,讨论了一个一个的试验结果(即随机事件)的概率问题.但是,我们还缺少一种数学形式,使我们能从整体上来刻画随机现象的统计规律.为此,我们首先回顾一下我们曾经讨论过的一些实例,希望从中可以找到解决问题的方法.

例 1　在"测试灯泡的使用寿命"这一试验中,每个测试结果都可用一个非负实数 t 来表示,样本空间 $\Omega=\{t \mid t\geqslant 0\}$.于是,全部可能试验结果就可用一个变量 $X=t(t\geqslant 0)$来表示.X 叫作灯泡的使用寿命.由于试验结果的出现不能准确预言,所以 X 的取值也不能准确预言,于是称 X 为一个随机变量.显然,X 是基本事件的函数,定义域就是样本空间 Ω.

在实际问题中,许多随机试验的结果都与数量密切相关.有的本身就是一个数量,如上例所示.另外,还有一些随机试验,它的试验结果不是数量,但我们可以将其数量化.

例 2　观察某工程队所承包的某项工程能否按期完工,有四种可能结果发生,即提前完工、按期完工、延期完工和误期完工.定义变量

$$X=\begin{cases}0,\text{误期完工},\\1,\text{延期完工},\\2,\text{按期完工},\\3,\text{提前完工},\end{cases}$$

则 X 取不同数值就表示试验所发生的不同结果.由于试验结果的发生带有一定的概率,所以,变量 X 也以相应的概率取值.这些概率值可以通过查阅和分析该工程队的技术档案资料而得到.例如,如果我们得到了概率

$$P(\text{误期完工})=0.03,\quad P(\text{延期完工})=0.2,$$
$$P(\text{按期完工})=0.67,\quad P(\text{提前完工})=0.1,$$

则有

$$P\{X=0\}=0.03,\quad P\{X=1\}=0.2,$$
$$P\{X=2\}=0.67,\quad P\{X=3\}=0.1\text{①}.$$

从上述各例可知:

(1) 任何随机试验,不管它的试验结果是否是数量,它们都可以用一个变量 X 所取的数值

① 我们把变量 X 的等式或不等式放在"{ }"内来表示随机事件.

来表示,对不同的试验结果,X 的取值可能不同,而且,在试验完毕之前,我们不能准确地预言它会取什么数值,但是,预先知道它所能取的全部可能值,即 X 具有随机性.

(2) 由于变量 X 的取值由试验结果唯一确定,而试验结果的发生带有一定的概率,故 X 的取值也带有一定的概率,即 X 具有统计规律性.

我们称具有上述两大特点的变量 X 为随机变量,下面给出它的定义.

定义 设 E 为随机试验,ω 是基本事件,$\Omega=\{\omega\}$为样本空间. 如果对每一个 $\omega\in\Omega$,都有唯一的实数 $X(\omega)$与之对应,则称 $X(\omega)$为定义在 Ω 上的随机变量,记作 $X=X(\omega)$.

由定义知,随机变量 $X(\omega)$不是自变量,而是函数,但它与普通微积分学中的函数 $y(x)$有本质区别. $y(x)$定义在实数集或它的某个子区间上,自变量 x 和函数 y 都取实数值,而随机变量 $X(\omega)$则定义在样本空间 Ω 上,自变量是基本事件. 虽然函数值$X(\omega)$是数量,但取值不确定,且按照一定的概率有规律地变化.

本书中,随机变量一般用大写英文字母 X,Y,Z 或$X_1,X_2,\cdots$等来表示,而用对应的小写字母表示随机变量所取的可能值. 有时,也用希腊字母 ξ,η 等表示随机变量. 至于随机试验的结果,即随机事件,则可用随机变量的数学式子来表示. 如在例 1 中,基本事件"灯泡的寿命是1 000小时"可表示为$\{X=1\ 000\}$,事件"灯泡的寿命不小于 1 000 小时"可表示为$\{X\geqslant 1\ 000\}$;在例 2 中,事件"完工时,没有误期和延期"可用$\{X>1\}$或$\{(X=2)\cup(X=3)\}$表示.

引入随机变量是概率论发展史上的一件大事. 它将试验结果数量化,使我们可以使用各种数学运算,尤其是微积分,来完整地、深刻地描述随机现象的统计规律性. 为了确定一个随机变量,一要确定它的取值范围,二要算出它的取值概率. 我们将会看到,第一个问题容易解决,而第二个问题的解决则比较困难. 本章的中心议题将围绕这两个问题来展开.

讨论随机变量,通常是分类进行的. 本书中,我们只讨论"离散型随机变量"和非离散型随机变量中的"连续型随机变量".

第二节 离散型随机变量及其概率分布

一、离散型随机变量

定义 1 取有限个或可列无穷多个可能值的随机变量叫做离散型随机变量.

第一节例 2 中,随机变量 X 的可能值只有四个,是离散型随机变量. 又如,在某一确定时间内通过公路上某一地点的汽车的辆数 Y 是一个随机变量,它的可能值为全体非负整数,有可列无穷多个,所以也是一个离散型随机变量.

如前所述,要了解一个离散型随机变量的统计规律性,要解决两个问题:(1) 它的全部可能值是什么? (2) 它以多大概率取每一个值?

定义 2 设离散型随机变量 X 的全部可能值为 $x_i(i=1,2,\cdots)$,X 取各个可能值的概率为 $p_i(i=1,2,\cdots)$,即

$$P\{X=x_i\}=p_i\quad(i=1,2,\cdots),\tag{6.1}$$

则称(6.1)为离散型随机变量 X 的概率分布或分布律.

如果离散型随机变量 X 取有限个值 $x_i(i=1,2,\cdots,n)$,则它的分布律为

$$P\{X = x_i\} = p_i \quad (i = 1,2,\cdots,n). \tag{6.2}$$

由上述定义知,分布律中的 p_i 应满足条件:

(1) $p_i \geqslant 0$, $(i=1,2,\cdots$ 或 $i=1,2,\cdots,n)$ (6.3)

(2) $\sum_{i=1}^{\infty} p_i = 1$ (或 $\sum_{i=1}^{n} p_i = 1$). (6.4)

与函数的表示法一样,分布律也有三种表示形式:

(1) 公式表示:(6.1)或(6.2);

(2) 表格表示:设离散型随机变量 X 取无穷可列个值时,分布律可表为

X	x_1	x_2	$\cdots$	x_n	$\cdots$
P	p_1	p_2	$\cdots$	p_n	$\cdots$

(3) 图形表示:设离散型随机变量 X 取有限个值,删去概率为零的可能值后有

$$x_1 < x_2 < \cdots < x_n, \quad p_i > 0 \quad (i = 1,2,\cdots,n),$$

则 X 的分布律可以表示成图 6-1,称之为随机变量 X 的**概率分布图**.

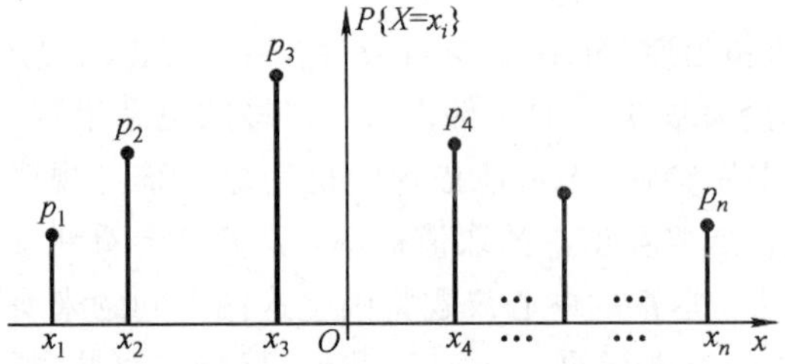

图 6-1

例 1 对目标进行重复射击,假设每次发射一颗子弹,各次射击独立进行,且每次射击时,击中目标的概率都等于 p. 以 X 表示首次击中目标时所耗去的子弹颗数,则 X 为离散型随机变量,求它的概率分布.

解 X 的可能值为:1,2,⋯,概率分布为

$$P\{X = i\} = (1-p)^{i-1}p, \quad i = 1,2,\cdots. \tag{6.5}$$

(6.5)式表示的概率分布叫做**几何分布**,它给出的是在重复独立试验中等待某事件 A 首次出现①,共等了 i 次的概率.

例 2 某人在黑暗中开门. 他有一串共 n 把钥匙,其中仅有一把能打开这扇门. 他从这一串钥匙中随机地取一把来开门,如果打不开,仍把它放回这一串钥匙中,再从这 n 把钥匙中任取一把来开门. 如此反复进行,直到打开门为止. 求此人在第 i 次试开成功的概率.

解 设某人成功开门所需的试开次数为随机变量 X. 由于是放回抽样,所以每次抽取互相独立,并且取中能开门钥匙的概率 $p=\dfrac{1}{n}$. 由例 1 的结果知,X 的概率分布是几何分布,于是,此

① 关于重复独立试验,请参看本节第二部分之(二)贝努里试验与二项分布.

人在第 i 次试开成功的概率为

$$P\{X=i\}=\left(1-\frac{1}{n}\right)^{i-1}\cdot\frac{1}{n},\quad i=1,2,\cdots.$$

例 3 有批量为 1 000 件的一批产品，假设实际不合格品率是 1%. 从中随机地一次抽取 100 件产品进行质量的计数抽样检验，以 X 表示抽取所得的次品件数，为了知道这批产品被接收或被拒收的可能性大小，需要计算：

(1) X 的概率分布；(2) $P\{X\leqslant 1\}$.

首先解释一下有关术语.

所谓“计数抽样检验”(简称“计数抽检”)，是指在判断一批产品是否合格时，只利用所抽取的一部分产品(称为样本)中所含不合格品的个数 d，而不管样本中各件产品的特性的测试值如何. 例如，从一批产品中随机地抽取 n 件产品，规定一个数目 c，如果在所抽取的样本中，不合格品的件数 $d\leqslant c$，则判断这批产品合格，从而接收它，否则，拒收此批产品. 我们称 c 为“合格判断数”(或“接收数”)，称这样的抽样检验方案为“计数一次抽检方案”，并用记号 $(n|c)$ 来表示它.

解 (1) 这批产品中的不合格品总数为 $1\,000\times 1\%=10$(件)，所以，X 的可能值为 0,1,2,…,10，其概率分布为

$$P\{X=i\}=\frac{C_{10}^{i}\cdot C_{1\,000-10}^{100-i}}{C_{1\,000}^{100}}=\frac{C_{10}^{i}\cdot C_{990}^{100-i}}{C_{1\,000}^{100}}\ (i=0,1,2,\cdots,10). \tag{6.6}$$

(2)

$$P\{X=0\}=\frac{C_{10}^{0}\cdot C_{990}^{100}}{C_{1\,000}^{100}}=\frac{990!\times 900!}{890!\times 1\,000!},$$

$$P\{X=1\}=\frac{C_{10}^{1}\cdot C_{990}^{99}}{C_{1\,000}^{100}}=\frac{990!\times 900!}{891!\times 999!},$$

查阶乘对数表得

$$\begin{aligned}\lg P\{X=0\}&=(\lg 990!+\lg 900!)-(\lg 890!+\lg 1\,000!)\\&=(2\,537.624\,2+2\,269.829\,5)-\\&\quad(2\,240.308\,8+2\,567.604\,6)\\&=\bar{1}.540\,3,\\ \lg P\{X=1\}&=(\lg 990!+\lg 900!)-(\lg 891!+\lg 999!)\\&=(2\,537.624\,2+2\,269.829\,5)-\\&\quad(2\,243.258\,7+2\,564.604\,6)\\&=\bar{1}.590\,4,\end{aligned}$$

查反对数表得

$$P\{X=0\}=0.319\,4,\ P\{X=1\}=0.389\,4,$$

所以

$$P\{X\leqslant 1\}=P\{X=0\}+P\{X=1\}=0.708\,8.$$

如果在本例中采取 $(100|1)$ 作为计数一次抽检方案，则上述计算结果表示：像例 3 中这种质量水平的一批产品被接收的概率为 0.708 8，被拒收的概率为 0.291 2. 显然，抽检方案偏严.

一般地，设离散型随机变量 X 的分布律为

$$P\{X=i\}=\frac{C_m^i\cdot C_{N-m}^{n-i}}{C_N^n},\quad i=0,1,2,\cdots,m,\tag{6.7}$$

则称此概率分布为**超几何分布**,例3中的随机变量 X 的概率分布(6.6)就是这种分布.

例4 设离散型随机变量 X 的概率分布为

$$P\{X=i\}=2\lambda\left(\frac{2}{3}\right)^i,\quad i=1,2,\cdots,$$

求常数 λ.

解 由概率分布的性质有

$$1=\sum_{i=1}^{\infty}2\lambda\left(\frac{2}{3}\right)^i=2\lambda\sum_{i=1}^{\infty}\left(\frac{2}{3}\right)^i=2\lambda\cdot\frac{\frac{2}{3}}{1-\frac{2}{3}}=4\lambda,$$

即

$$4\lambda=1,$$

所以

$$\lambda=\frac{1}{4}.$$

二、常用离散型概率分布

我们简称离散型随机变量的概率分布为离散型概率分布.

(一) 两点分布

定义3 设随机变量 X 只有两个可能值0和1,且分布律为

$$P\{X=k\}=p^k(1-p)^{1-k},\quad k=0,1\tag{6.8}$$

或

X	0	1
P	$1-p$	p

$(0\leqslant p\leqslant 1)$, (6.9)

则称随机变量 X 服从参数为 p 的两点分布或(0-1)分布,记作 $X\sim(0-1)$分布.

例5 设有批量 $N=20$ 的一批产品,内含五件不合格品. 我们用(1|0)为抽检方案来验收这批产品.

(1) 求这批产品的接收概率并指出其实际意义;(2) 讨论接收概率与产品的不合格品率的关系.

解 令随机变量 X="所抽取的一件产品中的不合格品的件数",则 X 服从参数为 p 的(0-1)分布,其中 p = 这批产品的不合格品率 $=\frac{5}{N}=\frac{5}{20}=0.25$,故分布律为

X	0	1
P	0.75	0.25

接受概率 $=P\{X=0\}=0.75$,它表示每一百批具有同等质量水平的产品,在采用(1|0)抽检方案时,约有75批被接收.

(2) 采用(1|0)抽检方案时,若产品的不合格品率为 p,则(1)中之随机变量 X 的分布律为

X	0	1
P	$1-p$	p

所以,接收概率 $=P\{X=0\}=1-p$. 显然,产品的不合格品率 p 越接近零,则接收概率越大;反

之,接收概率越小.

(二) 贝努利试验与二项分布

1. n 重独立试验

有时需要同时考察多个随机试验 $E_1,E_2,\cdots,E_n$. 设 A_i 是试验 E_i 的任意一个结果($i=1,2,\cdots,n$),如果这些试验结果互不影响,即事件 $A_1,A_2,\cdots,A_n$ 互相独立,则称试验 $E_1,E_2,\cdots,E_n$ 为**独立试验**.

在科学或工程技术的研究中,为了弄清楚某一随机现象的统计规律性,往往需要把同一个试验 E 重复进行 n 次. 如果各次试验互相独立,则称这一串试验

$$\underbrace{E,E,\cdots,E}_{\text{共}n\text{个}E}$$

为一个 ***n* 重独立试验**, 记作 E^n. 设 ω_i 是第 i 次试验 E 的任意一个基本事件($i=1,2,\cdots,n$),则 $\omega=(\omega_1,\omega_2,\cdots,\omega_n)$就是 E^n 的一个基本事件. 如果 E 有 m 个基本事件,则 E^n 就有 m^n 个基本事件. 我们可以把 E^n 看作由 n 个相同试验所构成的一个复合试验 $E^*=E^n$. 例如,对批量很大的一批产品进行 n 次放回抽样检验,则这 n 次抽样检验就构成了一个 n 重独立试验.

2. 贝努利试验与 n 重贝努利试验

(1) 基本概念

在许多随机试验中,我们关注的只是某个事件 A 是否发生,即试验的可能结果只有 A 和 $\overline{A}$ 两个. 例如,在产品的抽样检验中,我们感兴趣的只是抽到合格品还是抽到不合格品. 像这种只有两个可能结果的试验叫做**贝努利试验**.

将贝努利试验 E 独立地重复进行 n 次所得到的一串试验叫做***n* 重贝努利试验**,记作 E^n. 它的基本事件 $\omega=(\omega_1,\omega_2,\cdots,\omega_n)$,其中 ω_i 等于 A 或 $\overline{A}$,基本事件总数为 2^n 个.

显然,一个 n 重贝努利试验 E^n 满足下列条件:

① 每次试验都是贝努利试验,即只有两个不同的结果 A 与 $\overline{A}$;

② 各次试验互相独立;

③ 所有 n 次试验都在相同条件下进行,因此 $p=P(A)$保持不变.

(2) 概率计算

在这类实际问题中,往往归结为计算 E^n 中的事件 A 发生 k 次的概率. 为此,引入随机变量 $X=E^n$ 中事件 A 发生的次数. 显然,X 是离散型的,有 $n+1$ 个可能值:$0,1,2,\cdots,n$. 下面来确定 X 的分布律.

设 k 为不超过 n 的非负整数,则

$$P\{X=k\}=P\{\text{在 } n \text{ 次试验中,} A \text{ 有 } k \text{ 次发生,有 } n-k \text{ 次未发生}\},$$

A 发生 k 次的方式共有 C_n^k 种,我们先计算 A 在任意指定的 k 次试验中发生而在其余 $n-k$ 次试验中未发生的概率. 为了表述方便,令

$$A_j=\{\text{在第 } j \text{ 次试验中 } A \text{ 发生}\},\quad j=1,2,\cdots,n,$$

则 $\overline{A_j}$ 表示在第 j 次试验中 A 未发生,于是,"在指定的第 j_1 次,j_2 次,$\cdots$,j_k 次试验中 A 发生,而在其余的第 j_{k+1}次,j_{k+2}次,$\cdots$,j_n次试验中 A 未发生"这一事件可表为

$$B_{j_1j_2\cdots j_k}=A_{j_1}A_{j_2}\cdots A_{j_k}\overline{A}_{j_{k+1}}\overline{A}_{j_{k+2}}\cdots\overline{A}_{j_n}.$$

由各次试验的独立性得

$$\begin{aligned}P(B_{j_1j_2\cdots j_k}) &= P(A_{j_1}A_{j_2}\cdots A_{j_k}\overline{A}_{j_{k+1}}\overline{A}_{j_{k+2}}\cdots\overline{A}_{j_n})\\ &= P(A_{j_1})P(A_{j_2})\cdots P(A_{j_k})P(\overline{A}_{j_{k+1}})P(\overline{A}_{j_{k+2}})\\ &\quad\cdots P(\overline{A}_{j_n})\\ &= p^k(1-p)^{n-k}.\end{aligned}$$

注意到上述结果与 $j_1,j_2,\cdots,j_k$ 无关,且对不同的组合 $\{j_1j_2\cdots j_k\}$,事件 $B_{j_1j_2\cdots j_k}$ 两两互斥,故

$$\begin{aligned}P\{X=k\} &= P\Big(\bigcup_{j_1j_2\cdots j_k}B_{j_1j_2\cdots j_k}\Big) = \sum_{j_1j_2\cdots j_k}P(B_{j_1j_2\cdots j_k})\\ &= \sum_{j_1j_2\cdots j_k}p^k(1-p)^{n-k} = \mathrm{C}_n^k p^k(1-p)^{n-k}\\ &\quad (k=0,1,2,\cdots,n).\end{aligned} \tag{6.10}$$

n 重贝努利试验由著名的瑞士数学家詹姆斯·贝努利(James Bernoulli, 1654—1705)首先提出和研究. 它是一个重要的概率模型,是"在同样条件下进行重复独立试验"这一随机现象的一个数学模型,简称为**贝努利概型**. 它有重要的理论意义和应用价值. 例如,产品的质量检验、交通工程、遗传学等诸多领域,都是它的用武之地. 下面,我们讨论贝努利概型中的一个重要分布——二项分布.

3. 二项分布

定义 4 若随机变量 X 的分布律为

$$P\{X=k\}=\mathrm{C}_n^k p^k(1-p)^{n-k},\quad k=0,1,2,\cdots,n, \tag{6.11}$$

其中常数 p 满足 $0\leqslant p\leqslant 1$,则称随机变量 X 服从参数为 n,p 的二项分布,记作 $X\sim B(n,p)$.

显然,当 $n=1$ 时,二项分布成为(0-1)分布.

(6.11)式中的 $P\{X=k\}$ 还可以记成 $P_n(k)$ 或 $b(k;n,p)$.

二项分布(6.11)满足下列条件:

(1) $P\{X=k\}\geqslant 0, k=0,1,2,\cdots,n$;

(2) $\sum\limits_{k=0}^{n}P\{X=k\}=1$.

事实上, $\sum\limits_{k=0}^{n}P\{X=k\}=\sum\limits_{k=0}^{n}\mathrm{C}_n^k p^k(1-p)^{n-k}=[p+(1-p)]^n=1$. 由此知, $\mathrm{C}_n^k p^k(1-p)^{n-k}$ 正好是 $[p+(1-p)]^n$ 的二项展开式中的第 $k+1$ 项,二项分布由此得名. 又在 n 重贝努利试验中,令 $X=n$ 次试验中事件 A 发生的次数,则随机变量 X 的分布就是二项分布.

二项分布有许多重要性质,在此不再赘述,下面讨论有关二项分布的计算问题.

设随机变量 $X\sim B(n,p)$,主要计算两类概率:

① $P\{X=k\}=b(k;n,p)=\mathrm{C}_n^k p^k(1-p)^{n-k}$;

② 累积概率 $P\{X\leqslant x\}=\sum\limits_{k=0}^{x}b(k;n,p)$, x 为非负整数.

其他任何形式的概率都可转化成这两类概率来计算. 使用电子计算器和二项分布的分布函

数值表(见书后附表 6)则可简化计算. 但当 n 很大时,计算量仍然很大,需要使用近似计算公式方可解决问题,我们将在后面的例题中逐一介绍.

例 6 一批产品共 N 件,内有不合格品 m 件. 分别用有放回和不放回两种抽样方式从中随机抽取 n 件,求其中恰好有 k 件不合格品的概率.

解 令 X="抽取的 n 件产品中所含不合格品的件数",所求概率即为 $P\{X=k\}$.

(1) 有放回抽样方式

有放回抽样是重复独立试验. 由于抽样结果只有两个,所以是 n 重贝努利试验,随机变量 $X \sim B(n,p)$,其中 $p=\frac{m}{N}$. 于是

$$P\{X=k\}=C_n^k p^k(1-p)^{n-k}=C_n^k\left(\frac{m}{N}\right)^k\left(1-\frac{m}{N}\right)^{n-k}$$

$$(k=0,1,2,\cdots,n). \tag{6.12}$$

(2) 不放回抽样方式

不放回抽样不是重复贝努利试验,所以 X 不再服从二项分布,但直接按古典概率定义不难得到概率

$$P\{X=k\}=\frac{C_m^k \cdot C_{N-m}^{n-k}}{C_N^n}, \quad k=0,1,2,\cdots,n, \tag{6.13}$$

此时,X 的分布就是超几何分布(见(6.7)式).

二项分布在产品检验、交通工程、遗传学等方面都有重要应用,不过在实际工作中,抽样一般采取不放回方式,因此,计算概率 $P\{X=k\}$ 应该用超几何分布,但计算较繁. 可以证明:当产品批量 N 很大,而抽样个数 n 又不太大$\left(\text{即}\frac{n}{N}\ll 1\right)$时,按二项分布和按超几何分布计算所得到的结果相差无几. 所以,在这种情况下,不放回抽样可以近似地当作有放回抽样,用二项分布(6.12)进行计算. 我们可以查二项分布的分布函数值表(附表 6)以简化计算. 该表列出的是累积概率 $F(x)=P\{X\leqslant x\}=\sum_{k=0}^{x}b(k;n,p)$ 的值. 显然,用该表来求概率 $P\{X=k\}=b(k;n,p)$也是很方便的.

例 7 商店有一批电子元件,已知其不合格品率为 5%. 现将这批元件成袋出售,并向顾客承诺:若发现一袋中的不合格品多于 1 个,则可退货. 试问:为了使退货率≤5%,每袋最多可装入多少个这种元件?

解 设每袋装 n 个元件. 令 X="一袋中不合格品的个数",则 $X\sim B(n,0.05)$,其分布律为

$$P\{X=k\}=C_n^k(0.05)^k(0.95)^{n-k}, \quad k=0,1,2,\cdots,n.$$

由题意有

$$P\{X>1\}\leqslant 0.05. \tag{*}$$

因为 $P\{X>1\}=1-P\{X\leqslant 1\}=1-\sum_{k=0}^{1}b(k;n,0.05)$,

代入(*)即得

$$\sum_{k=0}^{1} b(k;n,0.05) \geqslant 0.95.$$

反查二项分布的分布函数值表得 $n \leqslant 7$,即每袋最多装 7 个元件.

例 8 (简介:二项分布在群体遗传中的应用) 在群体遗传中,遗传性质的携带者称为基因. 基因总是成对出现,且其中每一个基因都可以取两种不同型式 A 和 a 中的一种.

假设:

(1) 每一代具有 $2N$ 个(即 N 对)基因. 称其中 A 所占的比例数$\frac{i}{2N}$为 A 的基因频率,而 $1-\frac{i}{2N}$为 a 的基因频率.

基因频率的变化过程与群体的进化情况有着密切的关系.

(2) 群体繁殖采取随机交配形式.

在现代人类群体中,配偶是通过双方的选择决定的. 为了应用概率论知识来描述遗传规律,我们考虑自然界中的一种理想情形,即配偶是随机地、独立地形成的. 因此,任何个体都有同等的机会和群体中任何其他个体交配,这叫做随机交配.

试根据每一代的基因频率求它的下一代(子代)的基因频率的概率.

一个子代个体从一对上代亲体中各接受一个基因,形成新的一对基因. 由假设(2),子代的基因及基因型式(A 与 a)是随机选择的. 根据 Mendel 定律,各以$\frac{1}{2}$的概率接受父亲的一对基因中的任意一个,也以$\frac{1}{2}$的概率接受母亲的一对基因中的任意一个. 根据假设(1),一共进行了 $2N$ 次基因选择,且每次选择(即随机试验)时,选中 A(即事件 A 发生)的概率为 $P(A)=\frac{i}{2N}$,未选中 A(即选中了 a)的概率为 $P(\overline{A})=1-\frac{i}{N}$. 即在随机交配的假设下,子代个体是按贝努利概型从每个亲体中取得基因和基因型式的. 设子代每个个体的 $2N$ 个基因中,型式 A 有 X 个,则随机变量 $X \sim B\left(2N,\frac{i}{2N}\right)$,分布律为

$$P\{X=j\} = C_{2N}^{j}\left(\frac{i}{2N}\right)^{j}\left(1-\frac{i}{2N}\right)^{2N-j},$$

$$j = 0,1,2,\cdots,2N,$$

这就是下一代(子代)的基因频率等于$\frac{j}{2N}$的概率.

例 9 在人寿保险中,若一年内某类保险者里面每个人的死亡概率等于 0.000 5. 现有 10 000个这类人参加人寿保险,求在未来一年中在这些保险者里面,(1) 有 20 个人死亡的概率;(2) 死亡人数不超过 10 个的概率.

解 令 X=“未来一年中在这 10 000 个人里面的死亡人数”,则 $X \sim B(10\,000,0.000\,5)$,其概率分布为

$$\begin{aligned} P\{X=k\} &= b(k;10\,000,0.000\,5) \\ &= C_{10\,000}^{k}(0.000\,5)^{k}(0.999\,5)^{10\,000-k} \end{aligned}$$

$$(k=0,1,2,\cdots,10\,000).$$

(1) 所求概率 $=P\{X=20\}=b(20;10\,000,0.000\,5)$

$$=C_{10\,000}^{20}(0.000\,5)^{20}(0.999\,5)^{5\,980}.$$

(2) 所求概率 $=P\{X\leqslant 10\}=\sum_{k=0}^{10}b(k;10\,000,0.000\,5)$

$$=\sum_{k=0}^{10}C_{10\,000}^{k}(0.000\,5)^{k}(0.999\,5)^{10\,000-k}.$$

由于 n 很大,直接计算十分困难;查表也不可能,因为 $n=10\,000$已经远远超出了一般二项分布累积概率值表中 n 的取值范围. 所以,寻找更有效的算法就显得十分必要. 下面介绍的泊松定理与泊松分布提供了一种近似算法.

(三) 泊松定理与泊松分布

1. 泊松定理

设 $E_n(n=1,2,\cdots)$是一列 n 重贝努利试验,X_n 表示在n 重贝努利试验E_n 中事件A 发生的次数,p_n 表示在E_n 中事件A 发生的概率,它与试验总次数 n 有关,即 $X_n\sim B(n,p_n)$ $(n=1,2,\cdots)$. 若$\lim\limits_{n\to\infty}np_n=\lambda$,则有

$$\lim_{n\to\infty}b(k;n,p_n)=\frac{\lambda^k}{k!}e^{-\lambda}. \tag{6.14}$$

证明从略.

由于$\lim\limits_{n\to\infty}np_n=\lambda$ 存在,而$\lim\limits_{n\to\infty}n=\infty$,则必有$\lim\limits_{n\to\infty}p_n=0$. 从而当 n 很大时p_n 一定很小. 所以,在实际应用中,若随机变量 $X\sim B(n,p)$,只要 n 相当大,p 相当小,就可以取 $\lambda\approx np$,用下面的近似公式来计算 $b(k;n,p)$:

$$b(k;n,p)\approx\frac{(np)^k}{k!}e^{-np}. \tag{6.15}$$

其近似程度很好. 为了便于查表,乘积 $np=\lambda$ 的值应大小适中. 在实际应用中,一般在 $n\geqslant 20$,$p\leqslant 0.05$,$np\leqslant 10$ 时才使用近似公式(6.15).

习惯上称泊松定理为二项分布的泊松逼近.

2. 泊松分布

定义 5 如果离散型随机变量 X 的分布律为

$$P\{X=k\}=P(k;\lambda)=\frac{\lambda^k}{k!}e^{-\lambda},\quad k=0,1,2,\cdots, \tag{6.16}$$

其中常数 $\lambda>0$,则称随机变量 X 服从参数为λ 的泊松分布,记作 $X\sim P(\lambda)$.

在概率论的发展史上,泊松分布是作为二项分布的近似分布,由著名的法国数学家泊松(Poisson,1781—1840)于 1837 年引入的.

显然,泊松分布满足一般概率分布应该满足的条件:

(1) $P\{X=k\}\geqslant 0,k=0,1,2,\cdots$;

(2) $\sum_{k=0}^{\infty}P\{X=k\}=e^{-\lambda}\sum_{k=0}^{\infty}\frac{\lambda^k}{k!}=e^{-\lambda}\cdot e^{\lambda}=1$.

泊松分布与泊松定理有广泛而重要的应用. 一方面,实际问题中有许多随机变量服从泊松分布. 例如,铸件或布匹上的疵点数,纺纱机上在某固定时间内纱线的断头数,线路板上的不良

焊接点个数,确定时间内放射性物质放射出的粒子个数等等. 另一方面,泊松分布可作为二项分布的近似分布,这不仅在理论上,而且在实际应用中都有重大意义.

泊松分布的性质,在此不赘述,下面讨论它的计算问题. 与二项分布类似,主要是计算两类概率:

(1) $P\{X=k\}=\frac{\lambda^k}{k!}e^{-\lambda},\ k=0,1,2,\cdots$;

(2) 累积概率 $P\{X\leqslant x\}=\sum_{k=0}^{x}P\{X=k\}=\sum_{k=0}^{x}\frac{\lambda^k}{k!}e^{-\lambda}$,其中,$x$ 为非负整数.

借助于电子计算器和泊松分布表(附表 2),可以简化计算. 但要注意的是,该表列出的不是概率 $P\{X=k\}$的值,也不是累积概率 $F(x)=P\{X\leqslant x\}=\sum_{k=0}^{x}\frac{\lambda^k}{k!}e^{\lambda}$ 的值,而是对不同的 λ 值,k 从 x 到 $+\infty$ 的概率和 $P\{x\leqslant k<+\infty\}=\sum_{k=x}^{+\infty}P\{X=k\}=\sum_{k=x}^{+\infty}\frac{\lambda^k}{k!}e^{-\lambda}$. 利用此表,可以算出泊松分布中各种类型的概率.

例 10 用泊松定理完成例 9 的概率计算.

解 一年中死亡人数 $X\sim B(10\,000,0.000\,5)$,$n=10\,000$ 很大,$p=0.000\,5$ 很小,$\lambda=np=5$ 大小适中.

(1) $P\{$一年中恰有 20 人死亡$\}=P\{X=20\}$

$$=b(20;10\,000,0.000\,5)\approx\frac{5^{20}}{20!}e^{-5}\xlongequal{\text{(用计算器)}}0.000\,000\,264.$$

(2) $P\{$一年中死亡人数不超过 10 个$\}=P\{X\leqslant 10\}$

$$=\sum_{k=0}^{10}b(k;10\,000,0.000\,5)\approx\sum_{k=0}^{10}\frac{5^k}{k!}e^{-5}=1-\sum_{k=11}^{+\infty}\frac{5^k}{k!}e^{-5}$$

$$\xlongequal{\text{(查表)}}1-0.013\,695=0.986\,305.$$

下面介绍泊松分布在交通工程中的一些简单应用.

假设观察公路上某一地点的汽车是一辆接一辆地、源源不断地通过,没有几辆车同时到达的情况发生. 显然,车辆的到达具有随机性. 我们称源源不断地、随机地到达的车辆构成一个随机车辆流,简称为**车流**或**交通流**. 在设计新的公路交通设施或确定新的交通管理方案时,需要预测交通流的某些具体特性.

在**车流密度**(单位长度路段上分布的车辆数)不大,车辆间相互影响微弱,其他外界干扰因素可以忽略的条件下,在一定的时间间隔内到达的车辆数,或在一定长度的路段上分布的车辆数,是一个随机变量 X,且服从泊松分布,其分布律为

$$P\{X=k\}=\frac{(\rho t)^k}{k!}e^{-\rho t},\quad k=0,1,2,\cdots,\tag{6.17}$$

其中 ρ 是平均到车率,它表示单位时间内到达或单位长路段上分布的车辆数(辆/s 或辆/m);

t:计数间隔持续的时间或路段长度(秒或米);

$\lambda=\rho t$:计数时间间隔或计数长度间隔内平均到达的车辆数,它是泊松分布的参数.

例 11 设 50 辆汽车随机分布在 4 km 长的一段公路上,求任意 400 m 路段上有 4 辆及 4 辆以上汽车的概率.

解 将(6.17)中的 t(单位:m)理解为计数车辆数的空间间隔,则在任意 400 m 长路段上分布的车辆数 $X\sim P(\rho t)$.

已知 $t=400,\rho=\frac{50}{4\,000}=\frac{1}{80}$(辆/m),$\lambda=\rho t=\frac{400}{80}=5$(辆),则

$$P\{X=k\}=\frac{5^k}{k!}e^{-5},\quad k=0,1,2,\cdots.$$

所以

$$\begin{aligned}P\{X=4\}&=P\{X\geqslant 4\}-P\{X\geqslant 5\}\\&=\sum_{k=4}^{+\infty}\frac{5^k}{k!}e^{-5}-\sum_{k=5}^{+\infty}\frac{5^k}{k!}e^{-5}\\&\xlongequal{(查表)}0.734\,974-0.559\,507\\&=0.175\,467,\\P\{X\geqslant 4\}&=\sum_{k=4}^{+\infty}\frac{5^k}{k!}e^{-5}\\&\xlongequal{(查表)}0.734\,974.\end{aligned}$$

第三节 随机变量的分布函数

离散型随机变量的可能值最多只有可列无穷多个,它取值的统计规律可用分布律完整地描述出来. 但是,对于非离散型随机变量,例如电子元件的寿命、圆柱体形零件直径的测量值等等,它们的可能值比无穷可列个还要多,甚至会充满一个区间,不可能一一列举出来,而且,我们即将看到,它们取任意指定值的概率一般都等于零,所以,不能用分布律来描述非离散型随机变量取值的统计规律性. 我们转而考虑非离散型随机变量 X 落在某一区间内的概率 $P\{x_1<X\leqslant x_2\}$. 这是一个区间函数,只有当区间的两个端点 x_1 和 x_2 都确定后,概率值才能确定. 但是

$$P\{x_1<X\leqslant x_2\}=P\{X\leqslant x_2\}-P\{X\leqslant x_1\},$$

所以,$P\{x_1<X\leqslant x_2\}$ 可以转化成 $P\{X\leqslant x\}$ 形式的概率. 令 $F(x)=P\{X\leqslant x\}$,它是 x 的一元点函数,远比计算 $P\{x_1<X\leqslant x_2\}$ 简单. 而且,函数 $F(x)$ 在离散型随机变量的研究中也起着重要的作用.

一、分布函数的定义与性质

定义 设 X 是任意随机变量(离散型或非离散型),x 是任意实数,称函数

$$F(x)=P\{X\leqslant x\}\quad(-\infty<x<+\infty)\tag{6.18}$$

为随机变量 X 的分布函数.

由上述定义知,分布函数 $F(x)$ 表示的是随机变量 X 所取的值落在区间 $(-\infty,x]$ 内的"累积概率"值,即

$$F(x)=P\{-\infty<X\leqslant x\}\neq P\{X=x\}.$$

分布函数 $F(x)$ 有下列性质:

(1) $F(x)$是一个单调不减函数.

事实上,当 $x_1<x_2$ 时,事件$\{X\leqslant x_1\}\subset$事件$\{X\leqslant x_2\}$,因此,$F(x_1)=P\{X\leqslant x_1\}\leqslant P\{X\leqslant x_2\}=F(x_2)$,即 $F(x)$单调不减.

(2) $0\leqslant F(x)\leqslant 1$.

(3) $F(-\infty)\xlongequal{\text{def}}\lim\limits_{x\to-\infty}F(x)=0, F(+\infty)\xlongequal{\text{def}}\lim\limits_{x\to+\infty}F(x)=1$.

证明从略.

(4) $F(x)$右连续,即对任意实数 x 有$F(x+0)=F(x)$.

证明从略.

综上所述,分布函数是一个定义域为$(-\infty,+\infty)$,函数值域为$[0,1]$的普通函数. 它具有良好的分析性质,便于数学处理,而且,我们还可以用它来表示随机变量取值落在任意区间或任意点上的概率. 例如,设 $a,b\in\mathbf{R}$,且 $a<b$,则

$$P\{X\leqslant b\}=F(b),$$

$$P\{a<X\leqslant b\}=P\{X\leqslant b\}-P\{X\leqslant a\}=F(b)-F(a), \tag{6.19}$$

$$P\{X<b\}=\lim_{x\to b-0}P\{X\leqslant x\}=\lim_{x\to b-0}F(x)=F(b-0), \tag{6.20}$$

$$P\{X>b\}=1-P\{X\leqslant b\}=1-F(b), \tag{6.21}$$

$$P\{X=b\}=P\{X\leqslant b\}-P\{X<b\}=F(b)-F(b-0), \tag{6.22}$$

$$P\{a<X<b\}=P\{X<b\}-P\{X\leqslant a\}=F(b-0)-F(a), \tag{6.23}$$

$$P\{X\geqslant b\}=1-P\{X<b\}=1-F(b-0), \tag{6.24}$$

$$P\{a\leqslant X<b\}=P\{X<b\}-P\{X<a\}=F(b-0)-F(a-0), \tag{6.25}$$

$$P\{a\leqslant X\leqslant b\}=P\{X\leqslant b\}-P\{X<a\}=F(b)-F(a-0). \tag{6.26}$$

由此可见,分布函数完整地描述了随机变量取值的统计规律,并使许多概率的计算转化成了分布函数的运算,从而将微积分的方法引入到了概率论的研究之中.

二、分布函数的求法

例 设离散型随机变量 X 的分布律为

X	1	2	3
P	$\frac{1}{2}$	$\frac{1}{6}$	$\frac{1}{3}$

(1)求 X 的分布函数,画图象;(2)求概率 $P\left\{X\leqslant\frac{1}{2}\right\}, P\left\{2<X\leqslant\frac{5}{2}\right\}, P\left\{2\leqslant X\leqslant\frac{5}{2}\right\}$.

解 (1) 当 $x<1$ 时,分布函数 $F(x)=P\{X\leqslant x\}=0$;

当 $1 \leqslant x < 2$ 时，$F(x) = P\{X \leqslant x\} = P\{X = 1\} = \frac{1}{2}$；

当 $2 \leqslant x < 3$ 时，$F(x) = P\{X \leqslant x\} = P\{X = 1\} + P\{X = 2\} = \frac{1}{2} + \frac{1}{6} = \frac{2}{3}$；

当 $x \geqslant 3$ 时，$F(x) = P\{X = 1\} + P\{X = 2\} + P\{X = 3\} = \frac{1}{2} + \frac{1}{6} + \frac{1}{3} = 1$.

所以有

$$F(x) = \begin{cases} 0, & x < 1, \\ \frac{1}{2}, & 1 \leqslant x < 2, \\ \frac{2}{3}, & 2 \leqslant x < 3, \\ 1, & x \geqslant 3. \end{cases}$$

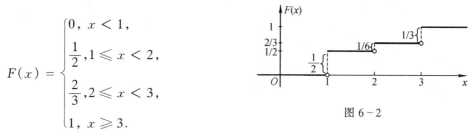

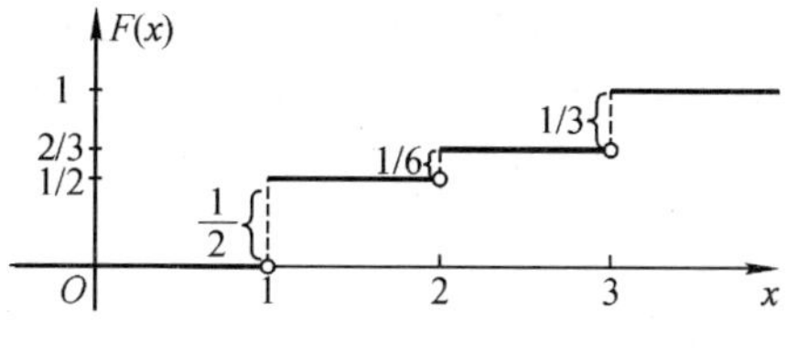

图 6-2

$F(x)$的图象如图 6-2 所示. 它是一条阶梯形折线. 在横坐标 $x = 1,2,3$ 的各点处有跳跃，跳跃值为对应的概率值$\frac{1}{2}, \frac{1}{6}, \frac{1}{3}$.

(2)
$$P\left\{X \leqslant \frac{1}{2}\right\} = F\left(\frac{1}{2}\right) = 0,$$

由(6.19)得 $P\left\{2 < X \leqslant \frac{5}{2}\right\} = F\left(\frac{5}{2}\right) - F(2) = \frac{2}{3} - \frac{2}{3} = 0$，

$$P\left\{2 \leqslant X \leqslant \frac{5}{2}\right\} = P\left\{2 < X \leqslant \frac{5}{2}\right\} + P\{X = 2\}$$
$$= 0 + \frac{1}{6} = \frac{1}{6}.$$

一般地，设离散型随机变量 X 的分布律为

$$P\{X = x_k\} = p_k, \ k = 1,2,\cdots,$$

则分布函数

$$F(x) = P\{X \leqslant x\} = \sum_{x_k \leqslant x} P\{X = x_k\} = \sum_{x_k \leqslant x} p_k. \tag{6.27}$$

右边的和式是对所有满足条件 $x_k \leqslant x$ 的k 值求和. $F(x)$在 $x = x_k$ 处有跳跃点，跳跃值就是 p_k. 当离散型随机变量 X 的可能值是有限多个时，分布函数 $F(x)$是一个右连续的阶梯函数，如图 6-2 所示，它可以根据分布律直接画出. 但当 X 有无穷可列多个可能值时，情况就很复杂. 关于非离散型随机变量的分布函数的求法，在下节中讨论.

第四节　连续型随机变量及其概率密度

一、连续型随机变量

如前所述，分布函数是描述任何类型的随机变量取值的统计规律的统一形式. 因此，我们可以根据分布函数的不同形式来对随机变量进行分类. 由(6.27)式知，离散型随机变量 X 的分布

函数$F(x)$是 X 在有限或可列无穷多个值上的概率的累积和. 当 X 是非离散型随机变量时,由于 X 的可能值比无穷可列个还要多,有时甚至能充满一个区间,所以,它的分布函数 $F(x)$,也就是累积概率 $P\{X\leqslant x\}$,就不能表示成 X 在有限或可列无穷多个值上的取值概率之和. 在非离散型随机变量中,有一类最重要且应用广泛的随机变量,它的分布函数可表为

$$F(x) = P\{X \leqslant x\} = \int_{-\infty}^{x} f(t)\mathrm{d}t.$$

这种积分表达式与物理学中已知细棒的质量线密度求细棒质量的积分表达式类似. 若 $F(x)$表示分布在区间$(-\infty,x]$上的总质量,则 $f(x)$就是质量线密度. 今 $F(x)$表示概率,那么 $f(x)$就相当于概率密度了.

(一) 定义

定义 1 设随机变量 X 的分布函数为$F(x)$,若存在非负可积函数 $f(x)$,使对任意实数 x 均有

$$F(x) = P\{X \leqslant x\} = \int_{-\infty}^{x} f(t)\mathrm{d}t, \tag{6.28}$$

则称 X 为连续型随机变量,也称 $F(x)$是连续型的分布函数;称$f(x)$为随机变量 X(或分布函数 $F(x)$)的概率密度函数,简称概率密度.

由此可知,连续型随机变量的分布函数 $F(x)$完全为概率密度 $f(x)$所决定,它们都可以用来描述随机变量取值的统计规律性.

(二) 性质

1. 连续型随机变量的分布函数的性质

(1) 分布函数 $F(x)$处处连续(其逆不真);

(2) 在概率密度 $f(x)$的连续点 x 处有

$$F'(x) = f(x). \tag{6.29}$$

(6.28),(6.29)两式表示分布函数和概率密度的关系. 据此,可以由其中一个求出另一个.

2. 概率密度的性质

(1) 非负性:$f(x)\geqslant 0$; (6.30)

(2) $\int_{-\infty}^{+\infty} f(x)\mathrm{d}x = 1$; (6.31)

(3) $P\{a<X\leqslant b\} = F(b)-F(a) = \int_{a}^{b} f(x)\mathrm{d}x$. (6.32)

上述性质,由分布函数的定义和微积分知识不难给出证明. 我们常用(6.30),(6.31)式来判定一个函数能否作为一个随机变量的概率密度. 而用(6.32)式来计算概率值. (6.32)式还说明:概率密度本身不是概率,只有通过积分运算才能得到概率.

$f(x)$与 $F(x)$的关系可用下列图形表示:

由图中可以看出,概率密度曲线 $y=f(x)$在 x 轴上方,它与 x 轴所围的曲边梯形的面积等于 1,概率 $P\{a<X\leqslant b\}$等于直线 $x=a, x=b$, x 轴和密度曲线$y=f(x)$所围曲边梯形的面积.

由(6.29)式知,在 $f(x)$的连续点 x 处有

$$f(x) = F'(x) = \lim_{\Delta x\to 0}\frac{F(x+\Delta x)-F(x)}{\Delta x}$$

$$= \lim_{\Delta x \to 0} \frac{P\{x < X \leqslant x + \Delta x\}}{\Delta x}. \tag{6.33}$$

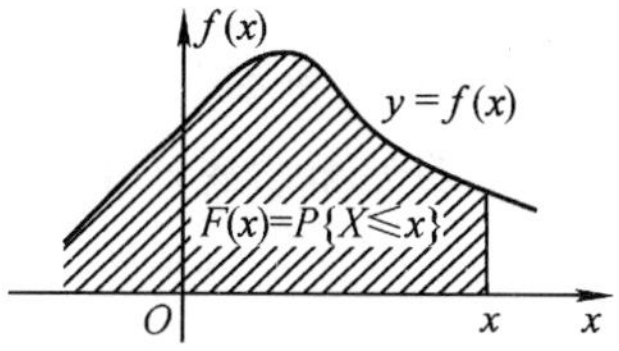

图 6－3

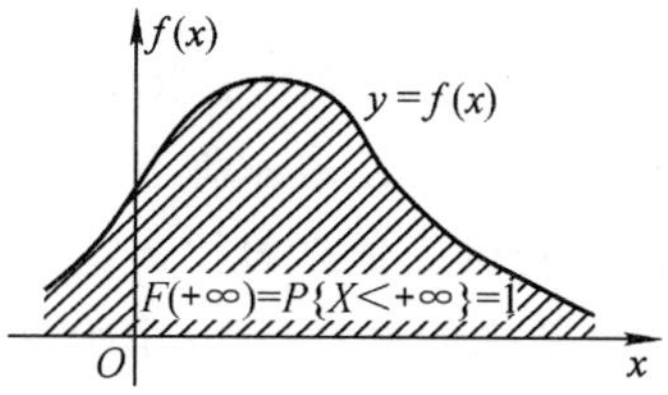

图 6－4

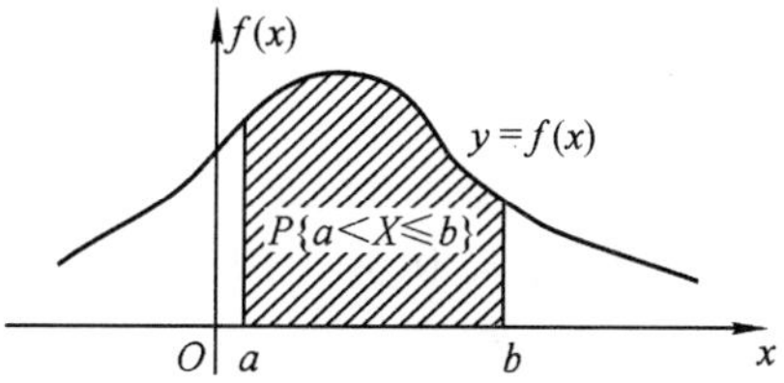

图 6－5

(6.33)式与物理学中的质量线密度定义的数学表达式一致,这也是我们之所以称 $f(x)$为随机变量 X 的概率密度的又一个原因.

由(6.33)式并利用极限与无穷小的关系,在略去高阶无穷小以后得到近似等式

$$P\{x < X \leqslant x + \Delta x\} \approx f(x)\Delta x$$

或

$$P\{x < X \leqslant x + \mathrm{d}x\} \approx f(x)\mathrm{d}x. \tag{6.34}$$

(6.34)式表示:$f(x)\mathrm{d}x$ 在连续型随机变量中的作用相当于离散型随机变量的分布律中的概率 $p_k = P\{X = x_k\}$. 所以,称 $\mathrm{d}F(x) = f(x)\mathrm{d}x$ 为"概率元".

3. 连续型随机变量取任意特定值的概率等于零. 即对任意实数 a,有 $P\{X = a\} = 0$.

事实上,显然有

$$\begin{aligned} 0 \leqslant P\{X = a\} &\leqslant P\{a - \varepsilon < X \leqslant a\} \\ &= F(a) - F(a - \varepsilon), \quad (\varepsilon > 0) \end{aligned}$$

令 $\varepsilon \to 0+$, 利用 $F(x)$的连续性得

$$F(a) - F(a - \varepsilon) \to 0,$$

由两边夹定理可得

$$P\{X = a\} = \lim_{\varepsilon \to 0+} P\{X = a\} = 0.$$

特别指出:虽然 $P\{X = a\} = 0$,但$\{X = a\}$一般不是不可能事件,即 X 仍然可以取值a,密度值 $f(a)$也不一定等于零.

由性质 3 可知,在求连续型随机变量 X 落在某个区间内的概率时,不必考虑该区间的开闭情况. 这就给概率的计算带来了很大的方便:

$$P\{a < X < b\} = P\{a \leqslant X \leqslant b\} = P\{a \leqslant X < b\}$$
$$= P\{a < X \leqslant b\} = F(b) - F(a). \tag{6.35}$$

(三) 连续型随机变量的分布函数与密度函数的求法

例 1 假设靶子是半径为 1 米的圆盘,射中靶上任一同心圆盘的概率与该圆盘的面积成正比且射击肯定中靶. 以 X 表示弹着点与圆心的距离. (1) 求 X 的分布函数并作图象;(2) 回答: X 是否是连续型随机变量? 为什么?

解 (1) 令随机变量 X 的分布函数为 $F(x)$.

① 若 $x<0$,则 $F(x)=P\{X\leqslant x\}=P(\varnothing)=0$;

② 若 $0\leqslant x\leqslant 1$(图 6-6),由题意令 $P\{0\leqslant X\leqslant x\}=k_1\pi x^2=kx^2$(其中 $k=k_1\pi$). 当 $x=1$ 时有

$$1 = P\{0 \leqslant X \leqslant 1\} = k,$$

即 $k=1, P\{0\leqslant X\leqslant x\}=x^2$. 于是

$$\begin{aligned} F(x) &= P\{X \leqslant x\} \\ &= P\{X < 0\} + P\{0 \leqslant X \leqslant x\} \\ &= 0 + x^2 = x^2; \end{aligned}$$

③ 若 $x>1$,则 $F(x)=P\{X\leqslant x\}=P(\Omega)=1$.

综上所述,得 X 的分布函数(图 6-7)

$$F(x)=\begin{cases}0, & x<0,\\ x^2, & 0\leqslant x\leqslant 1,\\ 1, & x>1.\end{cases}$$

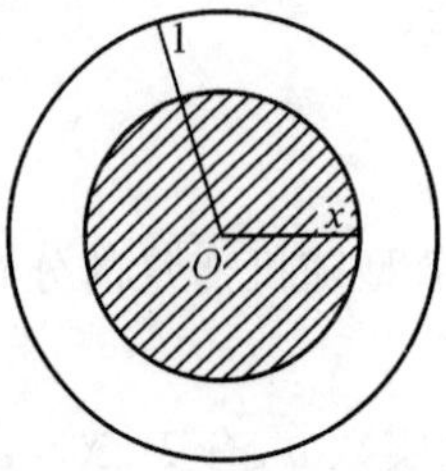

图 6-6

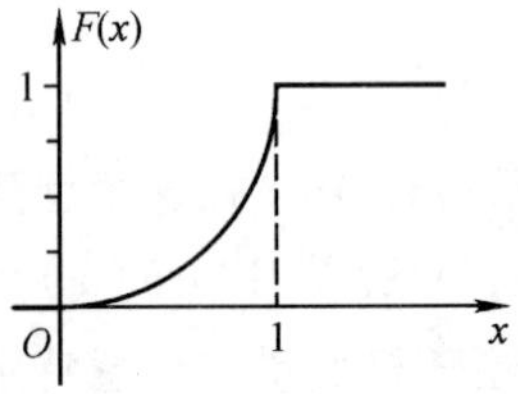

图 6-7

(2) 若 X 是连续型随机变量,概率密度为 $f(x)$,则在 $f(x)$的连续点 x 处有

$$f(x) = F'(x) = \begin{cases}0, & x < 0,\\ 2x, & 0 < x < 1,\\ 0, & x > 1.\end{cases}$$

于是,取函数

$$f(x) = \begin{cases}2x, & 0 < x < 1,\\ 0, & \text{其他},\end{cases}$$

则 $f(x)$在$(-\infty, +\infty)$内非负可积且不难验证:X 的分布函数可以表示成

$$F(x) = \int_{-\infty}^{x} f(t)\mathrm{d}t \quad (-\infty < x < +\infty).$$

所以,X 是连续型随机变量.

例 2 已知某种电子元件的寿命 X(单位:h)为随机变量,其概率密度

$$f(x) = \begin{cases} \dfrac{k}{x^2}, & x \geqslant 100, \\ 0, & \text{其他}. \end{cases}$$

(1) 求 k;

(2) 求 X 的分布函数;

(3) 若某电子仪器上装有三个这样的电子元件,求该仪器使用 150 h 不需更换这种电子元件的概率;

(4) 已知某个元件已被使用了 120 h 未被损坏,问它能继续使用到 150 h 的概率.

解 (1) $1 = \int_{-\infty}^{+\infty} f(x)\mathrm{d}x = k\int_{100}^{+\infty} \dfrac{1}{x^2}\mathrm{d}x = k\left(-\dfrac{1}{x}\right)\Bigg|_{100}^{+\infty} = \dfrac{k}{100}$, 所以 $k = 100$.

(2) 当 $x < 100$ 时,

$$F(x) = \int_{-\infty}^{x} f(t)\mathrm{d}t = \int_{-\infty}^{x} 0\mathrm{d}x = 0;$$

当 $x \geqslant 100$ 时,

$$\begin{aligned} F(x) &= \int_{-\infty}^{x} f(t)\mathrm{d}t = \int_{-\infty}^{100} 0\mathrm{d}t + \int_{100}^{x} \frac{100}{t^2}\mathrm{d}t \\ &= -\frac{100}{t}\Bigg|_{100}^{x} = 1 - \frac{100}{x}, \end{aligned}$$

所以

$$F(x) = \begin{cases} 1 - \dfrac{100}{x}, & x \geqslant 100, \\ 0, & \text{其他}. \end{cases}$$

(3) 令 $A_i = \{$第 i 个电子元件的寿命大于 150 h$\}$, $i = 1,2,3$, 则 A_1, A_2, A_3 互相独立,且

$$\begin{aligned} P(A_i) &= P\{X > 150\} = 1 - F(150) \\ &= 1 - \left(1 - \frac{100}{150}\right) = \frac{2}{3} \quad (i = 1,2,3), \end{aligned}$$

故所求概率 $= P\left(\bigcap\limits_{i=1}^{3} A_i\right) = [P(A_i)]^3 = \left(\dfrac{2}{3}\right)^3 = \dfrac{8}{27}$.

(4) 令 $A = \{X > 120\}$, $B = \{X > 150\}$, 则 $B \subset A$, $AB = B$, 于是

$$P(A) = P\{X > 120\} = 1 - F(120) = 1 - \left(1 - \frac{100}{120}\right) = \frac{5}{6},$$

$$P(B) = P\{X > 150\} = 1 - F(150) = 1 - \left(1 - \frac{100}{150}\right) = \frac{2}{3},$$

所求概率 $= P(B \mid A) = \dfrac{P(AB)}{P(A)} = \dfrac{P(B)}{P(A)} = \dfrac{2/3}{5/6} = \dfrac{4}{5}$.

小结:分布函数是描述各种类型随机变量取值的统计规律的统一形式. 但对离散型随机变

量，更多的是使用分布律；对连续型随机变量，其取值统计规律往往由概率密度函数来确定.

二、常用连续型分布

(一) 均匀分布

1. 均匀分布的定义

定义 2 若连续型随机变量 X 的概率密度函数为

$$f(x)=\begin{cases}\dfrac{1}{b-a}, & a\leqslant x\leqslant b,\\ 0, & 其他,\end{cases} \tag{6.36}$$

其中 a,b 为常数且 $a<b$，则称随机变量 X 在区间 $[a,b]$ 上服从均匀分布，记作 $X\sim U(a,b)$. 相应的分布函数

$$F(x)=\begin{cases}0, & x\leqslant a,\\ \dfrac{x-a}{b-a}, & a<x\leqslant b,\\ 1, & x>b.\end{cases}$$

$f(x)$ 与 $F(x)$ 的图象分别如图 6－8，图 6－9 所示.

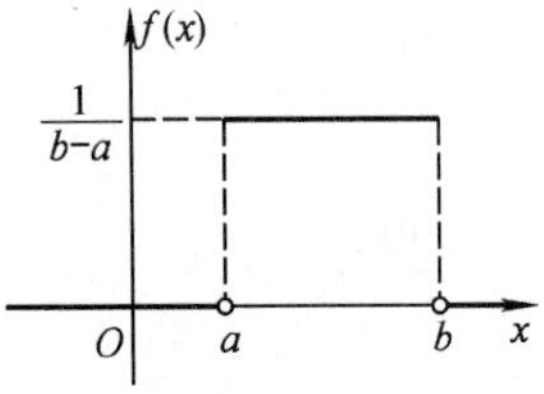

图 6－8

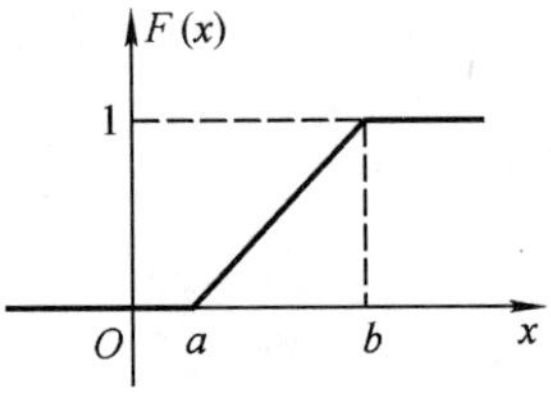

图 6－9

显然有

(1) $f(x)\geqslant 0$；

(2) $\int_{-\infty}^{+\infty}f(x)\mathrm{d}x=\int_a^b\frac{1}{b-a}\mathrm{d}x=1$.

2. 均匀分布的概率意义

设随机变量 $X\sim U(a,b)$，任意子区间 $[c,c+l]\subset[a,b]$，则有下式成立：

$$P\{c\leqslant X\leqslant c+l\}=\int_c^{c+l}f(x)\mathrm{d}x=\int_c^{c+l}\frac{1}{b-a}\mathrm{d}x=\frac{l}{b-a},$$

即 X 值落在 $[a,b]$ 的任意子区间上的概率与该子区间的长度 l 成正比，而与其位置无关. 换言之，若 $[a,b]$ 的各个子区间的长度相等，则 X 值落在各个子区间上的概率相等，这叫做随机变量 X 在 $[a,b]$ 上取值是"等可能"的或"均匀"的.

3. 应用举例

例 3 误差分析中的舍入误差是一个服从均匀分布的随机变量. 由于计算机的字长总是有限的，所以，在使用计算机进行数值计算时，数据都只能保留到小数点后某一位，假设是第 k 位，则小数点后第 $k+1$ 位上的数字应按四舍五入法则进行舍入. 若以 x 表示真值，以 $\hat{x}$ 表示舍入后所得到的近似值，则舍入误差 $X=x-\hat{x}$ 是一个随机变量，我们对它的统计规律暂时一无所知，根据数理统计学上"无知等于平等"的原则，一般假定 X 在区间 $[-0.5\times10^{-k},0.5\times10^{k}]$ 上

的取值是等可能的,即 $X\sim U(-0.5\times10^{-k},0.5\times10^{k})$. 对经过大量运算后的数据进行误差分析就是以此假定为基础的.

例 4 公共汽车站每 10 min 来一辆车. 某乘客不知发车规律,他随机地、等可能地于任意时刻 t 到达车站,求:

(1) 候车时间不超过 $k(0\leqslant k\leqslant10)$(单位: min)的概率;

(2) 候车时间超过 3 min 的概率.

解 (1) 设上一辆车刚刚开走的时刻为 $t=0$,候车时间为 T(单位:min),则 $0\leqslant T\leqslant10$,且乘客到达车站的时刻 $t\in[0,10]$. 由题意,$t\sim U(0,10)$. 从而 $T=10-t$ 也在$[0,10]$上等可能地取值,故

$$T\sim U(0,10).$$

T 的概率密度函数

$$f(t)=\begin{cases}\dfrac{1}{10}, & 0\leqslant t\leqslant10,\\ 0, & \text{其他}.\end{cases}$$

$$\begin{aligned}P\{\text{候车时间不超过 }k\}&=P\{T\leqslant k\}\\&=\int_0^k\frac{1}{10}\mathrm{d}t=\frac{k}{10}\quad(0\leqslant k\leqslant10).\end{aligned}$$

(2) $$\begin{aligned}P\{\text{候车时间超过 3 min}\}&=P\{T>3\}\\&=1-P\{T\leqslant3\}=1-\frac{3}{10}=\frac{7}{10}.\end{aligned}$$

(二) 指数分布

定义 3 设随机变量 X 的概率密度

$$f(x)=\begin{cases}\lambda\mathrm{e}^{-\lambda x}, & x\geqslant0,\\ 0, & x<0,\end{cases}\tag{6.37}$$

其中 λ 是正常数,则称随机变量 X 服从参数为 λ 的指数分布.

相应的分布函数

$$F(x)=\begin{cases}1-\mathrm{e}^{-\lambda x}, & x\geqslant0,\\ 0, & x<0.\end{cases}$$

$f(x)$与 $F(x)$的图象分别如图 6-10,图 6-11 所示.

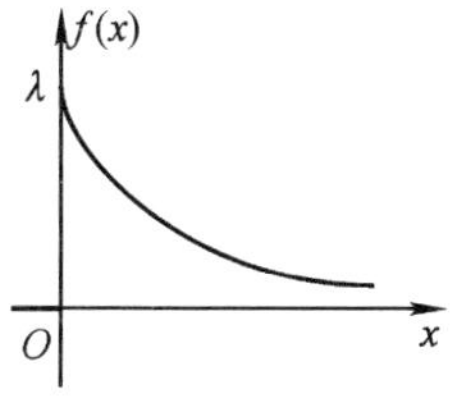

图 6-10

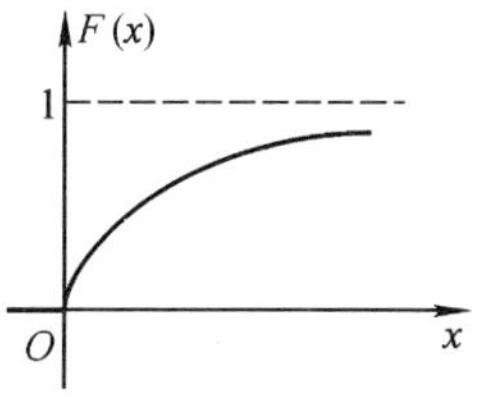

图 6-11

指数分布有重要应用. 例如,电子元件的寿命,动物的寿命,电话的通话时间等等,都可假定服从指数分布. 此外,在可靠性理论和排队论中,也有应用.

例 5 设随机变量 X 服从参数为 λ 的指数分布，$P\{1\leqslant X\leqslant 2\}=\frac{1}{4}$，求 λ 的值.

解 X 的概率密度为

$$f(x)=\begin{cases}\lambda e^{-\lambda x}, & x\geqslant 0,\\ 0, & x<0.\end{cases}$$

$$\frac{1}{4}=P\{1\leqslant X\leqslant 2\}=\int_1^2 f(x)\,dx=\int_1^2\lambda e^{-\lambda x}\,dx$$

$$=-e^{-\lambda x}\Big|_1^2=e^{-\lambda}-e^{-2\lambda},$$

即

$$e^{-2\lambda}-e^{-\lambda}+\frac{1}{4}=0,\quad \left(e^{-\lambda}-\frac{1}{2}\right)^2=0,$$

解之得

$$\lambda=\ln 2.$$

（三）正态分布

正态分布是最重要且最常见的一种连续型分布. 一方面，在工程技术和自然界里广泛地存在着具有这种分布的随机变量. 例如，混凝土的强度，测量误差，产品的直径与长度，人的身高与体重，材料的疲劳应力等等，都服从或近似服从正态分布. 一般地，若某一随机变量是很多随机因素共同影响的结果，而每个随机因素所起的作用都不太大，谁也不起主导作用，则这个随机变量服从正态分布. 另一方面，正态分布还可作为许多其他分布的近似分布，这一点无论在理论研究还是实际应用中都有重要意义. 为了得到描述这类随机现象的数学模型，德国数学家、物理学家高斯(Gauss, K.F.,1777—1855)在研究测量的随机误差时，在一些适当而合理的假设下，推导出了这类随机变量的概率密度函数的解析表达式.

1. 正态分布的定义

定义 4 若随机变量 X 的概率分布密度函数为

$$f(x)=\frac{1}{\sigma\sqrt{2\pi}}e^{-\frac{(x-\mu)^2}{2\sigma^2}},\quad -\infty<x<+\infty,\tag{6.38}$$

其中 μ 和 σ 是常数且 $\sigma>0$，则称 X 服从参数为 μ,σ 的正态分布，记作 $X\sim N(\mu,\sigma^2)$，又称 X 为正态随机变量.

X 的分布函数为

$$F(x)=\frac{1}{\sigma\sqrt{2\pi}}\int_{-\infty}^{x}e^{-\frac{(t-\mu)^2}{2\sigma^2}}\,dt,\quad -\infty<x<+\infty.\tag{6.39}$$

特别当 $\mu=0,\sigma=1$ 时，称 X 服从标准正态分布，记作 $X\sim N(0,1)$. 它的概率密度和分布函数分别用特定记号 $\varphi(x)$ 和 $\Phi(x)$ 表示，即

$$\varphi(x)=\frac{1}{\sqrt{2\pi}}e^{-x^2/2},\quad -\infty<x<+\infty,\tag{6.40}$$

$$\Phi(x)=\frac{1}{\sqrt{2\pi}}\int_{-\infty}^{x}e^{-t^2/2}\,dt,\quad -\infty<x<+\infty.$$

显然，$\varphi(x)>0$；可以证明 $\int_{-\infty}^{+\infty}\varphi(x)\,dx=1$.

2. 正态分布的图象

设随机变量 $X\sim N(\mu,\sigma^2)$，概率密度为 $f(x)$，分布函数为 $F(x)$. 利用 $f'(x)$ 和 $f''(x)$ 不难

得到下述结论：

(1) 曲线 $y=f(x)$关于直线 $x=\mu$ 对称. 在 $x=\mu$ 处, $f(x)$取得最大值$\dfrac{1}{\sigma\sqrt{2\pi}}$,图象是两边低,中间高的钟形曲线. 因此,当$|b-a|$不变时,$[a,b]$的位置(指中点位置)越靠近 μ,则概率 $P\{a\leqslant X\leqslant b\}$越大;反之越小. 所以,$\mu$ 反映了随机变量 X 取值的集中位置. 又当 σ 不变而仅仅改变 μ 的大小时,图象仅沿 x 轴作左右平移,形状却不改变,所以称 μ 为位置参数,如图 6－12 所示.

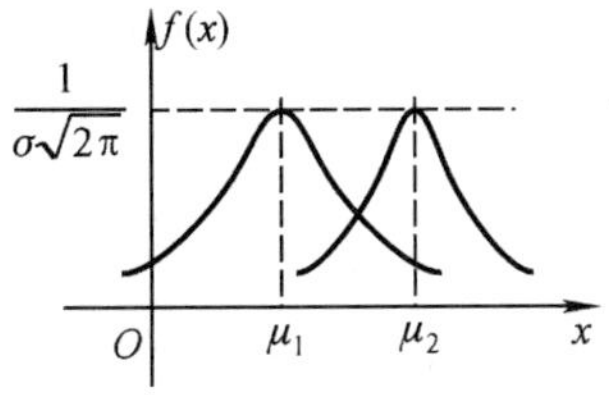

图 6－12

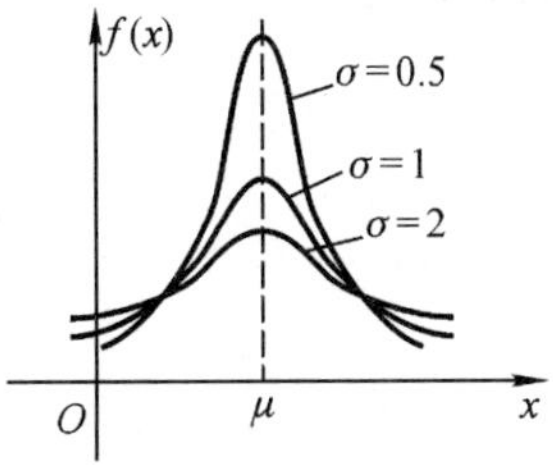

图 6－13

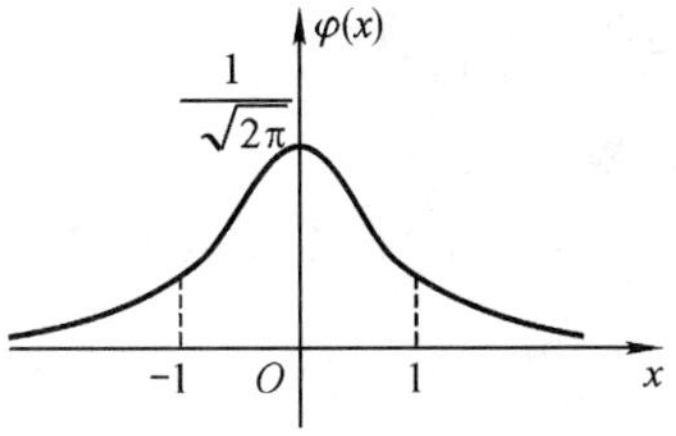

图 6－14

(2) 曲线 $y=f(x)$在 $x=\mu\pm\sigma$ 处有拐点,x 轴是水平渐近线. 如果 μ 不变,仅改变 σ 的大小,则曲线的位置不变而形状发生变化. σ 愈小,$f_{\max}=f(\mu)=\dfrac{1}{\sigma\sqrt{2\pi}}$就愈大,曲线显得愈陡峭,$X$ 值在 $x=\mu$ 附近的集中程度就愈高;反之,曲线的峰值就越低,曲线显得越平缓,X 取值也就越分散,或者说 X 取值的离散程度越高. 所以,称 σ 为形状参数,如图 6－13 所示.

当 $X\sim N(0,1)$时,$\varphi(x)$的图象如图 6－14 所示.

分布函数 $F(x)$与 $\Phi(x)$的图象是一条 S 形曲线,如图 6－15,图 6－16 所示.

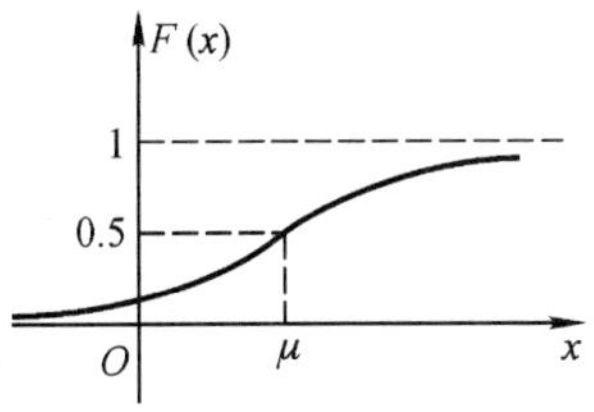

图 6－15

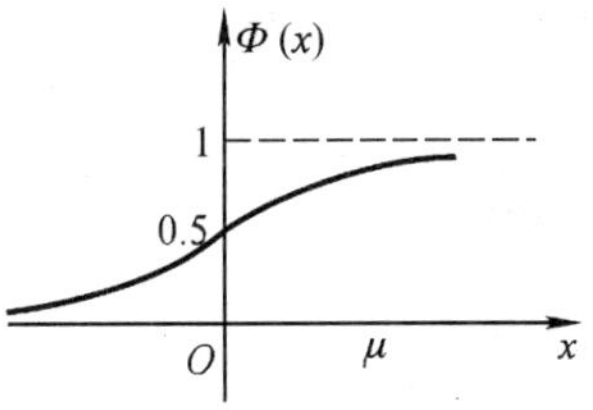

图 6－16

3. 正态分布的计算

(1) 标准正态分布的计算

设随机变量 $X\sim N(0,1)$,由分布函数的性质立得

$$
\begin{aligned}
P\{a<X<b\} &= P\{a\leqslant X\leqslant b\}\\
&= P\{a\leqslant X<b\}\\
&= P\{a<X\leqslant b\}\\
&= \Phi(b)-\Phi(a),
\end{aligned}
\tag{6.41}
$$

其他类型的概率都可转化成(6.41)计算,而 $\Phi(x)$的值有表(见附表 1)可查,但要注意两点：

① $\Phi(x)$值表中的 $x\geqslant 0$. 这意味着负值的函数值可以转化成正值的函数值. 事实上,根据

分布函数的定义并利用曲线 $y=\varphi(x)$的对称性(见图 6－17),很快就可以得到关系式 $\Phi(x)+\Phi(-x)=1$,从而有

$$\Phi(-x)=1-\Phi(x). \tag{6.42}$$

利用(6.41),(6.42)式和 $\Phi(x)$值表就可以求出任何概率值.

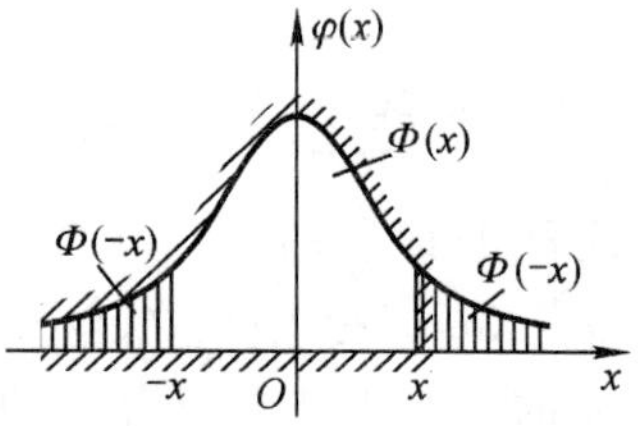

图 6－17

② $\Phi(x)$值表中,x 的取值范围是 $0\leqslant x\leqslant 3.09$. 这表示,对于 $x\geqslant 3.09$,$\Phi(x)$的值都可以认为等于 1,因而不必列出.

例 6 设随机变量 $X\sim N(0,1)$,求 $P\{1<X<2\}$,$P\{X>2.25\}$,$P\{|X|<3\}$.

解

$$\begin{aligned}P\{1<X<2\}&=\Phi(2)-\Phi(1)=0.977\,3-0.841\,3\\&=0.136\,0,\\P\{X>2.25\}&=P\{2.25<X<+\infty\}=\Phi(+\infty)-\Phi(2.25)\\&=1-0.987\,8=0.012\,2,\\P\{|X|<3\}&=P\{-3<X<3\}=\Phi(3)-\Phi(-3)\\&=\Phi(3)-[1-\Phi(3)]=2\Phi(3)-1\\&=2\times0.998\,7-1=0.997\,4.\end{aligned}$$

(2) 一般正态分布的计算

设随机变量 $X\sim N(\mu,\sigma^2)$,分布函数为 $F(x)$,求 $P\{a<X<b\}$,其中 $a\geqslant-\infty$,$b\leqslant+\infty$. 显然,$P\{a<X<b\}=F(b)-F(a)$,但 $F(x)$无表可查,必须先转化成 $\Phi(x)$值后再查表.

$$\begin{aligned}F(x)&=\frac{1}{\sigma\sqrt{2\pi}}\int_{-\infty}^{x}\mathrm{e}^{-\frac{(t-\mu)^2}{2\sigma^2}}\mathrm{d}t\xlongequal{\text{令}\frac{t-\mu}{\sigma}=u}\frac{1}{\sqrt{2\pi}}\int_{-\infty}^{\frac{x-\mu}{\sigma}}\mathrm{e}^{-\frac{u^2}{2}}\mathrm{d}u\\&=\Phi\left(\frac{x-\mu}{\sigma}\right)\end{aligned}$$

所以,

$$F(x)=\Phi\left(\frac{x-\mu}{\sigma}\right). \tag{6.43}$$

利用(6.35)、(6.43)、(6.42)三式及 $\Phi(x)$值表就可以算出概率$P\{a<X<b\}$. 但要注意:先运用(6.43)式,后运用(6.42)式,次序不可颠倒.

例 7 设随机变量 $X\sim N(1,4)$,求 $P\{X<-1\}$,$P\{-2<X<5\}$,$P\{|X|<1\}$,$P\{|X|>1\}$.

解 $\mu=1,\sigma=2$

$$\begin{aligned}P\{X<-1\}&=F(-1)=\Phi\left(\frac{-1-1}{2}\right)\\&=\Phi(-1)=1-\Phi(1)\\&=1-0.841\,3=0.158\,7,\\P\{-2<X<5\}&=\Phi\left(\frac{5-1}{2}\right)-\Phi\left(\frac{-2-1}{2}\right)\\&=\Phi(2)-\Phi(-1.5)\\&=\Phi(2)+\Phi(1.5)-1\\&=0.977\,2+0.933\,2-1\end{aligned}$$

$$
\begin{aligned}
&= 0.9104, \\
P\{|X|<1\} &= P\{-1<X<1\} \\
&= \Phi\left(\frac{1-1}{2}\right)-\Phi\left(\frac{-1-1}{2}\right) \\
&= \Phi(0)-\Phi(-1)=\Phi(0)+\Phi(1)-1 \\
&= 0.5+0.8413-1=0.3413, \\
P\{|X|>1\} &= 1-P\{|X|\leqslant 1\} \\
&= 1-0.3413=0.6587.
\end{aligned}
$$

例 8 设随机变量 $X \sim N(\mu,\sigma^2)$,求

(1) $P\{|X-\mu|<\sigma\}$;(2) $P\{|X-\mu|<2\sigma\}$;(3) $P\{|X-\mu|<3\sigma\}$.

解 (1) $P\{|X-\mu|<\sigma\}=P\{\mu-\sigma<X<\mu+\sigma\}$

$=F(\mu+\sigma)-F(\mu-\sigma)$

$=\Phi\left(\frac{\mu+\sigma-\mu}{\sigma}\right)-\Phi\left(\frac{\mu-\sigma-\mu}{\sigma}\right)=\Phi(1)-\Phi(-1)$

$=2\Phi(1)-1=2\times 0.8413-1=0.6826$;

(2) $P\{|X-\mu|<2\sigma\}=P\{\mu-2\sigma<X<\mu+2\sigma\}$

$=\Phi\left(\frac{\mu+2\sigma-\mu}{\sigma}\right)-\Phi\left(\frac{\mu-2\sigma-\mu}{\sigma}\right)=\Phi(2)-\Phi(-2)$

$=2\Phi(2)-1=2\times 0.9772-1=0.9544$;

(3) $P\{|X-\mu|<3\sigma\}=P\{\mu-3\sigma<X<\mu+3\sigma\}$

$=\Phi(3)-\Phi(-3)$

$=2\Phi(3)-1=2\times 0.9987-1=0.9974$.

上式表明,若随机变量 $X \sim N(\mu,\sigma^2)$,则 X 的值以概率99.74%落在区间$[\mu-3\sigma,\mu+3\sigma]$之内,而只有 2.6‰例外. 或者粗略地说,$X$ 的值几乎全部落在区间$[\mu-3\sigma,\mu+3\sigma]$之内. 在统计学上,称这一结论为“**3σ 原则**”,其几何意义如图 6-18 所示.

正态分布有广泛的应用.

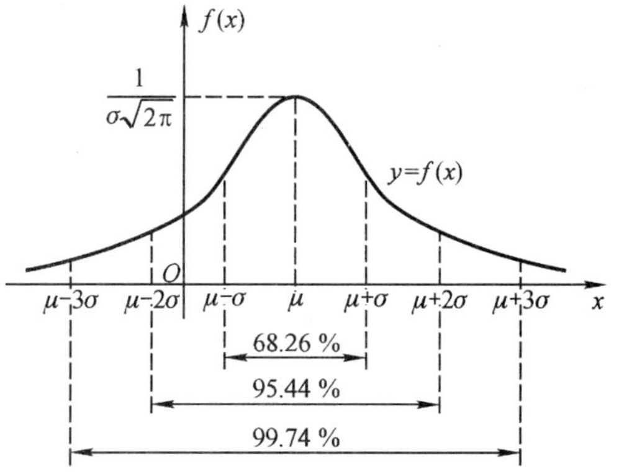

图 6-18

例 9 从南郊某地乘汽车前往北区火车站搭乘火车，有两条路线可走．第一条路线穿过市区，路程较短，但交通拥挤，易发生堵车，所需乘车时间(分钟，下同) $t\sim N(50,100)$；第二条路线是沿环城公路走，路程较长，但交通阻塞较少，所需时间 $t\sim N(60,16)$．

(1) 假设离火车开车时刻尚有 70 分钟，应走哪条路线？

(2) 假设离火车开车时刻只有 65 分钟，应走哪条路线？

(3) 求出一个临界时间 τ_0，使当离火车开车时刻所剩的时间 $\tau>\tau_0$ 时，应走第二条路线，而当 $\tau<\tau_0$ 时，应走第一条路线．

解 显然，所走的路线应使得在所剩时间 τ 内及时赶到火车站的概率较大．

(1) $P\{\text{走第一条路线及时赶到火车站}\}=P\{t\leqslant 70\}=\Phi\left(\dfrac{70-50}{10}\right)=0.977\,2,$

$$P\{\text{走第二条路线及时赶到火车站}\}=P\{t\leqslant 70\}=\Phi\left(\frac{70-60}{4}\right)=\Phi(2.5)$$
$$=0.993\,8>0.977\,2,$$

所以，此种情况下应走第二条路线．

(2) $P\{\text{走第一条路线及时赶到火车站}\}=P\{t\leqslant 65\}=\Phi\left(\dfrac{65-50}{10}\right)=\Phi(1.5)=0.933\,2,$

$$P\{\text{走第二条路线及时赶到火车站}\}=P\{t\leqslant 65\}=\Phi\left(\frac{65-60}{4}\right)$$
$$=\Phi(1.25)=0.894\,4<0.933\,2,$$

所以，此种情况下应走第一条路线．

(3) 假设离火车开车时刻所剩时间为 τ_0 分，则

$$P\{\text{走第一条路线及时赶到火车站}\}=P\{t\leqslant \tau_0\}=\Phi\left(\frac{\tau_0-50}{10}\right),$$

$$P\{\text{走第二条路线及时赶到火车站}\}=P\{t\leqslant \tau_0\}=\Phi\left(\frac{\tau_0-60}{4}\right),$$

令
$$\Phi\left(\frac{\tau_0-50}{10}\right)=\Phi\left(\frac{\tau_0-60}{4}\right),$$

由 $\Phi(x)$之严格单调性得

$$\frac{\tau_0-50}{10}=\frac{\tau_0-60}{4},$$

解之得 $\tau_0=66\dfrac{2}{3}$(分)，即当离火车开车时刻所剩时间等于 $66\dfrac{2}{3}$分时，走任何一条路线，效果都一样．

令$\dfrac{\tau_0-50}{10}>\dfrac{\tau_0-60}{4}$，解之得 $\tau_0<66\dfrac{2}{3}$，即当离火车开车时刻所剩的时间$<66\dfrac{2}{3}$分钟时，应走第一条路线．同理，当离火车开车时刻所剩时间$>66\dfrac{2}{3}$分钟时，应走第二条路线．故所求之临界时间 $\tau_0=66\dfrac{2}{3}$分钟．

例 10 假设某地的年降雨量 $X\sim N(700,100^2)$(单位：mm)，求

(1) 年降雨量小于 400 mm 的概率；

(2) 年降雨量超过 1 000 mm 的概率；

(3) 年降雨量与 700 mm 相差在 50 mm 以内的概率；

(4) 若年降雨量超过 x_0 mm 的概率仅为它不超过 x_0 mm 的概率的 $\frac{1}{3}$，求 x_0 的值.

解 $\mu = 700$ mm，$\sigma = 100$ mm.

(1) $P\{$年降雨量小于 400 mm$\}$

$$= P\{X < 400\}$$

$$= \Phi\left(\frac{400-700}{100}\right)$$

$$= \Phi(-3)$$

$$= 1 - \Phi(3) \xlongequal{\text{查表}} 1 - 0.998\,7$$

$$= 0.001\,3.$$

(2) $P\{$年降雨量超过 1 000 mm$\}$

$$= P\{X > 1\,000\}$$

$$= 1 - \Phi\left(\frac{1\,000-700}{100}\right)$$

$$= 1 - \Phi(3)$$

$$= 0.001\,3.$$

(3) 所求概率 $= P\{|X-700| < 50\} = P\{650 < X < 750\}$

$$= \Phi\left(\frac{750-700}{100}\right) - \Phi\left(\frac{650-700}{100}\right) = \Phi(0.5) - \Phi(-0.5)$$

$$= 2\Phi(0.5) - 1 \xlongequal{\text{查表}} 2 \times 0.691\,5 - 1 = 0.383\,0.$$

(4) 由题意得
$$P\{X > x_0\} = \frac{1}{3} P\{X \leqslant x_0\}$$

$$1 - P\{X \leqslant x_0\} = \frac{1}{3} P\{X \leqslant x_0\},$$

$$P\{X \leqslant x_0\} = 0.75,$$

即 $\Phi\left(\frac{x_0 - 700}{100}\right) = 0.75$，反查 $\Phi(x)$ 值表得

$$\frac{x_0 - 700}{100} = 0.674\,5,$$

所以
$$x_0 = 767.45 (\text{mm}).$$

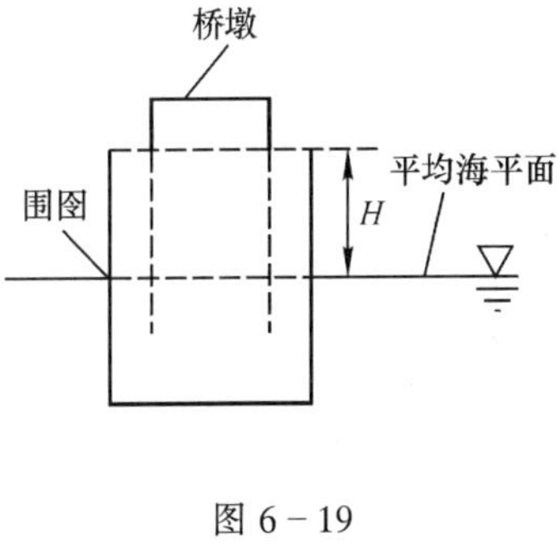

图 6－19

例 11 在大陆和某小岛之间修建一座跨海大桥，需在桥墩位置的外围先修建一座围图，以使桥墩能在干燥的条件下施工(见图 6－19). 围图的高度应使现场在施工期间有 95% 的可靠度不被水浪漫淹. 假设平均海平面以上的月最大浪高 $X \sim$

$N(5,2^2)$(单位:m),且每个月的海平面以上的最大浪高独立同分布. 如果施工期为 4 个月,则围图的设计高度(即超过平均海平面的高度)应是多少?

解 设围图的设计高度为 H(m),第 i 个月的最大浪高为X_i(m);则 $X_i \sim N(5,2^2)$, $i=1,2,3,4$.

由题意得方程

$$P\left\{\bigcap_{i=1}^{4}\{X_i < H\}\right\} = 0.95,$$

因为 X_1,X_2,X_3,X_4 独立同分布,所以

$$\text{左边} = \prod_{i=1}^{4} P\{X_i<H\} = [P\{X_i<H\}]^4,$$

于是

$$[P\{X_i < H\}]^4 = 0.95,$$

$$P\{X_i < H\} = \sqrt[4]{0.95},$$

即

$$\Phi\left(\frac{H-5}{2}\right) = 0.987\,3,$$

反查 $\Phi(x)$值表得

$$\frac{H-5}{2} \approx 2.237,$$

故

$$H \approx 9.474 \text{ m} \approx 9.48 \text{ m}.$$

即施工期为四个月时,围图的设计高度应为超过平均海平面约9.48米.

(3) 标准正态分布的 α 分位点的求法

由于数理统计的需要,下面介绍标准正态分布的 α 分位点的概念及其求法.

① 上 α 分位点 U_α.

定义 5 设随机变量 $X\sim N(0,1)$. 若数 U_α 满足

$$P\{X > U_\alpha\} = \alpha, \quad 0 < \alpha < 1,$$

则称数 U_α 为标准正态分布的上 α 分位点或上侧临界值.

U_α 的求法:先求 U_α 的函数值 $\Phi(U_\alpha)$,然后反查 $\Phi(x)$值表即得.

因为 $X\sim N(0,1)$,由上 α 分位点的定义有

$$P\{X > U_\alpha\} = \alpha,$$

故 $\Phi(U_\alpha) = P\{X \leqslant U_\alpha\} = 1 - P\{X > U_\alpha\} = 1 - \alpha$,

反查 $\Phi(x)$值表即得 U_α 的值. 图 6-20 是上述定义和计算的几何体现.

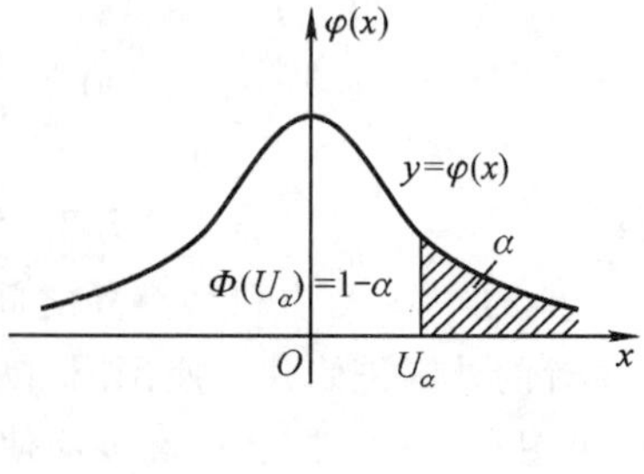

图 6-20

例 12 查表求 U_α:(1) $\alpha=0.05$;(2) $\alpha=0.01$.

解 由 U_α 定义有$\Phi(U_\alpha)=1-\alpha$.

(1) $\Phi(U_{0.05})=1-0.05=0.95$,由 0.95 反查 $\Phi(x)$值表立得 $U_{0.05}=\dfrac{1.64+1.65}{2}=1.645$.

(2) $\Phi(U_{0.01})=1-0.01=0.99$,用 0.99 反查 $\Phi(x)$值表可得

$$U_{0.01}=2.32+\frac{2.33-2.32}{0.9901-0.9898}\times 0.0002\approx 2.327.$$

② 双侧 α 分位点

定义 6 设随机变量 $X\sim N(0,1)$,数 $U_{\frac{\alpha}{2}}$满足

$$P\left\{|X|>U_{\frac{\alpha}{2}}\right\}=\alpha,0<\alpha<1,$$

则称数 $U_{\frac{\alpha}{2}}$为标准正态分布的双侧 α 分位点或双侧临界值,简称为双 α 点,其几何意义如图 6-21 所示.

由定义知,$U_{\frac{\alpha}{2}}$就是标准正态分布的上$\frac{\alpha}{2}$分位点,所以求 $U_{\frac{\alpha}{2}}$通常化归成求上$\frac{\alpha}{2}$分位点. 即 $\Phi\left(U_{\frac{\alpha}{2}}\right)=1-\frac{\alpha}{2}$然后由 $1-\frac{\alpha}{2}$值反查 $\Phi(x)$值表即得.

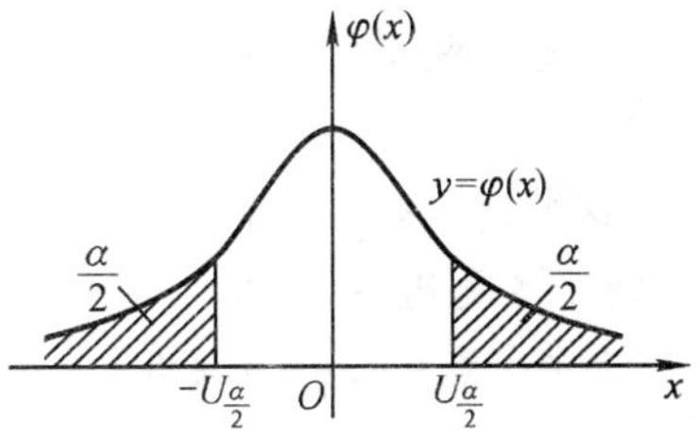

图 6-21

例 13 查表求 $U_{\frac{\alpha}{2}}$:(1) $\alpha=0.05$;(2) $\alpha=0.01$.

解 $\Phi\left(U_{\frac{\alpha}{2}}\right)=1-\frac{\alpha}{2}$.

(1) $\Phi\left(U_{\frac{0.05}{2}}\right)=1-\frac{0.05}{2}=0.975$,由 0.975 反查 $\Phi(x)$值表得 $U_{\frac{0.05}{2}}=1.96$;

(2) $\Phi\left(U_{\frac{0.01}{2}}\right)=\Phi(U_{0.005})=1-0.005=0.975$,反查 $\Phi(x)$值表得 $U_{\frac{0.01}{2}}=\frac{2.57+2.58}{2}=2.575$.

上述例题中的四个临界值,在实际工作中经常用到.

第五节 二维随机变量与随机变量的函数

一、二维随机变量及其概率分布

(一) n 维随机变量概念

许多随机试验中,试验结果需要用多个随机变量的数值来表示. 例如,研究某种新型钢材的机械性能,需同时考察它的强度(随机变量 X)和硬度(随机变量 Y),即需要把二者看成一个整体(X,Y). 又如,研究水泥在凝固时的放热情况,需同时考察水泥的四种化学成分的随机含量:

X_1:铝酸三钙,X_2:硅酸三钙,

X_3:硅酸二钙,X_4:铁铝硅四钙,

即把它们看作一个整体(X_1,X_2,X_3,X_4).

一般地,如果一个随机试验的结果要用多个随机变量来表示,而这些随机变量之间又存在某种联系,则必须把它们当作一个整体来看待,这个整体就是一个随机向量.

定义 1 称定义在同一样本空间上的随机变量 $X_1,X_2,\cdots,X_n$ 的整体 $X=(X_1,X_2,\cdots,X_n)$

为一个 n 维随机变量或 n 维随机向量. $X_1, X_2, \cdots, X_n$ 叫作随机向量 X 的分量.

例如,材料的机械性能(X, Y)是一个二维随机变量,水泥的化学成分(X_1, X_2, X_3, X_4)是一个四维随机变量,而一维随机变(向)量就叫随机变量.

(二) 二维随机变量及其分布函数

定义 2 设(X, Y)是一个二维随机变量,称函数

$$F(x, y) = P\{X \leqslant x, Y \leqslant y\},$$
$$-\infty < x < +\infty, -\infty < y < +\infty, \tag{6.44}$$

为二维随机变量(X, Y)的分布函数或联合分布函数. 有时也称为随机变量 X 和 Y 的联合分布函数.

这里,$P\{X \leqslant x, Y \leqslant y\} = P\{\{X \leqslant x\} \cap \{Y \leqslant y\}\}$是事件积的概率. 分布函数的几何意义为:将二维随机变量(X, Y)看作 xOy 平面内的一个随机点的坐标,则 $F(x, y)$表示该点落在图 6-22 中以点(x, y)为顶点而位于该顶点左下方的无穷矩形区域内的概率.

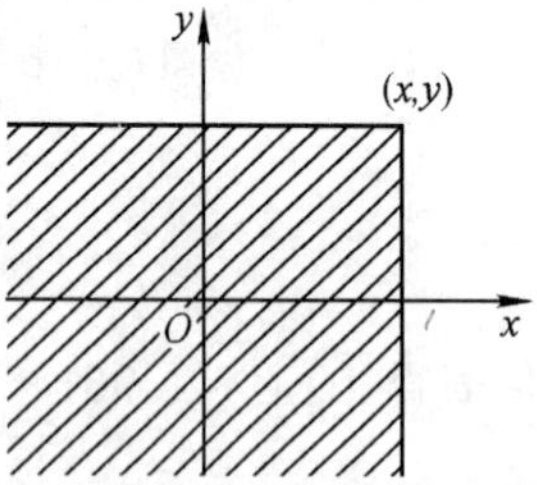

图 6-22

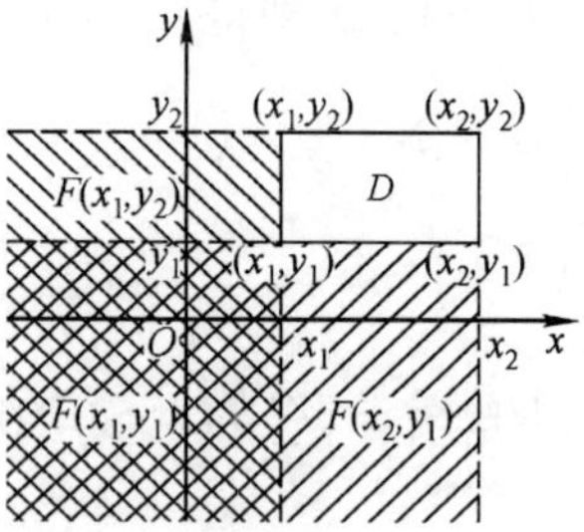

图 6-23

进而可以将随机点(X, Y)落在任意矩形区域 $D = \left\{(x, y) \,\middle|\, \begin{matrix} x_1 \leqslant x \leqslant x_2 \\ y_1 \leqslant y \leqslant y_2 \end{matrix}\right\}$内的概率用分布函数表示:

$$\begin{aligned} &P\{x_1 \leqslant X \leqslant x_2,\ y_1 \leqslant Y \leqslant y_2\} \\ &= F(x_2, y_2) - F(x_2, y_1) - F(x_1, y_2) + F(x_1, y_1) \end{aligned} \tag{6.45}$$

其几何意义见图 6-23.

定义 3 设(X, Y)为二维随机变量,联合分布函数为 $F(x, y)$, X 和 Y 的分布函数分别为 $F_X(x)$与 $F_Y(y)$. 则称 $F_X(x)$为(X, Y)关于 X 的边缘分布函数,称 $F_Y(y)$为(X, Y)关于 Y 的边缘分布函数.

显然,边缘分布函数可由联合分布函数来确定. 例如,

$$\begin{aligned} F_X(x) &= P\{X \leqslant x\} = P\{\{X \leqslant x\} \cap \Omega\} \\ &= P\{X \leqslant x, Y < +\infty\} \\ &= \lim_{y \to +\infty} P\{X \leqslant x,\ Y \leqslant y\} \\ &\xlongequal{\text{def}} F(x,\ +\infty). \end{aligned}$$

同理, $F_Y(y) = F(+\infty, y)$.

分布函数 $F(x, y)$有如下性质:

(1) $F(x, y)$是 x 或 y 的单调不减函数;

(2) $0 \leqslant F(x,y) \leqslant 1$,且对任意固定的 y 有 $F(-\infty,y)=0$;对任意固定的 x 有 $F(x,-\infty)=0$;$F(-\infty,-\infty)=F(-\infty,+\infty)=0$, $F(+\infty,+\infty)=1$;

(3) $F(x,y)$关于 x 或 y 右连续,即

$$F(x,y)=F(x+0,y)=F(x,y+0);$$

(4) 对 $\forall (x_1,y_1),(x_2,y_2), x_1<x_2, y_1<y_2$,有

$$F(x_2,y_2)-F(x_2,y_1)-F(x_1,y_2)+F(x_1,y_1) \geqslant 0.$$

(三) 二维离散型随机变量及其分布律

定义 4 若随机变量 $\xi=(X,Y)$只能取有限对或可列无穷多对值,则称它为离散型二维随机变量. 设 $\xi=(X,Y)$的所有可能值为(x_i,y_j) $(i=1,2,\cdots,n_1,\ j=1,2,\cdots,n_2;\ 1\leqslant n_1\leqslant+\infty,\ 1\leqslant n_2\leqslant+\infty)$,

$$P\{X=x_i,\ Y=y_j\}=p_{ij}$$
$$\left(\begin{array}{ll} i=1,2,\cdots,n_1, & j=1,2,\cdots,n_2 \\ 1\leqslant n_1\leqslant+\infty, & 1\leqslant n_2\leqslant+\infty \end{array}\right), \tag{6.46}$$

其中 $0\leqslant p_{ij}\leqslant 1$ 且 $\sum_{i=1}^{n_1}\sum_{j=1}^{n_2} p_{ij}=1$,则称(6.46)式为二维随机变量 $\xi=(X,Y)$的概率分布或分布律,也称为 X 和 Y 的联合分布律.

联合分布律也可以表格形式给出,见表 6-1. 表中 $n_1=+\infty$, $n_2=+\infty$,且

$$p_{i\cdot}=\sum_{j=1}^{\infty} p_{ij}=P\{X=x_i\},$$

$$p_{\cdot j}=\sum_{i=1}^{\infty} p_{ij}=P\{Y=y_j\},$$

随机变量 X 的分布律为

$$P\{X=x_i\}=p_{i\cdot}\quad (i=1,2,\cdots). \tag{6.47}$$

随机变量 Y 的分布律为

$$P\{Y=y_j\}=p_{\cdot j}\quad (j=1,2,\cdots). \tag{6.48}$$

表 6-1

p_{ij} \ Y / X	y_1	y_2	$\cdots$	y_j	$\cdots$	$p_{i\cdot}$
x_1	p_{11}	p_{12}	$\cdots$	p_{1j}	$\cdots$	$p_{1\cdot}$
x_2	p_{21}	p_{22}	$\cdots$	p_{2j}	$\cdots$	$p_{2\cdot}$
$\cdots$	$\cdots$	$\cdots$	$\cdots$	$\cdots$	$\cdots$	$\cdots$
x_i	p_{i1}	p_{i2}	$\cdots$	p_{ij}	$\cdots$	$p_{i\cdot}$
$\cdots$	$\cdots$	$\cdots$	$\cdots$	$\cdots$	$\cdots$	$\cdots$
$p_{\cdot j}$	$p_{\cdot 1}$	$p_{\cdot 2}$	$\cdots$	$p_{\cdot j}$	$\cdots$	1

表的中间部分是 X 与 Y 的联合概率分布,而 $p_{i\cdot}$与 $p_{\cdot j}$分别排在表的最右边一列和最下边一行,

即位处表的边缘部分，所以(6.47)式和(6.48)式分别称为二维随机变量(X,Y)关于X与Y的**边缘概率分布或边缘分布律**，它们是由联合概率分布经同一行或同一列的求和运算而得出来的.

二维离散型随机变量(X,Y)的分布函数为：

$$F(x,y)=P\{X\leqslant x,Y\leqslant y\}=\sum_{x_i\leqslant x}\sum_{y_j\leqslant y}P\{X=x_i,\ Y=y_j\}$$

$$=\sum_{x_i\leqslant x}\sum_{y_j\leqslant y}p_{ij},$$

式中和式是对所有满足$x_i\leqslant x$的i及$y_j\leqslant y$的j求和.

下面举例说明怎样求联合概率分布与边缘分布.

例 1 袋中有 2 只白球和 3 只黑球. 进行有放回抽球，并定义下列随机变量

$$X=\begin{cases}1, & \text{第一次抽得白球,}\\ 0, & \text{第一次抽得黑球;}\end{cases}$$

$$Y=\begin{cases}1, & \text{第二次抽得白球,}\\ 0, & \text{第二次抽得黑球.}\end{cases}$$

求二维随机变量(X,Y)的联合概率分布与边缘概率分布.

解 (X,Y)的可能值为：$(0,0)$，$(0,1)$，$(1,0)$，$(1,1)$.

$$P\{X=0,Y=0\}=\frac{3}{5}\cdot\frac{3}{5},\ P\{X=0,Y=1\}=\frac{3}{5}\cdot\frac{2}{5},$$

$$P\{X=1,Y=0\}=\frac{2}{5}\cdot\frac{3}{5},\ P\{X=1,Y=1\}=\frac{2}{5}\cdot\frac{2}{5},$$

联合概率分布与边缘概率分布列表表示如下：

p_{ij} \ Y / X	0	1	$p_{i\cdot}=P\{X=x_i\}$
0	$\frac{3}{5}\cdot\frac{3}{5}$	$\frac{3}{5}\cdot\frac{2}{5}$	$\frac{3}{5}$
1	$\frac{2}{5}\cdot\frac{3}{5}$	$\frac{2}{5}\cdot\frac{2}{5}$	$\frac{2}{5}$
$p_{\cdot j}=P\{Y=y_j\}$	$\frac{3}{5}$	$\frac{2}{5}$	

表中，边缘分布由联合分布经同一行或同一列的求和运算而得到. 所以，联合分布完全确定了边缘分布. 请读者思考：边缘分布是否也能完全确定联合分布？（提示：在例 1 中考虑无放回抽球）.

（四）二维连续型随机变量及其概率密度

定义 5 设随机变量X和Y的联合分布函数为$F(x,y)$，若存在非负可积函数$f(x,y)$，使对任意实数x,y，有

$$F(x,y)=\int_{-\infty}^{y}\int_{-\infty}^{x}f(u,v)\mathrm{d}u\mathrm{d}v, \tag{6.49}$$

则称$\xi=(X,Y)$是二维连续型随机变量，$f(x,y)$叫做(X,Y)的概率密度函数（简称概率密度），又称为二维随机变量$\xi=(X,Y)$或随机变量X与Y的联合概率密度函数，简称联合概率密度.

由于边缘分布函数

$$F_X(x) = F(x, +\infty) = \int_{-\infty}^{x}\int_{-\infty}^{+\infty} f(u,v)\mathrm{d}u\mathrm{d}v$$
$$= \int_{-\infty}^{x}\left[\int_{-\infty}^{+\infty} f(u,v)\mathrm{d}v\right]\mathrm{d}u,$$

所以,X 是一个连续型随机变量,其概率密度

$$f_X(x) = \int_{-\infty}^{+\infty} f(x,y)\mathrm{d}y. \tag{6.50}$$

同理,Y 也是一个连续型随机变量,它的概率密度为

$$f_Y(y) = \int_{-\infty}^{+\infty} f(x,y)\mathrm{d}x. \tag{6.51}$$

我们分别称 $f_X(x)$和 $f_Y(y)$为二维连续型随机变量 $\xi=(X,Y)$关于 X,Y 的边缘概率密度.

联合概率密度 $f(x,y)$有如下性质.

① $f(x,y) \geqslant 0$; (6.52)

② $\int_{-\infty}^{+\infty}\int_{-\infty}^{+\infty} f(x,y)\mathrm{d}x\mathrm{d}y = 1$; (6.53)

③ 若 $f(x,y)$在点(x,y)连续,则

$$\frac{\partial^2 F(x,y)}{\partial x \partial y} = f(x,y); \tag{6.54}$$

④ 设 D 为 xOy 平面内的任意一个区域,则随机点(X,Y)落在 D 内的概率为

$$P\{(X,Y) \in D\} = \iint_D f(x,y)\mathrm{d}x\mathrm{d}y. \tag{6.55}$$

(6.55)式有明显的几何意义:$P\{(X,Y)\in D\}$的值等于以 D 为底,以曲面 $Z=f(x,y)$为顶面的曲顶柱体的体积. 或者把 $f(x,y)$看作一块占有区域 D 的平面薄片的质量面密度,则 $P\{(X,Y) \in D\}$就是这块平面薄片的质量,这就是 $f(x,y)$的物理意义.

例 2 已知二维连续型随机变量 $\xi=(X,Y)$的概率密度为

$$f(x,y)=\begin{cases} A\mathrm{e}^{-(3x+4y)}, & x>0, y>0, \\ 0, & \text{其他}, \end{cases}$$

求:(1) 常数 A; (2) $\xi=(X,Y)$的联合分布函数;

(3) $P\{0\leqslant X\leqslant 1,\ 0\leqslant Y\leqslant 1-X\}$; (4) (X,Y)的边缘分布密度.

解 (1) 由概率密度性质((6.53)式)有

$$1 = \int_{-\infty}^{+\infty}\int_{-\infty}^{+\infty} f(x,y)\mathrm{d}x\mathrm{d}y$$
$$= A\int_{0}^{+\infty} \mathrm{e}^{-3x}\mathrm{d}x\int_{0}^{+\infty} \mathrm{e}^{-4y}\mathrm{d}y$$
$$= A\left(-\frac{1}{3}\mathrm{e}^{-3x}\right)\Big|_0^{+\infty} \cdot \left(-\frac{1}{4}\mathrm{e}^{-4y}\right)\Big|_0^{+\infty}$$
$$= \frac{A}{12},$$

所以 $A=12$.

(2) 由概率密度定义((6.49)式),

$$F(x,y)=\int_{-\infty}^{x}\int_{-\infty}^{y}f(x,y)\mathrm{d}x\mathrm{d}y$$

① 当 $x\leqslant 0$ 或 $y\leqslant 0$ 时,$f(x,y)=0$,

$$F(x,y)=\int_{-\infty}^{x}\int_{-\infty}^{y}0\mathrm{d}x\mathrm{d}y=0.$$

② $x>0$ 且 $y>0$ 时,

$$\begin{aligned}F(x,y)&=\int_{-\infty}^{x}\int_{-\infty}^{y}f(u,v)\mathrm{d}u\mathrm{d}v\\&=12\int_{0}^{x}\mathrm{e}^{-3u}\mathrm{d}u\cdot\int_{0}^{y}\mathrm{e}^{-4v}\mathrm{d}v\\&=12\left(-\frac{1}{3}\mathrm{e}^{-3u}\right)\Big|_{0}^{x}\cdot\left(-\frac{1}{4}\mathrm{e}^{-4v}\right)\Big|_{0}^{y}\\&=(1-\mathrm{e}^{-3x})(1-\mathrm{e}^{-4y}),\end{aligned}$$

所以

$$F(x,y)=\begin{cases}(1-\mathrm{e}^{-3x})(1-\mathrm{e}^{-4y}) & ,x>0,y>0,\\0 & ,其他.\end{cases}$$

(3) 令区域 D 为:$\begin{cases}0\leqslant y\leqslant 1-x\\0\leqslant x\leqslant 1\end{cases}$,如图 6-24,则

$$\begin{aligned}&P\{0\leqslant X\leqslant 1,\ 0\leqslant Y\leqslant 1-X\}\\&=P\{(X,Y)\in D\}\\&=\iint_{D}f(x,y)\mathrm{d}x\mathrm{d}y\\&=12\int_{0}^{1}\mathrm{e}^{-3x}\mathrm{d}x\int_{0}^{1-x}\mathrm{e}^{-4y}\mathrm{d}y\\&=12\int_{0}^{1}\mathrm{e}^{-3x}\cdot\left(-\frac{1}{4}\mathrm{e}^{-4y}\right)\Big|_{0}^{1-x}\mathrm{d}x\\&=-3\int_{0}^{1}(\mathrm{e}^{x-4}-\mathrm{e}^{-3x})\mathrm{d}x\\&=3\mathrm{e}^{-4}-4\mathrm{e}^{-3}+1.\end{aligned}$$

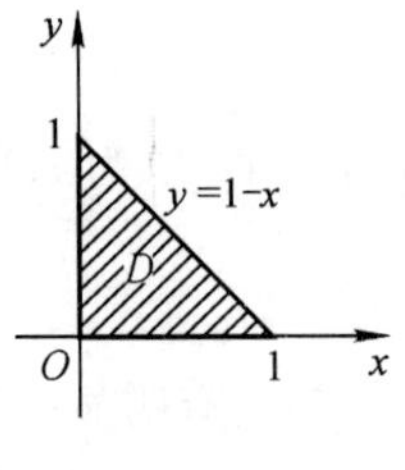

图 6-24

(4) 设(X,Y)的边缘分布函数分别为 $F_X(x)$与 $F_Y(y)$,边缘概率密度分别为 $f_X(x)$与 $f_Y(y)$,则

$$F_X(x)=F(x,+\infty)=\lim_{y\to+\infty}F(x,y)=\begin{cases}1-\mathrm{e}^{-3x} & ,x>0,\\0 & ,其他,\end{cases}$$

$$F_Y(y)=F(+\infty,y)=\lim_{x\to+\infty}F(x,y)=\begin{cases}1-\mathrm{e}^{-4y} & ,y>0,\\0 & ,其他.\end{cases}$$

$$\frac{\mathrm{d}F_X(x)}{\mathrm{d}x}=\begin{cases}3\mathrm{e}^{-3x} & , x>0,\\ 0 & , x<0.\end{cases}$$

$$\frac{\mathrm{d}F_Y(y)}{\mathrm{d}y}=\begin{cases}4\mathrm{e}^{-4y} & , y>0,\\ 0 & , y<0.\end{cases}$$

所以取

$$f_X(x)=\begin{cases}3\mathrm{e}^{-3x} & , x>0,\\ 0 & ,\text{其他},\end{cases}\quad f_Y(y)=\begin{cases}4\mathrm{e}^{-4y} & , y>0,\\ 0 & ,\text{其他},\end{cases}$$

二、随机变量的独立性

独立性是概率论中一个十分重要的概念．在实际问题中，常常碰到这样的两个随机变量，它们中的任何一个的取值情况对另一个的取值没有影响．在概率论中，把两个随机变量的这种情况抽象成随机变量的独立性概念．我们将在事件独立性概念的基础上来建立随机变量独立性的定义．

定义 6 设二维随机变量(X,Y)的联合分布函数为$F(x,y)$，边缘分布函数为$F_X(x)$与$F_Y(y)$．如果对任意实数x,y，事件$\{X\leqslant x\}$与$\{Y\leqslant y\}$相互独立，即有

$$P\{X\leqslant x,\ Y\leqslant y\}=P\{X\leqslant x\}\cdot P\{Y\leqslant y\}$$

或

$$F(x,y)=F_X(x)\cdot F_Y(y) \tag{6.56}$$

则称随机变量X与Y相互独立．

由此定义不难推出下列结论：

1．若(X,Y)为二维连续型随机变量，$f(x,y)$为联合概率密度，则X与Y相互独立的充要条件是：对一切实数x,y，有

$$f(x,y)=f_X(x)\cdot f_Y(y) \tag{6.57}$$

式中，$f_X(x)$与$f_Y(y)$分别是(X,Y)关于X与Y的边缘概率密度．

2．若(X,Y)为二维离散型随机变量，则X与Y相互独立的充要条件是：对(X,Y)的所有可能值(x_i,y_j)有

$$P\{X=x_i,\ Y=y_j\}=P\{X=x_i\}\cdot P\{Y=y_j\} \tag{6.58}$$

例 3 二维随机变量(X,Y)的概率密度为

$$f(x,y)=\begin{cases}\mathrm{e}^{-(x+y)} & , x>0,y>0,\\ 0 & ,\text{其他},\end{cases}$$

问：X与Y是否相互独立？

解 由(6.50)式，边缘概率密度

$$f_X(x)=\int_{-\infty}^{+\infty}f(x,y)\mathrm{d}y,$$

当$x\leqslant 0$时，$f(x,y)=0$，所以$f_X(x)=0$；

当$x>0$时，$f_X(x)=\int_{-\infty}^{+\infty}f(x,y)\mathrm{d}y$

$$=\int_0^{+\infty}\mathrm{e}^{-(x+y)}\mathrm{d}y$$

$$= e^{-x}\int_0^{+\infty} e^{-y}\,dy$$
$$= e^{-x},$$

所以

$$f_X(x)=\begin{cases} e^{-x}, & x>0, \\ 0, & x\leqslant 0. \end{cases}$$

同理可得

$$f_Y(y)=\begin{cases} e^{-y}, & y>0, \\ 0, & y\leqslant 0. \end{cases}$$

于是，当 $x>0$ 且 $y>0$ 时，$f_X(x)\cdot f_Y(y)=e^{-(x+y)}=f(x,y)$；在其他情形，$x\leqslant 0$ 与 $y\leqslant 0$ 中至少发生一个，所以 $f_X(x)$ 与 $f_Y(y)$ 中至少有一个为零且 $f(x,y)=0$，因此

$$f_X(x)\cdot f_Y(y)=0=f(x,y)$$

综上所述，对任意实数 x,y 有

$$f(x,y)=f_X(x)\cdot f_Y(y),$$

故 X 与 Y 相互独立.

以上关于二维随机变量的一切讨论结果，都可以推广到一般 n 维随机变量中去，在此不再赘述

三、随机变量函数的分布

在实际问题中，往往要用到随机变量的函数的概率分布.

设 X 是随机变量，$g(x)$ 连续，$Y=g(X)$ 是 X 的函数，可以证明 Y 也是一个随机变量. 若已知 X 的概率分布，求它的函数 $Y=g(X)$ 的概率分布.

（一）一维离散型随机变量的函数的概率分布

当 X 为一维离散型随机变量时，若 $g(x)$ 连续，则 $Y=g(X)$ 也是离散型随机变量. 设 X 的分布律为 $P\{X=x_i\}=p_i,\ i=1,2,\cdots,n,\ 1\leqslant n\leqslant+\infty$，则 $Y=g(X)$ 的可能值为 $y_i=g(x_i)$，$i=1,2,\cdots,n,1\leqslant n\leqslant+\infty$，则 $Y=g(X)$ 的分布律为：

$$P\{Y=y_i\}=P\{X=x_i\}=p_i,\ i=1,2,\cdots,n,1\leqslant n\leqslant+\infty.$$

若 $y_i=g(x_i)$ 中有相等的函数值，则应把这些相等值的概率相加，用所得的和作为 Y 取此值的概率.

例 4 已知随机变量 X 的分布律为

X	-1	0	1	3
P	0.2	0.1	0.4	0.3

求 $Y=X^2$ 的分布律.

解 列对应值概率表

X	-1	0	1	3
$Y=X^2$	1	0	1	9
P	0.2	0.1	0.4	0.3

所以，$Y=X^2$ 的分布律为

Y	0	1	9
P	0.1	0.6	0.3

此处，$P\{Y=1\}=P\{X=-1\}+P\{X=1\}$.

（二）一维连续型随机变量的函数的概率密度

设 X 是连续型随机变量，概率密度为 $f_X(x)$，$g(x)$是连续函数，则 $Y=g(X)$也是连续型随机变量，求 Y 的概率密度 $f_Y(y)$.

解这类问题的方法有两个，即公式法与两步法．下面只介绍两步法，它的步骤是：

① 求出 Y 的分布函数 $F_Y(y)$；

② 求 $F'_Y(y)$，在 $f(y)$的连续点处，取 $f_Y(y)=F'_Y(y)$；在$f(y)$的个别间断点处，可任意取值.

例 5 已知随机变量 X 的概率密度为$f_X(x)$，求 $Y=aX+b \quad (a\neq 0)$的概率密度 $f_Y(y)$.

解 令 X 和 Y 的分布函数分别为$F_X(x)$与 $F_Y(y)$，则

$$F_Y(y)=P\{aX+b\leqslant y\}$$

$$=\begin{cases} P\left\{X\leqslant\dfrac{y-b}{a}\right\}=F_X\left(\dfrac{y-b}{a}\right)，当\ a>0, \\ P\left\{X\geqslant\dfrac{y-b}{a}\right\}=1-F_X\left(\dfrac{y-b}{a}\right)，当\ a<0. \end{cases}$$

$$F'_Y(y)=\begin{cases} \dfrac{1}{a}f_X\left(\dfrac{y-b}{a}\right), a>0, \\ -\dfrac{1}{a}f_X\left(\dfrac{y-b}{a}\right), a<0, \end{cases}$$

$$=\frac{1}{|a|}f_X\left(\frac{y-b}{a}\right).$$

在 $f_Y(y)$的连续点 y 处，取

$$f_Y(y)=F'_Y(y)=\frac{1}{|a|}f_X\left(\frac{y-b}{a}\right). \tag{6.59}$$

在 $f_Y(y)$的个别间断点处，可视情况任意取值.

由此可以推得下述结果：

若随机变量 $X\sim N(\mu,\sigma^2)$，$Y=aX+b\ (a\neq 0)$，则由(6.59)式知，Y 的概率密度为

$$f_Y(y)=\frac{1}{\sigma|a|\sqrt{2\pi}}\exp\left\{-\frac{[y-(a\mu+b)]^2}{2(\sigma|a|)^2}\right\},\quad -\infty<y<+\infty,$$

所以，

$$Y=aX+b\sim N(a\mu+b,\sigma^2a^2) \tag{6.60}$$

即正态随机变量的线性函数仍为正态随机变量．进而，若随机变量 $X\sim N(\mu,\sigma^2)$，则由(6.60)式立得

$$Y=\frac{X-\mu}{\sigma}\sim N(0,1), \tag{6.61}$$

这些结果,在概率统计中经常用,读者应该熟悉.

四、二维连续型随机变量函数的概率分布

设(X,Y)是二维连续型随机变量,$g(x,y)$是二元连续函数,则$Z=g(X,Y)$叫做二维随机变量(X,Y)的函数.问题的提法是:已知(X,Y)的联合概率密度为$f(x,y)$,且X,Y相互独立,求$Z=g(X,Y)$的概率密度.

这里,自变量是二维随机变量,因变量Z是一维随机变量.我们只讨论和函数的概率分布,但推导从略.

设(X,Y)是二维连续型随机变量,X与Y相互独立,联合概率密度为$f(x,y)$,则$Z=X+Y$的概率密度为

$$f(z)=\int_{-\infty}^{+\infty}f_X(z-y)f_Y(y)\mathrm{d}y=\int_{-\infty}^{+\infty}f_X(x)f_Y(z-x)\mathrm{d}x, \tag{6.62}$$

式中的$f_X(x)$与$f_Y(y)$分别是(X,Y)关于X和Y的边缘概率密度.

(6.62)式叫作卷积公式,可简记为$f(z)=f_X(x)*f_Y(y)$,称$f(z)$是$f_X(x)$与$f_Y(y)$的卷积.

例 6 设随机变量$X\sim N(\mu_1,\sigma_1^2)$,$Y\sim N(\mu_2,\sigma_2^2)$,$X$与$Y$相互独立,$Z=X+Y$,则利用本节卷积公式(6.62)可以推得

$$Z=X+Y\sim N(\mu_1+\mu_2,\sigma_1^2+\sigma_2^2) \tag{6.63}$$

由于$X-Y=X+(-Y)$,且当$Y\sim N(\mu_2,\sigma_2^2)$时,由(6.59)式得

$$f_{-Y}(y)=f_Y(-y)=\frac{1}{\sigma_2\sqrt{2\pi}}\mathrm{e}^{-\frac{[y-(-\mu_2)]^2}{2\sigma_2^2}},$$

即

$$-Y\sim N(-\mu_2,\sigma_2^2).$$

于是,由(6.63)式得

$$X-Y\sim N(\mu_1-\mu_2,\sigma_1^2+\sigma_2^2). \tag{6.64}$$

为满足统计部分的需要,我们将上述结果((6.63)式)作进一步的推广.

设随机变量$X_1,X_2,\cdots,X_n$相互独立且$X_i\sim N(\mu,\sigma^2)$, $i=1,2,\cdots,n$,则

$$Z=\sum_{i=1}^{n}X_i\sim N(n\mu,n\sigma^2), \tag{6.65}$$

再由(6.60)式得

$$\overline{X}=\frac{1}{n}\sum_{i=1}^{n}X_i\sim N\left(\mu,\frac{\sigma^2}{n}\right), \tag{6.66}$$

由(6.61)式得

$$U=\frac{\overline{X}-\mu}{\sigma/\sqrt{n}}\sim N(0,1). \tag{6.67}$$

习 题 六

1. 设随机变量 X 的分布律分别为

(1) $P\{X=k\}=\frac{a}{n}$, $k=1,2,\cdots,n$;

(2) $P\{X=k\}=\frac{b}{3n}$, $n=1,2,\cdots$,

试确定常数 a,b.

2. 随机变量 $X\sim(0—1)$分布,且 $P\{X=1\}=3P\{X=0\}$,求 X 的分布律.

3. 设随机变量 $X\sim P(\lambda)$,且 $P\{X=1\}=2P\{X=2\}$,求 $P\{X=3\}$.

4. 15 件产品中,有 3 件优质品. 从这 15 件产品中随机地取出 4 件,求这 4 件产品中优质品件数的概率分布.

5. 自动生产线出现废品的概率是 p. 在生产过程中,若出现废品就立即对生产线进行调整,求在相邻两次调整之间,生产的合格品数的分布律(几何分布).

6. 某车间有八台车床,功率均为 5.6 千瓦. 由于工艺上的原因,每台车床经常需要停车,已知平均每小时开车的时间为 12 分钟且各台车床的开停是相互独立的.

(1) 计算在任一指定时刻,车间里恰有 4 台车床处于停车状态的概率;

(2) 问:全部车床用电量超过 30 千瓦的可能性有多大?

7. 某科研小组有 4 台同类型的计算机. 调查资料表明,在任一时刻,每台计算机被使用的概率都是 0.1,且它们在任一时刻是否被使用是互相独立的. 试计算在同一时刻:

(1) 恰有 2 台计算机被使用的概率;

(2) 四台计算机同时被使用的概率.

8. 某商店购进了某种照明灯泡 1 000 个. 根据以往的统计数据,每个灯泡在运输过程中被损坏的概率为 0.005,试计算在购进的这 1 000 个灯泡中:

(1) 恰有 5 个灯泡被损坏的概率;

(2) 被损坏的灯泡超过 5 个的概率;

(3) 至少有一个灯泡被损坏的概率.

9. 泊松分布中的参数 λ 的概率意义就是该随机变量的平均值(见第七章第一节). 假设在奶油面包中,葡萄干的颗数服从泊松分布,试问:平均每个奶油面包中应含有多少颗葡萄干才能保证每个奶油面包中至少含有一颗葡萄干的概率达到 99%? 为此,每生产 1 000 个奶油面包,应该在面料中随机地撒入多少颗葡萄干?

10. 设连续型随机变量 X 的概率密度为

$$f(x)=\begin{cases}a\cos x, & -\frac{\pi}{2}<x<\frac{\pi}{2},\\ 0, & \text{其他},\end{cases}$$

(1) 求 a;

(2) 求随机变量 X 的值落在 $\left(0,\frac{\pi}{6}\right)$ 内的概率;

(3) 求分布函数 $F(x)$;

(4) 作 $f(x)$ 与 $F(x)$ 的图象.

11. 设随机变量 X 的分布函数为

$$F(x)=\begin{cases}0, & x<0,\\ x, & 0\leqslant x<1,\\ 1, & x\geqslant 1,\end{cases}$$

(1) 求 X 的概率密度；

(2) 求 $P\{|X|\leqslant 1\}, P\left\{\frac{1}{2}\leqslant X\leqslant 2\right\}$.

12. 设随机变量 X 的分布函数 $F(x)=A+B\arctan x$，求常数 A,B 及概率密度.

13. 已知随机变量 X 的分布律为

X	1	2	3
P	0.1	0.6	0.3

(1) 求 X 的分布函数 $F(x)$并画出图象；

(2) 求 $P\{0<X\leqslant 2\}, P\{X\geqslant 2\}$.

14. 一秒表以 0.2 秒为刻度单位，读数时选取靠近指针的刻度值. 求使用该秒表时的绝对误差：

(1) 小于 0.04 的概率；(2) 大于 0.05 的概率.

15. 某城市每天的用电量不超过百万度. 以 X 表示每天的耗电率(即比率：用电量(单位：万度)÷百万度)，已知 X 的概率密度为

$$f(x)=\begin{cases}12x(1-x)^2, & 0<x<1,\\ 0, & \text{其他},\end{cases}$$

若该市每天的供电量为 80 万度，求一天内供电量不能满足需要的概率. 如果每天的供电量为 90 万度呢？

16. 设 K 在$[0,5]$内随机取值，且 $K\sim U(0,5)$，求方程 $4x^2+4Kx+K+2=0$ 有实根的概率.

17. 球直径的测量值是一个随机变量. 假设它的值均匀分布在$[a,b]$内. 由直径测量值算得的球的体积值也是随机变量，求球体积值的概率密度.

18. 某种电子管的使用寿命 X(小时)的概率密度为

$$f(x)=\begin{cases}\dfrac{k}{x^2}, & x\geqslant 100,\\ 0, & \text{其他},\end{cases}$$

(1) 求常数 k 和分布函数 $F(x)$，作 $F(x)$的图象；

(2) 某电子仪器内装有 3 只这样的电子管，其工作互相独立. 求该仪器在使用的最初 150 小时内没有损坏一个电子管的概率.

19. 设随机变量 $X\sim N(0,1)$，查表求

(1) $P\{0.03<X<0.3\}$；　　(2) $P\{-1.85<X<0\}$；

(3) $P\{|X-0.01|<1\}$；　　(4) $P\{|X|>3.1\}$.

20. 设 $X\sim N(-1.08,9)$，求

(1) $P\{-2.01<X<3.51\}$；　　(2) $P\{|X-1.92|<3\}$；

(3) 求常数 a，使 $P\{X<a\}=0.9$；

(4) 求正常数 a，使 $P\{|X-a|>a\}=0.9$.

21. 设 $X\sim N(0,1)$，求上 α 分位点 U_α 与双侧 α 分位点 $U_{\frac{\alpha}{2}}$：

(1) 概率 $\alpha=0.001$；(2) 概率 $\alpha=0.005$.

22. 某产品的某个质量指标 $X\sim N(160,\sigma^2)$. 若要求 $P\{120<X<200\}\geqslant 0.95$，问允许标准差 σ 最大为多少？

23. 设成年男子的身高 X(单位：cm)$\sim N(170,6^2)$. 某种公共汽车车门的高度是按成年男子碰头的概率在 1% 以下来设计的，问：车门的高度最低应为多少 cm？

24. 某厂房采用空腹钢吊车梁，设计梁高为 800 mm，制造厂为此生产出的一批此类梁的高度$\sim N(800.6;2.25)$. 如果钢结构梁高允许偏差为 ±3 mm，求梁高不合要求的概率.

25. 测量从某地到某一目标的距离时产生的随机误差 $X \sim N(20, 1\,600)$.

(1) 求测量之绝对误差不超过 30 的概率;

(2) 若接连测量三次,各次测量独立进行,求至少有一次测量的绝对误差值不超过 30 的概率.

26. 设二维随机变量 $\xi=(X, Y)$的可能值为

$$(0,0), (-1,1), \left(-1, \frac{1}{3}\right), (2,0),$$

且取这些值的概率依次为$\frac{1}{4}, \frac{1}{3}, \frac{1}{12}, \frac{1}{3}$,

(1) 求 $\xi=(X, Y)$的联合分布律与边缘分布律;

(2) X 与 Y 是否独立? 为什么?

27. 设随机变量 $\xi=(X, Y)$有概率密度

$$f(x, y)=\begin{cases} A e^{-(x+y)}, & x>0, y>0, \\ 0, & \text{其他}, \end{cases}$$

(1) 求系数 A;

(2) 求分布函数 $F(x, y)$;

(3) 求随机点(X, Y)落在图 6-25 中平面区域 D 内的概率;

(4) X 与 Y 是否相互独立? 为什么?

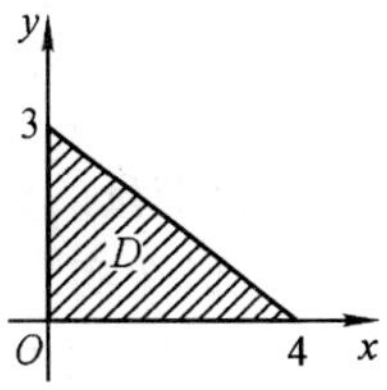

图 6-25

28. 某种商品一周内的销售量是随机变量,其概率密度为

$$f(t)=\begin{cases} t e^{-t}, & t>0, \\ 0, & \text{其他}, \end{cases}$$

设各周的销售量独立同分布,求两周销售总量的概率密度.

第七章　随机变量的数字特征

随机变量的分布函数(或分布律,或分布密度函数)是对随机变量的统计规律性的一种完整的描述,但在实际问题中,求分布函数并不是一件容易的事,况且在许多情况下,我们并不需要全面考察随机变量的变化情况,而只需要知道随机变量的某些特征. 例如,在测量某零件长度时,所关心的是测量的平均长度及测量结果的精确度(即测量长度与平均长度的偏离程度),又如检查一批棉花的质量时,所关心的是纤维的平均长度及纤维长度与平均长度的偏离程度. 平均长度较长,偏离程度较小,质量就好. 由此可见,这些与随机变量有关的数值虽然不能完整地描述随机变量,但却能描述它在某些方面的重要特征,我们把表示随机变量某些特征的数值称为随机变量的数字特征,本章将讨论最常用的两种数字特征——数学期望与方差.

第一节　数学期望

一、数学期望的定义

先看下面一个例子.

为了检查一批钢筋的抗拉强度,从中抽检 10 根,显然被抽检的钢筋抗拉强度 X 是一个随机变量,检测结果如下:

抗拉强度	100	105	110	115	120
根　　数	1	4	3	1	1

10 根钢筋的平均抗拉强度为

$$\begin{aligned}&\frac{1}{10}(1\times100+4\times105+3\times110+1\times115+1\times120)\\&=100\times\frac{1}{10}+105\times\frac{4}{10}+115\times\frac{1}{10}+120\times\frac{1}{10}\\&=108.5.\end{aligned}$$

因为钢筋的抗拉强度是一个随机变量,上面所求得的平均数是随机变量的平均值,它是随机变量所有的取值与对应的频率乘积之和. 由于对于不同的试验,随机变量取值的频率往往不一样,也就是说,再另外抽检 10 根会得到不同的平均值,这主要是由频率的波动性引起的,为了消除这种波动性,我们用概率代替频率,从而可以得到真正反映钢筋抗拉强度的平均数.

定义 1　设离散型随机变量 X 的分布律为

$$P\{X=x_k\}=p_k\quad(k=1,\ 2,\ \cdots),$$

若级数 $\sum\limits_{k=1}^{\infty}x_kp_k$ 绝对收敛,则称级数 $\sum\limits_{k=1}^{\infty}x_kp_k$ 为随机变量 X 的数学期望,简称为期望或均值,记

为 $E(X)$，即

$$E(X)=\sum_{k=1}^{\infty}x_kp_k. \tag{7.1}$$

例 1 一批产品中有一、二、三等品，相应的概率为 0.85，0.1 及 0.05，若一、二、三等品的销售价分别为 7 元，6.50 元，6.20 元，求产品的平均销售价.

解 设 X 表示“产品的销售价”，则分布律为

X	7	6.50	6.20
P	0.85	0.1	0.05

所以

$$\begin{aligned}E(X)&=7\times0.85+6.50\times0.1+6.20\times0.05\\&=6.91(\text{元}).\end{aligned}$$

例 2 甲、乙两工人一月中所出废品件数的概率分布如表所示，设两人月产量相等，试问谁的技术较高？

	甲工人				乙工人				
X	0	1	2	3	Y	0	1	2	3
P	0.3	0.3	0.2	0.2	P	0.3	0.5	0.2	0

解

$$\begin{aligned}E(X)&=0\times0.3+1\times0.3+2\times0.2+3\times0.2\\&=1.3,\\E(Y)&=0\times0.3+1\times0.5+2\times0.2+3\times0\\&=0.9.\end{aligned}$$

由上可知，从每月出的平均废品数看，乙工人的技术比甲工人好.

设 X 为连续型随机变量，它的分布密度为 $f(x)$，由于 $f(x)\mathrm{d}x$ 的作用与离散型随机变量中的 p_k 相类似，于是有

定义 2 设连续型随机变量 X 的分布密度为 $f(x)$，若积分 $\int_{-\infty}^{+\infty}xf(x)\mathrm{d}x$ 绝对收敛，则称此积分为随机变量 X 的数学期望，记作 $E(X)$，即

$$E(X)=\int_{-\infty}^{+\infty}xf(x)\mathrm{d}x. \tag{7.2}$$

例 3 已知某电子元件的寿命服从参数为 $\lambda=0.001$ 的指数分布（单位:h），即

$$f(x)=\begin{cases}\lambda\mathrm{e}^{-\lambda x}, & x\geqslant0,\\0, & x<0,\end{cases}$$

求这类电子元件的平均寿命 $E(X)$.

解 由(7.2)式有

$$\begin{aligned}E(X)&=\int_{-\infty}^{+\infty}xf(x)\mathrm{d}x\\&=\int_{0}^{+\infty}x\lambda\mathrm{e}^{-\lambda x}\mathrm{d}x\end{aligned}$$

$$= -\left[x\mathrm{e}^{-\lambda x} + \frac{1}{\lambda}\mathrm{e}^{-\lambda x} \right]_0^{+\infty}$$

$$= \frac{1}{\lambda}.$$

又因为 $\lambda = 0.001$,故 $E(X) = \frac{1}{0.001} = 1\ 000(\mathrm{h})$,即这类电子元件的平均寿命为 1 000 h.

例 4 设 $X \sim N(\mu, \sigma^2)$,求 $E(X)$.

解 X 的分布密度为

$$f(x) = \frac{1}{\sqrt{2\pi}\sigma}\mathrm{e}^{-\frac{(x-\mu)^2}{2\sigma^2}} \quad (-\infty < x < +\infty),$$

所以 $E(X) = \int_{-\infty}^{+\infty} x \frac{1}{\sqrt{2\pi}\sigma}\mathrm{e}^{-\frac{(x-\mu)^2}{2\sigma^2}}\mathrm{d}x$

$$\xlongequal{x-\mu=t} \int_{-\infty}^{+\infty}(t+\mu)\frac{1}{\sqrt{2\pi}\sigma}\mathrm{e}^{-\frac{t^2}{2\sigma^2}}\mathrm{d}t$$

$$= \int_{-\infty}^{+\infty} t\frac{1}{\sqrt{2\pi}\sigma}\mathrm{e}^{-\frac{t^2}{2\sigma^2}}\mathrm{d}t + \mu\int_{-\infty}^{+\infty}\frac{1}{\sqrt{2\pi}\sigma}\mathrm{e}^{-\frac{t^2}{2\sigma^2}}\mathrm{d}t,$$

上式右边第一项中的被积函数是奇函数,积分值为零,第二项中的积分为

$$\int_{-\infty}^{+\infty}\frac{1}{\sqrt{2\pi}\sigma}\mathrm{e}^{-\frac{t^2}{2\sigma^2}}\mathrm{d}t = 1,$$

所以 $E(X) = \mu$.

由此可见,正态分布中的参数 μ,恰好是随机变量的数学期望.

在实际问题与理论研究中,我们经常需要求随机变量的函数的数学期望,例如飞机机翼受到压力 $Y = kX^2$(X 是风速,$k>0$ 是常数)的作用,需要求 Y 的数学期望,这里 Y 是随机变量 X 的函数,这时,可以通过下面的定理来确定 Y 的数学期望.

定理 设 Y 是随机变量 X 的函数,$Y = g(X)$(g 是连续函数).

1. 如果 X 是离散型随机变量,其分布律为

$$P\{X = x_k\} = p_k \quad (k = 1, 2, \cdots),$$

且级数 $\sum_{k=1}^{\infty} g(x_k)p_k$ 绝对收敛,则有

$$E(Y) = E(g(X)) = \sum_{k=1}^{\infty} g(x_k)p_k. \tag{7.3}$$

2. 如果 X 是连续型随机变量,其概率密度为 $f(x)$,且积分 $\int_{-\infty}^{+\infty} g(x)f(x)\mathrm{d}x$ 绝对收敛,则有

$$E(Y) = E(g(X)) = \int_{-\infty}^{+\infty} g(x)f(x)\mathrm{d}x. \tag{7.4}$$

定理的重要意义在于要求随机变量函数的数学期望 $E(Y) = E(g(X))$,不必先求出 Y 的分布,只需知道 X 的分布就行了.

例 5 设随机变量 X 的分布律为

X	-1	0	1	2
P	0.1	0.3	0.4	0.2

且 $Y_1=2X+1, Y_2=X^2$,求 $E(Y_1)$和 $E(Y_2)$.

解法 1 先求 Y_1, Y_2 的分布律.

Y_1	-1	1	3	5
P	0.1	0.3	0.4	0.2

Y_2	0	1	4
P	0.3	0.5	0.2

由(7.1)式有

$$E(Y_1)=(-1)\times0.1+1\times0.3+3\times0.4+5\times0.2=2.4,$$

$$E(Y_2)=0\times0.3+1\times0.5+4\times0.2=1.3.$$

解法 2 直接由(7.3)式有

$$\begin{aligned}E(Y_1)&=E(2X+1)\\&=[2\times(-1)+1]\times0.1+[2\times0+1]\times0.3\\&\quad+[2\times1+1]\times0.4+[2\times2+1]\times0.2\\&=2.4,\\E(Y_2)&=E(X^2)\\&=(-1)^2\times0.1+0^2\times0.3+1^2\times0.4+2^2\times0.2\\&=1.3.\end{aligned}$$

例 6 设 X 服从参数为 λ $(\lambda>0)$的指数分布,求 $E(e^X)$.

解 X 的分布密度为

$$f(x)=\begin{cases}\lambda e^{-\lambda x}, & x\geqslant0,\\0, & x<0,\end{cases}$$

由(7.4)式有

$$\begin{aligned}E(e^X)&=\int_0^{+\infty}e^x\cdot\lambda e^{-\lambda x}dx\\&=\lambda\int_0^{+\infty}e^{(-\lambda+1)}dx\\&=\frac{\lambda}{1-\lambda}[e^{(-\lambda+1)x}]_0^{+\infty}\\&=\frac{\lambda}{\lambda-1}.\end{aligned}$$

二、数学期望的性质

性质 1 若 C 为常数,则 $E(C)=C$.

性质 2 若 k 为常数,则 $E(kX)=kE(X)$.

性质 3 若 a, b 为常数,则 $E(aX+bY)=aE(X)+bE(Y)$.

以上性质均可根据数学期望的定义及二维随机变量的分布加以推导.

第二节　方差与标准差

在实际问题中，只知道随机变量的数学期望往往是不够的，例如，有两批同型号的灯泡，每批各抽十只，测得它们的使用寿命数据如下(单位:h)：

第一批　960　1 034　960　987　1 000　1 036　992　1 023　1 025　983

第二批　930　1 220　655　1 342　654　942　680　1 176　1 352　1 051

这两批灯泡的平均寿命都是 1 000 h，但是第一批灯泡的寿命与平均寿命的偏差较小，质量较稳定，第二批灯泡的寿命与平均寿命偏差较大，质量不够稳定. 由此可见，在实际问题中，除了要了解随机变量的数学期望，一般还要知道随机变量取值与其数学期望的偏离程度，研究随机变量与其均值的偏离程度是十分必要的. 那么如何去度量随机变量的取值与其数学期望的偏离程度呢？自然可以用

$$E\{|X-E(X)|\}$$

来度量，但由于上式带有绝对值，运算不方便，因此通常用

$$E\{[X-E(X)]^2\}$$

来度量随机变量 X 与其均值 $E(X)$ 的偏离程度.

一、方差的定义

定义　设 X 是一个随机变量，若 $E\{[X-E(X)]^2\}$ 存在，则称 $E\{[X-E(X)]^2\}$ 为 X 的方差，记为 $D(X)$，即

$$D(X)=E\{[X-E(X)]^2\}.$$

在应用上，还引入与随机变量 X 具有相同量纲的量 $\sqrt{D(X)}$，记为 $\sigma(X)=\sqrt{D(X)}$，称为 X 的标准差或均方差.

按定义，随机变量 X 的方差表达了 X 的取值与其数学期望的偏离程度. 若 X 取值比较集中，则 $D(X)$ 较小，反之，若 X 取值比较分散，则 $D(X)$ 较大. 因此，$D(X)$ 是刻画 X 取值分散程度的一个量，它是衡量 X 取值分散程度的一个尺度.

因为方差实际上就是随机变量 X 的函数

$$g(X)=[X-E(X)]^2$$

的数学期望，于是：

对于离散型随机变量，由(7.1)式有

$$D(X)=\sum_{k=1}^{\infty}[x_k-E(X)]^2p_k, \tag{7.5}$$

其中 $P\{X=x_k\}=p_k, k=1,2,\cdots$ 是 X 的分布律.

对于连续型随机变量，由(7.2)式有

$$D(X)=\int_{-\infty}^{+\infty}[x-E(X)]^2f(x)\mathrm{d}x, \tag{7.6}$$

其中 $f(x)$是 X 的分布密度函数.

在实际计算方差时,常利用下面的一个重要公式

$$D(X)=E(X^2)-[E(X)]^2. \tag{7.7}$$

事实上,由于 $E(X)$是一个常数,所以

$$\begin{aligned}D(X)&=E\{[X-E(X)]^2\}\\&=E\{X^2-2XE(X)+[E(X)]^2\\&=E(X^2)-2E(X)E(X)+[E(X)]^2\\&=E(X^2)-[E(X)]^2.\end{aligned}$$

例 1 计算引例中所举的第一批、第二批灯泡的方差 $D(X_1)$与 $D(X_2)$.

解 $E(X_1)=E(X_2)=1\,000$,

$$\begin{aligned}D(X_1)=&[960-1\,000]^2\times\frac{1}{10}+[1\,034-1\,000]^2\times\\&\frac{1}{10}+\cdots+[983-1\,000]^2\times\frac{1}{10}\\=&732.8,\end{aligned}$$

$$\begin{aligned}D(X_2)=&[930-1\,000]^2\times\frac{1}{10}+[1\,220-1\,000]^2\times\frac{1}{10}+\cdots+[1\,051-1\,000]^2\times\frac{1}{10}\\=&6\,711.9.\end{aligned}$$

因为 $D(X_1)<D(X_2)$,于是可肯定,第一批灯泡比第二批灯泡的质量稳定.

例 2 设随机变量 X 的分布密度为

$$f(x)=\begin{cases}1+x, & -1\leqslant x<0,\\1-x, & 0\leqslant x<1,\\0, & \text{其他},\end{cases}$$

求 $D(X)$.

解

$$\begin{aligned}E(X)&=\int_{-1}^{0}x(1+x)\mathrm{d}x+\int_{0}^{1}x(1-x)\mathrm{d}x\\&=0,\\E(X^2)&=\int_{-1}^{0}x^2(1+x)\mathrm{d}x+\int_{0}^{1}x^2(1-x)\mathrm{d}x\\&=\frac{1}{6}.\end{aligned}$$

由(7.7)式有

$$D(X)=E(X^2)-[E(X)]^2=\frac{1}{6}.$$

例 3 设 $X\sim N(\mu,\sigma^2)$,求 $D(X)$.

解 由第一节例 4 知,$E(X)=\mu$,

$$\begin{aligned}D(X)&=E[X-E(X)]^2=E(X-\mu)^2\\&=\int_{-\infty}^{+\infty}(x-\mu)^2\frac{1}{\sqrt{2\pi}\sigma}\mathrm{e}^{-\frac{(x-\mu)^2}{2\sigma^2}}\mathrm{d}x\end{aligned}$$

$$\xlongequal{\frac{x-\mu}{\sigma}=t}\int_{-\infty}^{+\infty}\sigma^2 t^2 \frac{1}{\sqrt{2\pi}}\mathrm{e}^{\frac{t^2}{2}}\mathrm{d}t$$

$$=\frac{\sigma^2}{\sqrt{2\pi}}\int_{-\infty}^{+\infty}t^2\mathrm{e}^{-\frac{t^2}{2}}\mathrm{d}t$$

$$=-\frac{\sigma^2}{\sqrt{2\pi}}\int_{-\infty}^{+\infty}t\,\mathrm{d}\mathrm{e}^{-\frac{t^2}{2}}$$

$$=-\frac{\sigma^2}{\sqrt{2\pi}}\left\{\left[t\mathrm{e}^{-\frac{t^2}{2}}\right]_{-\infty}^{+\infty}-\int_{-\infty}^{+\infty}\mathrm{e}^{-\frac{t^2}{2}}\mathrm{d}t\right\}$$

$$=-\frac{\sigma^2}{\sqrt{2\pi}}[0-\sqrt{2\pi}]$$

$$=\sigma^2,$$

故正态分布中的参数 σ^2 恰好是随机变量的方差.

二、方差的性质

性质 1 若 C 为常数,则 $D(C)=0$.

性质 2 若 k 为常数,则 $D(kX)=k^2D(X)$.

性质 3 若 a,b 为常数,X,Y 为两个独立随机变量,则 $D(aX+bY)=a^2D(X)+b^2D(Y)$.

证明从略.

第三节 常见分布的数字特征及其应用举例

一、常见分布的数字特征

1. 两点分布

设 X 的分布律为

X	1	0
P	p	$1-p$

则 X 的数学期望

$$E(X)=1\times p+0\times(1-p)=p,$$

方差
$$\begin{aligned}D(X)&=E(X^2)-[E(X)]^2\\&=1^2\times p+0^2\times(1-p)-p^2\\&=p(1-p)\\&=pq\quad(q=1-p).\end{aligned}$$

2. 二项分布

设 $X\sim B(n,p)$,若设 X 表示在 n 次独立重复试验中事件 A 发生的次数,记 $X_i(i=1,2,\cdots,n)$表示 A 在第 i 次试验中出现的次数,则有

$$X=\sum_{i=1}^{n}X_i,$$

显然,这里 $X_i(i=1,2,\cdots,n)$服从二点分布,其分布律为

X_i	1	0
P	p	$1-p$

所以 $E(X_i)=p$.

由数学期望的性质,有

$$E(X)=E\left(\sum_{i=1}^{n}X_i\right)=\sum_{i=1}^{n}E(X_i)=np,$$

即服从二项分布的变量的数学期望是二点分布变量的数学期望的 n 倍.

同样,由方差的性质,有

$$D(X)=\sum_{i=1}^{n}D(X_i)=npq\quad(q=1-p),$$

即服从二项分布变量的方差是二点分布变量方差的 n 倍. 二项分布变量的均值与方差均取决于 p.

3. 泊松分布

设 X 服从参数为λ 的泊松分布,其分布律为

$$P\{X=k\}=\frac{\lambda^k e^{-\lambda}}{k!}\quad(k=0,1,2,\cdots,\lambda>0),$$

则 X 的数学期望

$$\begin{aligned}E(X)&=\sum_{k=0}^{\infty}k\cdot\frac{\lambda^k e^{-\lambda}}{k!}\\&=\lambda e^{-\lambda}\sum_{k=1}^{\infty}\frac{\lambda^{k-1}}{(k-1)!}\\&=\lambda e^{-\lambda}\cdot e^{\lambda}=\lambda,\end{aligned}$$

$$\begin{aligned}E(X^2)&=E[X(X-1)+X]=E[X(X-1)]+E(X)\\&=\sum_{k=0}^{\infty}k(k-1)\frac{\lambda^k}{k!}e^{-\lambda}+\lambda\\&=\lambda^2 e^{\lambda}\sum_{k=2}^{\infty}\frac{\lambda^{k-2}}{(k-2)!}+\lambda\\&=\lambda^2 e^{\lambda}e^{-\lambda}+\lambda\\&=\lambda^2+\lambda,\end{aligned}$$

所以方差

$$D(X)=E(X^2)-[E(X)]^2=\lambda.$$

由此可知,对于服从泊松分布的随机变量,它的数学期望与方差相等,都等于参数 λ. 因为泊松分布只含一个参数 λ,因而只要知道它的数学期望或方差就能完全确定它的分布了.

4. 均匀分布

设 X 在区间$[a,b]$上服从均匀分布,其分布密度

$$f(x)=\begin{cases}\dfrac{1}{b-a}, & a\leqslant x\leqslant b,\\ 0, & \text{其他},\end{cases}$$

则 X 的数学期望

$$E(X)=\int_a^b x\cdot\frac{1}{b-a}\mathrm{d}x=\frac{a+b}{2},$$

即数学期望为区间的中点.

方差

$$\begin{aligned}D(X)&=E(X^2)-[E(X)]^2\\&=\int_a^b x^2\cdot\frac{1}{b-a}\mathrm{d}x-\left(\frac{a+b}{2}\right)^2\\&=\frac{(b-a)^2}{12}.\end{aligned}$$

5. 指数分布

设 X 服从参数为 λ 的指数分布,其分布密度

$$f(x)=\begin{cases}\lambda\mathrm{e}^{-\lambda x}, & x\geqslant 0,\\ 0, & x<0,\end{cases}$$

由第一节例 3 知数学期望

$$E(X)=\frac{1}{\lambda},$$

方差

$$\begin{aligned}D(X)&=E(X^2)-[E(X)]^2\\&=\int_0^{+\infty}x^2\lambda\mathrm{e}^{-\lambda x}\mathrm{d}x-\left(\frac{1}{\lambda}\right)^2\\&=\frac{2}{\lambda^2}-\frac{1}{\lambda}\\&=\frac{1}{\lambda^2}.\end{aligned}$$

6. 正态分布

设 $X\sim N(\mu,\sigma^2)$,其分布密度

$$f(x)=\frac{1}{\sqrt{2\pi}\sigma}\mathrm{e}^{-\frac{(x-\mu)^2}{2\sigma^2}}\quad(-\infty<x<+\infty,\sigma>0),$$

由第二节例 3 知

$$E(X)=\mu,\ D(X)=\sigma^2.$$

这就是说,正态随机变量的分布密度函数中的两个参数 μ,σ 分别就是该随机变量的数学期望和均方差. 因而正态随机变量的分布完全可由它的数学期望和方差所确定.

数学期望和方差在概率统计中经常要用到,为了便于记忆,我们将常用分布的数学期望和方差列成下表(表 7-1):

表 7-1　常用分布的数学期望和方差表

分布名称	概率分布	数学期望	方差
两点分布	$\begin{array}{c|c|c} X & 1 & 0 \\ \hline P & p & q \end{array}$　$0<p<1$, $p+q=1$	p	pq
二项分布 $X\sim B(n,p)$	$P\{X=k\}=C_n^k p^k q^{n-k}$ $k=0,1,2,\cdots n$, $0<p<1$,　$p+q=1$	np	npq
泊松分布 $X\sim P(\lambda)$	$P\{X=k\}=\dfrac{\lambda^k}{k!}e^{-\lambda}$ $k=0,1,2,\cdots,\lambda>0$	λ	λ
均匀分布 $X\sim U(a,b)$	$f(x)=\begin{cases}\dfrac{1}{b-a}, & a<x<b,\\ 0, & 其他\end{cases}$	$\dfrac{a+b}{2}$	$\dfrac{(b-a)^2}{12}$
指数分布	$f(x)=\begin{cases}\lambda e^{-\lambda x}, & x>0,\\ 0, & x\leqslant 0,\lambda>0\end{cases}$	$\dfrac{1}{\lambda}$	$\dfrac{1}{\lambda^2}$
正态分布 $X\sim N(\mu,\sigma^2)$	$f(x)=\dfrac{1}{\sqrt{2\pi}\sigma}e^{-\frac{(x-\mu)^2}{2\sigma^2}}$ $-\infty<x<+\infty$,　$\sigma>0$	μ	σ^2

二、应用举例

例 1　已知离散型随机变量 X 的所有可能取值为 $x_1=1, x_2=2, x_3=3$，且 $E(X)=2.3$，$D(X)=0.61$，求 X 的分布律.

解　设 X 的分布律为

X	1	2	3
P	p_1	p_2	p_3

因为
$$E(X)=2.3,\ D(X)=0.61,$$
所以
$$E(X^2)=D(X)+[E(X)]^2=5.9.$$
又因为
$$p_1+p_2+p_3=1,$$
$$E(X)=1\times p_1+2\times p_2+3\times p_3=2.3,$$
$$E(X^2)=1^2\times p_1+2^2\times p_2+3^2\times p_3=5.9.$$
解此方程组得　$p_1=0.2$　$p_2=0.3$　$p_3=0.5$，
所以 X 的分布律为

X	1	2	3
P	0.2	0.3	0.5

例 2　在一个人数很多的团体中普查某种疾病，为此要抽验 N 个人的血，可以用两种方

法进行,(1) 将每个人的血都分别去化验,这就需验 N 次.(2) 按 k 个人一组进行分组,把 k 个人抽来的血混合在一起进行检验,如果这混合血液呈阴性反应,就说明 k 个人的血都呈阴性反应,这样,这 k 个人的血就只需验一次.若呈阳性,则再对这 k 个人的血液分别进行化验,这样,k 个人的血总共需化验 $k+1$ 次,假设每个人化验呈阳性的概率为 p,且这些人的试验反应是相互独立的,试说明当 p 较小时,选取适当的 k,按第二种方法可以减少化验的次数,并说明 k 取什么值时最适宜.

解 各人的血呈阴性反应的概率为 $q=1-p$,因而 k 个人的混合血呈阴性反应的概率为 q^k,k 个人的混合血呈阳性反应的概率为 $1-q^k$.

设以 k 个人为一组时,组内每人化验的次数为 X,则 X 是一个随机变量,其分布律为

X	$\frac{1}{k}$	$\frac{k+1}{k}$
P	q^k	$1-q^k$

X 的数学期望

$$E(X)=\frac{1}{k}q^k+\left(1+\frac{1}{k}\right)(1-q^k)=1-q^k+\frac{1}{k},$$

N 个人平均需化验的次数为

$$N\left(1-q^k+\frac{1}{k}\right),$$

由此可知,只要选择 k 使

$$1-q^k+\frac{1}{k}<1,$$

则 N 个人平均需化验的次数 $<N$.当 p 固定时,我们选取 k 使得

$$L=1-q^k+\frac{1}{k}$$

小于 1 且取到最小值,这时就能得到最好的分组方法.

例如,$p=0.1$,则 $q=0.9$,当 $k=4$ 时,$L=1-q^k+\frac{1}{k}$ 取到最小时,此时得到最好的分组方法.若 $N=1\,000$,此时以 $k=4$ 分组,则按第二种方案平均只需化验

$$1\,000\left(1-0.9^4+\frac{1}{4}\right)=594(\text{次}),$$

这样平均来说,可以减少 40% 的工作量.

例 3 假定在国际市场上每年对我国某种出口商品的需求量是随机变量 X(单位:t),它服从$[2\,000,4\,000]$上的均匀分布.设每售出这种产品 1 t,可为国家挣得外汇 3 万元,但假如销售不出而囤积于仓库,则每 t 需浪费保养费 1 万元,问应组织多少货源,才能使国家的收益最大.

解 因为 $X\sim U[2\,000,4\,000]$,所以

$$f(x)=\begin{cases}\frac{1}{2\,000}, & 2\,000\leqslant x\leqslant 4\,000,\\ 0, & \text{其他}.\end{cases}$$

设 y 表示预备某年出口的此种商品数,显然 $y\in[2\,000,4\,000]$,则收益(单位:万元)

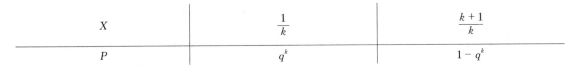

$$Y=g(y)=\begin{cases}3y, & x\geqslant y,\\ 3x-(y-x), & x<y.\end{cases}$$

由(7.4)式有

$$\begin{aligned}E(Y)&=\int_{-\infty}^{+\infty}g(x)f(x)\mathrm{d}x\\&=\frac{1}{2\,000}\int_{2\,000}^{4\,000}g(x)\mathrm{d}x\\&=\frac{1}{2\,000}\left[\int_{2\,000}^{y}(4x-y)\mathrm{d}x+\int_{y}^{4\,000}3y\mathrm{d}x\right]\\&=\frac{1}{1\,000}[-y^2+7\,000y-4\,000\,000].\end{aligned}$$

要使 $E(Y)$最大,只要

$$\frac{\mathrm{d}}{\mathrm{d}y}[E(Y)]=\frac{1}{1\,000}(-2y+7\,000)=0,$$

即

$$y=3\,500.$$

因此,组织 3 500 t 此种商品是最好的决策.

例 4 某钢材厂生产的一种钢筋,其平均抗拉强度为 200,标准差为 20,若该厂生产的钢筋的抗拉强度服从正态分布,求整批出厂的钢筋的抗拉强度不低于 180 所占的比例为多少?

解 设 X 为钢筋的抗拉强度,由题意知 $X\sim N(200,20^2)$.

$$\begin{aligned}P\{X\geqslant 180\}&=1-P\{x<180\}\\&=1-\Phi\left(\frac{180-200}{20}\right)\\&=1-\Phi(-1)\\&=0.841\,3,\end{aligned}$$

即抗拉强度不低于 180 的钢筋在整批钢筋中所占比例为 84.13%.

*第四节 正态分布在工程设计中的应用

本节简要介绍正态分布在建筑结构设计中的应用.

一、荷载效应与结构抗力的概念

我国 20 世纪 80 年代所编的《建筑结构设计统一标准》所采用的概率极限状态设计准则,是以工程结构的可靠性设计为理论基础,是正态分布在工程设计中的一个应用范例.

荷载效应 S 是指由于荷载、地震、温度、支座不均匀沉降等因素作用于结构上,从而在结构内部所产生的内力和形变(如轴力、剪力、弯矩、扭矩、挠度、转角和裂缝等).

结构抗力 R 是指构件承受内力和形变的能力(如构件的承载能力、刚度等).

荷载效应能表示成结构的各个截面的内力(即综合应力),结构抗力也能表示成内力的形式.由于荷载结构材料性能所固有的变异性、构件几何特征和计算模式的不确定性,所以荷载效应和结构抗力都是随机变量.

二、基本假设

1. 构件的任一截面上的结构抗力 R 与荷载效应 S 都是非负连续型随机变量.

2. R 和 S 相互独立.

3. 当且仅当每一截面满足 $R \geqslant S$ 时,结构才被认为是安全的. 否则,被认为是失效(被破坏)的.

三、安全概率与失效概率

定义 1 设 R 和 S 分别为结构在同一截面上的抗力与应力,则称函数 $Z = R - S$ 为该截面的极限状态函数或结构功能函数、结构余力. 它代表在扣除了荷载效应后,结构内部所剩余下来的抗力.

显然,Z 也是一个连续型随机变量. 它的不同取值能反映结构所处的不同状态:

$$Z = R - S \begin{cases} >0, \text{截面处于安全状态}, \\ =0, \text{截面处于极限状态}, \\ <0, \text{截面处于失效状态}. \end{cases}$$

这里,$\{Z>0\}$,$\{Z=0\}$与$\{Z<0\}$都是随机事件. 根据基本假设 1,$P\{Z=0\}=0$,而概率 $P\{Z>0\}$ 和 $P\{Z<0\}$的大小自然是工程结构设计中最为关注的对象.

定义 2 设 $Z = R - S$ 为结构截面的极限状态函数,则称$P\{Z>0\}$为截面处于安全状态的概率,简称安全概率,记为 P_s. 称 $P\{Z<0\}$为截面处于失效状态的概率,简称失效概率,记为 P_f.

显然,$P_f + P_s = 1, P_f = 1 - P_s$. 在图 7-1 中,$Z = R - S$ 的概率密度f_Z 的曲线与 x 轴所围曲边梯形的左尾部(即图中阴影部分)的面积就是失效概率,而纵轴右边部分的面积就是安全概率.

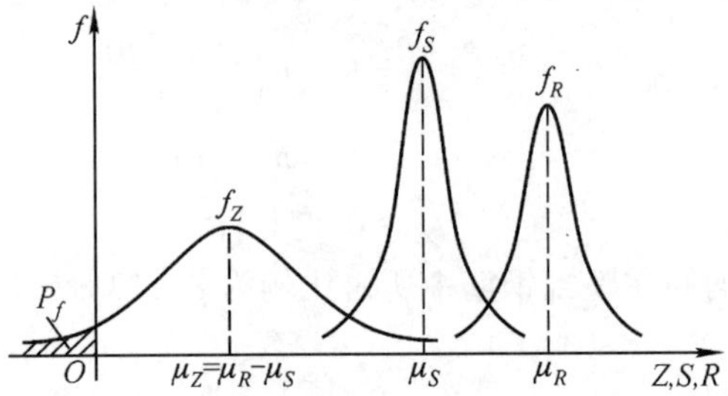

图 7-1

失效概率
$$P_f = \int_{-\infty}^{0} f_Z(z)\mathrm{d}z. \tag{7.8}$$

四、安全指标 β

安全概率 $P_s = 1 - P_f = 1 - \int_{-\infty}^{0} f_Z(z)\mathrm{d}z$, 但失效概率 P_f 的计算比较麻烦,所以必须寻找新的数量指标来描述安全(或可靠)的程度.

以 μ_R, μ_S 及 σ_R, σ_S 分别表示 R 与 S 的均值与均方差. 如果它们都存在,则 $Z = R - S$ 的均值与均方差也都存在,且

$$\mu_Z = E(R-S) = E(R) - E(S) = \mu_R - \mu_S,$$
$$\sigma_Z^2 = D(R-S) = D(R) + D(S) = \sigma_R^2 + \sigma_S^2,$$
$$\sigma_Z = \sqrt{\sigma_R^2 + \sigma_S^2}.$$

对 Z 作标准化变换. 令 $Z'=\frac{Z-\mu_Z}{\sigma_Z}$,则 $Z=\sigma_Z Z'+\mu_Z$,$\mu_{Z'}=0$, $\sigma_{Z'}=1$.

再令 Z'的分布函数为 $\Phi(z)$,则失效概率

$$\begin{aligned}P_f&=P\{Z<0\}=P\{\sigma_Z Z'+\mu_Z<0\}\\&=P\left\{Z'<-\frac{\mu_Z}{\sigma_Z}\right\}=\Phi\left(-\frac{\mu_Z}{\sigma_Z}\right).\end{aligned}\tag{7.9}$$

由于 $\Phi(x)$为单调递增连续函数,故 P_f 与 $\frac{\mu_Z}{\sigma_Z}$之间存在一一对应关系,当$\frac{\mu_Z}{\sigma_Z}$值增大,则 $-\frac{\mu_Z}{\sigma_Z}$减小,从而 P_f 减小,$P_s=1-P_f$ 增大;当$\frac{\mu_Z}{\sigma_Z}$减小时,同理有 P_f 增大,P_s 减小. 进而有:

当$\frac{\mu_Z}{\sigma_Z}\to+\infty$时,$P_f\to0$,$P_s\to1$;

当$\frac{\mu_Z}{\sigma_Z}\to-\infty$时,$P_f\to1$,$P_s\to0$.

因此,我们可以用 μ_Z/σ_Z 来充当截面安全程度的一个数量指标. 由于它只用到极限状态函数的均值与方差,所以比用(7.8)式来计算 P_f 要简单些.

定义 3 设 $Z=R-S$,μ_R,μ_S,σ_R,σ_S 都存在,则称

$$\beta=\frac{\mu_Z}{\sigma_Z}=\frac{\mu_R-\mu_S}{\sqrt{\sigma_R^2+\sigma_S^2}}\tag{7.10}$$

为结构截面的安全指标(或可靠指标).

我们将以安全指标 β 作为结构的统一安全度概念并在此基础上来建立可靠性设计表达式,由于对抗力 R 与荷载效应 S 的不同假设,将产生各种不同的设计模式,限于篇幅,我们只择其一介绍之.

五、正态随机变量设计模式

在 3 条基本假设的基础上,再添加 1 条假设:

假设抗力 $R\sim N(\mu_R,\sigma_R^2)$,综合应力 $S\sim N(\mu_S,\sigma_S^2)$.

由假设 4 及(6.64)式得知,极限状态函数 $Z=R-S\sim N(\mu_R-\mu_S,\sigma_R^2+\sigma_S^2)$,再由(6.61)式,$Z'=\frac{Z-\mu_Z}{\sigma_Z}\sim N(0,1)$,故 Z'的分布函数为 $\Phi(z)$,且由(7.9)式得

$$\begin{aligned}P_f&=P\{Z<0\}=\Phi\left(-\frac{\mu_Z}{\sigma_Z}\right)=\Phi(-\beta)\\&=1-\Phi(\beta)=1-\Phi\left(\frac{\mu_R-\mu_S}{\sqrt{\sigma_R^2+\sigma_S^2}}\right),\end{aligned}\tag{7.11}$$

由(7.10)式得

$$\mu_R=\mu_S+\beta\sqrt{\sigma_R^2+\sigma_S^2},\tag{7.12}$$

上式两边各除以 $\mu_S(\neq0)$,并令 $k=\mu_R/\mu_S$,得

$$k = 1 + \beta\sqrt{\frac{\mu_R^2 v_R^2 + \mu_S^2 v_S^2}{\mu_S^2}} = 1 + \beta\sqrt{k^2 v_R^2 + v_S^2}, \tag{7.13}$$

上式中，$v_R = \sigma_R / \mu_R$，$v_S = \sigma_S / \mu_S$ 分别为 R, S 的变异系数，解无理方程(7.13)得

$$k = k_0 = \gamma = \frac{1 + \beta\sqrt{v_R^2 + v_S^2 - \beta^2 v_R^2 v_S^2}}{1 - \beta^2 v_R^2}. \tag{7.14}$$

由上式知，γ 由安全指标 β 唯一确定．而 $\gamma = k_0$ 是 μ_R 与 μ_S 之比，所以称 γ 为安全系数．值得指出，从形式上看，$k = \mu_R / \mu_S$ 具有传统的中心安全系数性质，但从解得的 γ 的表达式(7.14)来看，把 R, S 的均方差也包含在内，因此它已比传统的安全系数要合理得多，我们自然称(7.14)式为**可靠性中心安全系数**．

由(7.14)式，令 $\frac{\mu_R}{\mu_S} \geqslant \gamma$，即得以 γ 为单一安全系数的可靠性设计表达式

$$\mu_R \geqslant \gamma \mu_S. \tag{7.15}$$

以上我们是以正态随机变量作为结构抗力 R 与荷载应力 S 的概率论模型，提出了一些合理的基本假设，引入了统一的安全度概念，推导出了可靠性设计表达式(7.15)．至于其他的设计模式，限于篇幅，在此不再赘述，有兴趣的读者，可参看有关工程设计的专门著作．

习 题 七

1．设随机变量 X 的分布律为

X	-1	0	2
P	0.3	0.4	0.3

试求 $E(X), E(X^2), E(2X^2-3)$．

2．设随机变量 X 的分布密度

$$f(x) = \begin{cases} e^{-x}, & x > 0, \\ 0, & x \leqslant 0, \end{cases}$$

求(1) $Y = 3X$；(2) $Y = e^{-2x}$ 的数学期望．

3．设随机变量 X 的分布密度

$$f(x) = \begin{cases} \dfrac{1}{\pi\sqrt{1-x^2}}, & -1 < x < 1, \\ 0, & \text{其他}, \end{cases}$$

求 $E(X), D(X)$．

4．A, B 两台机床同时加工某种零件，每生产 1 000 件出次品数 X 的分布律为

次品数 X	0	1	2	3
P_1(机床 A)	0.7	0.2	0.06	0.04
P_2(机床 B)	0.8	0.06	0.04	0.1

问哪一台机床加工质量较好？

5. 设随机变量 X 的分布密度

$$f(x)=\frac{1}{2}e^{-|x|}\quad(-\infty<x<+\infty),$$

试求 $E(X),D(X)$.

6. 已知随机变量 X 在(0,1)上服从均匀分布,求

(1) $E\left(\ln\frac{1}{X}\right)$; (2) $E(\sin^2\pi X)$; (3) $E(e^X)$.

7. 设随机变量 X 的概率密度函数

$$f(x)=\begin{cases}a+bx^2, & 0\leqslant x\leqslant 1,\\0, & 其他,\end{cases}$$

且 $E(X)=\frac{2}{5}$,试确定系数 a,b,并求 $D(X)$.

8. 某工地靠近河岸,如果作防洪准备,则要花费 a 元;如果没有作防洪准备而遇到洪水,则将造成 b 元的损失,假设施工期间发生洪水的概率为 p,问是否需要作防洪准备?

9. 设随机变量 X 的分布密度函数

$$f(x)=\begin{cases}1+x, & -1\leqslant x<0,\\1-x, & 0\leqslant x<1,\\0, & 其他,\end{cases}$$

求 $E(X),D(X),D(2X-1),D(1-3X)$.

10. 一工厂生产的某种设备的寿命 X(以年计)服从指数分布,概率密度

$$f(x)=\begin{cases}\frac{1}{4}e^{-\frac{x}{4}}, & x>0,\\0, & x\leqslant 0,\end{cases}$$

工厂规定,出售的设备若于一年之内损坏可予调换,若工厂售出一台设备赢利 100 元,调换一台设备厂方需花费 300 元. 求厂方出售一台设备净赢利多少元?

11. 对球的直径作近似测量,其值均匀地分布在$[a,b]$内,求球的体积的平均值.

12. 某厂投资生产一种产品,每售出一件获利润 b 元,如未及时出售则每件净亏损 l 元,市场对该产品的需求量 X(单位:件)是一随机变量,且在区间$[s_1,s_2]$上服从均匀分布. 为使该厂获得利润的数学期望最大,问该厂应生产多少产品?

第八章　样本与抽样分布

在科学和工程技术的研究中,往往需要使用观察与试验的方法去收集必要的数据. 由于所收集的数据往往带有一些随机性因素的影响,所以需要运用概率论的知识,对这些数据进行加工、整理和分析,从而发现其中所包含的必然性规律,据此即可对所研究的问题作出某种推断和结论. 这样就逐步形成了一门新的学科——"数理统计学".

可以说,数理统计学是数学的一个分支. 它以概率论为理论基础,研究怎样去收集和使用随机性数据以对所研究的问题的某些规律作出科学的推断结论.

数理统计的应用非常广泛. 可以说,在人类活动的一切领域中都程度不同地可以看到它在有效地工作着. 例如,在物理学、化学、生物学、数量遗传学、优生学、人口学、经济学、工农业生产、气象预报、地震预报、地质探矿等实际领域中,都已经有了许多成功的应用. 在现代企业管理学中,数理统计的成功应用范例是产品的统计质量控制方法. 二次世界大战后,日本应用此法曾使工业产品质量显著提高. 而在美国,现在已将此法推广应用在运输、邮电、医疗和服务方面. 在我国,不仅是质量控制,而且几乎在国民经济、国防、科学技术的各个方面,都有许多优秀的应用成果.

本章介绍数理统计学的一些基本概念,为统计方法的学习打下基础.

第一节　样本与统计量

一、总体、个体与样本

(一) 总体与个体

在数理统计中,把研究对象的全体叫作总体(或母体),而将组成总体的每一个研究对象称为个体.

例 1　某灯泡厂在保持生产条件不变的情况下,在一个月内生产了 10 000 个某种型号的灯泡. 所有这些灯泡的全体就构成了一个总体,其中每一个灯泡就是一个个体.

例 2　考察某地区地下水位的深度,该地区地面上每一点的地下水位的深度是个体,所有点的地下水位深度的全体就构成了一个总体. 这里,每一点的地下水位深度是一个正实数,它反映了每一点地下水位在某一个侧面的某种性质. 一般地,在实际问题中,我们所需要知道的并不是研究对象本身的全面性质,而只是一个或少数几个数量指标. 如在例 1 中,我们关心的只是灯泡的寿命,它是一个非负实数. 由于随机因素的影响,每个灯泡的寿命不一定相同. 又如考察钢厂所产钢材的性质时,我们所关注的有硬度、韧度、含碳量、含硫量和含磷量等多个数量指标,这时,可以分成几个总体来研究,每个总体都是由一些实数构成.

由上述实例可以看到,每个总体都对应着一个我们所关注的数量指标. 由于一些我们还不能人为地控制的随机因素的影响,这些数量指标的值会随着个体的不同而发生变化,所以,我们可以把这个数量指标看作一个随机变量 X. 为了研究的方便,我们把总体与这个随机变量 X 等同起来,或者说,总体就是这个随机变量 X 的所有可能值构成的集合,简称**总体** X. 在例 1 中,由于限制在一个月所生产的 10 000 个灯泡的范围内来考察灯泡的寿命,所以寿命是一个取有限个非负实数的离散型随机变量 X. 但有时为了讨论方便起见,把灯泡的寿命总体扩大成在相同条件下,所有可能生产的灯泡的寿命全体,则总体 X 就是一个连续型随机变量.

把总体随机化(即把总体与某个随机变量等同起来)具有重大意义:它把对总体性质的研究纳入了概率论的轨道.

根据总体所含个体的多少,可以把总体分成有限总体(个体总数有限)和无限总体(个体总数无限).

(二) 样本与简单随机抽样

如前所述,为了弄清总体的性质,必须对总体进行观测,取得数据,然后利用这批数据中所包含的总体信息来对总体性质进行分析与推断. 取得观测数据的方法有两类:

(1) 全面观测,即对总体中每个个体逐一测试. 但实际上此法往往是行不通的. 无限总体,自然不必说了. 就是有限总体,如果个体数量巨大,全面测试,耗时费资,经济上不合算. 还有一种情况,就是有些测试是破坏性的,如测试灯泡的寿命,测试炮弹的爆炸半径等,即使总体有限,全面测试也是不可能的.

(2) 抽样观测,即从总体中抽取一部分个体进行观测,取得数据,然后据此对总体进行推断. 这是一种重要且常用的观测方法.

从总体中所取得的一部分个体,称为总体的一个**样本**(或**子样**),样本中所含个体的数目 n 称为**样本的容量**. 取得样本的过程叫作**抽样**. 总体 X 的容量为 n 的样本记作

$$X_1, X_2, \cdots, X_n \text{ 或} (X_1, X_2, \cdots, X_n). \tag{8.1}$$

显然,抽样应该是随机的. 所以,每抽取一个个体,就是对总体进行一次随机试验,于是,样本(8.1)中所含的每个个体 X_i $(i=1,2,\cdots,n)$ 也都是一个随机变量,而容量为 n 的样本(8.1)实际上是一个 n 维随机向量. 但在一次抽样(即抽得 n 个个体)完毕后,就得到 n 个完全确定的常数 $x_1, x_2, \cdots, x_n$,或一个 n 维常向量$(x_1, x_2, \cdots, x_n)$,称它为样本$(X_1, X_2, \cdots, X_n)$的观测值. 在不致引起混淆时,也简称为样本. 一般说来,重复抽样多次,每次所得的样本观测值也会发生变化.

用样本推断总体的性质,是以部分推断全体,难免出现误差. 为了使推断结果达到较高的精度与可靠度,抽样必须满足下列条件:

(1) 代表性(等可能性):总体中每个个体被抽到的概率相等.

(2) 独立性:把得到样本(8.1)的每个 X_i 看作一次抽取(得到整个样本(8.1)看作一次抽样),要求每次抽取走一个个体后,不会改变总体的结构. 即每次抽取的结果不影响其他各次的抽取结果,也不受其他各次抽取结果的影响,这就叫作每次抽取互相独立.

定义 1 称满足上述两个条件的抽样为简单随机抽样,抽样所得到的样本叫作简单随机样本. 本书中以后所提到的抽样和样本都是指简单随机抽样和简单随机样本.

由上述定义知,若$(X_1, X_2, \cdots, X_n)$为简单随机样本,则 $X_1, X_2, \cdots, X_n$ 互相独立,且都与总

体 X 同分布.

事实上,抽取 X_1 时,X_1 显然与总体 X 同分布,总体 X 被抽取走一个个体后,由条件(2),总体 X 的结构不变,故抽取 X_2 时,X_2 仍与总体 X 同分布. 依次类推,$X_1,X_2,\cdots,X_n$ 互相独立而且都与总体 X 同分布.

简单随机抽样如何实现呢? 有两种方法:不放回抽样与放回抽样.

条件(1)要求抽样是随机的和等可能的. 为此,我们可以采取编号抽签或把各个个体搅拌均匀后再抽取等方法来保证抽样的随机性和等可能性. 有了这一点,才能使样本对于总体具有代表性.

至于条件(2),情况要复杂一些. 首先注意到,对于放回抽样,每次抽取后,总体 X 的成分总是保持不变,故各次抽取自然是互相独立的,再加上每次抽取都是随机和等可能的,条件(1)也被满足,所以,放回抽样是简单随机抽样.

如果总体是无限的,如上所述,用放回抽样当然可以实现抽样的独立性. 但此时即使采用不放回抽样,同样也能做到这一点,这是因为总体所含个体的数目无限,每抽取走任意有限多个个体后,总体的结构仍然保持不变,所以各次抽取也是互相独立的.

如果总体是有限的,则取走任意有限多个个体后,总体结构将发生变化,$X_1,X_2,\cdots,X_n$ 不再独立,而且不同分布,所以只能采用放回抽样. 但当抽样试验有破坏性时,无法放回. 此时,如果总体所含个体数量 N 很大,而样本容量 n 相对来说很小时,抽取走一个或若干个个体后,对总体结构的改变甚微,这时,可以把不放回抽样近似地看成放回抽样,从而,近似地实现简单随机抽样. 到底 N 要大到多少,n 要小到什么程度才可以这样处理呢? 这里给出一个定量的判定方法:当 $\frac{N}{n}\geqslant 10$ 时,对有限总体的不放回抽样可以近似地看作简单随机抽样.

上面关于简单随机抽样的讨论,属于数理统计中"试验设计"的内容. "试验设计"是研究怎样从总体中抽取一部分个体作为样本,以获得尽量合理而有效的数据资料. 数理统计中另一类内容是"统计推断". 本书数理统计部分只简单介绍这后一类统计内容,而对"试验设计"不予涉及.

总体 X 是随机变量,而样本 $(X_1,X_2,\cdots,X_n)$ 是 n 维随机向量,二者的概率分布有密切联系. 如果总体 X 是连续型随机变量,概率密度为 $f(x)$,则简单随机样本 $(X_1,X_2,\cdots,X_n)$ 有联合概率密度

$$g(x_1,x_2,\cdots,x_n)=\prod_{i=1}^{n}f(x_i).$$

二、统计量

样本来自总体,所以它一定带有一些与总体有关的信息. 但这些信息分散在样本所含各个个体之中,为了在利用样本推断总体时能有较高的精度与可靠度,我们必须对样本进行"加工",把这些分散的有用信息"提炼"和"集中"起来,然后据此对总体进行统计推断. 这种对样本的"加工"与"提炼",在数学上来说,就是针对具体问题构造出一个样本的函数. 在数理统计学中,称这种函数为统计量.

1. 统计量的概念

定义 2 设 $(X_1,X_2,\cdots,X_n)$ 为总体 X 的一个样本,$g(X_1,X_2,\cdots,X_n)$ 为一个 n 元连续函

数,且不含未知参数,则称 $g(X_1,X_2,\cdots,X_n)$为一个统计量.

由于 g 是连续函数,$X_1,X_2,\cdots,X_n$ 是随机变量,可以证明统计量 $g(X_1,X_2,\cdots,X_n)$也是随机变量.

例如,设总体 $X\sim N(\mu,\sigma^2)$,μ 已知,σ 未知,(X_1,X_2,X_3)为样本,则$\frac{X_1^2}{2}$,$\frac{1}{3}\sum_{i=1}^{3}(X_i-\mu)^2$,$X_1+2\mu X_2-X_3$,$X_1+X_2-X_3$ 等都是统计量,而 $\frac{1}{\sigma}\sum_{i=1}^{3}X_i$,$\sigma+X_1-X_2$ 就不是统计量.

2. 常用统计量

下面是几个最常用的统计量,它们都叫作样本数字特征,读者应该熟悉它们.

设$(X_1,X_2,\cdots,X_n)$是总体 X 的一个样本,$(x_1,x_2,\cdots,x_n)$是它的观测值.

(1) 样本均值:$\overline{X}=\frac{1}{n}\sum_{i=1}^{n}X_i$.

观测值为:$\overline{x}=\frac{1}{n}\sum_{i=1}^{n}x_i$.

(2) 样本方差:$S^2=\frac{1}{n-1}\sum_{i=1}^{n}(X_i-\overline{X})^2$.

观测值为:$s^2=\frac{1}{n-1}\sum_{i=1}^{n}(x_i-\overline{x})^2$.

(3) 样本均方(标准)差:

$$S=\sqrt{\frac{1}{n-1}\sum_{i=1}^{n}(X_i-\overline{X})^2}.$$

观测值为:$s=\sqrt{\frac{1}{n-1}\sum_{i=1}^{n}(x_i-\overline{x})^2}$.

(4) 样本 k 阶原点矩:

$$M_k=\frac{1}{n}\sum_{i=1}^{n}X_i^k \quad (k=1,2,\cdots).$$

观测值为:

$$m_k=\frac{1}{n}\sum_{i=1}^{n}x_i^k \quad (k=1,2,\cdots).$$

(5) 样本 k 阶中心矩:

$$C_k=\frac{1}{n}\sum_{i=1}^{n}(X_i-\overline{X})^k \quad (k=1,2,\cdots).$$

观测值为:$c_k=\frac{1}{n}\sum_{i=1}^{n}(x_i-\overline{x})^k \quad (k=1,2,\cdots)$.

还有一些重要的统计量,在下节中详细介绍.

第二节　统计量的分布

统计量是随机变量,它的概率分布叫做**抽样分布**. 确定各种统计量的分布是数理统计学的一个基本问题,但它并非易事. 不过,对于正态总体,这个问题解决得较好. 本节只介绍由正态总体样本构成的几个最常用的统计量的分布.

一、正态分布

定理 1 设总体 $X\sim N(\mu,\sigma^2)$,$(X_1,X_2,\cdots,X_n)$是样本,则

$$\overline{X}\sim N\left(\mu,\frac{\sigma^2}{n}\right), \tag{8.2}$$

$$\frac{\overline{X}-\mu}{\sigma/\sqrt{n}}\sim N(0,1). \tag{8.3}$$

证明见第六章之(6.63),(6.66),(6.67)式.

有关正态分布的各种计算,尤其是标准正态分布的 α 分位点的求法,在第六章第四节中已有详细介绍,在此不再赘述.

二、χ^2 分布

1. χ^2(χ 英文读音 chi)变量与 χ^2 分布

定义 1 设总体 $X\sim N(0,1)$,$(X_1,X_2,\cdots,X_n)$是样本,则称统计量

$$\chi^2=X_1^2+X_2^2+\cdots+X_n^2=\sum_{i=1}^{n}X_i^2$$

为 χ^2 变量. 参数 n 称为 χ^2 的自由度,表示 χ^2 中所包含的独立随机变量的个数. 称 χ^2 服从自由度为 n 的 χ^2 分布,记作

$$\chi^2\sim\chi^2(n).$$

$\chi^2(n)$分布的概率密度函数

$$f(y)=\begin{cases}\dfrac{1}{2^{\frac{n}{2}}\Gamma\left(\dfrac{n}{2}\right)}y^{\frac{n}{2}-1}\mathrm{e}^{-\frac{y}{2}}, & y\geqslant 0,\text{①}\\ 0, & y<0,\end{cases}$$

其图象见图 8-1.

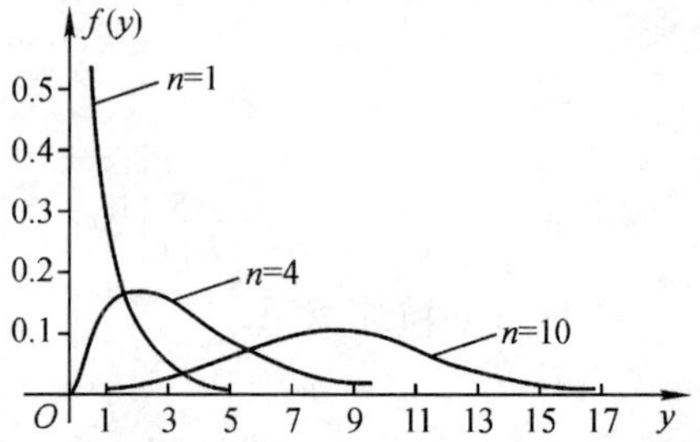

图 8-1

定理 2 设总体 $X\sim N(\mu,\sigma^2)$,$(X_1,X_2,\cdots,X_n)$是样本,则

(1) $\overline{X}$与 S^2 相互独立;

(2) $$\frac{n-1}{\sigma^2}S^2\sim\chi^2(n-1)\left(\text{即}\sum_{i=1}^{n}\left(\frac{X_i-\overline{X}}{\sigma}\right)^2\sim\chi^2(n-1)\right). \tag{8.4}$$

证明从略.

2. χ^2 分布的性质

(1) 可加性:若随机变量 $X\sim\chi^2(n_1)$,随机变量 $Y\sim\chi^2(n_2)$,且 X 与 Y 相互独立,则 $X+Y\sim\chi^2(n_1+n_2)$;

(2) 期望与方差:若 $\chi^2\sim\chi^2(n)$,则

---

① 式中 $\Gamma\left(\dfrac{n}{2}\right)$是 Γ 函数 $\Gamma(x)=\int_0^{+\infty}t^{x-1}\mathrm{e}^{-t}\mathrm{d}t\quad(x>0)$ 在 $x=\dfrac{n}{2}$ 的函数值.

$$E(\chi^2)=n,\ D(\chi^2)=2n;$$

(3) 渐近正态性：若 $\chi^2\sim\chi^2(n)$，则

$$\lim_{n\to\infty}P\left\{\frac{\chi^2-n}{\sqrt{2n}}\leqslant x\right\}=\frac{1}{\sqrt{2\pi}}\int_{-\infty}^{x}e^{-t^2/2}dt=\Phi(x).$$

证明从略.

由性质(2),(3)知，当 n 很大时，$\dfrac{\chi^2-n}{\sqrt{2n}}$近似地服从$N(0,1)$，从而 χ^2 近似地服从$N(n,2n)$.

3. χ^2 分布的计算

在实际应用中，χ^2 分布的计算主要是求上 α 分位点.

定义 2 设随机变量 $\chi^2\sim\chi^2(n)$，$f(y)$是概率密度，对于给定的概率 α $(0<\alpha<1)$，若数 χ^2_α 满足条件

$$P\{\chi^2>\chi^2_\alpha\}=\int_{\chi^2_\alpha}^{+\infty}f(y)dy=\alpha, \tag{8.5}$$

则称点 χ^2_α 为χ^2 分布的上 α 分位点或上侧临界值.

为了指出自由度，点 χ^2_α 亦可记为$\chi^2_\alpha(n)$，但应与表示分布的记号 $\chi^2(n)$区分开.

χ^2 分布的密度函数的图象如图 8-2 所示，它并不关于纵轴对称，所以不能引入双侧 α 分位点的概念，但有下 α 分位点.

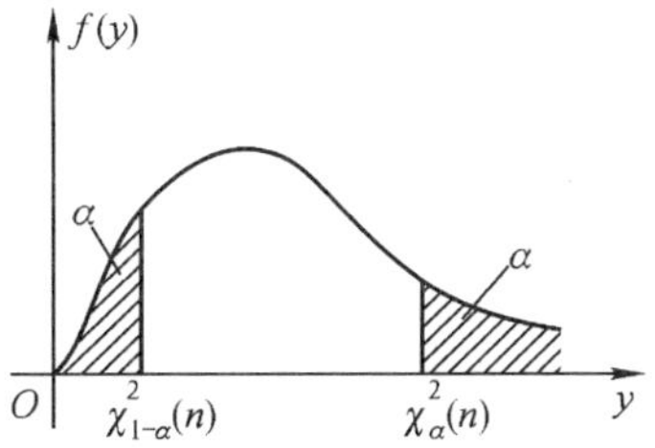

图 8-2

定义 3 设随机变量 $\chi^2\sim\chi^2(n)$，$f(y)$是概率密度，对于给定的概率 α $(0<\alpha<1)$，若数 C 满足

$$P\{\chi^2<C\}=\int_0^C f(y)dy=\alpha, \tag{8.6}$$

则称 C 为$\chi^2(n)$分布的下 α 分位点.

由于 $P\{\chi^2>C\}=1-\alpha$，

所以 $C=\chi^2_{1-\alpha}$，即 χ^2 分布的下 α 分位点就是上 $1-\alpha$ 分位点，几何意义见图 8-2.

要注意的是，χ^2 分布表是按(8.5)式编制，可以直接查到上 α 分位点$\chi^2_\alpha(n)$，而下 α 分位点 C 必须换算成上 $1-\alpha$ 分位点后才能查得：$C=\chi^2_{1-\alpha}(n)$. 例如，当 $\alpha=0.05$，$n=10$ 时，查 χ^2 分布表得

$$\chi^2_{0.05}(10)=18.307,$$

下 α 分位点$\chi^2_{1-0.05}(10)=\chi^2_{0.95}(10)=3.940$.

三、t 分布

1. T 变量与 t 分布

定义 4 设随机变量 X 与随机变量 Y 相互独立，且 $X\sim N(0,1)$，$Y\sim\chi^2(n)$，则称随机变量

$$T=\frac{X}{\sqrt{Y/n}}$$

为 T 变量，称 T 服从自由度为n 的 t 分布或学生氏(student)分布，记作 $T\sim t(n)$.

可以证明：t 分布的概率密度函数

$$f(t)=\frac{\Gamma\left(\frac{n+1}{2}\right)}{\sqrt{n\pi}\,\Gamma\left(\frac{n}{2}\right)}\left(1+\frac{t^2}{n}\right)^{-\frac{n+1}{2}}\quad(-\infty<t<+\infty),$$

$f(t)$的图象如图 8-3 所示,其形状与标准正态分布的概率密度函数的图象类似,可以证明

$$\lim_{n\to\infty}f(t)=\frac{1}{\sqrt{2\pi}}\mathrm{e}^{-t^2/2}.$$

所以,当 n 很大时,t 分布近似于标准正态分布. 但当正整数 n 很小时,二者相差很大.

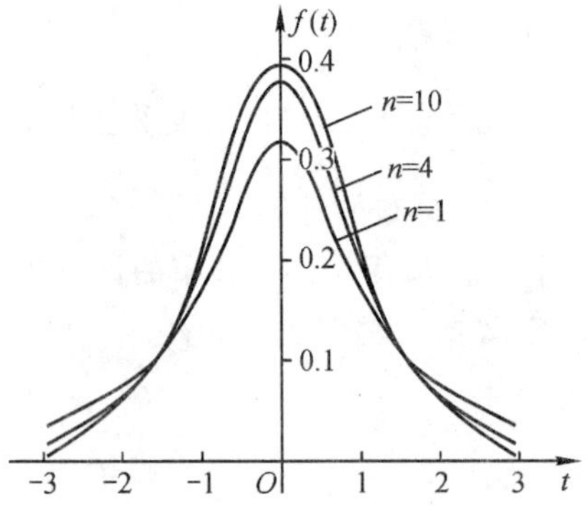

图 8-3

定理 3 设总体 $X\sim N(\mu,\sigma^2)$,$(X_1,X_2,\cdots,X_n)$是样本,则

$$\frac{\overline{X}-\mu}{S/\sqrt{n}}\sim t(n-1).\tag{8.7}$$

证明从略.

定理 4 设总体 $X\sim N(\mu_1,\sigma^2)$,样本为$(X_1,X_2,\cdots,X_{n_1})$;总体 $Y\sim N(\mu_2,\sigma^2)$,样本为$(Y_1,Y_2,\cdots,Y_{n_2})$,且 X,Y 互相独立,则

$$\frac{\overline{X}-\overline{Y}-(\mu_1-\mu_2)}{S_w\sqrt{\frac{1}{n_1}+\frac{1}{n_2}}}\sim t(n_1+n_2-2),\tag{8.8}$$

其中

$$S_w=\sqrt{\frac{(n_1-1)S_1^2+(n_2-1)S_2^2}{n_1+n_2-2}},$$

S_1^2 与 S_2^2 分别为总体 X 与 Y 的样本方差.

证明从略.

2. t 分布的计算

t 分布的计算与标准正态分布类似.

定义 5 设随机变量 $T\sim t(n)$,$f(t)$是概率密度,对于给定的概率 α $(0<\alpha<1)$,若数$t_\alpha(n)$满足条件

$$P\{T>t_\alpha(n)\}=\int_{t_\alpha(n)}^{+\infty}f(t)\mathrm{d}t=\alpha,\tag{8.9}$$

则称数 $t_\alpha(n)$为 t 分布的上α 分位点或上侧临界值,其几何意义如图 8-4 所示.

也称满足条件

$$P\{|T|>t_{\alpha/2}(n)\}=\alpha\tag{8.10}$$

的数 $t_{\frac{\alpha}{2}}(n)$为 t 分布的双侧α 分位点,其几何意义如图 8-5 所示.

在 t 分布表(附表 4)中,直接给出了上 α 分位点的值. 由于双侧 α 分位点$t_{\frac{\alpha}{2}}(n)$就是上$\frac{\alpha}{2}$分位点,所以,先算出$\frac{\alpha}{2}$的值,亦可从 t 分布表中查得 $t_{\frac{\alpha}{2}}(n)$的值. 例如,查 t 分布表得

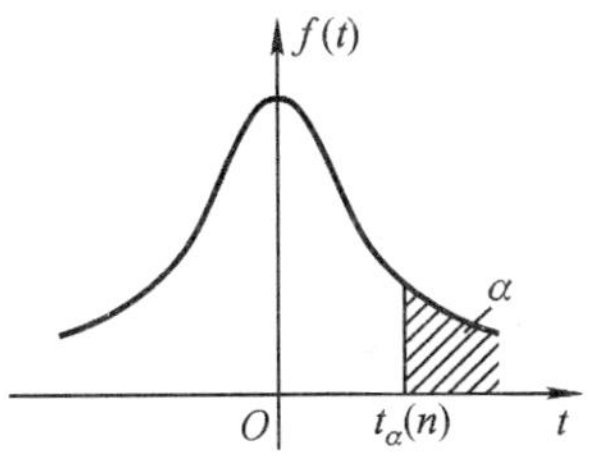

图 8-4

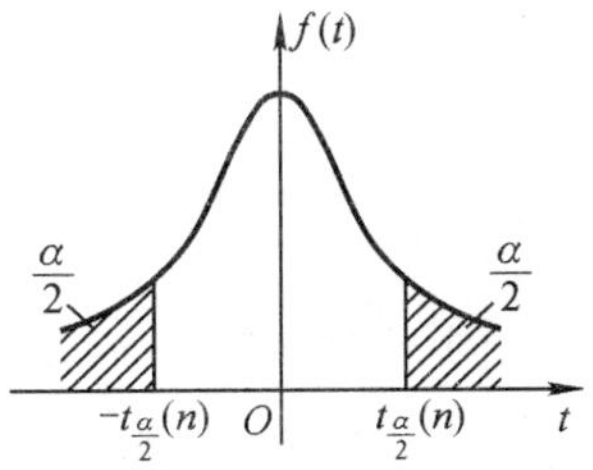

图 8-5

$$t_{0.05}(20)=1.7247,$$

$$t_{\frac{0.05}{2}}(20)=t_{0.025}(20)=2.0860.$$

一般 t 分布表中,自由度 n 最大只到 45,由于 t 分布的渐近正态性,当 $n>45$ 时,可用标准正态分布表查 $t_\alpha(n)$的值,即$t_\alpha(n)\approx U_\alpha$.

四、*F* 分布

(一) F 变量与 F 分布

定义 6 设随机变量 X 与随机变量 Y 相互独立,且 $X\sim\chi^2(n_1)$,$Y\sim\chi^2(n_2)$,则称

$$F=\frac{X/n_1}{Y/n_2} \tag{8.11}$$

为 F 变量,且服从第一自由度为 n_1,第二自由度为 n_2 的 F 分布,记作 $F\sim F(n_1,n_2)$.

可以证明,F 分布的概率密度函数

$$f(y)=\begin{cases}Ay^{\frac{n_1}{2}-1}\left(1+\dfrac{n_1}{n_2}y\right)^{-\frac{n_1+n_2}{2}}, & y\geqslant 0,\\ 0, & y<0,\end{cases}$$

其中

$$A=\frac{\Gamma\left(\dfrac{n_1+n_2}{2}\right)}{\Gamma\left(\dfrac{n_1}{2}\right)\Gamma\left(\dfrac{n_2}{2}\right)}\left(\frac{n_1}{n_2}\right)^{\frac{n_1}{2}}.$$

$f(y)$的图象如图 8-6 所示.

定理 5 设 n_i,S_i 为正态总体$X_i\sim N(\mu,\sigma_i^2)$的样本容量与样本方差($i=1,2$),且两样本相互独立,则

$$\frac{S_1^2/S_2^2}{\sigma_1^2/\sigma_2^2}\sim F(n_1-1,n_2-1).$$

证明从略.

(二) F 分布的计算

F 分布的概率密度曲线$f(y)$并不关于 $y=0$ 对称,与 χ^2 分布类似,也要求上 α 分位点和下 α 分位点.

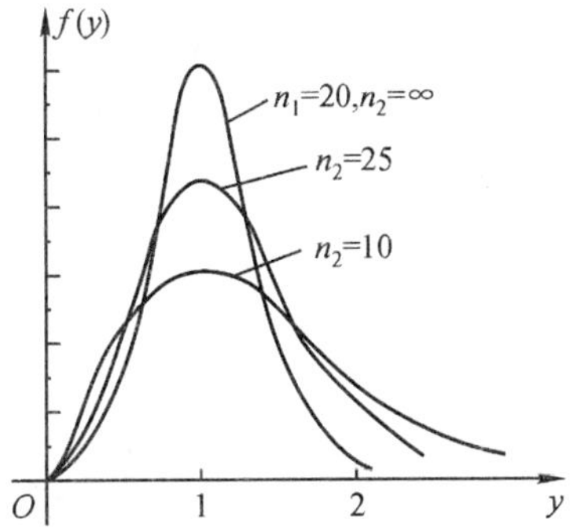

图 8-6

定义 7 设随机变量 $F \sim F(n_1,n_2)$，概率密度为 $f(y)$，对于给定的概率 $\alpha\ (0<\alpha<1)$，若数 $F_\alpha(n_1,n_2)$ 满足

$$P\{F > F_\alpha(n_1,n_2)\} = \int_{F_\alpha(n_1,n_2)}^{+\infty} f(y)\mathrm{d}y = \alpha, \tag{8.12}$$

则称点 $F_\alpha(n_1,n_2)$ 为 F 分布的上 α 分位点，称 F 分布的上 $1-\alpha$ 分位点 $F_{1-\alpha}(n_1,n_2)$ 为 F 分布的下 α 分位点.

显然有
$$P\{F < F_{1-\alpha}(n_1,n_2)\} = \alpha, \tag{8.13}$$

$F_\alpha(n_1,n_2)$ 与 $F_{1-\alpha}(n_1,n_2)$ 的几何意义如图 8－7 所示. 二者还有如下关系（证明略）：

$$F_{1-\alpha}(n_1,n_2) = \frac{1}{F_\alpha(n_1,n_2)}. \tag{8.14}$$

当 α 很小时，$F_\alpha(n_1,n_2)$ 的值可由 F 分布表（书末附表 5）直接查得；若 α 值很大，超出了表中 α 值的范围，则应利用 (8.14) 式进行变换后再查表. 例如

$$F_{0.05}(8,10) = 3.07,$$

$$F_{0.99}(12,20) = \frac{1}{F_{1-0.99}(20,12)} = \frac{1}{F_{0.01}(20,12)} = \frac{1}{3.86} \approx 0.259.$$

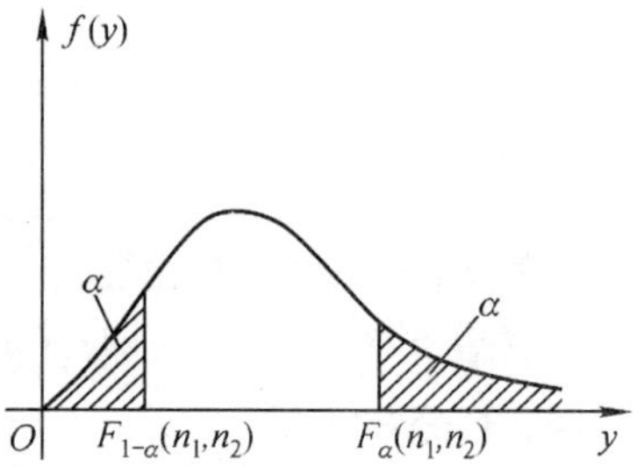

图 8－7

第三节 频率直方图

根据样本观测值 $(x_1,x_2,\cdots,x_n)$ 来估计（推断）总体 X 的概率分布，是数理统计的基本问题之一，解决的方法也多种多样，本节只介绍一个用频率直方图来推断总体概率分布的方法. 此法比较粗糙，但简单易行，能使我们获得关于总体分布的一个初步与直观的形象.

一、频率直方图的统计思想

频率直方图法是求总体分布的一种几何方法. 设 X 是连续型总体，概率密度是未知函数 $f(x)$，它的图象是一条未知曲线，与 x 轴所围曲边梯形的面积等于 1（见图 8－8）. 我们的想法是用一个由许多小矩形拼成的所谓频率直方图来作为上述曲边梯形的近似图形，则这个直方图的顶边——一条阶梯形折线，就是总体概率密度曲线的近似曲线. 这里，关键是如何作出这些小矩形.

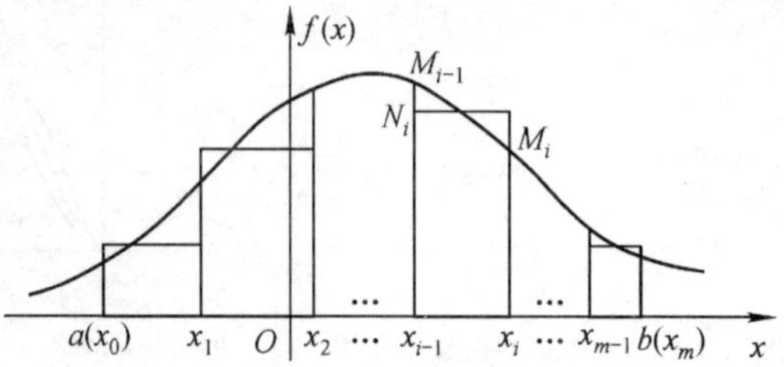

图 8－8

假设已知总体的 n 个观测数据，$[a,b]$是它们在 x 轴上所处的范围. 将$[a,b]$任意分割成 m 个小区间，分点为 $x_i(i=0,1,2,\cdots,m)$：

$$a=x_0<x_1<x_2<\cdots<x_m=b.$$

第 i 个小区间的长 $\Delta x_i=x_i-x_{i-1}(i=1,2,\cdots,m)$. 过每个分点作平行于 y 轴的直线，将整个曲边梯形分割成了 m 个小曲边梯形. 其中，第 i 个小曲边梯形的底边为线段 $x_{i-1}x_i$，其顶边是曲线段 $\overset{\frown}{M_{i-1}M_i}$ $(i=1,2,\cdots,m)$. 我们以 $x_{i-1}x_i$ 为底作一个小矩形 $x_{i-1}x_iM_iN_i$，使其高 $h_i=\dfrac{f_i}{\Delta x_i}$，其中 f_i 等于样本观测数据落在$(x_{i-1},x_i]$中的频率，而 $h_i=\dfrac{f_i}{\Delta x_i}$叫作区间$(x_{i-1},x_i]$的频率密度. 于是这个小矩形的面积

$$\begin{aligned}\Delta S_i&=\Delta x_i\cdot h_i=f_i\approx P\{x_{i-1}<X\leqslant x_i\}\\&=\text{第 } i \text{ 个小区边梯形的面积}\quad(i=1,2,\cdots,m),\end{aligned}$$

且

$$\sum_{i=1}^{m}\Delta S_i=1.$$

我们称这些小矩形拼成的图形为频率直方图. 它的顶边是一条阶梯形折线，可以作为总体概率密度曲线的近似曲线. 如果令样本容量 $n\to+\infty$ 且 $\Delta x_i\to 0(i=1,2,\cdots,m)$，则直方图顶边阶梯形折线将以一条曲线为极限，它就是总体 X 的概率密度曲线 $y=f(x)$.

二、频率直方图的作法

例 混凝土强度的统计分析

为了控制质量，从某建筑工地随机抽样得到 40 个试块，测得其强度(单位：N/mm^2)如下：

40.0	41.5	36.9	38.7	38.7	40.7	40.9	36.1
41.6	40.6	40.7	41.4	47.1	42.8	42.1	39.0
47.1	39.5	47.3	49.0	43.5	41.7	43.7	41.5
47.5	43.8	44.1	36.1	36.0	39.0	34.0	41.8
43.9	44.5	45.6	45.9	41.0	38.9	41.5	40.9

由于混凝土由多种材料组成，每种材料性能的变异以及在它们的配合比、搅拌、运输、浇筑及养护过程中所发生的变化，都会引起混凝土强度的波动，此外，在试块的制作和试验中产生的偏差也会引起混凝土强度的离散. 为了弄清强度的波动规律，试根据上述样本数据作出频率直方图，并据此作出对总体强度概率分布的初步估计.

解 Ⅰ. 数据整理.

1. 确定极差

最大观测数据 $M=49.0$，最小观测数据 $m=34.0$，极差 $=M-m=15.0$.

2. 数据分组

(1) 根据样本容量 n 的大小确定组数 k：

$30\leqslant n\leqslant 40$，$5\leqslant k\leqslant 6$，

$40\leqslant n\leqslant 60$，$6\leqslant k\leqslant 8$，

$60\leqslant n\leqslant 100$，$8\leqslant k\leqslant 10$，

$100 \leqslant n \leqslant 500, \; 10 \leqslant k \leqslant 20.$

本例中 $n=40$,取 $k=8$.

(2) 确定组距:一般取等距分组,则组距 $=\dfrac{M-m}{k}=\dfrac{15.0}{8}=1.875$. 为使计算简便,可适当扩大数据所在的范围. 本例中,样本数据为 $[m, M]=[34.0, 49.0]$,可 $a=34.0$, $b=50.0$,则组距调整为 $\dfrac{b-a}{k}=\dfrac{50.0-34.0}{8}=2$.

(3) 算好分组点,将 $[a, b]=[34.0, 50.0]$ 分组如下:

$[34,36], (36,38], (38,40], (40,42],$

$(42,44], (44,46], (46,48], (48,50].$

Ⅱ. 列频率分布表

表 8-1

组序	组距 Δx_i	区间范围	频数 n_i	频率 $f_i=\dfrac{n_i}{n}$	频率密度 $h_i=\dfrac{f_i}{\Delta x_i}$	累计频率
1	2	[34,36]	1	0.025	0.012 5	0.025
2		(36,38]	4	0.1	0.05	0.125
3		(38,40]	6	0.15	0.075	0.275
4		(40,42]	14	0.35	0.175	0.625
5		(42,44]	6	0.15	0.075	0.775
6		(44,46]	4	0.1	0.05	0.875
7		(46,48]	4	0.1	0.05	0.975
8		(48,50]	1	0.025	0.012 5	1.000
Σ			40	1		

Ⅲ. 作频率直方图(图 8-9).

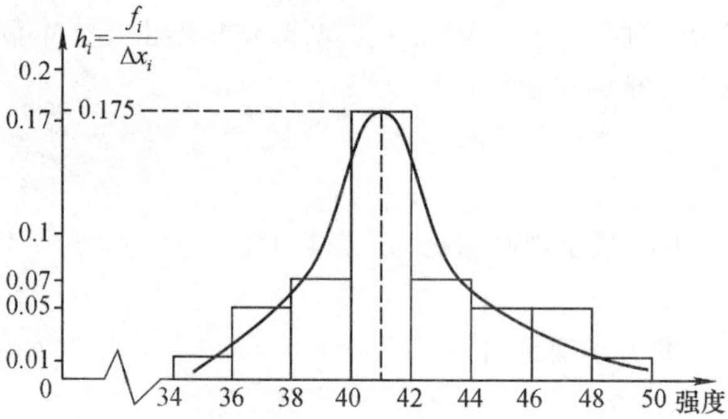

图 8-9

Ⅳ. 勾画出总体强度的概率密度近似曲线：通过各小矩形的顶边画一条曲线即得. 由于这条曲线的形状很像正态分布的概率密度曲线，所以我们可以大致推断：如能较好地控制质量，则混凝土的强度基本上服从正态分布. 由频率直方图还可以粗略地估计出总体期望 $\mu\approx 41.5$，均方差 $\sigma\approx\dfrac{1}{0.157\sqrt{2\pi}}\approx 2.541$.

习 题 八

1. 某种混凝土的抗压强度的随机抽样数据（单位：磅/英寸^2）为

1 839　1 697　3 030　2 424　2 020

2 909　1 815　2 020　2 310

求样本均值$\overline{X}$与样本方差.

2. 在总体 $X\sim N(45,9)$中，随机抽取一个容量为 36 的样本，求

(1) 样本均值$\overline{X}$落在$[43.8,45.8]$内的概率；

(2) 样本均值与总体均值的绝对偏差大于 1 的概率.

3. 设总体 $X\sim N(\mu,\sigma^2)$，$(X_1,X_2,\cdots,X_n)$是样本，求 $Y=\dfrac{1}{\sigma^2}\sum\limits_{i=1}^{n}(X_i-\mu)^2$ 的概率分布.

4. 查表求

(1) $\chi^2_{0.05}(9)$；　(2) $\chi^2_{0.01}(21)$；　(3) $\chi^2_{0.9}(18)$；

(4) $t_{0.05}(30)$；　(5) $t_{0.025}(16)$；　(6) $t_{0.01}(34)$；

(7) $F_{0.05}(12,20)$；　(8) $F_{0.01}(15,20)$；　(9) $F_{0.99}(10,30)$.

5. 随机变量 $T\sim t(n)$，查表求常数 t_0：

(1) $P\{|t|>t_0\}=0.05$，　$n=7$；

(2) $P\{|t|\leqslant t_0\}=0.95$，　$n=10$；

(3) $P\{T\leqslant t_0\}=0.99$，　$n=11$；

(4) $P\{T\geqslant t_0\}=0.9$，　$n=12$.

6. 奶粉用自动包装机装袋，为检查一批袋装奶粉的重量波动情况，从中随机抽取 50 袋，测得其重量（单位：g）如下：

442	440	448	446	443	442	446	441	444	448	446	446
440	444	442	444	445	440	444	444	443	444	442	443
445	439	450	437	445	449	436	448	444	445	432	442
442	440	450	443	447	440	444	453	440	456	446	445
440	446										

试画出频率直方图，大致推断这批产品的质量服从什么分布？均值与方差各是多少？

第九章 参数估计

从本章开始,我们将讨论数理统计学的基本问题——统计推断. 所谓统计推断就是由样本推断总体. 例如,通过对部分产品的检验推断全部产品的质量,通过对某水域若干份水样的分析推断整个水域的水质. 由于样本数据的取得是带随机性的,因此需要用数理统计的方法推断. 统计推断问题可分为两大类:(1)统计估计问题;(2)统计假设检验问题. 本章先介绍参数估计.

所谓**参数估计**就是根据样本观测值 $x_1, x_2, \cdots, x_n$ 来估计总体 X 分布中的未知数或数字特征值. 这种问题的一般提法是,设 X 的分布密度(或分布律)是 $f(x;\theta_1,\theta_2\cdots\theta_m)$,其中 $\theta_1,\theta_2,\cdots,\theta_m$ 是未知参数. 若 X 的样本值是 $x_1, x_2, \cdots, x_n$,问:如何估计出参数 $\theta_1,\theta_2,\cdots,\theta_m$ 的值?

通常,参数估计有两种方法:点估计和区间估计. 根据待估计参数 θ_i 的特征,由样本 $(X_1, X_2, \cdots, X_n)$ 构造恰当的统计量 $\hat{\theta}_i(X_1, X_2, \cdots, X_n)$,利用样本观测值 $(x_1, x_2, \cdots, x_n)$ 计算 $\hat{\theta}_i = \hat{\theta}_i(x_1, x_2, \cdots, x_n)$,用 $\hat{\theta}_i$ 作为 θ_i 的估计值. 由于 θ_i 的估计值 $\hat{\theta}_i$ 表现为实数轴上的一个点,我们称这种方法为参数的**点估计**. 有时不要求对参数作定值估计,而只要求估计出未知参数的一个所在范围,并指出参数被包含在这个范围的概率. 这时参数所在范围表现为实轴上的一个区间,所以将这种方法称为**区间估计**.

第一节 点 估 计

一、样本数字特征法

由于样本不同程度地反映了总体的信息,故人们自然想到用样本数字特征作为总体相应的数字特征的点估计量.

1. 以样本均值 $\overline{X}$ 作为总体均值 μ 的点估计量. 即

$$\hat{\mu} = \overline{X} = \frac{1}{n}\sum_{i=1}^{n} X_i, \tag{9.1}$$

又

$$\hat{\mu} = \overline{x} = \frac{1}{n}\sum_{i=1}^{n} x_i \tag{9.2}$$

为 μ 的点估计值.

2. 以样本方差 S^2 作为总体方差 σ^2 的点估计量. 即

$$\hat{\sigma}^2 = S^2 = \frac{1}{n-1}\sum_{i=1}^{n}(X_i - \overline{X})^2, \tag{9.3}$$

而

$$\hat{\sigma}^2 = s^2 = \frac{1}{n-1}\sum_{i=1}^{n}(x_i - \overline{x})^2, \tag{9.4}$$

为 σ^2 的点估计值.

这样求总体的数字特征的估计量的方法叫做**样本数字特征法**. 这是数理统计中最常用的一种点估计法,它并不需要知道总体的分布形式.

例 1 测距仪对某目标测量 10 次,测得距离如下(单位:m):

13 250	13 248	13 215	13 253	13 245
13 230	13 248	13 205	13 245	13 260

试估计该目标的距离和均方差.

解 以观测距离的均值作为目标距离的估计值:

$$\begin{aligned}\hat{\mu}=\bar{x}&=\frac{1}{n}\sum_{i=1}^{10}x_i\\&=\frac{1}{10}(13\,250+13\,248+13\,215+13\,253+13\,245+\\&\quad 13\,230+13\,248+13\,205+13\,245+13\,260)\\&=13\,240(\mathrm{m}),\end{aligned}$$

方差的估计值

$$\begin{aligned}\hat{\sigma}^2=s^2&=\frac{1}{n-1}\sum_{i=1}^{n}(x_i-\bar{x})^2\\&=\frac{1}{9}[(13\,250-13\,240)^2+(13\,248-13\,240)^2+\\&\quad(13\,215-13\,240)^2+\cdots+(13\,260-13\,240)^2]\\&=310.8.\end{aligned}$$

所以 $\hat{\sigma}=17.63$.

二、估计量的评判标准

我们对参数的估计,总是要求估计量围绕参数摆动,而且这种摆动尽量地小. 因此,要求估计量具备下列性质:

1. 无偏性:如果估计量 $\hat{\theta}$ 是参数 θ 的点估计,并有 $E(\hat{\theta})=\theta$,则称 $\hat{\theta}$ 是 θ 的**无偏估计量**.

例 2 证明:样本的均值 $\overline{X}=\frac{1}{n}\sum_{i=1}^{n}X_i$ 为总体 X 的数学期望 μ 的无偏估计量.

证 由于 $E(\overline{X})=E\left(\frac{1}{n}\sum_{i=1}^{n}X_i\right)=\frac{1}{n}\sum_{i=1}^{n}E(X_i)$

$$=\frac{1}{n}\cdot n\mu=\mu,$$

所以 $\overline{X}$ 是总体 X 的数学期望 μ 的无偏估计量.

例 3 证明 $\hat{D}=\frac{1}{n}\sum_{i=1}^{n}(X_i-\overline{X})^2$ 不是总体 X 的方差 σ^2 的无偏估计量.

证

$$\begin{aligned}E(\hat{D})&=E\left[\frac{1}{n}\sum_{i=1}^{n}(X_i-\overline{X})^2\right]\\&=\frac{1}{n}\cdot E\left\{\sum_{i=1}^{n}[(X_i-\mu)-(\overline{X}-\mu)]^2\right\}\end{aligned}$$

$$
\begin{aligned}
&= \frac{1}{n}E\left\{\sum_{i=1}^{n}(X_i-\mu)^2 - \right.\\
&\quad \left. 2\sum_{i=1}^{n}(X_i-\mu)(\overline{X}-\mu)+n(\overline{X}-\mu)^2\right\}\\
&= \frac{1}{n}E\left\{\sum_{i=1}^{n}(X_i-\mu)^2-2n(\overline{X}-\mu)^2+n(\overline{X}-\mu)^2\right\}\\
&= \frac{1}{n}E\left\{\sum_{i=1}^{n}(X_i-\mu)^2-n(\overline{X}-\mu)^2\right\}\\
&= \frac{1}{n}\left(n\sigma^2-n\cdot\frac{\sigma^2}{n}\right)\\
&= \frac{n-1}{n}\sigma^2,
\end{aligned}
$$

这说明 $\hat{D}$ 不是总体 X 的方差 σ^2 的无偏估计量. 但

$$
\begin{aligned}
E(S^2) &= E\left[\frac{1}{n-1}\sum_{i=1}^{n}(X_i-\overline{X})^2\right]\\
&= \frac{n}{n-1}E\left[\frac{1}{n}\sum_{i=1}^{n}(X_i-\overline{X})^2\right]\\
&= \frac{n}{n-1}\cdot\frac{n-1}{n}\cdot\sigma^2=\sigma^2,
\end{aligned}
$$

所以 S^2 是 σ^2 的无偏估计量. 这就是我们为什么以 S^2,而不是 $\hat{D}$ 作为总体方差 σ^2 的点估计量的原因.

2. 有效性:如果参数 θ 的二个无偏估计量 $\hat{\theta}_1$ 和 $\hat{\theta}_2$ 的方差分别为 $\sigma^2(\hat{\theta}_1)$ 和 $\sigma^2(\hat{\theta}_2)$,并且 $\sigma^2(\hat{\theta}_1)<\sigma^2(\hat{\theta}_2)$,则说无偏估计量 $\hat{\theta}_1$ 比 $\hat{\theta}_2$ 更有效.

如果 $\hat{\theta}$ 是 θ 的一个点估计,θ^* 表示 θ 的其他的任何点估计,并有 $\sigma^2(\hat{\theta})\leqslant\sigma^2(\theta^*)$,则称 $\hat{\theta}$ 是 θ 的最小方差估计. 具有最小方差的无偏估计量是最有效的估计量.

可以证明,在总体均值 μ 的所有形为 $\sum\limits_{i=1}^{n}A_iX_i$ $\left(其中\ A_i\geqslant 0,且\sum\limits_{i=1}^{n}A_i=1\right)$ 的无偏估计量中,样本均值 $\overline{X}$ 是 μ 的最有效的无偏估计量.

例 4 证明:如果 X 的数学期望及方差都存在,则 $D(\overline{X})=\dfrac{D(X)}{n}$.

证

$$
\begin{aligned}
D(\overline{X}) &= D\left[\frac{1}{n}\sum_{i=1}^{n}X_i\right]=\frac{1}{n^2}\sum_{i=1}^{n}D(X_i)\\
&= \frac{1}{n^2}\cdot nD(X)=\frac{D(X)}{n}.
\end{aligned}
$$

由这个例子可知,(i) $\overline{X}$ 比单个 X_i 有效;(ii) n 越大,$D(\overline{X})$就越小,也就是说 n 越大,$\overline{X}$ 对均值的估计就越有效.

第二节　最大似然估计法

根据“概率最大的事件应最可能出现”这一直观认识,我们介绍另一种理论上比较优良,适用范围较广的点估计方法,即最大似然估计法.

如果总体 X 为离散型随机变量,分布律的形式为 $P\{X=x\}=f(x,\theta)$,其中 θ 是未知参数.

由于样本 $X_1,X_2,\cdots,X_n$ 可以看作 n 个相互独立且与 X 有相同概率分布的随机变量. 而 $(x_1,x_2,\cdots,x_n)$是样本$(X_1,X_2,\cdots,X_n)$在一次试验中得到的观测值,这表示事件

$$\{X_1=x_1,\ X_2=x_2,\ \cdots,\ X_n=x_n\}$$

在一次试验中居然发生,说明该事件的概率

$$\begin{aligned}&P\{X_1=x_1,\ X_2=x_2,\ \cdots,\ X_n=x_n\}\\&=P\{X_1=x_1\}\cdot P\{X_2=x_2\}\cdot\cdots\cdot P\{X_n=x_n\}\\&=f(x_1,\theta)\cdot f(x_2,\theta)\cdot\cdots\cdot f(x_n,\theta)\end{aligned}$$

应很大. 这个概率是 θ 的函数,若存在一个 $\hat{\theta}$,使概率 $P\{X_1=x_1,\ X_2=x_2,\ \cdots,\ X_n=x_n\}$达到最大值,我们就可以取 $\hat{\theta}$ 作为未知参数θ 的估计值. 当总体 X 为连续型随机变量时,也有类似的分析. 于是,我们给出下面的定义:

定义 1　若总体 X 的概率密度(或分布律)$f(x,\theta)$的形式已知,其中 θ 为未知参数,$x_1,x_2,\cdots,x_n$ 为样本参数,则称

$$L=L(\theta)=f(x_1,\theta)\cdot f(x_2,\theta)\cdot\cdots\cdot f(x_n,\theta)\tag{9.5}$$

为似然函数.

定义 2　如果 $L(\theta)$在 $\hat{\theta}$ 达到最大值,则称 $\hat{\theta}$ 是θ 的最大似然估计值.

怎样求最大似然估计值呢? 根据微分知识,$L(\theta)$在最大值点的一阶偏导数等于 0,所以在 $L(\theta)$对 θ 可导时,由方程

$$\frac{\mathrm{d}L}{\mathrm{d}\theta}=0\tag{9.6}$$

求出 $\hat{\theta}$. 由于 L 与 $\ln L$ 同时达到最大值,有时用方程

$$\frac{\mathrm{d}\ln L}{\mathrm{d}\theta}=0\tag{9.7}$$

求 $\hat{\theta}$ 比较方便.

如果总体 X 的分布密度(或分布律)$f(x;\theta_1,\theta_2,\cdots,\theta_k)$中含有 k 个未知参数$\theta_1,\theta_2,\cdots,\theta_k$ 时,它的似然函数为

$$L=L(\theta_1,\theta_2,\cdots,\theta_k)=\prod_{i=1}^{n}f(x_i;\theta_1,\theta_2,\cdots\theta_k)\ .\tag{9.8}$$

当 L 或 $\ln L$ 对这些参数的偏导数都存在时,可由方程组

$$
\begin{cases}
\dfrac{\partial L}{\partial \theta_1} = 0, \\
\dfrac{\partial L}{\partial \theta_2} = 0, \\
\cdots\cdots\cdots \\
\dfrac{\partial L}{\partial \theta_k} = 0
\end{cases}
\quad 或 \quad
\begin{cases}
\dfrac{\partial \ln L}{\partial \theta_1} = 0, \\
\dfrac{\partial \ln L}{\partial \theta_2} = 0, \\
\cdots\cdots\cdots \\
\dfrac{\partial \ln L}{\partial \theta_k} = 0
\end{cases}
\tag{9.9}
$$

求得未知参数 $\theta_1, \theta_2, \cdots, \theta_k$ 的最大似然估计量.

数学上可以证明,一定条件下,只要 n 充分大,最大似然估计和未知参数的值可相差任意小,而且在一定意义上没有比最大似然估计更好的估计.

例 1 设总体 X 的概率密度为

$$
f(x,\lambda) = \begin{cases} \lambda e^{-\lambda x}, & x > 0, \\ 0, & x \leqslant 0, \end{cases}
$$

$x_1, x_2, \cdots x_n$ 为样本观测值,求未知参数 $\lambda(\lambda>0)$的最大似然估计量.

解 似然函数

$$
L = L(\lambda) = \prod_{i=1}^{n} f(x_i, \lambda) = \prod_{i=1}^{n} \lambda e^{-\lambda x_i}
$$

$$
= \lambda^n e^{-\lambda \sum_{i=1}^{n} x_i} = \lambda^n e^{-n\lambda \bar{x}} \quad (x_i > 0),
$$

取对数,得

$$
\ln L = n \ln \lambda - n\lambda \bar{x},
$$

令

$$
\frac{d \ln L}{d\lambda} = \frac{n}{\lambda} - n\bar{x} = 0,
$$

解得 λ 的最大似然估计值为

$$
\hat{\lambda} = \frac{1}{\bar{x}},
$$

所以最大似然估计量 $\hat{\lambda} = \dfrac{1}{\bar{X}}$.

例 2 设总体 $X \sim N(\mu, \sigma^2)$,样本 $X_1, X_2, \cdots X_n$,求未知参数 μ, σ^2 的最大似然估计量.

解 设 $x_1, x_2, \cdots, x_n$ 为 X 的一组样本观测值,X 的概率密度

$$
f(x, \mu, \sigma^2) = \frac{1}{\sqrt{2\pi}\sigma} e^{-\frac{(x-\mu)^2}{2\sigma^2}},
$$

似然函数为

$$
L = L(\mu, \sigma^2) = \prod_{i=1}^{n} \frac{1}{\sqrt{2\pi}\sigma} e^{-\frac{(x_i-\mu)^2}{2\sigma^2}}
$$

$$
= \frac{1}{(2\pi\sigma^2)^{\frac{n}{2}}} \cdot e^{-\frac{1}{2\sigma^2}\sum_{i=1}^{n}(x_i-\mu)^2},
$$

取对数,得

$$
\ln L = -\frac{n}{2}\ln(2\pi\sigma^2) - \frac{1}{2\sigma^2}\sum_{i=1}^{n}(x_i - \mu)^2,
$$

求偏导数,解方程组

$$\begin{cases}\dfrac{\partial \ln L}{\partial \mu} = \dfrac{1}{\sigma^2}\sum\limits_{i=1}^{n}(x_i - \mu) = 0, \\ \dfrac{\partial \ln L}{\partial \sigma^2} = -\dfrac{n}{2\sigma^2} + \dfrac{1}{2\sigma^4}\sum\limits_{i=1}^{n}(x_i - \mu)^2 = 0 .\end{cases}$$

解得

$$\hat{\mu} = \frac{1}{n}\sum_{i=1}^{n}x_i \quad (\text{记作 } \overline{x}),$$

$$\hat{\sigma}^2 = \frac{1}{n}\sum_{i=1}^{n}(x_i - \overline{x})^2,$$

所以 μ,σ^2 的估计量分别为

$$\hat{\mu} = \overline{X},$$

$$\hat{\sigma}^2 = \frac{1}{n}\sum_{i=1}^{n}(X_i - \overline{X})^2.$$

可见,方差 σ^2 的最大似然估计量与样本方差略有不同,考虑到无偏性的要求(见上节例 3),一般还是取样本方差 S^2 作为总体方差 σ^2 的点估计.

第三节 区间估计

前面讨论的是参数的点估计. 在实际中任何一种估计,由于它是随机变量,所以估计一般都带有一定的误差. 对于未知参数 θ,除了求出它的点估计 θ 之外,还希望估计出一个范围,并希望知道这个范围包含参数 θ 的真值的可靠程度. 这种用区间的形式给出未知参数真值的变化范围(置信区间),同时还给出此区间包含参数 θ 真值可靠程度(置信度)的估计称为**区间估计**.

一、概念

定义 设 θ 为总体分布的一个未知参数,如果对于给定的 $1-\alpha(0<\alpha<1)$,能由样本确定出两个统计量 $\theta_1(X_1,X_2,\cdots,X_n)$ 和 $\theta_2(X_1,X_2,\cdots,X_n)$,使

$$P\{\theta_1(X_1,X_2,\cdots,X_n) < \theta < \theta_2(X_1,X_2,\cdots,X_n)\} = 1-\alpha \tag{9.10}$$

成立,则称随机区间 (θ_1,θ_2) 为参数 θ 的 $1-\alpha$ 置信区间,其中 $1-\alpha$ 称为置信度(或置信水平),θ_1 和 θ_2 分别称为置信下限和置信上限.

当取置信度 $1-\alpha=0.95$ 时,参数 θ 的 0.95 置信区间的意思是:取 100 组容量为 n 的样本观测值所确定的 100 个置信区间 (θ_1,θ_2) 中,约有 95 个区间含有 θ 的真值,约有 5 个区间不含有 θ 的真值. 或者说由一个样本 $X_1,X_2,\cdots,X_n$ 所确定的一个置信区间 $(\theta_1(X_1,X_2,\cdots,X_n),\theta_2(X_1,X_2,\cdots,X_n))$ 中含有 θ 真值的可能性为 95%.

本节仅研究正态总体的均值与方差 $1-\alpha$ 的置信区间的求法,并设 $X_1,X_2,\cdots,X_n$ 来自正态总体 $N(\mu,\sigma^2)$ 的容量为 n 的样本.

二、正态总体均值和方差的区间估计

1. 方差 σ^2 已知,求均值 μ 的 $1-\alpha$ 置信区间

因 σ^2 已知,故 $U=\dfrac{\overline{X}-\mu}{\sigma/\sqrt{n}}\sim N(0,1)$.

对于给定的置信度 $1-\alpha$,由标准正态分布,有

$$P\left\{-U_{\frac{\alpha}{2}}<\frac{\overline{X}-\mu}{\frac{\sigma}{\sqrt{n}}}<U_{\frac{\alpha}{2}}\right\}=1-\alpha$$

成立(如图 9-1 所示),即

$$P\left\{\overline{X}-U_{\frac{\alpha}{2}}\cdot\frac{\sigma}{\sqrt{n}}<\mu<\overline{X}+U_{\frac{\alpha}{2}}\cdot\frac{\sigma}{\sqrt{n}}\right\}=1-\alpha$$

成立.

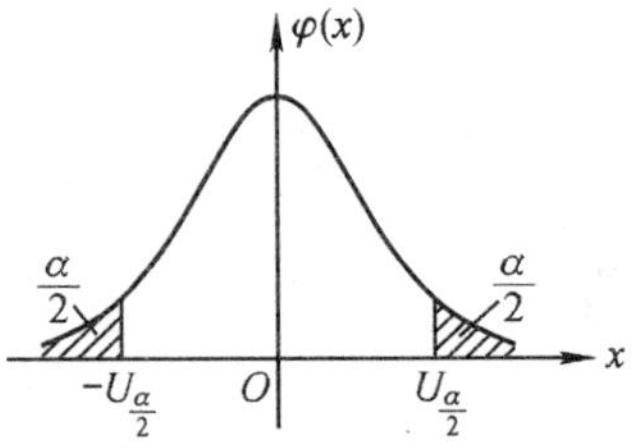

图 9-1

故由上式求得 μ 的 $1-\alpha$ 置信区间为

$$\left(\overline{X}-U_{\frac{\alpha}{2}}\cdot\frac{\sigma}{\sqrt{n}},\overline{X}+U_{\frac{\alpha}{2}}\cdot\frac{\sigma}{\sqrt{n}}\right). \tag{9.11}$$

例 1 某车间生产滚珠,从长期实践知道,滚珠直径可认为服从正态分布,现从某天产品中随机抽取 6 件,测得直径为(单位:mm)

14.6 15.1 14.9 14.8 15.2 15.1

(1) 试估计该天产品的平均直径;

(2) 若已知方差为 0.06,试求平均直径的置信区间($\alpha=0.01$).

解 (1) $\mu=\overline{X}$

$$=\frac{1}{6}(14.6+15.1+\cdots+15.1)$$

$$=14.95.$$

(2) 由于滚珠直径 $X\sim N(\mu,0.06)$,

$$\alpha=0.01\text{ 时},U_{0.005}=2.576.$$

$$\overline{X}-2.576\frac{\sigma}{\sqrt{n}}=14.95-2.576\frac{\sqrt{0.06}}{\sqrt{6}}=14.69,$$

$$\overline{X}+2.576\frac{\sigma}{\sqrt{n}}=14.95+2.576\frac{\sqrt{0.06}}{\sqrt{6}}=15.21,$$

即 μ 的置信度为 $1-0.010$ 的置信区间为(14.69,15.21).

2. 方差 σ^2 未知,求 μ 的 $1-\alpha$ 置信区间

实际中经常遇到的是方差未知的情况,此时又如何找 μ 的置信区间呢?一个很自然的想法是利用样本方差代替总体方差.

由 $T=\dfrac{\overline{X}-\mu}{\frac{S}{\sqrt{n}}}\sim t(n-1)$,于是对于给定的置信度 $1-\alpha$,由 t 分布,有

$$P\left\{-t_{\frac{\alpha}{2}}(n-1)<\frac{\overline{X}-\mu}{\frac{S}{\sqrt{n}}}<t_{\frac{\alpha}{2}}(n-1)\right\}=1-\alpha$$

成立(如图 9－2 所示),即有

$$P\left\{\overline{X}-t_{\frac{\alpha}{2}}(n-1)\cdot\frac{S}{\sqrt{n}}<\mu<\overline{X}+t_{\frac{\alpha}{2}}(n-1)\cdot\frac{S}{\sqrt{n}}\right\}=1-\alpha$$

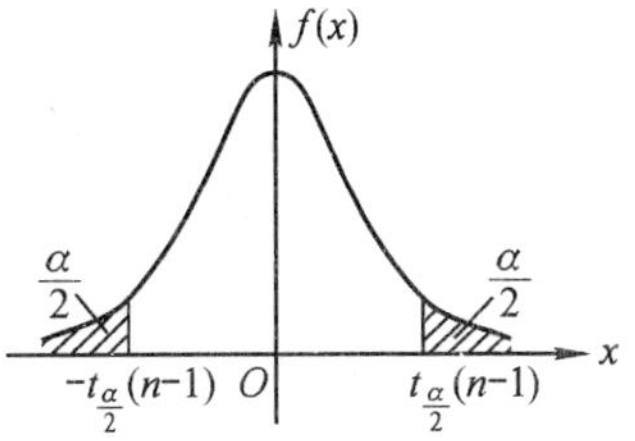

图 9－2

成立.

所以由上式得 μ 的 $1-\alpha$ 置信区间为

$$\left(\overline{X}-t_{\frac{\alpha}{2}}(n-1)\cdot\frac{S}{\sqrt{n}},\overline{X}+t_{\frac{\alpha}{2}}(n-1)\cdot\frac{S}{\sqrt{n}}\right).\tag{9.12}$$

例 2 对某型号飞机的飞行速度进行了 15 次试验,测得最大飞行速度(单位:m/s)为

422.2　417.2　425.6　420.3　425.8　423.1　418.7　428.2

438.2　434.0　412.3　431.5　413.5　441.3　423.0

根据长期经验,可以认为最大飞行速度服从正态分布,试就上述试验数据对最大飞行速度的期望值 μ 进行区间估计($\alpha=0.05$).

解 用 X 表示最大飞行速度,因方差 σ^2 未知,故可用(9.12)式进行区间估计,具体计算如下:

$$\overline{x}=\frac{1}{n}\sum_{i=1}^{n}x_i=\frac{1}{15}(422.2+417.2+\cdots+423.0)=425.0,$$

$$\sum_{i=1}^{n}(x_i-\overline{x})^2=(422.2-425.0)^2+(417.2-425.0)^2+\cdots+(423.0-425.0)^2=1\,008.68,$$

$$S^2=\frac{1}{n-1}\sum_{i=1}^{n}(x_i-\overline{x})^2=\frac{1}{14}\times1\,008.68,$$

$$S=8.488\,1.$$

查表得 $t_{\frac{\alpha}{2}}(n-1)=t_{0.025}(14)=2.144\,8$,于是

$$\overline{X}-t_{\frac{\alpha}{2}}(n-1)\cdot\frac{S}{\sqrt{n}}=425.0-2.144\,8\times\frac{8.488\,1}{\sqrt{15}}=420.3,$$

$$\overline{X}+t_{\frac{\alpha}{2}}(n-1)\cdot\frac{S}{\sqrt{n}}=425.0+2.144\,8\times\frac{8.488\,1}{\sqrt{15}}=429.7,$$

得 μ 的置信水平为 0.95 的置信区间为(420.3,429.7).

3. 方差 σ^2 的 $1-\alpha$ 置信区间

因统计量 $\frac{(n-1)S^2}{\sigma^2}\sim\chi^2(n-1)$,所以对给定的置信度 $1-\alpha$,由 χ^2 分布,有

$$P\left\{\chi_{1-\frac{\alpha}{2}}^{2}(n-1)<\frac{(n-1)S^{2}}{\sigma^{2}}<\chi_{\frac{\alpha}{2}}^{2}(n-1)\right\}=1-\alpha$$

成立(如图 9－3 所示),即有

$$P\left\{\frac{(n-1)S^{2}}{\chi_{\frac{\alpha}{2}}^{2}(n-1)}<\sigma^{2}<\frac{(n-1)S^{2}}{\chi_{1-\frac{\alpha}{2}}^{2}(n-1)}\right\}=1-\alpha$$

成立.

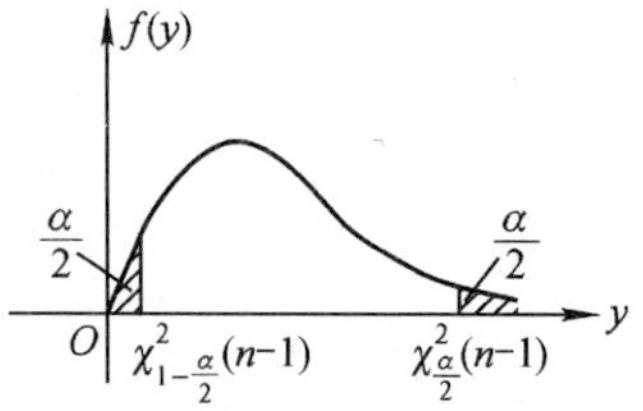

图 9－3

故由上式得 σ^2 的 $1-\alpha$ 置信区间为

$$\left(\frac{(n-1)S^{2}}{\chi_{\frac{\alpha}{2}}^{2}(n-1)},\frac{(n-1)S^{2}}{\chi_{1-\frac{\alpha}{2}}^{2}(n-1)}\right), \tag{9.13}$$

而均方差 σ 的 $1-\alpha$ 置信区间为

$$\left(S\cdot\sqrt{\frac{n-1}{\chi_{\frac{\alpha}{2}}^{2}(n-1)}},S\cdot\sqrt{\frac{n-1}{\chi_{1-\frac{\alpha}{2}}^{2}(n-1)}}\right). \tag{9.14}$$

例 3 从自动机床加工的同类零件中随机抽取 16 件,测得长度(单位:mm)为

12.15　12.12　12.01　12.28　12.08　12.16　12.03　12.01

12.06　12.13　12.07　12.11　12.08　12.01　12.03　12.06

设零件长度 X 服从正态分布,试求长度 X 的总体方差 σ^2 的置信度为 0.95 的置信区间.

解 由题意 $n=16, 1-\alpha=0.95\left(即\frac{\alpha}{2}=0.025\right)$,得

$$\bar{x}=\frac{1}{16}\sum_{i=1}^{16}x_i=12.087,$$

$$S^2=\frac{1}{16-1}\sum_{i=1}^{16}(x_i-\bar{x})^2=0.005\,07,$$

$$S=0.007\,12.$$

由 χ^2 分布表查得

$$\chi_{\frac{\alpha}{2}}^{2}(n-1)=\chi_{0.025}^{2}(15)=27.488,$$

$$\chi_{1-\frac{\alpha}{2}}^{2}(n-1)=\chi_{0.975}^{2}(15)=6.262,$$

于是将

$$\frac{(n-1)S^{2}}{\chi_{\frac{\alpha}{2}}^{2}(n-1)}=\frac{15\times0.005\,07}{27.488}=0.002\,8,$$

$$\frac{(n-1)S^{2}}{\chi_{1-\frac{\alpha}{2}}^{2}(n-1)}=\frac{15\times0.005\,07}{6.262}=0.012\,1$$

代入(9.13)式就得到方差 σ^2 的 0.95 置信区间

$$(0.002\,8,\ 0.012\,1).$$

例 4 为测定一批空心板的承载力,进行抗弯强度试验,工程经验表明,在正常条件下,抗弯强度服从正态分布,取样 10 块,测得实验数据(单位:$\mathrm{kgf/cm^2}$)如下:

452　446　461　454　455

449　468　446　450　483

试求抗弯强度 X 的 $E(X)$ 及其 $1-\alpha$ 置信区间($\alpha=0.1$)

解　由试验数据得样本均值

$$\overline{X}=\frac{1}{10}\sum_{i=1}^{10}X_i=\frac{1}{10}(452+446+\cdots+483)=456.4,$$

$$S^2=\frac{1}{n-1}\sum_{i=1}^{10}(X_i-\overline{X})^2$$

$$=\frac{1}{9}[(452-456.4)^2+(446-456.4)^2+\cdots+(483-456.4)^2]$$

$$=133.6.$$

因为 $X\sim N(\mu,\sigma^2)$,方差 σ^2 未知,故用 T 统计量. 又由 $\alpha=0.1$,查 t 分布表知 $t_{\frac{\alpha}{2}}(9)=1.833\,1$,而

$$t_{\frac{\alpha}{2}}(n-1)\cdot\frac{S}{\sqrt{n}}=1.833\,1\times\frac{\sqrt{133.6}}{\sqrt{10}}=6.70,$$

由置信区间为 $\left(\overline{X}-t_{\frac{\alpha}{2}}\cdot\frac{S}{\sqrt{n}},\overline{X}+t_{\frac{\alpha}{2}}\cdot\frac{S}{\sqrt{n}}\right)$,代入以上数据,得抗弯强度 X 的 $1-\alpha$ 置信区间为 $(449.7,463.1)$.

习　题　九

1. 从一批垫圈中随机抽取 10 个,测得它的厚度(单位:mm)如下:

1.23　1.24　1.26　1.29　1.20　1.32　1.23　1.23　1.29　1.28

试用数字特征法求出垫圈厚度的总体均值和均方差 σ 的估计值.

2. 已知某种灯泡的使用寿命服从正态分布,在某星期所生产的该种灯泡中随机抽取 10 只,测得其寿命(单位:h)为

1 067　919　1 196　785　1 126　936　918　1 156　920　948

试用数字特征法求出寿命总体的均值 μ 和方差 σ^2 的估计值,并估计这种灯泡的寿命大于 1 300 h 的概率.

3. 设总体 X 的分布密度

$$f(x,\alpha)=\begin{cases}(\alpha+1)x^{\alpha}, & 0<x<1,\\ 0, & \text{其他},\end{cases}$$

求参数 α 的最大似然估计值.

4. 已知某种电子设备的使用寿命(从开始使用到失效为止)服从指数分布,分布密度是 $p(x;\theta)=\frac{1}{\theta}e^{-\frac{1}{\theta}x}$ $(x>0,\theta>0)$,今随机抽取 18 台,测得寿命(单位:h)数据如下:

16　29　50　68　100　130　140　270　280　340

410　450　520　620　190　210　800　1 100

问:如何估计出 θ?

5. 某预制厂在生产过程中,定期检查搅拌罐的搅拌质量,现对 12 块混凝土试块进行强度单位:kgf/cm^2(1×10^{-1} MPa)检查,结果如下:

212　204　193　189　198　217　208　211　190　199　220　207

试估计混凝土强度的范围($\alpha=0.05$).

6. 某车间生产的螺杆直径服从正态分布,今随机抽取5只,测得直径(单位:mm)为

$$22.5\quad 21.5\quad 22.0\quad 21.8\quad 21.4$$

(1) 已知 $\sigma=0.3$,求 μ 的0.95置信区间;

(2) σ 未知,求 μ 的0.95置信区间.

7. 某生产空心板的预制构件厂,经实践和工程实践得知空心板的承载力服从正态分布,从该厂产品中任取10块作承载力(单位:kgf/cm^2)的试验,数据如下:

201	210	196	187	203
192	200	207	195	215

试估计承载力 X 的 μ 和 σ^2 的置信区间($\alpha=0.1$).

8. 从一批钢筋中,抽取20根进行试验,其屈服点(单位:t/cm^2)为

4.98	5.11	5.20	5.20	5.11	5.00	5.61	4.88	5.27	5.38
5.46	5.27	5.23	4.96	5.35	5.15	5.35	4.77	5.38	5.54

设屈服点 X 近似地服从正态分布,求屈服点 X 的 $E(X)$ 和 σ 的区间估计($\alpha=0.1$).

9. 测量一距离 R 10次,仪器无系统误差,测量结果具有波动性,即为一随机变量 X,且得 $\overline{x}=120.4$ m,$\hat{\sigma}=2.22$ m,求 $E(X)$ 的置信区间($\alpha=0.1$).

第十章　假设检验

上一章讨论了对总体参数的估计. 在实际应用中,人们不仅需要依据样本估计总体的未知参数,还需要依据样本检验未知参数是否等于某个数,这样的问题就属于假设检验. 与参数估计一样,假设检验也是统计推断的主要内容之一. 本章仅讨论单个正态总体的均值与方差的假设检验和两个正态总体均值与方差相等的假设检验.

第一节　假设检验的统计思想

一、为什么要作假设检验

先看下面的例子:

例　某车间生产螺钉,它的标准直径为 $\mu_0 = 2$ cm. 即使工艺条件不变,所生产螺钉的直径也不会全等于 μ_0,而是在 μ_0 附近波动,从过去经验知螺钉直径 $X \sim N(2, 0.1^2)$. 现采用了一种新工艺,抽取用新工艺生产的 $n = 100$ 个螺钉,测得其平均直径为 $\overline{X} = 1.978$(cm),问 $\overline{X}$ 与 μ_0 的差异纯粹是偶然的波动,还是反映了工艺改变的影响呢? 由此可以看出,生产或科学试验中,要求我们处理的数据,总是有波动的,而这种波动是由两种不同性质的误差引起的. 一种误差是随机误差,它是由于生产中受偶然因素的影响,或对产量测量的不准确所造成的,即使在同一工艺条件下,这种误差也不可能避免. 另一种误差即所谓的条件误差,它是由于工艺条件的改变等原因所造成的.

显然,如何正确区分这两种误差是解决上述问题的关键. 但是,这两种误差经常纠缠在一起,一般难于直观地分辨.

假设检验是帮助我们处理这一类问题的一种科学方法:

上例中要回答“工艺是否改变”这个问题,实质上就是根据总体 X 的一组样本观测值来检验假设 $H_0: \mu = \mu_0 = 2$ 是否成立.

当假设 H_0 成立时,我们接受 H_0,即认为 μ 与 μ_0 之间没有显著差异,差异纯粹是偶然波动所产生的;当假设 H_0 不成立时,我们就拒绝 H_0,即认为 μ 与 μ_0 之间有显著差异,工艺改变产生了影响.

二、假设检验的基本思想

由概率论知道,试验中的随机事件都有自己的概率,概率较小的事件,称为“小概率事件”,至于概率小到何种程度才称小概率,不同的问题有不同的要求,在一般观念中概率小于 0.05 的事件称为小概率事件.

假设检验所根据的原理是“小概率事件在一次试验中几乎是不可能发生的”. 这也称为实际

推断原理.

现在,再以例 1 来说明,如果工艺的改变对螺钉直径没有影响(即 $H_0:\mu=\mu_0$,这种假设在统计学中称为原假设),即不存在条件误差,$\overline{X}$ 与 μ_0 的差异纯粹是随机误差. 或者说样本仍可看作是从原来总体中抽取的.

所以
$$\overline{X}\sim N\left(\mu_0,\frac{\sigma_0^2}{n}\right),$$
$$\frac{\overline{X}-\mu_0}{\frac{\sigma_0}{\sqrt{n}}}\sim N(0,1),$$

依 $P\{$拒绝 $H_0|H_0$ 为真$\}=\alpha$ (取 $\alpha=0.05$),由标准正态分布,有
$$P\left\{\left|\frac{\overline{X}-\mu_0}{\sigma_0/\sqrt{n}}\right|>U_{\frac{\alpha}{2}}\right\}=0.05,$$

查表得
$$U_{\frac{\alpha}{2}}=1.96\ ,$$

计算得$\left(\mu_0-1.96\frac{\sigma_0}{\sqrt{n}},\mu_0+1.96\frac{\sigma_0}{\sqrt{n}}\right)=(1.98,2.02)$.

现在 $\overline{X}=1.978$ 落在上述区间之外,而这一事件发生的概率仅为 0.05. 现在我们只作了一次试验,小概率事件就发生了,这就否定了 H_0,即推翻了"工艺改变对螺钉直径没有影响"的原假设,亦即认为工艺改变使螺钉直径偏小了. 这就是假设检验的基本思想.

三、两类错误

在例 1 中,因为 $\overline{X}$ 落在区间$\left(\mu_0-1.96\frac{\sigma_0}{\sqrt{n}},\mu_0+1.96\frac{\sigma_0}{\sqrt{n}}\right)$之外,我们拒绝原假设 H_0,即新工艺生产的螺钉平均直径与 μ_0 相差较大,有显著差异. 如果 $\overline{X}$ 落在区间之内,我们就接受原假设 H_0,即新工艺生产的螺钉平均直径与 μ_0 无显著差异.

在统计学中,一般称 H_0 为原假设,H_1(如例 1 中可设 $H_1:\mu\neq\mu_0$)为备择假设.

落在其中而承认原假设正确的区域称为接受域,接受域之外的数值构成的集合称为拒绝域.

总之,解决一个假设检验问题,就是在给定的大前提下,针对回答原假设 H_0 成立与否,选择一个合适的统计量 T,并给出拒绝域. 因为样本是随机抽取的,有可能犯下面两类性质的错误.

一类错误是:H_0 实际为真而拒绝 H_0 的错误,或称为"以真当假"的错误,其发生的概率为"弃真"概率,用 α $(0<\alpha<1)$表示,即
$$P\{\text{拒绝 } H_0 \mid H_0 \text{ 为真}\}=\alpha.$$

另一类错误是:当 H_1 为真时,而样本的观察值落入了接受域. 即 H_0 实际为假而接受 H_0 的错误,称这种错误为"以假当真"的错误,其发生的概率又称"纳伪"概率,用 β $(0<\beta<1)$表示,即
$$P\{\text{接受 } H_0 \mid H_0 \text{ 为假}\}=\beta.$$

为明确起见,我们把两类错误列于下表中:

表 10 - 1

判断 \ 真实情况	H_0 为真	H_1 为真(H_0 为假)
拒绝 H_0	犯"弃真"错误	判断正确
接受 H_0	判断正确	犯"纳伪"错误

自然,我们希望犯这两类错误的概率越小越好,但对一定的样本容量 n,不能使犯两类错误的概率同时减小. 奈曼与皮尔逊提出了一个原则:应在控制犯第一类错误的概率 α 的条件下,尽量使犯第二类错误的概率 β 小,因为人们常常把拒绝 H_0 比错误地接受 H_0 看得更重要些. 在统计学中我们把 α 称为检验的**显著性水平**,简称水平.

检验步骤是:

(1) 根据问题的要求,建立原假设 H_0 及备择假设 H_1;

(2) 根据 H_0 的内容,选取合适的统计量,并确定统计量的分布;

(3) 在给定水平 α 下,查表定出临界值,确定拒绝域;

(4) 由样本观察值算出统计量的具体值;

(5) 作出判断:统计量的具体值落入拒绝域中,则拒绝 H_0,否则接受 H_0.

四、假设检验的三种类型

在实际问题中,还经常需要检验 $\mu>\mu_0$ 或者 $\mu<\mu_0$ 是否成立? 归纳起来,对于 μ 的假设检验问题有以下三种不同类型:

1. 在水平 α 下检验假设

$$H_0: \mu=\mu_0$$

是否成立.

2. 在水平 α 下检验假设

$$H_0: \mu=\mu_0; \ H_1: \mu>\mu_0$$

哪一个成立.

3. 在水平 α 下检验假设

$$H_0: \mu=\mu_0; \ H_1: \mu<\mu_0$$

哪一个成立.

第一个检验假设也可以写成

$$H_0: \mu=\mu_0; \ H_1: \mu\neq\mu_0,$$

故称为双边检验,但假设 H_1 常常省略. 假设 2,3 称为单边检验,H_0 称为原假设,H_1 称为原假设 H_0 的备择假设或对立假设. 意思是当 H_0 被拒绝时,就必须接受备择假设 H_1. 反之,当接受 H_0 时,就必须拒绝 H_1.

第二节　单个正态总体的均值与方差的假设检验

一、正态总体均值的假设检验

1. 方差 σ^2 已知,对总体均值 μ 的检验——U 检验

设$(X_1,\cdots,X_n)$是从正态总体 $N(\mu,\sigma^2)$中抽取的一个样本,其中 $\sigma^2=\sigma_0^2$ 已知,要检验假设

$$H_0:\mu=\mu_0,\quad H_1:\mu\neq\mu_0.$$

因为
$$U=\frac{\overline{X}-\mu_0}{\frac{\sigma}{\sqrt{n}}}\sim N(0,1),$$

由标准正态分布有

$$P\left\{\left|\frac{\overline{X}-\mu_0}{\frac{\sigma}{\sqrt{n}}}\right|>U_{\frac{\alpha}{2}}\right\}=\alpha$$

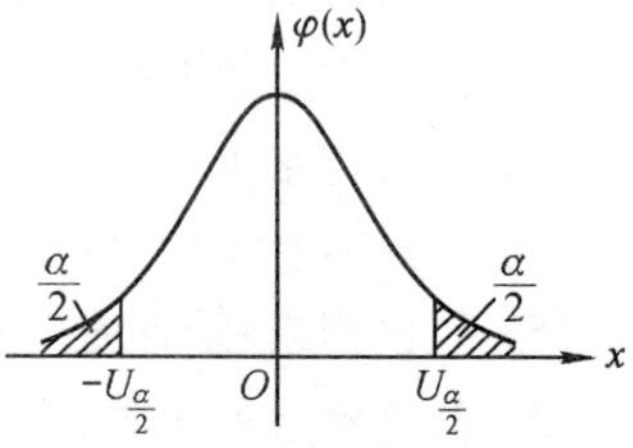

图 10－1

成立(图 10－1),即有

$$P\left\{|\overline{X}-\mu_0|>U_{\frac{\alpha}{2}}\cdot\frac{\sigma}{\sqrt{n}}\right\}=\alpha$$

成立,于是在水平 α 下由上式可确定H_0 的拒绝域为

$$|\overline{X}-\mu_0|>U_{\frac{\alpha}{2}}\cdot\frac{\alpha}{\sqrt{n}}.$$

代入样本观察值计算作出判断即可.

例 1　某厂用自动包装机装箱,额定标准为每箱质量 100 kg. 若每箱质量服从正态分布,$\sigma=1.15$,某日开工后,随机抽取 10 箱,称及质量(单位:kg)为:

99.3　98.9　101.5　101.0　99.6

98.7　102.2　100.8　99.8　100.9

试确定包装机工作是否正常($\alpha=0.05$).

解　在水平 α 下检验假设

$$H_0:\mu=\mu_0=100$$

是否成立.

因为 $\sigma=1.15,\ n=10,\ \overline{X}=\frac{1}{10}\sum_{i=1}^{10}x_i=100.27,$

$$k=U_{\frac{\alpha}{2}}\cdot\frac{\sigma}{\sqrt{n}}=U_{0.025}\cdot\frac{1.15}{\sqrt{10}}=1.96\times\frac{1.15}{\sqrt{10}}=0.713,$$

$$|\overline{X}-\mu_0|=|100.27-100|=0.27<0.71$$

则有
$$|\overline{X}-\mu_0|<k,$$

于是,在水平 $\alpha=0.05$ 下接受假设 H_0,即认为这天包装机工作正常.

2. 方差 σ^2 未知,对总体均值 μ 的检验——t 检验

设$(X_1,X_2,\cdots,X_n)$是来自正态总体$N(\mu,\sigma^2)$的一个样本,σ^2为未知,在水平α下检验假设

$$H_0: \mu = \mu_0,$$

检验步骤如下:

(1) 选择统计量 $T=\dfrac{\overline{X}-\mu_0}{S/\sqrt{n}}\sim t(n-1)$;

(2) 由 $P\left\{|T|>t_{\frac{\alpha}{2}}(n-1)\right\}=\alpha$(图 10-2)($t_{\frac{\alpha}{2}}(n-1)$由 t 分布表查得),即有

$$P\left\{|\overline{X}-\mu_0|>\frac{S}{\sqrt{n}}t_{\frac{\alpha}{2}}(n-1)\right\}=\alpha$$

成立,于是由上式得水平α下H_0的拒绝域:

$$|\overline{X}-\mu_0|>\frac{S}{\sqrt{n}}t_{\frac{\alpha}{2}}(n-1);$$

(3) 由样本观察值算出 $\overline{X}$ 及$\dfrac{S}{\sqrt{n}}t_{\frac{\alpha}{2}}(n-1)$;

(4) 作出判断:

若$|\overline{X}-\mu_0|>\dfrac{S}{\sqrt{n}}t_{\frac{\alpha}{2}}(n-1)$,则拒绝 H_0;

若$|\overline{X}-\mu_0|\leqslant\dfrac{S}{\sqrt{n}}t_{\frac{\alpha}{2}}(n-1)$,则接受 H_0.

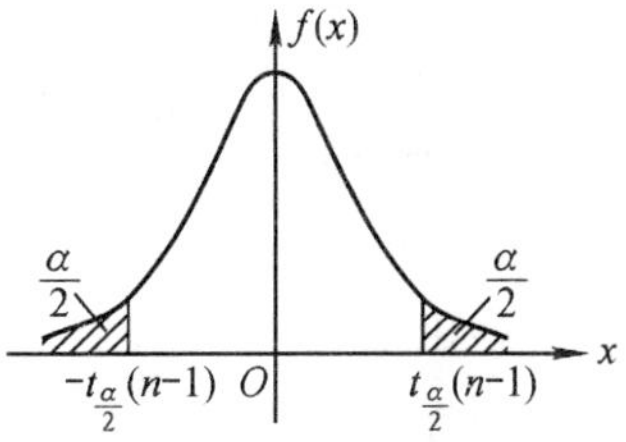

图 10-2

例 2 某糖厂用自动打包机装糖,每包质量$X\sim N(\mu,\sigma^2)$,其标准质量$\mu_0=100$ kg. 某日开工后测及 9 包质量如下:

99.3 98.7 100.5 101.2 98.3 99.7 99.5 102.1 100.5

问这天打包机工作是否正常($\alpha=0.05$)?

解 本题即对假设

$$H_0: \mu=100$$

作出检验,由于方差σ^2未知,故用t检验. 代入数据计算,得

$$\overline{X}=\frac{1}{n}\sum_{i=1}^{n}x_i=99.98,$$

$$S^2=\frac{1}{n-1}\sum_{i=1}^{n}(x_i-\overline{X})^2=1.469,$$

$$S=1.21,$$

$$T=\frac{\overline{X}-\mu_0}{S/\sqrt{n}}=\frac{99.98-100}{\frac{1.21}{3}}=-0.055,$$

由

$$P\left\{t(8)>t_{\frac{\alpha}{2}}(8)\right\}=\frac{\alpha}{2},$$

查表得

$$t_{0.025}(8)=2.306\,0.$$

由于$|T|=0.055<t_{\frac{\alpha}{2}}(8)$,所以认为打包机工作正常,即所打糖包的总体平均质量仍为 100 kg.

3. 对正态总体均值μ的单边检验

上面讨论了正态总体方差 σ^2 已知或未知时，对总体均值 μ 的双边检验. 同样，我们可以对 μ 进行单边检验. 这里不一一讨论，现与双边检验一起列表汇总如下：

表 10－2　正态总体均值 μ 的假设检验表

H_0	H_1	在显著水平 α 下的拒绝域	
		方差 σ^2 已知	方差 σ^2 未知
$\mu=\mu_0$	$\mu\neq\mu_0$	$\lvert\overline{X}-\mu_0\rvert>\frac{\sigma}{\sqrt{n}}\cdot U_{\frac{\alpha}{2}}$	$\lvert\overline{X}-\mu_0\rvert>\frac{S}{\sqrt{n}}t_{\frac{\alpha}{2}}(n-1)$
$\mu=\mu_0$	$\mu>\mu_0$	$\overline{X}-\mu_0>\frac{\sigma}{\sqrt{n}}\cdot U_\alpha$	$\overline{X}-\mu_0>\frac{S}{\sqrt{n}}t_\alpha(n-1)$
$\mu=\mu_0$	$\mu<\mu_0$	$\overline{X}-\mu_0<-\frac{\sigma}{\sqrt{n}}\cdot U_\alpha$	$\overline{X}-\mu_0<-\frac{S}{\sqrt{n}}t_\alpha(n-1)$

例 3　已知某种元件的寿命服从正态分布，要求该元件的平均寿命不低于 1 000 h，现从这批元件中随机抽取 25 只，测得样本平均寿命 $\overline{X}=980$ h，标准差 $S=65$ h，试在水平 $\alpha=0.05$下，确定这批元件是否合格.

解　σ^2 未知，在 $\alpha=0.05$ 下检验假设

$$H_0:\mu=\mu_0=1\,000;\quad H_1:\mu<\mu_0=1\,000.$$

由表 10－2 查及 H_0 的拒绝域为

$$\overline{X}-\mu_0<-t_\alpha(n-1)\cdot\frac{S}{\sqrt{n}}\xlongequal{令}k,$$

由题意 $n=25$，$S=65$，查表得 $t_{0.05}(24)=1.710\,9$.

所以
$$k=-1.710\,9\cdot\frac{65}{\sqrt{25}}=-22.24,$$

$$\overline{X}-\mu_0=980-1\,000=-20>-22.24,$$

则
$$\overline{X}-\mu_0>k,$$

于是，在水平 $\alpha=0.05$ 下接受 H_0，拒绝 H_1. 即认为在水平 $\alpha=0.05$下这批元件合格.

二、正态总体方差的假设检验——χ^2 检验

我们只讨论总体均值 μ 未知时，方差 σ^2 的假设检验.

设$(X_1,\cdots,X_n)$是来自正态总体 $N(\mu,\sigma^2)$的样本，μ 未知，在水平 α 下，检验假设

$$H_0:\sigma^2=\sigma_0^2.$$

检验步骤如下：

(1) 选择统计量

当 $\sigma^2=\sigma_0^2$ 为真时，统计量

$$\frac{(n-1)S^2}{\sigma_0^2}\sim\chi^2(n-1).$$

(2) 确定拒绝域

由
$$P\left\{\left(\frac{(n-1)S^2}{\sigma_0^2}<\chi^2_{1-\frac{\alpha}{2}}(n-1)\right)\right.$$

$$\cup \left(\frac{(n-1)S^2}{\sigma_0^2} > \chi^2_{\frac{\alpha}{2}}(n-1)\right)\right\} = \alpha$$

成立(如图 10－3 所示),于是由上式求得水平 α 下的 H_0 的拒绝域为

$$\frac{S^2}{\sigma_0^2} < \frac{1}{n-1}\chi^2_{1-\frac{\alpha}{2}}(n-1) \text{和} \frac{S^2}{\sigma_0^2} > \frac{1}{n-1}\chi^2_{\frac{\alpha}{2}}(n-1).$$

(3) 由样本观测值作出检验结论

当 S^2 使

$$\frac{S^2}{\sigma_0^2} < \frac{1}{n-1}\chi^2_{1-\frac{\alpha}{2}}(n-1) \text{或} \frac{S^2}{\sigma_0^2} > \frac{1}{n-1}\chi^2_{\frac{\alpha}{2}}(n-1)$$

发生时,在水平 α 下认为 σ^2 与 σ_0^2 有显著差异而拒绝 H_0.

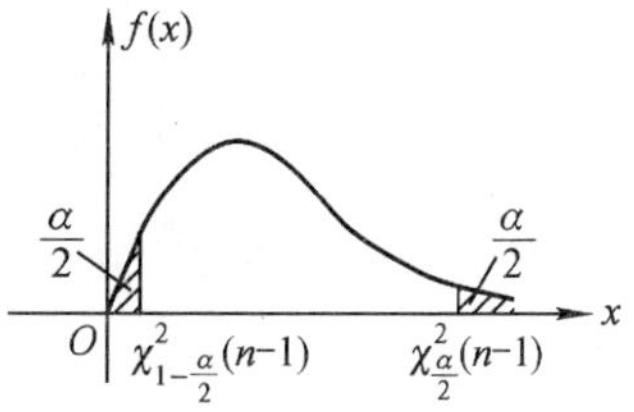

图 10－3

当 S^2 使

$$\frac{1}{n-1}\chi^2_{1-\frac{\alpha}{2}}(n-1) < \frac{S^2}{\sigma_0^2} < \frac{1}{n-1}\chi^2_{\frac{\alpha}{2}}(n-1)$$

发生时,在水平 α 下认为 σ^2 与 σ_0^2 无显著差异而接受 H_0.

例 4 一细纱车间纺出某种细纱支数标准差为 1.2. 某日从纺出的一批纱中,随机抽 15 缕进行支数测量,测得子样标准差 s 为 2.1,若总体服从正态分布,试在水平 $\alpha=0.05$ 下,确定纱的均匀度有无显著变化?

解 由题意,提出检验假设

$$H_0: \sigma^2 = 1.2^2.$$

用 χ^2 检验法. 由 $\alpha=0.05$, $n=15$,查 χ^2 分布表得 $\chi^2_{\frac{\alpha}{2}}(n-1)=26.119$, $\chi^2_{1-\frac{\alpha}{2}}(n-1)=5.629$,计算

$$\chi^2 = \frac{(n-1)S^2}{\sigma^2} = 14\times\frac{2.1^2}{1.2^2} = 42.875,$$

易知

$$\chi^2 = 42.875 > 26.119,$$

所以拒绝 H_0,即这天细纱均匀度有显著变化.

上面讨论了 μ 未知时,对 σ^2 的双边检验. 同样,我们可以对 σ^2 进行单边检验,现综合列表如下:

表 10－3　正态总体均值 μ 未知时方差 σ^2 的假设检验表

H_0	H_1	在显著水平 α 下 H_0 的拒绝域
$\sigma^2=\sigma_0^2$	$\sigma^2\neq\sigma_0^2$	$\frac{S^2}{\sigma_0^2}<\frac{1}{n-1}\chi^2_{1-\frac{\alpha}{2}}(n-1)$ 或 $\frac{S^2}{\sigma_0^2}>\frac{1}{n-1}\chi^2_{\frac{\alpha}{2}}(n-1)$
$\sigma^2=\sigma_0^2$	$\sigma^2>\sigma_0^2$	$\frac{S^2}{\sigma_0^2}>\frac{1}{n-1}\chi^2_{\alpha}(n-1)$
$\sigma^2=\sigma_0^2$	$\sigma^2<\sigma_0^2$	$\frac{S^2}{\sigma_0^2}<\frac{1}{n-1}\chi^2_{1-\alpha}(n-1)$

例 5 某种电子元件,要求平均寿命不低于 2 000 h,标准差不超过 130 h,现从一批该种元件中抽取 25 只,测得寿命均值 $\overline{X}=1\,950$ h,标准差 $S=148$ h,试在水平 $\alpha=0.05$ 下,确定这批元件

是否合格(设元件寿命服从正态分布).

解 首先检验假设

$$H_0: \mu = \mu_0 = 2\,000; \quad H_1: \mu < \mu_0 = 2\,000.$$

由表 10 - 2 查得 H_0 的拒绝域为

$$\overline{X} - \mu_0 < -\frac{S}{\sqrt{n}} t_\alpha(n-1).$$

由题意,$n=25$,$\overline{X}=1\,950$, $S=148$, $\alpha=0.05$. 查 t 分布表知 $t_{0.05}(24)=1.710\,9$,所以

$$-\frac{S}{\sqrt{n}} t_\alpha(n-1) = -\frac{148}{\sqrt{25}} \times 1.710\,9 = -50.6,$$

而
$$\overline{X} - \mu_0 = 1\,950 - 2\,000 = -50,$$

所以
$$\overline{X} - \mu_0 > -\frac{S}{\sqrt{n}} t_\alpha(n-1)$$

于是在 $\alpha=0.05$ 下接受 H_0,拒绝 H_1,即认为元件的寿命不低于 2 000 h.

其次,检验假设

$$H_0: \sigma^2 = \sigma_0^2 = 130^2; \quad H_1: \sigma^2 > \sigma_0^2 = 130^2.$$

由表 10 - 3 得 H_0 的拒绝域为

$$\frac{S^2}{\sigma_0^2} > \frac{1}{n-1}\chi_\alpha^2(n-1),$$

查 χ^2 分布表得 $\chi_{0.05}^2(24)=36.415$,

$$\frac{1}{n-1}\chi_\alpha^2(n-1) = \frac{1}{25-1} \times 36.415 = 1.52,$$

而
$$\frac{S^2}{\sigma^2} = \frac{148^2}{130^2} = 1.30,$$

所以
$$\frac{S^2}{\sigma^2} < \frac{1}{n-1}\chi_\alpha^2(n-1).$$

于是在水平 $\alpha=0.05$ 下,接受 H_0,拒绝 H_1,即认为元件总体标准差 σ 不超过 130 h.

综上所述,这批元件合格.

第三节　两个正态总体均值相等与方差相等的假设检验

设两个正态总体 $N(\mu_1, \sigma_1^2)$和 $N(\mu_2, \sigma_2^2)$的两组独立的样本均值分别为$\overline{X_1}$和$\overline{X_2}$,样本方差分别为 S_1^2 和 S_2^2,样本容量分别为 n_1 和 n_2. 下面分别讨论均值相等和方差相等的假设检验中 H_0 的拒绝域的求法.

一、两个正态总体均值相等的假设检验

1. σ_1^2, σ_2^2 已知,均值相等的假设检验——U 检验

在水平 α 下检验假设

$$H_0: \mu_1 = \mu_2; \quad H_1: \mu_1 \neq \mu_2.$$

检验步骤如下：

(1) 表示拒绝域

$$P\{\text{拒绝 } H_0 \mid H_0 \text{ 为真}\}$$
$$= P\{|\overline{X_1} - \overline{X_2}| > k \mid \mu_1 = \mu_2 \text{ 为真}\} = \alpha.$$

(2) 选择统计量

当 $\mu_1 = \mu_2$ 时，$\overline{X_1} - \overline{X_2} \sim N\left(0, \frac{\sigma_1^2}{n_1} + \frac{\sigma_2^2}{n_2}\right)$，即

$$U = \frac{\overline{X_1} - \overline{X_2}}{\sqrt{\frac{\sigma_1^2}{n_1} + \frac{\sigma_2^2}{n_2}}} \sim N(0,1).$$

(3) 确定拒绝域

由 $P\{|U| > U_{\frac{\alpha}{2}}\} = \alpha$，得

$$P\left\{|\overline{X_1} - \overline{X_2}| > U_{\frac{\alpha}{2}} \cdot \sqrt{\frac{\sigma_1^2}{n_1} + \frac{\sigma_2^2}{n_2}}\right\} = \alpha$$

成立，于是求得水平 α 下 H_0 的拒绝域为

$$|\overline{X_1} - \overline{X_2}| > U_{\frac{\alpha}{2}} \cdot \sqrt{\frac{\sigma_1^2}{n_1} + \frac{\sigma_2^2}{n_2}}.$$

2. σ_1^2, σ_2^2 未知但相等，均值相等的假设检验

在水平 α 下检验假设

$$H_0: \mu_1 = \mu_2; \quad H_1: \mu_1 \neq \mu_2.$$

检验步骤如下：

(1) 表示拒绝域

$$P\{\text{拒绝 } H_0 \mid H_0 \text{ 为真}\}$$
$$= P\{|\overline{X_1} - \overline{X_2}| > k \mid \mu_1 = \mu_2 \text{ 为真}\} = \alpha.$$

(2) 选择统计量

当 $\mu_1 = \mu_2$ 为真且 $\sigma_1^2 = \sigma_2^2$（σ_1, σ_2 未知）时，有

$$T = \frac{\overline{X_1} - \overline{X_2}}{S_w \sqrt{\frac{1}{n_1} + \frac{1}{n_2}}} \sim t(n_1 + n_2 - 2),$$

其中 $S_w = \sqrt{\frac{(n_1 - 1)S_1^2 + (n_2 - 1)S_2^2}{n_1 + n_2 - 2}}$.

(3) 确定拒绝域

由 t 分布，有

$$P\{|T| > t_{\frac{\alpha}{2}}\} = \alpha,$$

得 $P\left\{|\overline{X_1}-\overline{X_2}|>t_{\frac{\alpha}{2}}\cdot S_w\sqrt{\frac{1}{n_1}+\frac{1}{n_2}}\right\}=\alpha$ 成立，于是求得水平 α 下 H_0 的拒绝域为

$$|\overline{X_1}-\overline{X_2}|>t_{\frac{\alpha}{2}}(n_1+n_2-2)\cdot S_w\cdot\sqrt{\frac{1}{n_1}+\frac{1}{n_2}}\ .$$

二、两个正态总体方差相等的假设检验

下面仅介绍 μ_1 和 μ_2 都未知时，方差相等的假设检验：

在水平 α 下检验假设

$$H_0:\sigma_1^2=\sigma_2^2;\quad H_1:\sigma_1^2\neq\sigma_2^2.$$

检验步骤如下：

(1) 用 $\frac{S_1^2}{S_2^2}<k_1\cup\frac{S_1^2}{S_2^2}>k_2$ 表示拒绝 H_0（即由 S_1^2 与 S_2^2 之间有显著差异来推断 σ_1^2 与 σ_2^2 间有显著差异而拒绝 H_0），于是有：

$$\begin{aligned}&P\{拒绝\ H_0\,|\,H_0\ 为真\}\\ =\ &P\{S_1^2/S_2^2<k_1\cup S_1^2/S_2^2>k_2\,|\,\sigma_1^2=\sigma_2^2\ 为真\}=\alpha.\end{aligned}$$

(2) 选择统计量

因为 $\frac{S_1^2/S_2^2}{\sigma_1^2/\sigma_2^2}\sim F(n_1-1,\ n_2-1)$，当 $\sigma_1^2=\sigma_2^2$ 为真时，

$$\frac{S_1^2}{S_2^2}\sim F(n_1-1,\ n_2-1).$$

(3) 确定拒绝域

由 F 分布，有

$$P\{[S_1^2/S_2^2<F_{1-\frac{\alpha}{2}}(n_1-1,n_2-1)]\cup[S_1^2/S_2^2>F_{\frac{\alpha}{2}}(n_1-1,n_2-1)]\}=\alpha$$

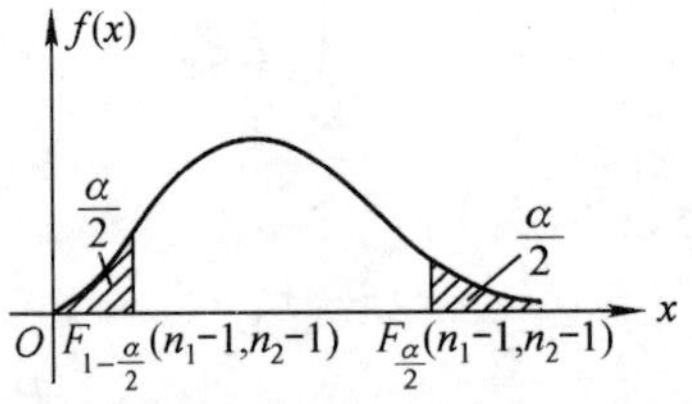

图 10－4

成立（如图 10－4 所示），于是求得水平 α 下 H_0 的拒绝域为

$$S_1^2/S_2^2<F_{1-\frac{\alpha}{2}}(n_1-1,n_2-1)$$

及 $$S_1^2/S_2^2>F_{\frac{\alpha}{2}}(n_1-1,n_2-1).$$

同理，我们也有两个正态总体参数的其他显著性假设检验．这里不逐个讨论，现综合列表如下（表 10－4）：

表 10－4　正态总体参数的显著性假设检验

检验参数	假设 H_0	假设 H_1	统计量	显著水平 α 下 H_0 的拒绝域
μ	$\mu_1=\mu_2$ （σ_1^2,σ_2^2 已知）	$\mu_1\neq\mu_2$	$U=\frac{\overline{X_1}-\overline{X_2}}{\sqrt{\frac{\sigma_1^2}{n_1}+\frac{\sigma_2^2}{n_2}}}$	$\|U\|>U_{\frac{\alpha}{2}}$
		$\mu_1>\mu_2$		$U>U_\alpha$
		$\mu_1<\mu_2$		$U<-U_\alpha$

续表

检验参数	假设		统计量	显著水平 α 下 H_0 的拒绝域
	H_0	H_1		
	$\mu_1=\mu_2$ ($\sigma_1^2=\sigma_2^2$, σ_1,σ_2 未知)	$\mu_1\neq\mu_2$	$T=\dfrac{\overline{X_1}-\overline{X_2}}{S_w\sqrt{\dfrac{1}{n_1}+\dfrac{1}{n_2}}}$ 其中 $S_w=\sqrt{\dfrac{(n_1-1)S_1^2+(n_2-1)S_2^2}{n_1+n_2-2}}$	$\|T\|>t_{\frac{\alpha}{2}}(n_1+n_2-2)$
		$\mu_1>\mu_2$		$T>t_\alpha(n_1+n_2-2)$
		$\mu_1<\mu_2$		$T<-t_\alpha(n_1+n_2-2)$
σ^2	$\sigma_1^2=\sigma_2^2$ (μ_1,μ_2 未知)	$\sigma_1^2\neq\sigma_2^2$	$F=\dfrac{S_1^2}{S_2^2}$	$F<F_{1-\frac{\alpha}{2}}(n_1-1,n_2-1)$ 或 $F>F_{\frac{\alpha}{2}}(n_1-1,n_2-1)$
		$\sigma_1^2>\sigma_2^2$		$F>F_\alpha(n_1-1,n_2-1)$
		$\sigma_1^2<\sigma_2^2$		$F<F_{1-\alpha}(n_1-1,n_2-1)$

例 有两种不同的配方生产同一种材料,对用第一种配方生产的材料进行了 7 次试验,测得材料的平均强度 $\overline{X_1}=13.8\ \mathrm{kg/cm^2}$,标准差 $S_1=3.9\ \mathrm{kg/cm^2}$;对用第二种配方生产的材料进行了 8 次试验,测得其平均强度 $\overline{X_2}=17.8\ \mathrm{kg/cm^2}$,标准差 $S_2=4.7\ \mathrm{kg/cm^2}$. 已知两种工艺生产的材料强度都服从正态分布,试在水平 $\alpha=0.05$ 下检验:

(1) 两种配方生产的材料强度的两个总体方差是否可认为相等;

(2) 若(1)中的方差相等,能否认为第一种配方生产的材料强度低于第二种配方生产的材料强度.

解 (1) 在水平 $\alpha=0.05$ 下检验假设

$$H_0:\ \sigma_1^2=\sigma_2^2$$

是否成立.

由表 10-4 得 H_0 的拒绝域为

$$F<F_{1-\frac{\alpha}{2}}(n_1-1,n_2-1)\ \text{或}\ F>F_{\frac{\alpha}{2}}(n_1-1,n_2-1).$$

根据题设条件并查 F 分布表,得

$$k_1=F_{1-\frac{\alpha}{2}}(n_1-1,n_2-1)=F_{0.975}(6,7)=0.175,$$

$$k_2=F_{\frac{\alpha}{2}}(n_1-1,n_2-1)=F_{0.025}(6,7)=5.12,$$

又
$$F=\frac{S_1^2}{S_2^2}=0.689,$$

所以
$$k_1<F<k_2.$$

于是在水平 $\alpha=0.05$ 下接受 H_0. 即认为两种配方生产的材料强度的方差相等.

(2) 由题设,即在 $\alpha=0.05$ 下检验假设

$$H_0:\ \mu_1=\mu_2;\quad H_1:\ \mu_1<\mu_2.$$

由表 10-4 查得 H_0 的拒绝域为

$$\overline{X_1}-\overline{X_2}<-t_\alpha(n_1+n_2-2)\cdot S_w\cdot\sqrt{\frac{1}{n_1}+\frac{1}{n_2}},$$

由题设 $n_1=7$, $S_1=3.9$, $n_2=8$, $S_2=4.7$,得

$$S_w=\sqrt{\frac{(n_1-1)S_1^2+(n_2-1)S_2^2}{n_1+n_2-2}}$$

$$=\sqrt{\frac{6\times3.9^2+7\times4.7^2}{13}}=4.35,$$

$$\sqrt{\frac{1}{n_1}+\frac{1}{n_2}}=0.517\,5,$$

查 t 分布表得

$$-t_\alpha(n_1+n_2-2)=-t_{0.05}(13)=-1.770\,9,$$

于是

$$k=-t_\alpha(n_1+n_2-2)\cdot S_w\cdot\sqrt{\frac{1}{n_1}+\frac{1}{n_2}}$$

$$=-1.770\,9\times4.35\times0.517\,5$$

$$=-3.99,$$

又因为

$$\overline{X_1}-\overline{X_2}=13.8-17.8=-4.0<k.$$

于是,在水平 $\alpha=0.05$ 下拒绝 H_0,接受 H_1. 即认为用第一种配方生产的材料强度低于用第二种配方生产的材料强度.

第四节 实用一例——红砖抗断强度方差检验

例 某砖厂生产的砖,其抗断强度 $X\sim N(\mu,\sigma^2)$,由以往资料知标准差 $\alpha=1.9$,今从该厂生产的一批新砖中,随机抽取 6 块,测得抗断强度如下:(单位:$\mathrm{kgf/cm^2}$ $(1\times10^{-1}\mathrm{MPa})$)

32.56 29.66 31.64 30.00 31.87 31.03

试在水平 $\alpha=0.05$ 下判断总体 X 的方差有无显著性变化?

解 问题归结为检验假设

$$H_0:\sigma^2=\sigma_0^2=1.9^2$$

是否成立.

若 H_0 成立,则

$$\frac{(n-1)}{\sigma_0^2}S^2=\frac{\sum_{i=1}^{n}(X_i-\overline{X})^2}{\sigma_0^2}\sim\chi^2(n-1),$$

$$P\{拒绝H_0\,|\,H_0\text{ 为真}\}=\alpha,$$

H_0 的拒绝域为

$$\frac{(n-1)S^2}{\sigma_0^2}>\chi^2_{\frac{\alpha}{2}}(n-1)$$

或 $$\frac{(n-1)S^2}{\sigma_0^2}<\chi^2_{1-\frac{\alpha}{2}}(n-1),$$

查 χ^2 分布表,得

$$\chi^2_{\frac{\alpha}{2}}(n-1)=\chi^2_{0.025}(5)=12.833,$$
$$\chi^2_{1-\frac{\alpha}{2}}(n-1)=\chi^2_{0.975}(5)=0.831,$$

经计算 $\overline{X}=\dfrac{1}{n}\sum\limits_{i=1}^{n}x_i=31.13,$

$$S^2=\frac{1}{n-1}\sum_{i=1}^{n}(x_i-\overline{X})^2=\frac{1}{5}\times 6.300\,4=1.26,$$

所以 $\dfrac{(n-1)}{\sigma_0^2}S^2=\dfrac{5}{1.9^2}\times 1.26=1.745.$

易知 $\chi^2_{1-\frac{\alpha}{2}}(n-1)<\dfrac{(n-1)}{\sigma_0^2}S^2<\chi^2_{\frac{\alpha}{2}}(n-1).$

所以接受 H_0. 即红砖抗断强度的方差无显著性变化.

习　题　十

1. 区间估计与假设检验提法是否相同？解决问题的途径相通吗？以未知方差关于期望的区间估计与假设检验为例说明. 置信度 $1-\alpha$,即检验水平 α.

2. 某厂生产的某种钢索的断裂强度 $X\sim N(\mu,\sigma^2)$,其中 $\sigma=40$ kg/cm². 现从一批这种钢索的容量为 9 的一个样本测得断裂强度 $\overline{X}$,它与以往正常生产的 μ 相比,较 μ 大 20 kg/cm²,设总体方差不变,问在 $\alpha=0.01$ 下能否认为这批钢索质量有显著提高？

3. 某预制混凝土构件厂,由以往的经验知其混凝土制成品的强度近似地服从正态分布,且已知 $\sigma=10$. 为了检查生产情况,从中抽取 14 块进行强度试验,测得结果如下:

144	147	158	166	170	150	158
149	130	154	159	152	163	169

设计标号 150 号,问该厂的生产状况是否符合要求($\alpha=0.05$)?

4. 已知某厂生产的钢筋的抗拉强度 $X\sim N(\mu,\sigma^2)$,$\sigma=40$,从生产的钢筋中抽取 20 根进行检验,其抗拉强度为(单位:MPa):

311	345	378	325	298	354	365	395	285	375
384	375	350	325	368	374	295	335	421	351

问该厂生产的钢筋的平均抗拉强度是否低于 350($\alpha=0.05$)?

5. 据长期经验和资料分析,某种建筑物的楼面活荷载 L 的对数 $X=\lg L\sim N(\mu,\sigma^2)$,$\mu,\sigma$ 未知,由试验得 $X=\lg L$ 的数据(荷载单位:kgf/m²)

1.51	1.65	1.77	1.77	1.75	1.76	1.72	1.77
1.76	1.73	1.73	1.72	1.74	1.76	1.75	

问在水平 $\alpha=0.05$ 下能否认为活荷载的均值是 1.57?

6. 一种元件,用户要求元件的平均寿命不低于 1 200 h,标准差不得超过 50 h. 今在一批这种元件中抽取 9 只,测得平均寿命 $\overline{X}=1\,178$ h,标准差 $S=54$ h. 已知元件寿命服从正态分布. 试在水平 $\alpha=0.05$ 下确定这批元件是否合乎要求.

7. 某产品的质量指标 X,在生产稳定情况下,可假定 $X\sim N(\mu,\sigma^2)$,其标准差由以前的资料定为 $\sigma=0.048$,现抽取 5 件,测得质量指标值为

$$1.32 \quad 1.55 \quad 1.36 \quad 1.40 \quad 1.44$$

试在显著性水平 $\alpha=0.1$ 下判断总体 X 的方差有无显著变化？

8. 检验一维修后的生产线，随机抽取容量为 10 的样本，测得样本均方差 $\sigma=0.6$(单位)，而未修前质量指标的均方差 $\sigma_0=0.4$(单位)．试在水平 $\alpha=0.05$ 下判断检修后的生产线性能降低否？

9. 有甲乙两台测距仪，测量同一目标的距离，并设总体分别为 X 和 Y，甲台测量 13 次算得样本方差 $S_1^2=24\ 000\ \mathrm{m}^2$，乙台测量 14 次算得样本方差 $S_2^2=7\ 700\ \mathrm{m}^2$，按显著性水平 $\alpha=0.1$，问两台仪器的精度有无显著性差异？

10. 某建筑构件厂使用两种不同的砂石生产混凝土预制块．各在一星期生产出的产品中取样分析比较．取使用甲种砂石的试块 20 块，测得平均强度为 310 kg/cm²，标准差为 4.2 kg/cm²；取使用乙种砂石的试块 16 块，测得平均强度为 308 kg/cm²；标准差为 3.6 kg/cm²．设两个总体都服从正态分布，问在水平 $\alpha=0.1$ 下：

(1) 能否认为两个总体方差相等；

(2) 能否认为甲种砂石混凝土预制块的平均强度显著高于乙种砂石预制块的平均强度．

11. 砖瓦厂有两座砖窑，某日从两窑各取机制红砖若干块，测得抗断强度如下(单位:kg)：

甲窑:20.51　25.56　20.78　37.27　36.26　25.97　24.62

乙窑:32.56　26.66　25.64　33　34.87　31.03

并已知抗断强度服从正态分布，问在水平 $\alpha=0.1$ 下两窑所产砖的抗断强度的均方差有无显著差异？

第十一章 回归分析

第一节 一元回归问题及其数学模型

一、引例——一个城市规划问题

在城市规划中基层商业网点的配置一般是根据千人指标进行计算的. 今需制定 A 市粮店的配置规划.

为此,选择经营状况好、居民购粮方便的几个居民小区,统计其居民户数 x 和基层粮店数量 y,得到一组样本观测值(x_i, y_i), $i=1,2,\cdots,n$. 例如,取 $n=10$,得到的观测值如表 11-1:

表 11-1

小区	1	2	3	4	5	6	7	8	9	10
x_i	800	1 200	1 600	1 600	1 800	2 000	2 000	2 400	2 600	2 800
y_i	1	2	2	3	3	3	4	4	4	5

我们想凭借这 10 组数据揭示居民户数 x 与粮店数 y 的内在联系.

显然,居民户数与粮店数量存在着一定的联系. 一般说来,居民户数多的小区粮店数多一些. 但是,这种联系不是确定性的,例如,同是 $x=1\,600$ 的第 3 小区与第 4 小区,y 值却分别取 2 和 3,而不同的 x 值 1 600,1 800,2 000,对应的 y 值却都是 3.

在自然现象与社会现象中,两个变量间的依存关系,除了确定性的关系(函数关系)外,还有一类非确定性的关系,统计学上称这类非确定性的关系为相关关系. 回归分析就是研究变量间相关关系的一种统计方法.

虽然自变量 x 与因变量 y 的依存关系有非确定性,但是在大量的试验中,对于每一确定的 x 值,y 的数学期望 $E(y)$ 应有确定的对应关系:

$$E(y) = \mu(x), \tag{11.1}$$

我们称 $\mu(x)$ 为 y 对 x 的回归函数,简称回归. 然而 y 的分布未知,故回归函数 $\mu(x)$ 也就无从求得. 我们只好利用试验数据对 $\mu(x)$ 进行估计,统计学上称估计 $\mu(x)$ 的问题为求 y 对 x 的回归问题. 这里只有一个自变量 x,就称其为一元回归问题.

二、一元回归问题的数学模型

在平面上建立一个直角坐标系,画出坐标分别为(x_i, y_i), $i=1,2,\cdots,n$ 的 n 个点. 这 n 个点称为样本的散点图.

根据散点图,配一条曲线 $y=\mu(x)$,使散点图的各点与曲线之间具有最好的"接近度",则称此曲线为散点图的最佳代表线,或称为 y 对 x 的经验回归曲线. 如果散点图分布在一直线附近,则可以认为此经验回归曲线是直线.

对于表 11－1 所给观测值,作散点图(图 11－1):

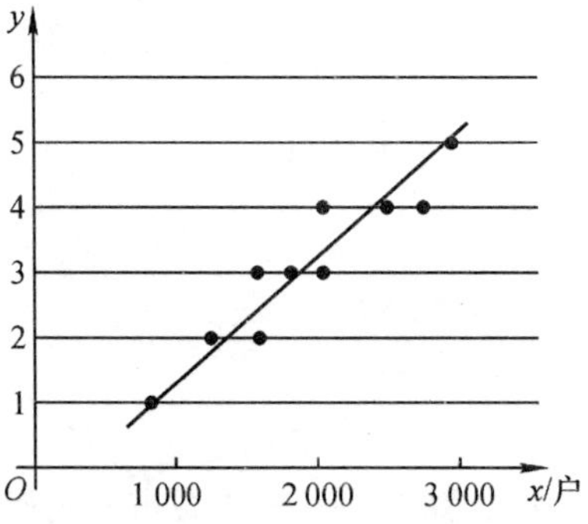

图 11－1

由散点图上可见,x,y 基本符合线性关系,最佳代表曲线为直线

$$\hat{y}=\beta_0+\beta_1 x. \tag{11.2}$$

对应 x 的观测值 y 与 $\hat{y}$ 之间存在偏差

$$y-\hat{y}=e,$$

我们当然要求 $E(e)=0$. 通常假设 $e\sim N(0,\sigma^2)$. 于是得到引例所给回归问题的数学模型

$$\begin{cases}y=\beta_0+\beta_1 x+e,\\ e\sim N(0,\sigma^2).\end{cases} \tag{11.3}$$

这也就是一元正态线性回归模型.

对于观测值(x_i,y_i),$i=1,2,\cdots,n$,由(11.3)式可得

$$\begin{cases}y_1=\beta_0+\beta_1 x_1+e_1,\\ y_2=\beta_0+\beta_1 x_2+e_2,\\ \cdots\cdots\cdots\cdots\cdots\cdots\\ y_n=\beta_0+\beta_1 x_n+e_n.\end{cases}$$

令

$$\boldsymbol{Y}=\begin{bmatrix}y_1\\ y_2\\ \vdots\\ y_n\end{bmatrix},\qquad \boldsymbol{X}=\begin{bmatrix}1 & x_1\\ 1 & x_2\\ \vdots & \vdots\\ 1 & x_n\end{bmatrix}$$

$$\boldsymbol{\beta}=\begin{bmatrix}\beta_0\\ \beta_1\end{bmatrix},\qquad \boldsymbol{\varepsilon}=\begin{bmatrix}e_1\\ e_2\\ \vdots\\ e_n\end{bmatrix},$$

则一元线性回归模型可以写成矩阵形式

$$\begin{cases}\boldsymbol{Y}=\boldsymbol{X\beta}+\boldsymbol{\varepsilon},\\ \boldsymbol{\varepsilon}\sim N(0,\sigma^2\boldsymbol{I}_n),\end{cases} \tag{11.4}$$

其中 $\boldsymbol{I}_n$ 为 n 阶单位矩阵,$\boldsymbol{Y}$ 为 n 维观察向量,$\boldsymbol{X}$ 叫做设计矩阵,$\boldsymbol{\beta}$ 为未知参数向量,$\boldsymbol{\varepsilon}$ 为 n 维随机误差向量,σ^2 为未知的误差方差.

下面的任务就是求参数 β_0,β_1 的估计值.

第二节　一元线性回归方程的求法

我们来考察对于所有 x_i 点观察值 y 与回归值 $\hat{y}$ 的总偏差

$$Q(\beta_0,\beta_1)=\sum_{i=1}^{n}e_i^2=\sum_{i=1}^{n}(y_i-\beta_0-\beta_1x_i)^2, \tag{11.5}$$

要求“最佳”的代表线，总偏差 $Q(\beta_0,\beta_1)$应取最小值. 为此求$Q(\beta_0,\beta_1)$的极值：

$$\begin{cases}\dfrac{\partial Q}{\partial \beta_0}=-2\sum\limits_i(y_i-\beta_0-\beta_1x_i)=0,\\ \dfrac{\partial Q}{\partial \beta_1}=-2\sum\limits_i(y_i-\beta_0-\beta_1x_i)x_i=0.\end{cases} \tag{11.6}$$

整理得

$$\begin{cases}n\beta_0+n\bar{x}\beta_1=n\bar{y},\\ n\bar{x}\beta_0+\left(\sum\limits_i x_i^2\right)\beta_1=\sum\limits_i x_iy_i,\end{cases} \tag{11.7}$$

式中

$$\bar{x}=\frac{1}{n}\sum_i x_i,\quad \bar{y}=\frac{1}{n}\sum_i y_i.$$

(11.7)式写成矩阵形式为

$$\boldsymbol{A\beta}=\boldsymbol{B}, \tag{11.8}$$

其中

$$\boldsymbol{A}=\begin{bmatrix}n & n\bar{x}\\ n\bar{x} & \sum\limits_i x_i^2\end{bmatrix},\quad \boldsymbol{B}=\begin{bmatrix}n\bar{y}\\ \sum\limits_i x_iy_i\end{bmatrix},\quad \boldsymbol{\beta}=\begin{bmatrix}\beta_0\\ \beta_1\end{bmatrix}.$$

由于 $x_1,x_2,\cdots,x_n$ 不完全相同，故

$$\det\boldsymbol{A}=n\sum_i x_i^2-n^2(\bar{x})^2=n\sum_i(x_i-\bar{x})^2\neq 0,$$

$\boldsymbol{A}^{-1}$ 存在. 所以

$$\boldsymbol{\beta}=\boldsymbol{A}^{-1}\boldsymbol{B}.$$

这里求参数 β_0,β_1 的估计值的方法叫最小二乘法.

我们把两个估计值记为 $\hat{\beta}_0,\hat{\beta}_1$，即

$$\begin{bmatrix}\hat{\beta}_0\\ \hat{\beta}_1\end{bmatrix}=\boldsymbol{A}^{-1}\boldsymbol{B}, \tag{11.9}$$

于是得到经验回归直线的方程

$$\hat{y}=\hat{\beta}_0+\hat{\beta}_1x, \tag{11.10}$$

(11.10)式叫做一元线性回归方程.

现在我们来进一步考察 $\hat{\beta}_0,\hat{\beta}_1$ 的表达形式. 首先引入下列记号：

$$L_{xx}=\sum_{i=1}^{n}(x_i-\bar{x})^2=\sum_i x_i^2-n(\bar{x})^2\ (\text{称为 } x \text{ 的离差平方和}),$$

$$L_{yy} = \sum_{i=1}^{n}(y_i - \overline{y})^2 = \sum_i y_i^2 - n(\overline{y})^2$$（称为 y 的离差平方和），

$$L_{xy} = \sum_{i=1}^{n}(x_i - \overline{x})(y_i - \overline{y}) = \sum_i x_i y_i - n\overline{x}\,\overline{y}$$（称为 x,y 的离差乘积和）.

可见 $\det \boldsymbol{A} = nL_{xx}, A_{11} = \sum x_i^2, A_{12} = -n\overline{x}, A_{21} = -n\overline{x}, A_{22} = n$，所以

$$\boldsymbol{A}^{-1} = \frac{1}{\det \boldsymbol{A}}\boldsymbol{A}^* = \begin{bmatrix} \dfrac{\sum x_i^2}{nL_{xx}} & -\dfrac{\overline{x}}{L_{xx}} \\ -\dfrac{\overline{x}}{L_{xx}} & \dfrac{1}{L_{xx}} \end{bmatrix}.$$

于是

$$\begin{bmatrix} \hat{\beta}_0 \\ \hat{\beta}_1 \end{bmatrix} = \boldsymbol{A}^{-1}\boldsymbol{B} = \begin{bmatrix} \dfrac{\sum x_i^2}{nL_{xx}} & -\dfrac{\overline{x}}{L_{xx}} \\ -\dfrac{\overline{x}}{L_{xx}} & \dfrac{1}{L_{xx}} \end{bmatrix} \begin{bmatrix} n\overline{y} \\ \sum x_i y_i \end{bmatrix}$$

$$= \begin{bmatrix} \dfrac{\overline{y}\sum x_i^2 - \overline{x}\sum x_i y_i}{L_{xx}} \\ \dfrac{\sum x_i y_i - n\overline{x}\,\overline{y}}{L_{xx}} \end{bmatrix} = \begin{bmatrix} \overline{y} - \dfrac{L_{xy}}{L_{xx}}\overline{x} \\ \dfrac{L_{xy}}{L_{xx}} \end{bmatrix},$$

即

$$\begin{cases} \hat{\beta}_0 = \overline{y} - \hat{\beta}_1\overline{x}, \\ \hat{\beta}_1 = \dfrac{L_{xy}}{L_{xx}}. \end{cases} \tag{11.11}$$

例 依表 11－1 所提供的数据，求粮店数 y 关于居民户数 x 的一元线性回归方程.

解 先列回归计算表（表 11－2）.

表 11－2

No.	x_i	y_i	x_i^2	y_i^2	$x_i y_i$
1	800	1	640 000	1	800
2	1 200	2	1 440 000	4	2 400
3	1 600	2	2 560 000	4	3 200
4	1 600	3	2 560 000	9	4 800
5	1 800	3	3 240 000	9	5 400
6	2 000	3	4 000 000	9	6 000
7	2 000	4	4 000 000	16	8 000
8	2 400	4	5 760 000	16	9 600
9	2 600	4	6 760 000	16	10 400
10	2 800	5	7 840 000	25	14 000
$\sum$	18 800	31	38 800 000	109	64 600

由上表知

$$\sum_i x_i = 18\,800,\quad \sum_i y_i = 31,\quad n = 10,\ \overline{x} = 1\,880,$$

$$\overline{y} = 3.1,\ \sum_i x_i^2 = 38\,800\,000,\quad \sum_i y_i^2 = 109,$$

$$\sum_i x_i y_i = 64\,600.$$

$$L_{xx} = \sum_i x_i^2 - n(\overline{x})^2 = 38\,800\,000 - 10\times(1\,880)^2$$

$$= 3\,456\,000,$$

$$L_{xy} = \sum_i x_i y_i - n\overline{x}\,\overline{y} = 64\,600 - 10\times 1\,880\times 3.1 = 6\,320,$$

$$\hat{\beta}_1 = \frac{L_{xy}}{L_{xx}} = \frac{6\,320}{3\,456\,000} = 0.001\,828\,703,$$

$$\hat{\beta}_0 = \overline{y} - \hat{\beta}_1\overline{x} = 3.1 - (0.001\,828\,703\times 1\,880)$$

$$= -0.337\,961\,64.$$

得一元线性回归方程

$$\hat{y} = -0.337\,961\,64 + 0.001\,828\,703x.$$

第三节　一元线性回归方程的运用

上节用最小二乘法求 β_0,β_1 的估计 $\hat{\beta}_0,\hat{\beta}_1$，从而得到回归方程的过程中，并没有要求 x,y 具有线性的相关关系. 然而当它们不具备线性相关关系时，求得的回归直线便不能反映它们的实际关系，也就没有实用价值. 所以我们求得回归方程后，必须先检验 x,y 之间是否存在线性相关关系，再讨论其运用方法.

一、相关显著性检验

定义　$R = \dfrac{L_{xy}}{\sqrt{L_{xx}L_{yy}}}$称为 y 对 x 的相关系数.

取 $\beta_0 = \hat{\beta}_0 = \overline{y} - \dfrac{L_{xy}}{L_{xx}}\overline{x},\ \beta_1 = \hat{\beta}_1 = \dfrac{L_{yy}}{L_{xx}}$时，总偏差

$$Q(\hat{\beta}_0,\hat{\beta}_1) = \sum_{i=1}^{n}(y_i - \hat{\beta}_0 - \hat{\beta}_1 x_i)^2$$

$$= \sum_{i=1}^{n}\left[(y_i - \overline{y}) - \frac{L_{xy}}{L_{xx}}(x_i - \overline{x})\right]^2$$

$$= \sum_i (y_i - \overline{y})^2 - 2\frac{L_{xy}}{L_{xx}}\sum_i (y_i - \overline{y})(x_i - \overline{x}) +$$

$$\frac{L_{xy}^2}{L_{xx}^2}\sum_i (x_i - \overline{x})^2$$

$$= L_{yy} - 2\frac{L_{xy}}{L_{xx}}L_{xy} + \frac{L_{xy}^2}{L_{xx}^2}L_{xx}$$

$$= L_{yy} - \frac{L_{xy}^2}{L_{xx}}$$

$$= L_{yy}\left(1 - \frac{L_{xy}^2}{L_{xx}L_{yy}}\right),$$

于是

$$Q(\hat{\beta}_0, \hat{\beta}_1) = L_{yy}(1 - R^2), \tag{11.12}$$

因 $Q(\hat{\beta}_0, \hat{\beta}_1) \geqslant 0, L_{yy} \geqslant 0$,所以

$$|R| \leqslant 1.$$

由(11.12)式易见,当$|R|$接近1时,Q就接近于零,这表示诸散点几乎在回归直线 $\hat{y} = \hat{\beta}_0 + \hat{\beta}_1 x$ 上,x, y 之间有显著的线性相关关系;当$|R|$接近于零时,Q 取值较大,诸散点离回归直线较远,称 x, y 之间的线性相关关系不显著. 故$|R|$的大小,反映了 x, y 之间线性相关关系的密切程度,因此,我们称 R 为样本相关系数.

相关系数 R 的绝对值要取多大,才算线性相关关系显著呢?"相关系数检验表"(附表7)给出了在显著性水平 $\alpha = 0.01$ 和 0.05 下的相关系数的临界值 $R_\alpha(n-2)$。当$|R|$的观测值$|R| > R_{0.01}(n-2)$时,x, y 的线性相关关系特别显著;当$|R|$的观测值$|R| > R_{0.05}(n-2)$时,x, y 的线性相关关系显著;当$|R|$的观测值$|R| < R_{0.05}(n-2)$时,x, y 的线性相关关系不显著.

例1 检验上例条件下 x, y 的线性相关关系.

解 由上例及表11-2得

$$L_{xx} = 3\,456\,000, \quad L_{xy} = 6\,320,$$

$$L_{yy} = \sum_i y_i^2 - n(\overline{y})^2 = 109 - 10 \times (3.1)^2 = 12.9,$$

得

$$R = \frac{L_{xy}}{\sqrt{L_{xx}L_{yy}}} = \frac{6\,320}{\sqrt{3\,456\,000 \times 12.9}} = 0.947.$$

$$n - 2 = 10 - 2 = 8.$$

查相关系数检验表,有

$$R_{0.05}(n-2) = 0.632, \qquad R_{0.01}(n-2) = 0.765.$$

易见,$|R| > R_{0.01}(n-2)$,所以,x, y 的线性相关关系特别显著,即居民户数与粮店数线性关系特别显著.

由此可知,上例所得回归直线方程有运用价值,下面我们用它来作预测和控制.

二、预测

预测是指对给定的 $x = x_0$ 推断对应的 y_0 大致等于多少或在什么范围里,也就是对 y_0 作点估计或区间估计.

1. 求 y_0 的预测值

利用一元回归方程得 y_0 的预测值

$$\hat{y}_0 = \hat{\beta}_0 + \hat{\beta}_1 x_0.$$

这样求出的预测是有误差的. 这是因为 $\hat{y}_0$ 只是 y_0 平均值$E(y_0)$的一个估计,y_0 的实际值

很可能偏离它的平均值，而且 $\hat{\beta}_0, \hat{\beta}_1$ 本身就有随机抽样的误差.

2. 求 y_0 的预测区间

可以证明，当 n 较大，且 x_0 接近 $\overline{x}$ 时 y_0 近似服从正态分布 $N(\hat{y}_0, S^2)$，其中 $S = \hat{\sigma} = \sqrt{\dfrac{Q}{n-2}}$ 称为**剩余标准差**，而

$$Q = L_{yy} - \frac{L_{xy}^2}{L_{xx}} = L_{yy} - \hat{\beta}_1 L_{xy}.$$

根据正态分布的有关知识，可以得到

$$P\left\{\left|\frac{y_0 - \hat{y}_0}{S}\right| < 1.96\right\} = 0.95,$$

于是，y_0 的 95% 预测区间为

$$(\hat{y}_0 - 1.96S, \hat{y}_0 + 1.96S), \tag{11.13}$$

显然，S 越小，预测的结果越精确，所以剩余标准差 S 和 95% 分别反映了预测的精度和可靠性.

类似可得 y_0 的 68.3% 和 99.7% 的预测区间分别为

$$(\hat{y}_0 - S, \hat{y}_0 + S), \tag{11.14}$$

$$(\hat{y}_0 - 3S, \hat{y}_0 + 3S). \tag{11.15}$$

任何回归方程的适用范围，通常只限于原观测数据的变动范围内. 但在研究工作中，常需用它外推预测. 当样本量 n 相当大时，在外推不远，精度要求有限的条件下，外推预测还是有意义的. 城市规划研究对象是大系统，大系统的运动具有很大的惯性，因此适当外推具有相当可靠性.

例 2 对于引例所给问题及表 11－1 的数据，某个小区有3 500户居民，请问应规划设置多少个粮店？

解

$$\begin{aligned} S &= \sqrt{\frac{Q}{n-2}} = \sqrt{\frac{L_{yy} - \hat{\beta}_1 L_{xy}}{n-2}} \\ &= \sqrt{\frac{12.9 - 0.001\,8 \times 6\,320}{10-2}} \\ &= 0.44, \end{aligned}$$

$$\hat{y}_0 = -0.338 + 0.001\,8 \times 3\,500 = 5.962.$$

当预测精度要求 95% 时，

$$\hat{y}_0 - 1.96S = 5.962 - 1.96 \times 0.44 = 5.099\,6,$$

$$\hat{y}_0 + 1.96S = 5.962 + 1.96 \times 0.44 = 6.824\,4.$$

所以 y_0 的 95% 预测区间为

$$(5.099\,6, 6.824\,4),$$

说明在 3 500 户居民小区设置 5 或 6 个粮店都是正常的.

三、控制

控制是预测的反问题，即要求观察值 y 控制在区间 (y_1, y_2) 内，需要控制 x 在什么范围内. 为此，区间

$$(y_1, y_2) = (\hat{y} - 1.96S, \hat{y} + 1.96S),$$

即

$$\hat{\beta}_0 + \hat{\beta}_1 x_1 - 1.96S = y_1,$$

$$\hat{\beta}_0 + \hat{\beta}_1 x_2 + 1.96S = y_2.$$

解方程得到的 x_1, x_2 就是 x 的控制区间的两个端点.

但是要实现控制,必须要求 y_1, y_2 满足不等式

$$y_2 - y_1 > 2 \times 1.96S.$$

证明略.

利用(11.14),(11.15)式,我们还可以得到 x 的 68.3%和 99.7%的控制区间.

至此,我们已经解答了第一节引例提出的城市规划问题. 然而我们的数学模型只考虑了商业网点数的设置,没考虑各个粮店的规模,只考虑了居民数,没考虑居民密度,也没考虑流动粮贩的活动,所以是比较粗略的. 不过根据社会经验可知,居民数和粮店数之间的相关关系是主要的,各粮店的规模,经过一定时间的市场调节会逐渐趋于一个较合理的状态. 尽管如此,对于我们得到的回归方程,还是应当到现实中去验证,有时还要进行修正.

对于许多社会现象与自然现象,运用回归分析等定量分析方法可深化定性分析,同时又要注意,回归分析必须在定性分析的指导下进行,回归分析的结果也需要靠定性分析给予科学解释. 这是我们在实践中应当注意的.

总之,一元线性回归分析的步骤如下:

(1) 试验调查,搜集样本观测值(x_i, y_i) $(i = 1, 2, \cdots, n)$;

(2) 作散点图,画最佳代表曲线,直观判断 x, y 是否有线性关系;

(3) 若 x, y 有线性关系,可按下面的方法求回归方程;如果 x, y 有非线性关系,则先作线性化处理(下节介绍)后按线性关系求解;

(4) 列一元回归计算表,计算各有关统计量:$\sum x_i, \sum y_i, \sum x_i^2, \sum y_i^2, \sum x_i y_i$;

(5) 求回归系数 $\hat{\beta}_0, \hat{\beta}_1$,写出回归方程;

(6) 计算相关系数 R,检验线性相关关系的显著性;

(7) 运用回归方程,进行拟合验证、预测和控制,并给出实际解释.

第四节 非线性回归关系的线性化处理

有时,两变量之间的相关关系并不是线性关系. 这就需要我们根据专业知识和散点图,选择适当的经验回归曲线类型,然后通过换元,把非线性回归化为线性回归,确定未知参数.

为便于读者选择适当的经验回归曲线类型,我们列举了一些常用的曲线方程及其图形,并给出相应的线性化换元方法.

1. 幂函数曲线

$$y = ax^{\beta_1} \qquad (图 11-2).$$

令 $y' = \ln y, x' = \ln x, \beta_0 = \ln a$,则有

$$y' = \beta_0 + \beta_1 x',$$

化为线性回归问题.

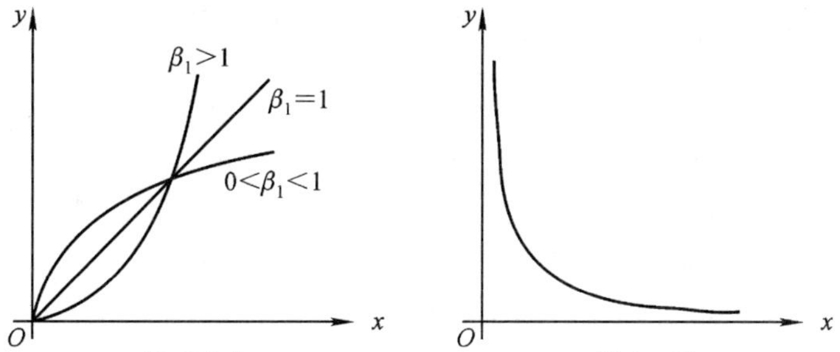

(1) $\beta_1>0$　　(2) $\beta_1<0$

图 11－2

2．指数函数曲线

$$y = a\mathrm{e}^{\beta_1 x} \qquad (\text{图 } 11-3).$$

令 $y' = \ln y, x' = x, \beta_0 = \ln a$，则有

$$y' = \beta_0 + \beta_1 x'.$$

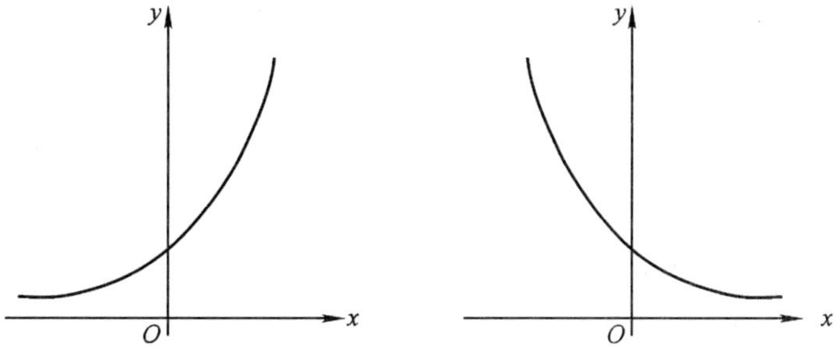

(1) $\beta_1>0$　　(2) $\beta_1<0$

图 11－3

3．双曲线

$$y = \frac{x}{b_0 + b_1 x} \qquad (\text{图 } 11-4).$$

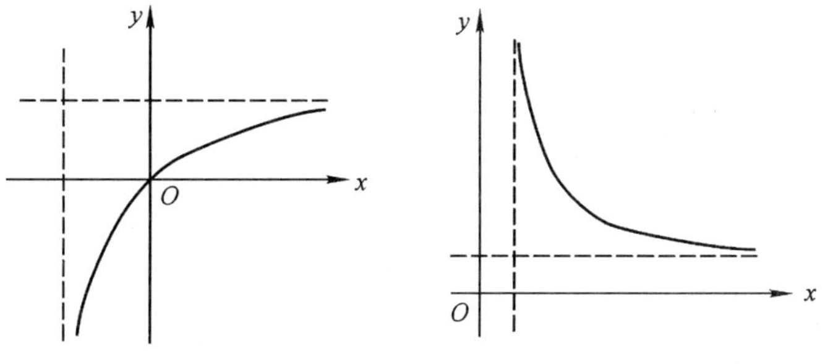

(1) $b_0>0$　　(2) $b_0<0$

图 11－4

上式即$\frac{1}{y}=b_1+b_0\cdot\frac{1}{x}$,令 $y'=\frac{1}{y}$,$x'=\frac{1}{x}$,$\beta_0=b_1$,$\beta_1=b_0$,则有

$$y' = \beta_0 + \beta_1 x'.$$

4. 负指函数曲线

$$y = a\mathrm{e}^{\beta_1 x^{-1}} \qquad (图\ 11-5).$$

令 $y'=\ln y$,$x'=x^{-1}$,$\beta_0=\ln a$,则有

$$y' = \beta_0 + \beta_1 x'.$$

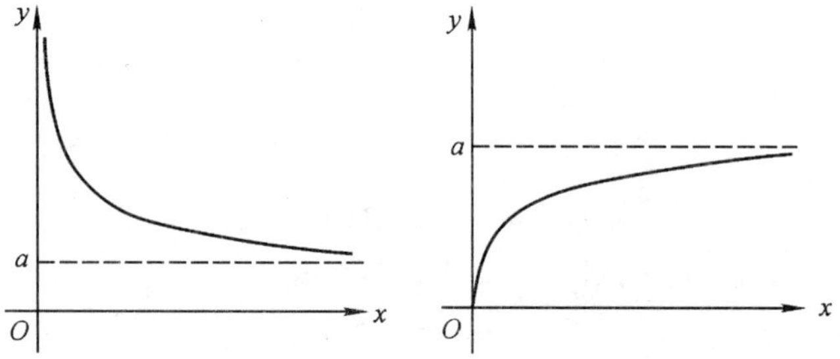

(1) $\beta_1>0$ (2) $\beta_1<0$

图 11-5

5. 对数曲线

$$y = \beta_0 + \beta_1 \ln x \qquad (图\ 11-6).$$

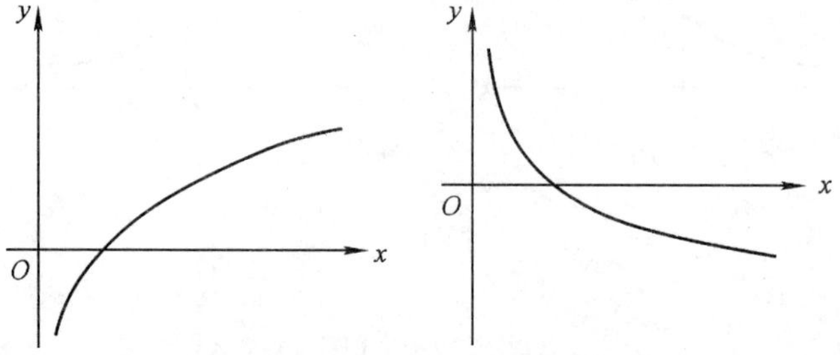

(1) $\beta_1>0$ (2) $\beta_1<0$

图 11-6

令 $x'=\ln x$,则

$$y = \beta_0 + \beta_1 x'.$$

6. S 型曲线

$$y = \frac{1}{\beta_0 + \beta_1 \mathrm{e}^{-x}} \qquad (图\ 11-7),$$

即

$$\frac{1}{y} = \beta_0 + \beta_1 \mathrm{e}^{-x}.$$

令 $y'=\frac{1}{y}$, $x'=\mathrm{e}^{-x}$,则

$$y' = \beta_0 + \beta_1 x'.$$

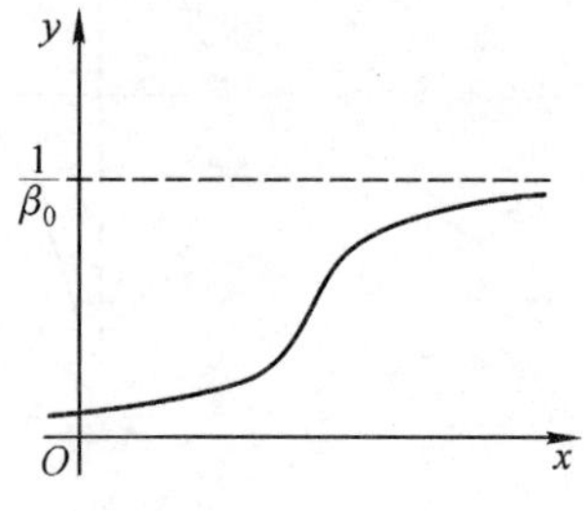

图 11-7

非线性回归关系，转换成线性关系后，就可按前述的线性关系进行求解．最后必须将求得的结果进行回代，这才获得最终结论．

例 某市人口密度 y（单位：万人/km²）与市中心距离 x（单位：km）抽样调查值（x_i，y_i）如下：

$$(0,2.8854)\ (2,2.1493)\ (3,3.4750)$$
$$(5,1.3910)\ (7,0.9737)\ (9,0.7043)$$

求 y 对 x 的回归方程．

解 一般，观测样本的容量 n 应当大一点，这里作为例子，为免篇幅冗长，仅取 $n=6$．作散点图（图 11－8）．

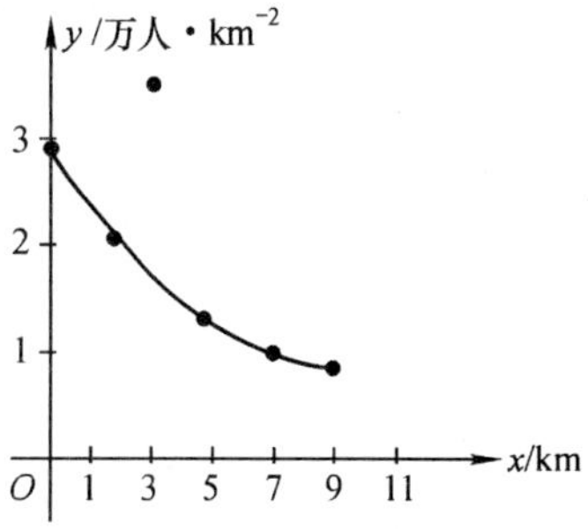

图 11－8

审查各样本点，发现样本点 3 的数值突然增大，而在城市地理上无法解释，故判为错误样本予以剔除（因为抽样记录中很可能记录错误）．

根据散点图，选点模型为指数函数

$$y = a\mathrm{e}^{\beta_1 x},$$

令 $y' = \ln y$，$\beta_0 = \ln a$，则

$$y' = \beta_0 + \beta_1 x,$$

即已化成典型的一元线性方程．

列表计算如下：

表 11－3

No.	x_i	y_i	y'_i	x_i^2	y'^2_i	$x_i \cdot y'_i$	$\hat{y}_i$	$(y_i-\hat{y}_i)^2$	$(y_i-\overline{y})^2$
1	0	2.885 4	1.059 66	0	1.122 89	0	2.934	0.002 36	1.599 36
2	2	2.149 3	0.765 14	4	0.585 44	1.530 28	2.145	0.000 02	0.279 376
3	5	1.391 0	0.330 02	25	0.108 92	1.650 1	1.340 2	0.002 58	0.052 780
4	7	0.973 7	−0.026 65	49	0.000 71	−0.186 55	0.979 6	0.000 03	0.418 661
5	9	0.704 3	−0.350 55	81	0.122 89	−3.154 95	0.716	0.000 14	0.839 86
$\sum$	23	8.103 7	1.777 62	159	1.940 85	−0.161 12		0.005 13	3.190 044

注：$\overline{y} = 8.1037/5 = 1.62074$．

利用上表得到

$$\overline{x} = 4.6,\ \overline{y'} = 0.3552.$$

$$L_{xx} = \sum_i x_i^2 - n(\overline{x})^2 = 53.2,$$

$$L_{y'y'} = \sum_i y'^2_i - n(\overline{y'})^2 = 1.30886,$$

$$L_{xy'} = \sum_i x_i y'_i - n\overline{x}\,\overline{y'} = -8.33817.$$

$$\hat{\beta}_1 = L_{xy'}/L_{xx} = \frac{-8.33817}{53.2} = -0.1567325,$$

$$\hat{\beta}_0 = \overline{y'} - \hat{\beta}_1\overline{x} = 0.3552 - (-0.1567325)\times 4.6$$
$$= 1.0761695.$$

得

$$\hat{y}' = 1.0761695 - 0.1567325x, \tag{11.16}$$

回代,得
$$\hat{\beta}_0 = \ln \hat{a},$$

$$\hat{a} = e^{\hat{\beta}_0} = e^{1.0761695} = 2.933421532.$$

因此,所求回归方程为

$$\hat{y} = \hat{a}e^{\hat{\beta}_1 x} = 2.933421532e^{-0.1567325x}. \tag{11.17}$$

相关系数

$$R' = \frac{L_{xy'}}{\sqrt{L_{xx} \cdot L_{y'y'}}} = -0.9992411,$$

查相关系数检验表
$$R_{0.05}(3) = 0.8783,$$

$$R' > R_{0.05}(3).$$

说明 y'与 x 线性相关关系显著.

但必须注意,这里相关系数 R'是指线性化以后的相关系数,它只是新变量 y',x 之间的线性相关指标,并不是原变量 x,y 的相关指标,不能说明原变量的非线性回归的相关密切性.

在非线性回归问题中,为表明所配曲线与实际观测数据间拟合的密切性,定义决定系数

$$R^2 = 1 - \frac{\sum_i (y_i - \hat{y}_i)^2}{\sum_i (y_i - \overline{y})^2}.$$

由表 11-3 最后两列数据算得

$$R^2 = 1 - \frac{\sum_i (y_i - \hat{y}_i)^2}{\sum_i (y_i - \overline{y})^2}$$

$$= 1 - \frac{0.00513}{3.190044}$$

$$= 0.99839.$$

决定系数越大(越靠近 1)说明所配曲线拟合越密切. 这里 $R^2 = 0.99839$ 说明回归方程

$$\hat{y} = 2.933421532e^{-0.1567325x}$$

与观测样本间是拟合得相当好的.

同时,非线性方程的精度估计公式,由于 x,y 作了变换,所以不能用 $S = \sqrt{\frac{L_{yy} - \hat{\beta}_1 L_{xy}}{n-2}}$ 计算,必须用通式计算,即

$$S = \sqrt{\frac{Q}{n-2}} = \sqrt{\frac{1}{n-2}\sum_{i=1}^{n}(y_i - \hat{y}_i)^2}$$

$$= \sqrt{\frac{1}{5-2} \cdot 0.00513}$$

$$= 0.0414\ (\text{万人}/\text{km}^2)$$

$$= 414(\text{人}/\text{km}^2).$$

预测离市中心 10 km 处人口密度

$$\hat{y}_0 = 2.933\,421\,532 \cdot e^{-0.156\,732\,5\times 10} \approx 0.612(\text{万人}/\text{km}^2).$$

95%的预测区间为

$$(\hat{y}_0 - 2S, \hat{y}_0 + 2S) = (5\,292, 6\,948)(\text{单位:人}/\text{km}^2).$$

第五节　多元线性回归

前面四节讲的都是两个变量的回归问题. 但是在许多实际问题中,影响因变量的因素不止一个而是多个,这类问题称为多元回归问题.

一、多元线性回归的数学模型

设 y 是因变量,$x_1, x_2, \cdots, x_p$ 为自变量,则称

$$\begin{cases} y = \beta_0 + \beta_1 x_1 + \beta_2 x_2 + \cdots + \beta_p x_p + e, \\ e \sim N(0, \sigma^2) \end{cases} \tag{11.18}$$

为 p 元线性回归模型.

设$(y_i, x_{i1}, x_{i2}, \cdots, x_{ip})$ $(i=1,2,\cdots,n)$是容量为 n 的观测样本,则有

$$\begin{cases} y_1 = \beta_0 + \beta_1 x_{11} + \cdots + \beta_p x_{1p} + e_1, \\ y_2 = \beta_0 + \beta_1 x_{21} + \cdots + \beta_p x_{2p} + e_2, \\ \cdots\cdots\cdots\cdots\cdots\cdots\cdots\cdots\cdots\cdots \\ y_n = \beta_0 + \beta_1 x_{n1} + \cdots + \beta_p x_{np} + e_n, \end{cases}$$

其中 $e_1, e_2, \cdots, e_n$ 相互独立,且与 e 同分布,若记

$$\boldsymbol{X} = \begin{bmatrix} 1 & x_{11} & x_{12} & \cdots & x_{1p} \\ 1 & x_{21} & x_{22} & \cdots & x_{2p} \\ \vdots & \vdots & \vdots & & \vdots \\ 1 & x_{n1} & x_{n2} & \cdots & x_{np} \end{bmatrix}, \quad \boldsymbol{Y} = \begin{bmatrix} y_1 \\ y_2 \\ \vdots \\ y_n \end{bmatrix},$$

$$\boldsymbol{\beta} = \begin{bmatrix} \beta_0 \\ \beta_1 \\ \vdots \\ \beta_p \end{bmatrix}, \quad \boldsymbol{\varepsilon} = \begin{bmatrix} e_1 \\ e_2 \\ \vdots \\ e_n \end{bmatrix},$$

则多元线性回归模型可写成矩阵形式

$$\begin{cases} \boldsymbol{Y} = \boldsymbol{X\beta} + \boldsymbol{\varepsilon}, \\ \boldsymbol{\varepsilon} \sim N(0, \sigma^2 \boldsymbol{I}_n), \end{cases} \tag{11.19}$$

其中 $\boldsymbol{I}_n$ 为 n 阶单位矩阵,$\boldsymbol{Y}$ 为 n 维观察向量,$\boldsymbol{X}$ 为 $n\times(p+1)$的设计矩阵,$\boldsymbol{\beta}$ 为 $p+1$ 维未知参数向量,$\boldsymbol{\varepsilon}$ 为 n 维随机误差向量,σ^2 为未知的误差方差.

我们的任务就是求出 $\boldsymbol{\beta}$ 的估计值$\hat{\beta} = [\hat{\beta}_0, \hat{\beta}_1, \cdots, \hat{\beta}_p]'$,由此得到 y 与 $x_1, x_2, \cdots, x_p$ 之间的经验线性回归方程

$$\hat{y} = \hat{\beta}_0 + \hat{\beta}_1 x_1 + \cdots + \hat{\beta}_p x_p. \tag{11.20}$$

二、$\boldsymbol{\beta}$ 的最小二乘估计

记

$$Q(\boldsymbol{\beta}) = \sum_i (y_i - \beta_0 - \beta_1 x_{i1} - \cdots - \beta_p x_{ip})^2,$$

其中 $Q(\boldsymbol{\beta})$称为误差平方和,反映了 n 次观测中总的误差程度. 若 $\hat{\beta}$ 使 $Q(\boldsymbol{\beta})$达到最小,则称 $\hat{\boldsymbol{\beta}}$ 为 $\boldsymbol{\beta}$ 的最小二乘估计.

求 $Q(\boldsymbol{\beta})$的极值,为此,令 Q 关于 $\beta_0,\beta_1,\cdots,\beta_p$ 的偏导数为 0:

$$\begin{cases} \dfrac{\partial Q}{\partial \beta_0} = -2\sum\limits_i (y_i - \beta_0 - \beta_1 x_{i1} - \cdots - \beta_p x_{ip}) = 0, \\ \dfrac{\partial Q}{\partial \beta_1} = -2\sum\limits_i (y_i - \beta_0 - \beta_1 x_{i1} - \cdots - \beta_p x_{ip}) x_{i1} = 0, \\ \cdots\cdots\cdots\cdots\cdots\cdots\cdots\cdots\cdots\cdots \\ \dfrac{\partial Q}{\partial \beta_p} = -2\sum\limits_i (y_i - \beta_0 - \beta_1 x_{i1} - \cdots - \beta_p x_{ip}) x_{ip} = 0. \end{cases} \tag{11.21}$$

整理可得

$$\begin{cases} n\beta_0 + \left(\sum\limits_i x_{i1}\right)\beta_1 + \cdots + \left(\sum\limits_i x_{ip}\right)\beta_p = \sum\limits_i y_i, \\ \left(\sum\limits_i x_{i1}\right)\beta_0 + \left(\sum\limits_i x_{i1}^2\right)\beta_1 + \cdots + \left(\sum\limits_i x_{i1} x_{ip}\right)\beta_p = \sum\limits_i x_{i1} y_i, \\ \cdots\cdots\cdots\cdots\cdots\cdots\cdots\cdots\cdots\cdots \\ \left(\sum\limits_i x_{ip}\right)\beta_0 + \left(\sum\limits_i x_{ip} x_{i1}\right)\beta_1 + \cdots + \left(\sum\limits_i x_{ip}^2\right)\beta_p = \sum\limits_i x_{ip} y_i. \end{cases} \tag{11.22}$$

记

$$\boldsymbol{A} = \begin{bmatrix} n & \left(\sum\limits_i x_{i1}\right) & \cdots & \left(\sum\limits_i x_{ip}\right) \\ \left(\sum\limits_i x_{i1}\right) & \left(\sum\limits_i x_{i1}^2\right) & \cdots & \left(\sum\limits_i x_{i1} x_{ip}\right) \\ \vdots & \vdots & & \vdots \\ \left(\sum\limits_i x_{ip}\right) & \left(\sum\limits_i x_{ip} x_{i1}\right) & \cdots & \left(\sum\limits_i x_{ip}^2\right) \end{bmatrix} = \boldsymbol{X}'\boldsymbol{X}, \tag{11.23}$$

$$\boldsymbol{B} = \begin{bmatrix} \sum\limits_i y_i \\ \sum\limits_i x_{i1} y_i \\ \vdots \\ \sum\limits_i x_{ip} y_i \end{bmatrix} = \boldsymbol{X}'\boldsymbol{Y}, \tag{11.24}$$

则(11.22)式可写成

$$\boldsymbol{A\beta} = \boldsymbol{B}. \tag{11.25}$$

实际问题中 $\boldsymbol{A}^{-1}$ 总是存在的,所以用 $\boldsymbol{A}^{-1}$ 左乘(11.25)式两边得

$$\boldsymbol{\beta} = \boldsymbol{A}^{-1}\boldsymbol{B} = (\boldsymbol{X}'\boldsymbol{X})^{-1}(\boldsymbol{X}'\boldsymbol{Y}),$$

此即 $\boldsymbol{\beta}$ 的最小二乘估计 $\hat{\boldsymbol{\beta}}$.

于是得到

$$\begin{bmatrix} \hat{\beta}_0 \\ \hat{\beta}_1 \\ \vdots \\ \hat{\beta}_p \end{bmatrix} = (\boldsymbol{X}'\boldsymbol{X})^{-1}(\boldsymbol{X}'\boldsymbol{Y}). \tag{11.26}$$

便可写出多元线性经验回归方程

$$\hat{y} = \hat{\beta}_0 + \hat{\beta}_1 x_1 + \hat{\beta}_2 x_2 + \cdots + \hat{\beta}_p x_p.$$

例 在作城市给排水系统的规划时,必须对城市用水量的发展予以预测. 根据专业的定性分析,认为城市用水量 y 和工业的产量(x_1),轻工业的比重(x_2),城市人口规模(x_3),以及城市居民用水标准(x_4)四个主要因素有关,其他因素对用水影响不大,故不作考虑. 根据这样定性分析的指导,搜集得到某城市用水量 y 和相关因素的历史资料如表 11-4,试求 y 对 x_1, x_2, x_3, x_4 的经验回归方程. (注:自变量 $p=4$,样本量 n 通常应 $>5p \sim 10p$. 为避免例子计算量过大,故此仅取 8 个样本.)

表 11-4

No.	年份	工业产值 x_{k_1}/亿元	轻工业比重 x_{k_2}/%	用水人数 x_{k_3}/万人	用水标准 x_{k_4}/L·人$^{-1}$·日$^{-1}$	总用水量 y_k/万吨·年$^{-1}$
1	0	3.141 6	95.7	31.64	7.8	119.10
2	5	8.465 7	64.7	39.20	28.4	552.91
3	10	8.161 5	70.8	43.31	19.0	915.90
4	15	15.339 6	55.0	40.00	33.2	1 426.48
5	20	27.099 4	51.3	44.00	50.2	2 391.01
6	22	33.003 7	52.9	45.00	68.4	3 389.98
7	24	42.241 0	53.4	45.00	89.7	4 848.30
8	25	49.253 7	57.4	47.00	105.0	5 912.53

解 由于计算量大,可用计算机计算. 我们使用 MATLAB 软件.

在 MATLAB 窗口键入

```
X=[ 1,  3.1416,  95.7,  31.64,  7.8 ↙
    1,  8.4657,  64.7,  39.20,  28.4 ↙
    1,  8.1615,  70.8,  43.31,  19.0 ↙
    1,  15.3396, 55.0,  40.00,  33.2 ↙
    1,  27.0994, 51.3,  44.00,  50.2 ↙
    1,  33.0037, 52.9,  45.00,  68.4 ↙
    1,  42.2410, 53.4,  45.00,  89.7 ↙
```

```
    1,  49.2537, 57.4,  47.00,  105.0];
Y=[119.10;552.91;915.90;1426.48;2391.01;3389.98;4848.30;5912.53];
X1=X';
A=X1*X;
A1=inv(A);
B=X1*Y;
beta=A1*B ↙
```

输出

```
    -4177.153
       70.94749
       23.44189
       52.03393
       26.23563
```

这就是 $\hat{\beta}$ 矩阵. 所求多元线性回归方程为

$$\hat{y} = -4\,177.153 + 70.947\,49x_1 + 23.441\,89x_2 + 52.033\,93x_3 + 26.235\,63x_4.$$

三、回归显著性检验

与一元线性回归一样,在求出回归方程之后,还需对它进行假设检验. 可提出原假设

$$H_0: \beta_1 = \beta_2 = \cdots = \beta_p = 0.$$

如果 H_0 成立,就表示所有的自变量都与 y 无关,即这个回归完全无用. 反之,则说明至少有若干个因素与 y 有关,这个回归有用.

记

$$L_{yy} = \sum_i (y_i - \bar{y})^2,$$

$$S_Q = \sum_i (y_i - \hat{y}_i)^2,$$

$$S_R = \sum_i (\hat{y}_i - \bar{y})^2,$$

这里 L_{yy} 叫做总离差平方和, S_Q 叫做残差平方和, S_R 称为回归平方和.

可以证明,统计量

$$F = \frac{S_R/p}{S_Q/(n-p-1)} \overset{H_0\text{成立}}{\sim} F(p, n-p-1),$$

所以可以用统计量 F 来检验 H_0 是否成立.

对给定的显著性水平 α,查 F 分布表得到上 α 分位点 $F_\alpha(p, n-p-1)$,使

$$P\{F \geqslant F_\alpha(p, n-p-1)\} = \alpha.$$

再根据样本观察值算出 F 的值

$$F_0 = \frac{\sum_i (\hat{y}_i - \bar{y})^2/p}{\sum_i (y_i - \hat{y}_i)^2/(n-p-1)},$$

若 $F_0 \geqslant F_\alpha(p, n-p-1)$,则拒绝 H_0,即认为线性回归显著. 若 $F_0 < F_\alpha(p, n-p-1)$,则接受

H_0,认为线性回归不显著.

得到线性回归方程并检验线性回归显著性后,就可以预测当$(x_{01},x_{02},x_{03},\cdots,x_{0p})$时 y_0 的估计值 $\hat{y}_0$.

习 题 十 一

1. 钢管混凝土受压构件,其钢管内的核心混凝土,由于三向压力作用使其强度提高. 通过分析表明,提高后的核心混凝土的强度与钢管对混凝土的紧箍力有关,为了找出核心混凝土强度 y 与紧箍力 x 间关系,进行了一批轴压短柱的试验,试验结果如表 11-5. 试求出核心混凝土强度 y 与紧箍力 x 间的试验回归方程.

表 11-5

试件号	1	2	3	4	5	6	7	8	9	10
x(紧箍力)	105	82	93	100	51	65	69	77	72	76
y(核心混凝土强度)	784	771	822	793	642	666	690	702	672	624

2. 砌体局部受压的强度比砌体全部受压的强度要高,这是因为在局部受压时,没有直接受力的砌体可以间接地参加工作. 在试验中发现当砌体开裂时,其强度提高系数 r_f 与 A/A_c 有关(见图 11-9),为了确定它们之间的关系,进行了 12 次试验,数据如表 11-6,据此确定 r_f 对 A/A_c 的统计关系式. 其中 $r_f=\dfrac{P}{A_cR}$,P——破坏荷载,R——砌体强度.

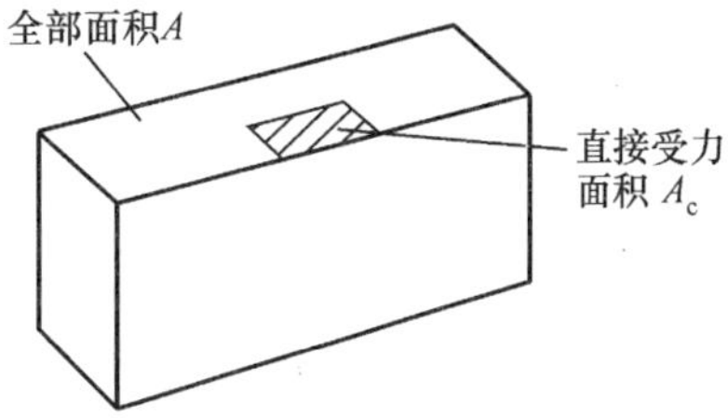

图 11-9

表 11-6

试件	1	2	3	4	5	6	7	8	9	10	11	12
A/A_c	10.78	10.65	10.76	2.68	2.66	2.70	5.94	5.87	5.97	3.04	3.05	3.05
r_f	3.51	2.81	3.16	1.23	1.54	1.38	1.93	2.25	2.25	1.64	1.64	1.81

3. K. Pearson 收集了大量父亲身高与儿子身高的资料,其中 10 对见表 11-7:

表 11-7

单位:英寸(1 英寸 = 0.025 4 m)

父亲身高 x	60	62	64	65	66	67	68	70	72	74
儿子身高 y	63.6	65.2	66	65.5	66.9	67.1	67.4	68.3	70.1	70

(1) 试求子身高 y 对父身高 x 的回归方程;

(2) 若父身高为 70 英寸,预测其子的身高;

(3) F. Galton 曾断言:“儿子身高会受到父亲身高的影响,但身高偏离父代平均水准的父亲,其儿子身高有回归子代平均水准的趋势.”上面所得样本能证实这一论断吗?

4. 某种合金钢的抗拉强度 y 与钢的含碳量 x 有关,测得数据如下表:

表 11-8

x/%	0.06	0.07	0.08	0.09	0.10	0.11	0.12	0.13	0.14	0.16	0.18	0.20
y/Pa	40.5	41.3	42.2	43.0	43.8	44.6	45.4	46.2	47.0	48.6	50.3	51.9

(1) 求出 y 对 x 的线性回归方程；

(2) 检验回归效果是否显著；

(3) 若回归效果显著，则预测 $x=0.15$ 时，y 的 95% 的置信区间；

(4) 若要使 y 落在(45.8,47.2)内，那么要控制 x 在什么范围内($\alpha=0.05$)？

5. 测得电化电刷的接触电压降与所通过的电流密度，数据如表11－9，试求变量 x 与 y 之间的关系式.

表 11－9

电流密度 x	2.5	5	7.5	10	12.5	15	17.5	20	22.5
接触电压降 y	0.65	1.25	1.70	2.08	2.40	2.54	2.66	2.82	3.00

6. 电容器充电后，电压达到 100 V，然后开始放电，测得不同时刻 t 与电压 u 的数据如表 11－10，试求电压 u 与时刻 t 的回归方程.

表 11－10

t	0	1	2	3	4	5	6	7	8	9	10
u	100	75	55	40	30	20	15	10	10	5	5

7. 在某种钢材的新型规范试验中，研究含碳量(x_1)和回火温度(x_2)对它的伸长率(y)的关系. 15 批试样结果如表 11－11：

表 11－11

含碳量 x_1	57	64	69	58	58	58	58	58
回火温度 x_2	535	535	535	460	460	460	490	490
伸长率 y	19.25	17.50	18.25	16.25	17.00	16.75	17.00	16.75

含碳量 x_1	58	57	64	69	59	64	69
回火温度 x_2	490	460	435	460	490	467	490
伸长率 y	17.25	16.75	14.75	12.00	17.25	15.50	15.50

根据经验，y 关于 x_1，x_2 有二元线性回归关系

$$\begin{cases} y = a + b_1 x_1 + b_2 x_2 + e, \\ e \sim N(0,\sigma^2). \end{cases}$$

(1) 试求出经验回归方程；

(2) 检验线性回归是否显著.

*第十二章　SAS 系统入门

SAS 系统最初用于统计分析，所以叫做“统计分析系统(Statistical Analysis System)”，英文缩写就是“SAS”．经过 30 多年的不断发展与完善，如今的 SAS 系统已成为大型集成应用软件，具有完备的数据存取、管理、分析和显示功能，可以用来解决自然科学和社会科学各个领域中的各种问题，如统计学、心理学、经济学、生物学、考古学、医疗卫生、社会调查、工程计算、经济管理等等．在数据处理和统计分析领域，SAS 系统成为国际上的一种标准软件系统．这里仅介绍 SAS 系统(6.12 版)的入门知识．

第一节　SAS 系统的启动与运行

我们在 Windows 下使用 SAS 系统．

一、启动

若在 Windows 下已安装了 SAS 系统，则使用时可按如下步骤启动本系统．

1．接电源；

2．开主机；

3．开显示器；

4．用鼠标双击 SAS 图标．

这时屏幕上显示 SAS 的三个基本窗口，说明 SAS 系统已被启动．

SAS 系统有三个基本窗口，即 PGM(PROGRAM EDITOR)窗口，LOG 窗口和 OUTPUT 窗口．PGM 窗口是用户编辑 SAS 源程序，输入数据或调入文件，提交 SAS 程序给 SAS 系统执行的场所；LOG 窗口给出 SAS 系统的信息及运行记录；OUTPUT 窗口输出结果．

每个窗口的顶上有一条命令行，是输入执行命令的地方．

二、运行

1．单击 PGM 窗口右上角的放大命令．这时 PGM 窗口充满整个终端的屏幕．

2．在 PGM 窗口输入 SAS 程序．这个程序含提交的数据和分析要求，编辑方法后面将作介绍．

3．在 PGM 窗口的命令行键入提交命令

SUBMIT ↲

执行后 PGM 窗口上的 SAS 语句将全部消失，光标又回到 PGM 窗口．

4．在 PGM 窗口的命令行键入

LOG ↲

这时 LOG 窗口成为当前窗口，列出这个 SAS 程序的运行记录．如果显示出输入有错误，必须返

回到 PGM 窗口进行修正，为此在 LOG 命令行上键入

PGM;RECALL ↲

这时，荧屏回到 PGM 窗口，同时显示出刚才输入的 SAS 语句，就可以在上面进行修改.

5. 修改完以后再在 PGM 命令行上键入

SUBMIT ↲

如果修改后的 SAS 程序没有错，荧屏显示 OUTPUT 窗口，并在这个窗口内显示输出的结果.

三、退出 SAS 系统

当光标处在三个基本窗口之一时，在上方的命令行键入

BYE ↲

键入后，系统立即退出 SAS 系统. 有时，SAS 系统将进一步询问用户是否决定退出，用户作出确定的回答后，系统退出.

四、例题

例 需要定期检查混凝土搅拌质量. 现对 12 块标准强度为 20 N/mm^2 的混凝土试块进行抗压强度检查，其实测强度值(单位：N/mm^2)为

21.2　20.4　19.3　18.9　19.8　21.7

20.8　21.1　19.0　19.9　22.0　20.7

试估计混凝土搅拌质量(求抗压强度的均值与均方差的点估计值).

解 (1) 启动 SAS 系统后在 PGM 窗口输入 SAS 程序

```
data a1;
input c @@;
cards;
21.2  20.4  19.3  18.9  19.8  21.7
20.8  21.1  19.0  19.9  22.0  20.7
;
run;
proc  means  data=a1;
run;
```

这个程序分两部分：data 开头到第一个 run 的一组语句，是 DATA(数据)步，它提供本例的变量名称及数据集；DATA 步之后，以 proc 开头到第二个 run 的一组语句，叫 PROC(过程)步，这一步说明对这个数据集进行哪些分析. 下面我们扼要介绍每句的作用.

① data a1;——DATA 语句，告诉 SAS 系统开始创建一个名字为 a1 的 SAS 数据集. DATA 语句是数据步的开始.

② input c @@;——INPUT 语句，告诉 SAS 系统数据值是如何排列在数据行上及变量的名字是什么. 变量名 c 是数字型变量，双尾符@@表示变量 c 的各个观测值在一个数据行中输入.

③ cards;——CARDS 语句，告诉 SAS 系统下面就是数据行.

④ data lines(数据行)——数据行中每一行应是一个观测，但在这里，由于 INPUT 语句中用了双尾符，12 个观测值列在一个数据行中输入，当数据比较多时，也可以用回车键分几行键入.

数值间用空格隔开.

⑤ ;(空语句)——指示数据行结束.

⑥ run;——RUN 语句,告诉 SAS 系统执行上述这些 SAS 语句,同时标志在这次会话中 DATA 步的结束.

⑦ proc means data=a1;——PROC 语句,要求 SAS 系统调用 MEANS 过程. MEANS 是计算简单统计量的过程(一个已为你写好的程序). 将 MEANS 过程作用于 DATA 步创立的数据集 a1,能够得到本例所要求的样本均值与样本方差. 第一个 proc 开头的 PROC 语句也标志着 PROC 步开始.

⑧ run;——这个 RUN 语句告诉 SAS 系统执行上述 SAS 语句,在这里它也标志着 PROC 步结束.

(2) 在窗口上部的命令行上键入运行命令

SUBMIT ↲

如输入的 SAS 程序没有错误,立即显示计算结果. 如有错误,修正后再执行.

(3) 输出结果

在 OUTPUT 窗口显示结果,如表 12-1.

表 12-1

```
          The SAS System
Analysis Variable: c
N          Mean          Std Dev        Minimum        Maximum
12      20.4166667      1.0364567      18.9000000     22.0000000
```

其中

N——样本容量 $n=12$;

Mean——均值的估计量 $\hat{\mu}=20.4166667$;

Std Dev——均方差的估计量 $\hat{\sigma}=1.0364567$;

Minimum——最小值 $c_{\min}=18.9000000$;

Maxmum——最大值 $c_{\max}=22.0000000$.

第二节 SAS 表达式和 SAS 函数

一、SAS 表达式

SAS 表达式是由一系列算符和运算对象形成的一个指令集,它被执行后产生一个目标值. 运算对象是变量和常数;算符指特殊的运算符、函数和括号.

SAS 的运算符很多,这里特别列出算术算符:

* *(乘方), *(乘), /(除),

+(加), -(减).

还有比较算符:

=(等于)，　>(大于)，　<(小于)，

^=(不等于)，>=(大于等于)，<=(小于等于)，

IN(等于列表中的一个).

二、SAS 函数

SAS 系统有 178 个函数,分为 17 种类型,这里只能列举一部分.

1. 概率函数

① PROBNORM(x)　计算标准正态分布函数,即计算

$$\Phi(x)=P\{U\leqslant x\}$$

的值,其中 $U\sim N(0,1)$.

② PROBCHI(x,n)　计算自由度为 n 的中心 χ^2 分布的分布函数,即计算

$$F(x)=\int_0^{+\infty}\frac{1}{2^{\frac{n}{2}}\Gamma\left(\frac{n}{2}\right)}x^{\frac{n}{2}-1}\mathrm{e}^{-\frac{x}{2}}\mathrm{d}x$$

的值. 例如,$P=1-$probchi(31.264,11)的结果为 $1-0.999=0.001$.

③ PROBF(x,ndf,ddf)　计算 F 分布的分布函数,其中 ndf 为分子自由度,ddf 为分母自由度.

④ PROBT(x,df)　计算 t 分布的分布函数,其中 df 为自由度.

⑤ PROBBNML(p,n,m)　计算二项分布的概率分布函数. 其中 0≤p≤1,n≥1,0≤m≤n.

⑥ POISSON(lambda, n)　计算泊松分布的概率分布函数. 其中 lambda≥0,n≥0.

2. 分位数函数

设连续型随机变量 x 的分布函数为 $F(x)$,对给定的 p $(0\leqslant p\leqslant 1)$,若有 x_p 使得 $F(x_p)=P\{x\leqslant x_p\}=p$,则称 x_p 为随机变量 x 的 p 分位数,或称分布 $F(x)$的 p 分位数. SAS 系统提供的分位数函数主要有:

① CINV(p,df)　计算 χ^2 分布的分位数. 其中 0≤p≤1,自由度 df>0.

② FINV(p,ndf,ddf)　计算 F 分布的分位数. 其中 0≤p≤1,分子自由度 ndf>0,分母自由度 ddf>0.

③ TINV(p,df)　计算 t 分布的分位数. 其中 0≤p≤1,自由度 df>0.

④ PROBIT (p)　计算标准正态分布的分位数. 它是概率函数 PROBNORM 的逆函数. 如果随机变量 $X\sim N(0,1)$,则

$$P\{X\leqslant \text{probit}(\alpha)\}=\alpha.$$

这个函数产生的结果在 -5 和 5 之间.

3. 样本统计函数

这类函数用于计算样本值的有关统计量,有 15 个之多,它们要求自变量是数值. 现扼要介绍如下:

① 均值　MEAN (of X1—Xn)或 MEAN(X1,X2,…).

② 最大值　MAX(of X1—Xn)或 MAX(X1,X2,…).

③ 最小值　MIN(of X1—Xn)或 MIN(X1,X2,…).

④ 非缺失数据的个数　N(of X1—Xn)或 N(X1,X2,…).

⑤ 缺失数据的个数　NMISS(of X1—Xn)或 NMISS(X1,X2,…).

⑥ 求和　SUM(of X1—Xn)或 SUM(X1,X2,…).

⑦ 方差　VAR(of X1—Xn)或 VAR(X1,X2,…).

⑧ 标准差　STD(of X1—Xn)或 STD(X1,X2,…). 标准差 S 定义为

$$S=\sqrt{\frac{1}{n-1}\sum_{i=1}^{n}(x_i-\bar{X})^2}, \text{而 } \bar{X}=\frac{1}{n}\sum_{i=1}^{n}x_i.$$

⑨ 标准误差　STDERR(of X1—Xn)或 STDERR(X1,X2,…). 标准误差 δ 定义为

$$\delta=\sqrt{\frac{1}{n(n-1)}\sum_{i=1}^{n}(x_i-\bar{X})^2}=\frac{S}{\sqrt{n}}.$$

⑩ 变异系数　CV (of X1—Xn)或 CV(X1,X2,…). 变异系数的定义为

$$CV=(S/\bar{X})*100.$$

⑪ 极差　RANGE (of X1—Xn)或 RANGE (X1,X2,…).

4. 其他函数

例如:① EXP(x)——计算 e^x.

② GAMMA(x)——计算 $\Gamma(x)=\int_0^{\infty}t^{x-1}e^{-t}dt$.

③ LOG(x)——自然对数 $\ln x$.

④ LOG10(x)——常用对数 $\lg x$.

⑤ LOG2(x)——以 2 为底的对数 $\log_2 x$.

⑥ COS(x)——计算余弦.

⑦ SIN(x)——计算正弦.

三、例题

例　计算下列函数值:(1) 标准正态分布函数 $\Phi(x)$,其中 x 分别为 0.4,0.5,0.67,1,3,4,7;(2) χ^2 分布的分位数 $\chi^2_{0.95}(3)$;(3) F 分布的分位数 $F_{0.95}(2,10)$.

解　(1) 在 PGM 窗口键入 SAS 程序:

```
data a2;
input x @@;
fru=probnorm(x);
cards;
0.4  0.5  0.67  1  3  4  7
;
run;
proc print;
run;
```

这里,data a2;——DATA 语句,指示要创建一个名为 a2 的数据集. input x @@;——INPUT 语句,说明变量 x 的数据将在一个数据行中输入. proc print;——PROC 语句,指示调用 PRINT 过程作用于所给的(最新)数据集. PRINT 过程指示要打印 SAS 数据集的值. 这里的数据集指最新创建的数据集 a2,print 后面"data=a2"可以省去.

在 PGM 窗口的命令行键入

submit ↵

(SAS 口令的大小写不限)
输出结果如表 12－2.

(2) 在命令行键入

PGM ↵

荧屏上又显示 PGM 窗口. 键入

```
data;
q1=cinv(0.95,3); put'q1='q1;
run;
proc print;
run;
```

表 12－2

The SAS System		
OBS	X	FRU
1	0.40	0.65542
2	0.50	0.69146
3	0.67	0.74857
4	1.00	0.84134
5	3.00	0.99865
6	4.00	0.99997
7	7.00	1.00000

这里,DATA 语句要创建的数据文件名已省略;proc 语句调用 PRINT 过程,所针对的数据文件名也省去. 其实数据已在第二句 q1=cinv(0.95,3)给出,这是概率为 0.95,自由度为 3 的 χ^2 分布的分位数. PUT 语句描述用 SAS 输出的 q1 值的格式.

在命令行键入

submit ↵

以后,OUTPUT 窗口输出结果

OBS	Q1
1	7.81473

若在命令行键入

LOG ↵

在 LOG 窗口可见 q1=7.8147279033,这是所求 χ^2 分布的分位数更精确的值.

(3) 在命令行键入

PGM ↵

回到 PGM 窗口. 键入

```
data;
q2 = finv(0.95,2,10);put'q2 = 'q2;
run;
proc print;
run;
```

这里第二句 q2 = finv(0.95,2,10)表示要求 F 分布的分位数 $q_2 = F_{0.95}(2,10)$，并按格式"q2 = q2 的值"输出.

在命令行键入提交执行的命令

SUBMIT ↲

在 OUTPUT 窗口输出对应的 F 分布的分位数

OBS	Q2
1	4.10282

若在命令行键入

LOG ↲

在 LOG 窗口可看到 q2 = 4.1028210151.

第三节 SAS 程 序

SAS 系统要求用户把你想做的事通过一些近乎自然英语的指令——SAS 程序在 PGM 窗口提交给 SAS 系统执行. 本节介绍编辑这样的 SAS 程序的入门知识.

一、SAS 程序的书写格式

SAS 语句可以从某一行的任意位置开始；几个 SAS 语句可以写在同一行上；一个语句也可以写成几行，只要语句中的单词不被断开就可以. 在一个语句中各项之间至少要有一个空格，一些特殊的符号(如等号 = ，加号 +)可以占据空格的位置. 例如语句

y = a + 3

和

y =   a   +   3

是等价的.

SAS 语句用大写字母、小写字母或两者混合书写都可以.

二、DATA 步(数据步)

SAS 程序中的语句分别属于两类步骤：DATA 步和 PROC 步. 这两类步骤是所有 SAS 程序的组成部分.

DATA 步包括要求 SAS 创建一个或几个新的 SAS 数据集的语句和对创建数据集所必须进行的运算操作语句. 每个 DATA 步以 DATA 语句开头，每个语句都以"；"号结束.

DATA 步主要的作用是创建 SAS 数据集，其一般形式为

```
DATA 语句;
  INPUT 语句;
  (用于 DATA 步的其他 SAS 语句)
```

```
    CARDS;
    (数据行)
  ;
  RUN;
```

这些语句的功能为

① DATA 语句表示 DATA 步的开始,并给出要产生的 SAS 数据集的名字.

② INPUT 语句描述输入的数据,对每个变量给出名字及数据的类型和格式等.如果在变量名字后空一格,打上"$"号,表示这是字符型变量,名字后没有"$"号的变量是数字型变量.如果想对输入的数据进行一些加工,可以根据用户的愿望,选择一些程序语句.

③ CARDS 语句紧接着是数据行,它标志着语句的结束及 DATA 中数据行开始.

④ 空语句(;)表示数据行的结束.

⑤ RUN 语句告诉 SAS 系统执行上述这些 SAS 语句.

有时需要在磁盘上调取数据,则在 DATA 语句后加一句INFILE语句.例如,加一句

```
infile'C:\f1.dat';
```

表示要从 C 盘的根目录下调取外部文件 f1.dat.INFILE 语句的作用就是打开包含数据的外部文件,此时不需要 CARDS 语句.

有时数据来自其他 SAS 数据集,这时你在 DATA 语句后加一句 SET 语句.例如,

```
data da2;
set da1;
```

表示读入 da1 的全部数据,产生一个新的数据集 da2.

在 DATA 步中有时包含运算操作语句,如上节例题中求函数值的语句.

三、PROC 步(过程步)

"过程"——指一个已经写好的程序.PROC 步要求 SAS 从过程库中调出一个过程并执行这个过程,通常后面接一个 SAS 数据集作为输入.PROC 步以 PROC 语句开始,在 PROC 步里的其他语句给出用户想得到有关结果的更多信息的程序语句.

在 PROC 步中常出现的语句有:

① PROC　用在 PROC 步的开头并规定用户调用的 SAS 过程名字及其他信息.

② VAR　规定用这个过程分析的一些变量.

③ MODEL　规定在模型中分别表示因变量和自变量的这些变量及其他信息.

④ WEIGHT　规定一个变量,它的值是这些观测的相应权数.

⑤ FREQ　规定一个变量,其值表示频数.

⑥ CLASS　在分析中指定一些变量为分类变量.

⑦ BY　规定一些变量,SAS 过程对输入数据集用 BY 变量定义的几个数据组分别进行分析处理.

⑧ OUTPUT　给出用该过程产生的输出数据集的信息.

⑨ ATTRIB　对变量规定有关的属性,如输出格式、输入格式、标签和长度.

⑩ FORMAT　规定输出变量值的格式.

⑪ RUN　让上述输入的 SAS 程序开始执行.

⑫ TITLE　标题语句,规定同 SAS 输出一起被打印的标题行.

四、Base SAS 过程

SAS 系统是由许多软件包组成的模块化的大型集成系统,其中 Base SAS 软件是 SAS 系统的基础和核心,其他软件产品均是在 Base SAS 软件提供的环境中使用.

在 PROC 步(过程步)中常被调用的过程有:

1. SAS 基础统计过程

① MEANS(均值)过程:计算数据集中数值变量的描述统计量. 第一节例题就调用过这个过程.

② UNIVARIATE(单变量)过程:逐个计算单变量的描述统计量,包括分位数等,输出的内容比较多.

③ CORR(相关)过程:计算变量间的相关系数.

④ FREQ(频数)过程:对分类变量计算频数分布及多维频率表.

⑤ TABLATE(制表)过程:计算并打印输出统计报表.

⑥ CHART(图表)过程:用条形图和其他图形分别表示频数和其他统计量.

2. SAS 报表过程

① PRINT(打印)过程:打印 SAS 数据集的值. 第二节例题调用了这个过程.

② PLOT(图形)过程:绘制变量的散布图.

③ CHART(图表)过程:画频数、均值、总和的水平和垂直条形图、块图、饼图和星形图.

还有许多过程,不一一列举. 用户可读高惠璇编的《SAS 系统·Base SAS 软件使用手册》.

五、SAS/STAT 过程

SAS/STAT 软件是 SAS 系统的核心和精华,它用于数据分析处理. 该软件提供八大类统计方法(回归、方差、属性数据、多变量、判别、聚类、实用方法和生存分析),共 44 个过程,内容极为丰富,几乎覆盖了实用数理统计方法的所有方面. 我们将在第四、第五节里分别介绍简单的回归分析和方差分析过程. 进一步的应用,可阅读高惠璇等编译的《SAS 系统·SAS/STAT 软件使用手册》.

除了上面提到过的 Base SAS 软件与 SAS/STAT 软件外,SAS 系统还有许多软件产品,例如:

① SAS/ETS——用于计量经济与时间序列分析的专用软件,它是研究复杂系统和进行预测的有力工具.

② SAS/OR——用于运筹学和工程管理的专用软件,它提供全面的运筹学方法,是一种强有力的决策支持工具.

③ SAS/QC——用于质量控制的专用软件,该软件提供全面质量管理的一系列工具.

④ SAS/IML——该软件提供动能强大的面向矩阵运算的编程语言,它是用户研究新算法的工具.

⑤ SAS/GRAPH——这件强有力的图形软件包能够完成多种绘图功能,如生成等值线图、二维和三维曲线图、直方图、圆饼图、区块图、星形图、地理图及各种映象图.

⑥ SAS/FSP——这是一个用来进行数据处理的交互式菜单系统,可用来进行全屏幕的数据录入、编辑、查询及数据文件的创建等,它也是一个开发工具.

还有 SAS/AF, SAS/ASSIST, SAS/ACCESS, SAS/INSIGHT, SAS/LAB, SAS/TOOLKIT 等软

件包．总之，SAS系统是世界领先的用于决策支持的大型集成信息系统，适用于几乎是任何应用领域．在这个入门资料里只能介绍一些基础知识．

第四节　线性回归分析实验

一、实验目的

学习利用SAS系统求解线性回归问题，加深理解线性回归的理论和方法，提高解决问题的能力．

二、使用的软件

SAS/STAT 软件．

三、实验的基本理论

以一元线性回归分析为例．

1．问题及其数学模型

设随机变量 Y 与普通变量 X 有相关关系，则随机变量 Y 的数学期望 $E(Y)$ 是 X 的普通函数，称为 Y 对 X 的回归函数，简称回归．

为求得回归，需通过随机试验，得出一组试验样本：

$$(x_1, y_1), (x_2, y_2), (x_3, y_3), \cdots.$$

将上述样本观察值作为点的坐标，得到散点图，由散点图选择回归问题的数学模型．如果发现各点位于一条直线附近，此时回归问题为一元线性回归问题，其数学模型如下：

$$\begin{cases} y = \beta_0 + \beta_1 x + \varepsilon, \\ \varepsilon \sim N(0, \sigma^2), \end{cases}$$

其中 $\beta_0, \beta_1, \sigma^2$ 是与 x 无关的待估常数．

2．回归方程的求法

用最小二乘法原理可求出 β_0, β_1 的无偏估计量 $\hat{\beta}_0, \hat{\beta}_1$，

$$\hat{\beta}_1 = \frac{\sum_i (x_i - \bar{x}) \cdot (y_i - \bar{y})}{\sum_i (x_i - \bar{x})^2},$$

$$\hat{\beta}_0 = \bar{y} - \hat{\beta}_1 \bar{x}.$$

于是，得到回归直线

$$\hat{y} = \hat{\beta}_0 + \hat{\beta}_1 x.$$

3．回归显著性检验

为了检验我们的线性假设是否符合实际，需要对回归方程进行显著性检验．为此，我们先给出两个记号：

$$S_Q = \sum_i (\hat{y}_i - y_i)^2，称为残差平方和，$$

$$S_R = \sum_i (\hat{y}_i - \bar{y})^2，称为回归平方和．$$

常用的检验方法有：

(1) F 检验法

取原假设 $H_0:\beta_1=0$(这时 x,y 没有线性关系,这个回归无用). 对立的假设 $H_1:\beta_1\neq 0$.

选取统计量

$$F=\frac{S_R}{S_Q/(n-2)}\overset{H_0\text{ 真}}{\sim}F(1,n-2)\quad(\text{证明略}).$$

给定显著性水平 $\alpha(0<\alpha<1)$,使得

$$P\{F\geqslant F_\alpha(1,n-2)\}=\alpha,$$

得拒绝域 $F\geqslant F_\alpha(1,n-2)$.

利用数据计算 F 的值 F_0.

若 F_0 落在拒绝域内,则拒绝 H_0,接受 H_1,认为回归效果显著. 在 SAS/STAT 输出中,若 prob > F 很小,表示 $P\{F_\alpha>F_0\}$ 很小,也就是说 $F_0\geqslant F_\alpha$ 的可能性很大,从而认为回归效果显著.

(2) T 检验法

原假设 $H_0:\beta_1=0$,对立的假设 $H_1:\beta_1\neq 0$.

选取统计量

$$T=\frac{\hat{\beta}_1}{\hat{\sigma}}\sqrt{L_{xx}}\overset{H_0\text{ 真}}{\sim}t(n-2)\quad(\text{证明略}),$$

其中 $\hat{\sigma}^2=\dfrac{1}{n-2}\sum\limits_i(y_i-\hat{y}_i)^2$.

给定显著性水平 α $(0<\alpha<1)$,使得

$$P\{|T|\geqslant t_{\frac{\alpha}{2}}(n-2)\}=\alpha,$$

得拒绝域

$$|T|\geqslant t_{\frac{\alpha}{2}}(n-2).$$

利用数据计算 T 的值 T_0,并作出判断:若 T_0 落在拒绝域中,则拒绝 H_0,即回归效果显著;否则回归效果不显著. 在 SAS/STAT 输出中,若 prob > $|T|$ 很小时,说明概率 $P\{t_{\frac{\alpha}{2}}>|T_0|\}$ 很小,即 $|T_0|\geqslant t_{\frac{\alpha}{2}}$ 的概率很大,从而认为回归效果显著.

而 prob > $|T|$ 下面的数值即显著性水平,我们在后面的例子中将会看到.

(3) 相关系数检验法

$R=\dfrac{L_{xy}}{\sqrt{L_{xx}L_{yy}}}$称为 y 对 x 的相关系数,可以证明 $R=\sqrt{\dfrac{S_R}{L_{yy}}}$,相关系数的平方

$$R^2=\frac{S_R}{L_{yy}}$$

叫做**决定系数**.

$0<R^2\leqslant 1$, R^2 越接近 1, y 与 x 线性相关关系越显著. 在 SAS 系统输出中,R-Square 右边的数值就是决定系数 R^2 的值.

四、实验内容

1. 掌握调用 REG(回归分析)过程的方法

REG 是 SAS 系统中通用的回归过程，它采用最小二乘法拟合线性回归模型.

调用 REG 过程的语句：

proc reg data = 数据集名；

model 因变量 = 自变量/选项；

对这两句 SAS 语句解释如下：

① proc reg 语句表示调用 reg 过程，作用于所给数据集.

② model 语句规定建立线性回归方程的因变量和自变量，它们必须是用于分析的数据集中的数值变量. 例如，model y = x1 * x2；是无效的，必须在 DATA 步创建数据集时，构造一个表示 x1 * x2 的新变量

x3 = x1 * x2；

③ model 语句中斜杠(/)后面的选项，常用的有：

(i) SELCTION = 名字——规定选择模型的方法，其中等式右边的名字可以是 NONE(全回归模型，建立 y 与全部自变量的全回归模型)，也可以是 STEPWISE(逐步筛选法建立 y 与自变量的回归模型，与因变量的相关关系不显著的自变量将被删去). 还有其他一些选择模型的方法.

(ii) SLE = 数值——对 STEPWISE 方法规定变量选入回归模型里的显著性水平，缺省时显著性水平是 0.15.

(iii) CLI——对每个预测值要求输出 95% 的置信上界和下界.

(iv) CLM——对每个观测值输出因变量期望值的 95% 置信上界和下界.

2. 求解线性回归问题，并上机实验

(1) 一元线性回归问题

[实验 1] 某建材实验室作某种混凝土强度实验. 考察每 m^3 混凝土的水泥用量(单位：kg)对 28 天后的混凝土抗压强度(单位：kg/cm^2)的影响，测得数据如表 12 - 3.

表 12 - 3

水泥用量 x/kg	150	160	170	180	190	200	210	220	230	240	250	260
抗压强度 y/kg·cm^{-2}	56.9	58.3	61.6	64.6	68.1	71.3	74.1	77.4	80.2	82.6	86.4	89.7

求 y 对 x 的回归方程.

上机操作 ① 画 (x_i, y_i) 的散点图，考虑样本观察值的分布情况，选择回归模型. 在 PGM 窗口键入

```
data hun;
input x y @@;
cards;
150   56.9   160   58.3   170   61.6   180   64.6
190   68.1   200   71.3   210   74.1   220   77.4
230   80.2   240   82.6   250   86.4   260   89.7
;
run;
```

```
proc plot data=hun;
plot y * x='a';
run;
```

这里,proc 语句指令调用 PLOT(图形)过程于 hun 数据集,plot 语句说明在 xOy 直角坐标系上作散点图,在各散点处标以字母 a.

在窗口的命令行上键入提交命令

submit ↙

在 OUTPUT 窗口输出散点图(图略). 由图上可见,各观察点分布在一条直线的附近. 可选择线性回归模型

$$\begin{cases} y=\beta_0+\beta_1 x+\varepsilon, \\ \varepsilon \sim N(0,\sigma^2). \end{cases}$$

② 调用 REG 过程,求 $\hat{\beta}_0$,$\hat{\beta}_1$ 的值,并得出回归方程.

在命令行键入

PGM; RECALL ↙

当前窗口变为 PGM 窗口,并显示①中键入的各语句. 键入

```
proc reg data=hun;
model y=x;
run;
```

再在命令行键入

submit ↙

输出表 12-4:

表 12-4

The SAS System

Model: MODEL 1

Dependent Variable: y

Analysis of Variance

Source	DF	Sum of Squares	Mean Square	F value	prob>F
Model	1	1321.42720	1321.42720	5522.521	0.0001
Error	10	2.39280	0.23928		
C Total	11	1323.82000			
Root	MSE	0.48916	R-Square	0.9982	
Dep	Mean	72.60000	Adj R-Sq	0.9980	
C.V.		0.67378			

Parameter Estimates

Variable	DF	Parameter Estimate	Standard Error	T for H0: Parameter=0	prob>|T|
INTERCEP	1	10.282867	0.85037515	12.092	0.0001
X	1	0.303986	0.00409058	74.314	0.0001

由表 12－4 最后一列可见，y 与 x 在 0.000 1 水平上线性相关关系显著，而且决定系数 $R^2=0.998\,2$，拟合较好．所求回归方程

$$\hat{y}=10.282\,867+0.303\,986x.$$

(2) 多元线性回归问题

多元线性回归是一元线性回归的推广．作下面这个实验时，请读者注意在 DATA 步与 PROC 步中与解一元线性回归问题的区别．

[实验 2] 某种水泥在凝固时放出热量 y(单位：cal/g)与水泥中下列 4 种化学成分有关：

x_1：$3CaO \cdot Al_2O_3$(铝酸三钙)的成分/%，

x_2：$3CaO \cdot SiO_2$(硅酸三钙)的成分/%，

x_3：$4CaO \cdot Al_2O_3 \cdot Fe_2O_3$(铁铝酸四钙)的成分/%，

x_4：$2CaO \cdot SiO_2$(硅酸二钙)的成分/%．

观测数据如表 12－5．

表 12－5

编号	x_1	x_2	x_3	x_4	y
1	7	26	6	60	78.5
2	1	29	15	52	74.3
3	11	56	8	20	104.3
4	11	31	8	47	87.6
5	7	52	6	33	95.6
6	11	55	9	22	109.2
7	3	71	17	6	102.7
8	1	31	22	44	72.5
9	2	54	18	22	93.1
10	21	47	4	26	115.9
11	1	40	23	34	83.8
12	11	66	9	12	113.3
13	10	68	8	12	109.4

试求 y 对 x_1,x_2,x_3,x_4 的线性回归方程．

上机操作 设回归方程为

$$y=\beta_0+\beta_1x_1+\beta_2x_2+\beta_3x_3+\beta_4x_4,$$

需求各个系数的估计值．为此，我们在 PGM 窗口键入

```
data shuini;
input x1 x2 x3 x4 y   ;
cards;
  7     26    6     60    78.5
  1     29    15    52    74.3
 11     56    8     20   104.3
```

```
11    31    8    47    87.6
 7    52    6    33    95.9
11    55    9    22   109.2
 3    71   17     6   102.7
 1    31   22    44    72.5
 2    54   18    22    93.1
21    47    4    26   115.9
 1    40   23    34    83.8
11    66    9    12   113.3
10    68    8    12   109.4
;
run;
proc reg data=shuini;
model y=x1—x4/selection=stepwise;
run;
```

在命令行键入

submit ↓

在 OUTPUT 窗口输出结果如表 12－6. 这里用的是逐步筛选法 stepwise，表 12－6 仅最后结果，其余各页略去.

从表 12－6 可见，由于 x_3，x_4 对 y 的贡献很小，在 SLSTAY=0.15 的水平上不显著，被删去. 得出截距项 $\hat{\beta}_0=52.577\,348\,88$，$x_1$，$x_2$ 的系数的估计值分别为 $\hat{\beta}_1=1.468\,305\,74$，$\hat{\beta}_2=0.662\,250\,49$. 所以，所求多元线性回归方程为

$$\hat{y}=52.577\,348\,88+1.468\,305\,74x_1+0.662\,250\,49x_2.$$

这个回归方程在 0.000 1 的水平上是显著的，各项系数的估计值也在 0.000 1 水平上是显著的，决定系数 $R^2=0.978\,678\,37$，拟合得比较好.

表 12－6

Step2	Variable X1 Entered		R－Square=0.97867837	C(P)=3.00000000	
	DF	Sum of Squares	Mean Square	F	prob>F
Reg ression	2	2657.85859375	1328.92929687	229.50	0.0001
Error	10	57.90448318	5.79044832		
Total	12	2715.76307692			
	Parameter	Standard	Type 11		
Variable	Estimate	Error	Sum of Squares	F	prob>F
INTERCEP	52.57734888	2.28617433	3062.60415609	528.91	0.0001
X1	1.46830574	0.12130092	848.43186034	146.52	0.0001
X2	0.66225049	0.04585472	1207.78226562	208.58	0.0001
Bounds	on Condition	number:	1.055129,	4.220516	

(3) 可线性化的一元非线性回归问题

[实验 3] 在钢筋混凝土的局压试验与理论研究中，对钢筋混凝土棱柱采用方形垫板轴心

局压试验,结果如表 12－7.

表 12－7

试件号	1	2	3	4	5	6	7	8	9	10	11	12
$\sqrt{A_d/A_c}$	1.33	1.66	2	2	2.5	2.5	3.33	4	5	5.72	6.67	10
A_d/A_c	1.78	2.78	4	4	6.25	6.25	11.1	16	25	32.7	44.5	100
β_f	1.18	1.61	2.05	2.02	2.46	2.09	3.32	3.84	5.68	6.69	8.45	15.56

其中A_c——混凝土局压面积,

A_d——计算底面积,

β_f——钢筋混凝土强度局压提高系数.

试求 β_f 关于$\sqrt{A_d/A_c}$的经验回归方程.

上机操作 设 $X=\sqrt{A_d/A_c}$, $Y=\beta_f$.

① 画(x_i,y_i)的散点图,考察观测点(x_i,y_i)的分布情况. 为此在 PGM 窗口键入

```
data gang;
input x y @@;
cards;
1.33   1.18   1.66   1.61   2      2.05     2    2.02
2.5    2.46   2.5    2.09   3.33   3.32     4    3.84
5      5.68   5.72   6.69   6.67   8.45    10   15.56
;
run;
proc plot data=gang;
plot y * x='1';
run;
```

在命令行键入

submit ↲

由输出的散点图(图略)可见,经验曲线接近于抛物线,因此设经验回归方程为

$$y=\beta_0+\beta_1x+\beta_2x^2.$$

这不是线性回归问题,令 $x_1=x$, $x_2=x^2$,化为多元线性回归方程

$$y=\beta_0+\beta_1x_1+\beta_2x_2.$$

② 求 β_0,β_1,β_2 的估计值,以便得出经验回归方程. 在命令行键入

PGM; RECALL ↲

荧屏上显示 PGM 窗口及前列 SAS 语句,再键入

```
data gang1;
set gang;
x1=x; x2=x * x;
```

```
run;
proc reg data=gang1;
model y=x1 - x2;
run;
```

在命令行键入

submit ↙

输出见表 12-8.

表 12-8

The SAS System

Model: MODEL 1

Dependent Variable: y

Analysis of Variance

Source	DF	Sum of Squares	Mean Square	F Value	prob>F
Model	2	187.10245	93.55123	3213.131	0.0001
Error	9	0.26204	0.02912		
C Total	11	187.36449			
	Root MSE	0.17063	R-Square	0.9986	
	Dep Mean	4.57917	Adj R-Sq	0.9983	
	C. V.	3.72627			

Parameter Estimates

Variable	DF	Parameter Estimate	Standard Error	T for H0: Parameter=0	prob>|T|
INTERCEP	1	0.402562	0.17804084	2.261	0.0501
X1	1	0.540230	0.08231042	6.563	0.0001
X2	1	0.097849	0.00747769	13.085	0.0001

由此表得 $\hat{\beta}_0=0.402\ 562$，$\hat{\beta}_1=0.540\ 230$，$\hat{\beta}_2=0.097\ 849$，所求回归方程为

$$\hat{y}=0.402\ 562+0.540\ 230x_1+0.097\ 849x_2,$$

即

$$\beta_f=0.402\ 562+0.540\ 230\sqrt{A_d/A_c}+0.097\ 849A_d/A_c.$$

由 prob>F 列得概率为 0.000 1，可见此回归方程在 0.000 1 水平上是显著的. 由 Parameter Estimates 表的最后一列可知各回归系数在 0.05 的水平上是显著的. 回归方程的决定系数 $R^2=0.998\ 6$，说明拟合得比较好.

思考与练习

试用 SAS 软件计算习题十一各题的回归方程，并与手算比较之.

第五节　方差分析实验

一、实验目的

学习用 SAS 系统解答方差分析问题，掌握 ANOVA 过程与 GLM 过程的调用方法.

二、使用的软件

SAS/SATA 软件.

三、实验的基本理论与方法

1. 问题

一个复杂的事物，往往要受到许多因素的影响和制约. 人们常常对所研究的对象，在不同的条件、状态下进行对比试验，从而得到若干组数据，然后通过这些数据，分析因素本身及各因素之间的交互作用，找出对产品质量等特征指标有显著影响的那些因素，这就是**方差分析**的主要任务.

例 1　有 5 种玉米品种，分别在 4 块试验田上种植，所得亩产量如表 12－9 所示.

表 12－9

亩产量 试验田 品种	1	2	3	4	均值/kg
A_1	256	220	280	278	259.00
A_2	244	300	290	275	277.25
A_3	250	277	230	322	269.75
A_4	288	280	315	259	285.5
A_5	206	212	220	212	212.5

问玉米的品种对亩产量有无显著影响？

由玉米亩产量的平均值以 A_4 组最大，能否断言玉米品种对亩产量有显著影响，并且说 A_4 品种最好呢？不能. 因为这些测试数据包含了许多随机因素的影响，它们之间的差异可能是随机误差造成的. 因此，要正确回答上述问题，需要采取显著性检验，在这里叫方差分析.

2. 数学模型

我们把影响我们所关心的某个指标的原因称为因素，常用 $A,B,\cdots$ 来表示；称因素在试验中所处的不同状态为“水平”，因素 A 的 m 个不同的水平用 $A_1,A_2,\cdots A_m$ 来表示. 每个水平看成一个总体.

补充模型假设：① 样本取自正态总体，水平 A_i 的总体 $x_i \sim N(\mu_i,\sigma^2)$；② 各个正态总体的方差都相等；③不同水平下的样本之间相互独立.

并且记 $\mu = \dfrac{1}{m}\sum_{i=1}^{m}\mu_i$（$m$ 为因素 A 的水平数），称为理想总平均；$\delta_i = \mu_i - \mu$ 称为第 i 个水平

A_i 的效应,显然 $\sum_{i=1}^{m}\delta_i = 0$.

从而有数学模型

$$\begin{cases} x_i = \mu + \delta_i + \varepsilon_i, \\ \varepsilon_i \sim N(0,\sigma^2)\,(i=1,2,\cdots,m). \end{cases}$$

例 1 的问题就是要判断各个水平对指标 x(亩产量)的影响.

3. 单因素等重复试验方差分析

设因素 A 有 m 个水平,每个水平都做 k 次重复试验.

① 检验假设 $H_0:\delta_1=\delta_2=\cdots=\delta_m=0$.

$H_1:\delta_1,\delta_2,\cdots,\delta_m$ 不全为零.

若 H_0 成立,说明对各个水平 A_i,效应 δ_i 都为零,意味着因素 A 对指标 x 没有显著的效应. 否则,H_1 为真,因素 A 对指标 x 有显著影响.

② 设样本总平均值 $\bar{x} = \dfrac{1}{mk}\sum_{i=1}^{m}\sum_{j=1}^{k}x_{ij}$,

样本变差(组内离差平方和) $Q_E = \sum_{i=1}^{m}\sum_{j=1}^{k}(x_{ij}-\bar{x}_i)^2$, 自由度 $f_E = mk - m$,

条件变差(组间离差平方和) $Q_A = \sum_{i=1}^{m}\sum_{j=1}^{k}(\bar{x}_i-\bar{x})^2$, 自由度 $f_A = m-1$,

总变差 $Q_T = Q_E + Q_A$.

取统计量

$$F = \frac{Q_A/f_A}{Q_E/f_E} \overset{H_0\text{ 真}}{\sim} F(f_A, f_E) \quad \text{(证明略)}.$$

③ 给定显著性水平 α,使

$$P\{F \geqslant F_\alpha(f_A,f_E)\} = \alpha,$$

得 F 的上 α 分位点 $F_\alpha(f_A,f_E)$.

④ 依试验数据计算

$$F_0 = \frac{Q_A/f_A}{Q_E/f_E}.$$

⑤ 比较 F_0 与 $F_\alpha(f_A,f_E)$的值,若 $F_0 \geqslant F_\alpha$,由于 α 很小,这样小概率事件竟在一次试验中发生了,说明假设 H_0 不真. 所以当 $F_0 \geqslant F_\alpha$ 时拒绝 H_0,即认为因素 A 对指标 x 的影响显著. 否则接受 H_0,即认为 A 对 x 的影响不显著。在 SAS/SATA 软件输出中,$P_r > F$ 所表示的概率 < 0.05 时,认为因素 A 对 x 有显著影响;当 $P_r > F$ 的概率 < 0.01 时,认为因素 A 对指标 x 有特别显著影响;若 $P_r > F$ 所表示的概率 > 0.05 时,接受 H_0,认为因素 A 对指标 x 没有显著的影响.

对于多因素及不等重复试验,判断方法类似.

四、实验内容

1. 方差分析的过程

(1) ANOVA 过程:主要适用于等重复(均衡)试验的方差分析,均衡试验时每个水平试验数据的个数相同. 其调用的格式是

```
proc anova data=数据集名;
class  分类变量(因素)名;
model  因变量(指标)名=自变量(因素)名;
run;
```

(2) GLM 过程:适用于不等重复(不均衡)试验的方差分析,不均衡试验时各个水平试验数据的个数不相同. 调用 glm 过程的格式是

```
proc glm data=数据集名;
class  分类变量(因素)名;
model  因变量(指标)名=自变量(因素)名;
run;
```

proc glm 语句中如缺省选项 data=数据集名,则 glm 过程将用最新产生的 SAS 数据集.

class 语句指出了分析中要用到的分类变量(因素)的名字.

model 语句规定因变量和自变量的效应.

2. 上机实验

(1) 单因素均衡数据的方差分析

[**实验 1**] 用 SAS 系统解例 1 提出的问题.

① **分析** 这是个单因素(品种)五水平(A_1, A_2, A_3, A_4, A_5)的均衡数据的方差分析问题,宜调用 anova 过程.

② **上机操作** 在 PGM 窗口键入

```
data yum1;
input a $ x @@;
cards;
a1  256  a1  220  a1  280  a1  278
a2  244  a2  300  a2  290  a2  275
a3  250  a3  277  a3  230  a3  322
a4  288  a4  280  a4  315  a4  259
a5  206  a5  212  a5  220  a5  212
;
proc anova data=yum1;
class a;
model x=a;
run;
```

再在 PGM 窗口上方的命令行键入

submit ↲

就输出方差分析表(见表 12-10)

表 12-10

The SAS System					
Analysis of Varince Procedure					
Depedent Variable:x					
Source	DF	Sum of Squares	Mean Square	F Value	$P_r>F$
Model	4	13187.70000000	3296.92500000	4.74	0.0113
Error	15	10431.50000000	695.43333333		
Corrected Total	19	23619.20000000			
	R-Square	C. V.	Root MSE	x Mean	
	0.558347	10.11161	26.371070	260.8000000	
Source	DF	Anova ss	Mean Square	F Value	$P_r>F$
A	4	13187.70000000	3296.9250000	4.74	0.0113

③ **结论** 由表中 $P_r>F$ 对应的概率 0.011 3<0.05 说明总体的 F 检验是显著的，所给模型有意义，对玉米品种 A 的 F 检验也是显著的，即是说玉米的品种对亩产量的影响显著．表 12-10 中最后两列两个 F 及两个 $P_r>F$ 的值相同，是因为所给模型中只有一个自变量 a，在多个自变量的问题(多因素方差分析)中就不会这样．

(2) 单因素非均衡数据的方差分析

[实验 2]

① **问题** 化学实验室想知道某种催化剂的用量是否显著影响合成物的产出量，今以催化剂用量 1 单位、2 单位、3 单位三个水平各自重复作若干次试验，结果如表 12-11．

表 12-11

催化剂 A	合成物产出量 x			
A_1(1 单位)	74	69	73	67
A_2(2 单位)	79	81	75	82
A_3(3 单位)	85	80	79	81

问催化剂用量对合成物的产出量有无显著影响？

② **上机操作** 这是一个单因素(催化剂)三水平(A_1, A_2, A_3)非均衡数据的方差分析问题，宜用 GLM 过程．在 PGM 窗口键入

```
data hua;
input a $ x @@;
cards;
a1  74  a1  69  a1  73  a1  67
a2  79  a2  81  a2  75  a3  82
a3  85  a3  80  a3  79  a3  81
;
run;
proc glm data=hua;
```

```
class a;
model x=a;
run;
```

再在 PGM 窗口上面的命令行键入

submit ↙

就输出方差分析表(见表 12-12).

表 12-12

The SAS System					
General Linear Models Procedure					
Dependent Variable: x					
Source	DF	Sum of Squares	Mean Square	F Value	$P_r>F$
Model	2	258.30000000	129.15000000	16.01	0.0011
Error	9	72.61666667	8.06851852		
Corrected Total	11	330.91666667			
	R-Square	C. V.	Root MSE	x Mean	
	0.780559	3.684991	2.840513	77.08333333	
Source	DF	Type 1 ss	Mean Square	F Value	$P_r>F$
A	2	258.30000000	129.150000000	16.01	0.0011
Source	DF	Type 111 ss	Mean Square	F Value	$P_r>F$
A	2	258.30000000	129.150000000	16.01	0.0011

③ **结论** 由表 12-12 之最后一列可见. $P_r>F$ 对应的概率 0.001 1<0.05,说明总体的 F 检验是显著的,所给模型有意义,对因素 A 的检验也是显著的,就是说催化剂的用量对合成物的产出量有显著的影响.

(3) 无交互效应的双因素方差分析

[实验 3]

① **问题** 为了掌握风力对某一高层建筑结构位移的影响,每天在四个规定时间测取结构上某一特征点的位移值,然后取它们的平均值作为当天的位移实测资料. 现用三台仪器 $A1,A2,A3$ 同时测得结构的特征点的位移情况,其结果如表 12-13. 能否认为所测结果可以接受(只要各仪器间无显著差异,便可认为测得结果可靠)?

表 12-13

仪器 A	测量时间 B			
	8:00	14:00	20:00	2.:00
$A1$	21.3	28.6	22.4	23.6
$A2$	20.8	27.2	20.8	24.1
$A3$	21.6	27.7	21.0	23.8

② **分析** 这里影响指标 y(位移)的因素有两个,仪器(A)和测试时间(B),称为双因素方差分析. 它是单因素方差分析的推广,SAS 程序的编写方法与单因素方差分析基本相同,调用的 SATA 软件可以是 anova 过程,也可以是 glm 过程. 在 DATA 步,有时为了输入数据的方便,使

用循环语句．同时，我们可以认为仪器 A 与时间 B 没有交互作用，所以称为无交互作用的双因素方差分析．

③ **上机操作** 在 PGM 窗口键入

```
data jiegou;
input a $ @;
do b=1 to 4;
input y @;
output;
end;
cards;
a1  21.3  28.6  22.4  23.6
a2  20.8  27.2  20.8  24.1
a3  21.6  27.7  21.0  23.8
;
proc anova data=jiegou;
class a b;
model a b;
run;
```

在这个 SAS 程序中，第二句和第四句最后的@叫单尾符，它为下一个 input 语句读取数据而固定数据行，下一个 input 语句从当前行读数据而不从一个新数据行读取．从第二句到第六句是一个循环语句．它与数据行的第一行结合就表示数据

a1 b1 21.3 a1 b2 28.6 a1 b3 22.4 a1 b4 23.6

可见用循环语句后，数据行输入就简单一些．

在 PGM 窗口上方命令行键入

submit ↙

就输出方差分析表（见表 12－14）．

表 12－14

The SAS System

Analysis of Vayiance Procedure

Dependent Variable: y

Source	DF	Sum of Squares	Mean Square	F Value	$P_r>F$
Model	5	86.38250000	17.27650000	56.34	0.0001
Error	6	1.84000000	0.36666667		
Corrected Total	11	88.22250000			
	R-Square	C. V.	Root MSE	y Mean	
	0.979144	2.348992	0.553774	23.5750000	
Source	DF	Anova ss	Mean Square	F Value	$P_r>F$
A	2	1.14000000	0.57000000	1.86	0.2314
B	3	85.24250000	28.41416667	92.65	0.0001

④ **结论**　方差分析表显示,对总体的 F 检验,由于 $P_r>F$ 所表示的概率 0.000 1<0.001,所以是高度显著的,所给模型有意义. 对于因素 A 的 F 检验,由于 $P_r>F$ 表示的概率 0.231 4>0.05,说明是不显著的,从而接受 H_{0A},即是说各仪器间没有显著差别,测得的数据是可以接受的. 对于 B 的 F 检验是高度显著的,说明不同时间测得的位移不相同,这可以根据实际情况得到合理解释.

(4) 有交互效应的双因素试验的方差分析

[实验 4]

① **问题**　抗牵拉强度 y 是硬橡胶的一项重要的性能指标,现试验考察下列两个因素对该指标的影响:

A(硫化时间):$A_1(40'')$,$A_2(60'')$.

B(催化剂种类):B_1(甲种),B_2(乙种),B_3(丙种).

在 A 与 B 的六种组合水平下,各重复作两次试验,测得数据(单位:kg/cm²)如表 12-15 所示,试问因素 A,B 对该指标的影响是否显著?

表 12-15

数据 因素B / 因素A	B_1		B_2		B_3	
A_1	390	380	440	420	370	350
A_2	390	410	450	430	370	380

② **分析**　这是双因素(A,B)方差分析问题. 它与实验 3 的问题不同之处在于因素 A,B 各水平之间的相互组合对指标 x 会有影响——交互效应. 因此,在 model 语句中,自变量除 a,b 外,还应添上个 a * b.

有交互效应的双因素试验,必须在各种组合水平下作重复试验方可进行方差分析. 调用的过程为 anova 过程,也可以是 glm 过程.

③ **上机操作**　在 PGM 窗口键入

```
data xiang;
input a $ b $ y @@;
cards;
a1  b1  390  a1  b1  380  a1  b2  440
a1  b2  420  a1  b3  370  a1  b3  350
a2  b1  390  a2  b1  410  a2  b2  450
a2  b2  430  a2  b3  370  a2  b3  380
;
proc anova data=xiang;
class a b;
model y=a b a*b;
run;
```

再在命令行键入

submit ↙

就输出方差分析表(见表 12－16).

表 12－16

The SAS System					
Analysis of Variance Procedure					
Dependnt Variable: y					
Source	DF	Sum of Squares	Mean Square	F Value	$P_r>F$
Model	5	9866.66666667	1973.33333333	13.16	❶0.0035
Error	6	900.00000000	150.00000000		
Corrected Total	11	10766.66666667			
	R-Square	C. V.	Root MSE	y Mean	
	0.916409	3.074673	12.247448	398.33333333	
Source	DF	Anova ss	Mean Square	F Value	$P_r>F$
A	1	533.33333333	533.33333333	3.56	❷0.1083
B	2	9316.66666667	4658.33333333	31.06	❸0.0007
A * B	2	16.66666667	8.33333333	0.06	❹0.9464

④ **结论**　由表 12－16❶知,对总体的 F 检验是高度显著的(0.003 5<0.01),模型有意义.由表中❷❹知应当接受 H_{0A} 和 H_{0AB},因素 A 和交互效应 $A*B$ 都不显著. 由❸知应当拒绝 H_{0B},即因素 B 的效应是显著的. 所以说,对硬橡胶的抗牵拉强度来说,催化剂种类的影响是显著的,而硫化时间的长短影响不显著.

思考与练习

1. 某灯泡厂用四种灯丝生产了四批灯泡. 在每批灯泡中抽出若干个灯泡作寿命试验,试验所得数据如表 12－17 所示.

表 12－17

灯丝种类	灯　泡　寿　命						
A_1	1 600	1 610	1 650	1 680	1 700	1 700	1 780	
A_2	1 500	1 640	1 400	1 700	1 750			
A_3	1 640	1 550	1 600	1 620	1 640	1 740	1 600	1 800
A_4	1 510	1 520	1 530	1 570	1 680	1 640		

问:不同的灯丝对灯泡寿命的影响有无显著差异?

2. 酿造厂有三个化验员担任发酵粉的颗粒检验,今由三名化验员每天从该厂所生产的发酵粉中抽样一次,共抽 10 天,分别化验其中所含颗粒的百分率,化验结果如表 12－18. 问三名化验员的化验技术有无显著差异?这 10 天生产的发酵粉的颗粉百分率有无显著差异?

表 12 - 18

数据 化验员 \ 日期	B_1	B_2	B_3	B_4	B_5	B_6	B_7	B_8	B_9	B_{10}
A_1	10.1	4.7	3.1	3.0	7.8	8.2	7.8	6.0	4.9	3.4
A_2	10.0	4.9	3.1	3.2	7.8	8.2	7.7	6.2	5.1	3.4
A_3	10.2	4.8	3.0	3.1	7.8	8.4	7.9	6.1	5.0	3.3

附　　表

1. 标准正态分布表

$$\Phi(x) = \int_{-\infty}^{x} \frac{1}{\sqrt{2\pi}} e^{-\frac{t^2}{2}} dt = P(X \leqslant x)$$

x	0	1	2	3	4	5	6	7	8	9
0.0	0.500 0	0.504 0	0.508 0	0.512 0	0.516 0	0.519 9	0.523 9	0.527 9	0.531 9	0.535 9
0.1	0.539 8	0.543 8	0.547 8	0.551 7	0.555 7	0.559 6	0.563 6	0.567 5	0.571 4	0.575 3
0.2	0.579 3	0.583 2	0.587 1	0.591 0	0.594 8	0.598 7	0.602 6	0.606 4	0.610 3	0.614 1
0.3	0.617 9	0.621 7	0.625 5	0.629 3	0.633 1	0.636 8	0.640 6	0.644 3	0.648 0	0.651 7
0.4	0.655 4	0.659 1	0.662 8	0.666 4	0.670 0	0.673 6	0.677 2	0.680 8	0.684 4	0.687 9
0.5	0.691 5	0.695 0	0.698 5	0.701 9	0.705 4	0.708 8	0.712 3	0.715 7	0.719 0	0.722 4
0.6	0.725 7	0.729 1	0.732 4	0.735 7	0.738 9	0.742 2	0.745 4	0.748 6	0.751 7	0.754 9
0.7	0.758 0	0.761 1	0.764 2	0.767 3	0.770 3	0.773 4	0.776 4	0.779 4	0.782 3	0.785 2
0.8	0.788 1	0.791 0	0.793 9	0.796 7	0.799 5	0.802 3	0.805 1	0.807 8	0.810 6	0.813 3
0.9	0.815 9	0.818 6	0.821 2	0.823 8	0.826 4	0.828 9	0.831 5	0.834 0	0.836 5	0.838 9
1.0	0.841 3	0.843 8	0.846 1	0.848 5	0.850 8	0.853 1	0.855 4	0.857 7	0.859 9	0.862 1
1.1	0.864 3	0.866 5	0.868 6	0.870 8	0.872 9	0.874 9	0.877 0	0.879 0	0.881 0	0.883 0
1.2	0.884 9	0.886 9	0.888 8	0.890 7	0.892 5	0.894 4	0.896 2	0.898 0	0.899 7	0.901 5
1.3	0.903 2	0.904 9	0.906 6	0.908 2	0.909 9	0.911 5	0.913 1	0.914 7	0.916 2	0.917 7
1.4	0.919 2	0.920 7	0.922 2	0.923 6	0.925 1	0.926 5	0.927 8	0.929 2	0.930 6	0.931 9
1.5	0.933 2	0.934 5	0.935 7	0.937 0	0.938 2	0.939 4	0.940 6	0.941 8	0.943 0	0.944 1
1.6	0.945 2	0.946 3	0.947 4	0.948 4	0.949 5	0.950 5	0.951 5	0.952 5	0.953 5	0.954 5
1.7	0.955 4	0.956 4	0.957 3	0.958 2	0.959 1	0.959 9	0.960 8	0.961 6	0.962 5	0.963 3
1.8	0.964 1	0.964 8	0.965 6	0.966 4	0.967 1	0.967 8	0.968 6	0.969 3	0.970 0	0.970 6
1.9	0.971 3	0.971 9	0.972 6	0.973 2	0.973 8	0.974 4	0.975 0	0.975 6	0.976 2	0.976 7
2.0	0.977 2	0.977 8	0.978 3	0.978 8	0.979 3	0.979 8	0.980 3	0.980 8	0.981 2	0.981 7
2.1	0.982 1	0.982 6	0.983 0	0.983 4	0.983 8	0.984 2	0.984 6	0.985 0	0.985 4	0.985 7
2.2	0.986 1	0.986 4	0.986 8	0.987 1	0.987 4	0.987 8	0.988 1	0.988 4	0.988 7	0.989 0
2.3	0.989 3	0.989 6	0.989 8	0.990 1	0.990 4	0.990 6	0.990 9	0.991 1	0.991 3	0.991 6
2.4	0.991 8	0.992 0	0.992 2	0.992 5	0.992 7	0.992 9	0.993 1	0.993 2	0.993 4	0.993 6
2.5	0.993 8	0.994 0	0.994 1	0.994 3	0.994 5	0.994 6	0.994 8	0.994 9	0.995 1	0.995 2
2.6	0.995 3	0.995 5	0.995 6	0.995 7	0.995 9	0.996 0	0.996 1	0.996 2	0.996 3	0.996 4
2.7	0.996 5	0.996 6	0.996 7	0.996 8	0.996 9	0.997 0	0.997 1	0.997 2	0.997 3	0.997 4
2.8	0.997 4	0.997 5	0.997 6	0.997 7	0.997 7	0.997 8	0.997 9	0.997 9	0.998 0	0.998 1
2.9	0.998 1	0.998 2	0.998 2	0.998 3	0.998 4	0.998 4	0.998 5	0.998 5	0.998 6	0.998 6
3.0	0.998 7	0.999 0	0.999 3	0.999 5	0.999 7	0.999 8	0.999 8	0.999 9	0.999 9	1.000 0

2. 泊松分布表

$$1 - F(x-1) = \sum_{k=x}^{\infty} \frac{e^{-\lambda}\lambda^{k}}{k!}$$

x	$\lambda=0.2$	$\lambda=0.3$	$\lambda=0.4$	$\lambda=0.5$	$\lambda=0.6$
0	1.000 000 0	1.000 000 0	1.000 000 0	1.000 000 0	1.000 000 0
1	0.181 269 2	0.259 181 8	0.329 680 0	0.393 469	0.451 188
2	0.017 523 1	0.036 936 3	0.061 551 9	0.090 204	0.121 901
3	0.001 148 5	0.003 599 5	0.007 926 3	0.014 388	0.023 115
4	0.000 056 8	0.000 265 8	0.000 776 3	0.001 752	0.003 358
5	0.000 002 3	0.000 015 8	0.000 061 2	0.000 172	0.000 394
6	0.000 000 1	0.000 000 8	0.000 004 0	0.000 014	0.000 039
7			0.000 000 2	0.000 001	0.000 003

x	$\lambda=0.7$	$\lambda=0.8$	$\lambda=0.9$	$\lambda=1.0$	$\lambda=1.2$
0	1.000 000 0	1.000 000 0	1.000 000 0	1.000 000 0	1.000 000 0
1	0.503 415	0.550 671	0.593 430	0.632 121	0.698 806
2	0.155 805	0.191 208	0.227 518	0.264 241	0.337 373
3	0.034 142	0.047 423	0.062 857	0.080 301	0.120 513
4	0.005 753	0.009 080	0.013 459	0.018 988	0.033 769
5	0.000 786	0.001 411	0.002 344	0.003 660	0.007 746
6	0.000 090	0.000 184	0.000 343	0.000 594	0.001 500
7	0.000 009	0.000 021	0.000 043	0.000 083	0.000 251
8	0.000 001	0.000 002	0.000 005	0.000 010	0.000 037
9				0.000 001	0.000 005
10					0.000 001

x	$\lambda=1.4$	$\lambda=1.6$	$\lambda=1.8$		
0	1.000 000	1.000 000	1.000 000		
1	0.753 403	0.798 103	0.834 701		
2	0.408 167	0.475 069	0.537 163		
3	0.166 502	0.216 642	0.269 379		
4	0.053 725	0.078 313	0.108 708		
5	0.014 253	0.023 682	0.036 407		
6	0.003 201	0.006 040	0.010 378		
7	0.000 622	0.001 336	0.002 569		
8	0.000 107	0.000 260	0.000 562		
9	0.000 016	0.000 045	0.000 110		
10	0.000 002	0.000 007	0.000 019		
11		0.000 001	0.000 003		

续表

x	$\lambda=2.5$	$\lambda=3$	$\lambda=3.5$	$\lambda=4$	$\lambda=4.5$	$\lambda=5$
0	1.000 000	1.000 000	1.000 000	1.000 000	1.000 000	1.000 000
1	0.917 915	0.950 213	0.969 803	0.981 684	0.988 891	0.993 262
2	0.712 703	0.800 852	0.864 112	0.908 422	0.938 901	0.959 572
3	0.456 187	0.576 810	0.679 153	0.761 897	0.826 422	0.875 348
4	0.242 424	0.352 768	0.463 367	0.566 530	0.657 704	0.734 974
5	0.108 822	0.184 737	0.274 555	0.371 163	0.467 896	0.559 507
6	0.042 021	0.083 918	0.142 386	0.214 870	0.297 070	0.384 039
7	0.014 187	0.033 509	0.065 288	0.110 674	0.168 949	0.237 817
8	0.004 247	0.011 905	0.026 739	0.051 134	0.086 586	0.133 372
9	0.001 140	0.003 803	0.009 874	0.021 363	0.040 257	0.068 094
10	0.000 277	0.001 102	0.003 315	0.008 132	0.017 093	0.031 828
11	0.000 062	0.000 292	0.001 019	0.002 840	0.006 669	0.013 695
12	0.000 013	0.000 071	0.000 289	0.000 915	0.002 404	0.005 453
13	0.000 002	0.000 016	0.000 076	0.000 274	0.000 805	0.002 019
14		0.000 003	0.000 019	0.000 076	0.000 252	0.000 698
15		0.000 001	0.000 004	0.000 020	0.000 074	0.000 226
16			0.000 001	0.000 005	0.000 020	0.000 069
17				0.000 001	0.000 005	0.000 020
18					0.000 001	0.000 005
19						0.000 001

3. χ^2 分布表

$$P\{\chi^2(n) > \chi^2_\alpha(n)\} = \alpha$$

n	$\alpha=0.995$	0.99	0.975	0.95	0.90	0.75
1	—	—	0.001	0.004	0.016	0.102
2	0.010	0.020	0.051	0.103	0.211	0.575
3	0.072	0.115	0.216	0.352	0.584	1.213
4	0.207	0.297	0.484	0.711	1.064	1.923
5	0.412	0.554	0.831	1.145	1.610	2.675
6	0.676	0.872	1.237	1.635	2.204	3.455
7	0.989	1.239	1.690	2.167	2.833	4.255
8	1.344	1.646	2.180	2.733	3.490	5.071
9	1.735	2.088	2.700	3.325	4.168	5.899
10	2.156	2.558	3.247	3.940	4.865	6.737
11	2.603	3.053	3.816	4.575	5.578	7.584
12	3.074	3.571	4.404	5.226	6.304	8.438
13	3.565	4.107	5.009	5.892	7.042	9.299
14	4.705	4.660	5.629	6.571	7.790	10.165
15	4.601	5.229	6.262	7.261	8.547	11.037
16	5.142	5.812	6.908	7.962	9.312	11.912
17	5.697	6.408	7.564	8.672	10.085	12.792
18	6.265	7.015	8.231	9.390	10.865	13.675
19	6.884	7.633	8.907	10.117	11.651	14.562
20	7.434	8.260	9.591	10.851	12.443	15.452
21	8.034	8.897	10.283	11.591	13.240	16.344
22	8.643	9.542	10.982	12.338	14.042	17.240
23	9.260	10.196	11.689	13.091	14.848	18.137
24	9.886	10.856	12.401	13.848	15.659	19.037
25	10.520	11.524	13.120	14.611	16.473	19.939
26	11.160	12.198	13.844	15.379	17.292	20.843
27	11.808	12.879	14.573	16.151	18.114	21.749
28	12.461	13.565	15.308	16.928	18.939	22.657
29	13.121	14.257	16.047	17.708	19.768	23.567
30	13.787	14.954	16.791	18.493	20.599	24.478
31	14.458	15.655	17.539	19.281	21.431	25.390
32	15.131	16.362	18.291	20.072	22.271	26.304
33	15.815	17.074	19.047	20.867	23.110	27.219
34	16.501	17.789	19.806	21.664	23.952	27.136
35	17.192	18.509	20.569	22.465	24.797	29.054
36	17.887	19.233	21.336	23.269	25.643	29.973
37	18.586	19.960	22.106	24.075	26.492	30.893
38	19.289	20.691	22.878	24.884	27.343	31.815
39	19.996	21.426	23.654	25.695	28.196	32.737
40	20.707	22.164	24.433	26.509	29.051	33.660
41	21.421	22.906	25.215	27.326	29.907	34.585
42	22.138	23.650	25.999	28.144	30.765	35.510
43	22.859	24.398	26.785	28.965	31.625	36.436
44	23.584	25.148	27.575	29.787	32.487	37.363
45	24.311	25.901	28.366	30.612	33.350	38.291

续表

n	$\alpha=0.25$	0.10	0.05	0.025	0.01	0.005
1	1.323	2.706	3.841	5.024	6.635	7.879
2	2.773	4.605	5.991	7.378	9.210	10.597
3	4.108	6.251	7.815	9.348	11.345	12.838
4	5.385	7.779	9.488	11.143	13.277	14.860
5	6.626	9.236	11.071	12.833	15.086	16.750
6	7.841	10.645	12.592	14.449	16.812	18.548
7	9.037	12.017	14.067	16.013	18.475	20.278
8	10.219	13.362	15.507	17.535	20.090	21.995
9	11.389	14.684	16.919	19.023	21.666	23.589
10	12.549	15.987	18.307	20.483	23.209	25.188
11	13.701	17.275	19.675	21.920	24.725	26.757
12	14.845	18.549	21.026	23.337	26.217	28.299
13	15.984	19.812	22.362	24.736	27.688	29.819
14	17.117	21.064	23.685	26.119	29.141	31.319
15	18.245	22.307	24.996	27.488	30.578	32.801
16	19.369	23.542	26.296	28.845	32.000	34.267
17	20.489	24.769	27.587	30.191	33.409	35.718
18	21.605	25.989	28.869	31.526	34.805	37.156
19	22.718	27.204	30.144	32.852	36.191	38.582
20	23.828	28.412	31.410	34.170	37.566	39.997
21	24.935	29.615	32.671	35.479	38.932	41.401
22	26.039	30.813	33.924	36.781	40.289	42.796
23	27.141	32.007	35.172	38.076	41.638	44.181
24	28.241	33.196	36.415	39.364	42.980	45.559
25	29.339	34.382	37.652	40.646	44.314	46.928
26	30.435	35.563	38.885	41.923	45.642	48.290
27	31.528	36.741	40.113	43.194	46.963	49.645
28	32.620	37.916	41.337	44.461	48.273	50.993
29	33.711	39.087	42.557	45.722	49.588	52.336
30	34.800	40.256	43.773	46.979	50.892	53.672
31	35.887	41.422	44.985	48.232	52.191	55.003
32	36.973	42.585	46.194	49.480	53.486	56.328
33	38.058	43.745	47.400	50.725	54.776	57.648
34	39.141	44.903	48.602	51.966	56.061	58.964
35	40.223	46.059	49.802	53.203	57.342	60.275
36	41.304	47.212	50.998	54.437	58.619	61.581
37	42.383	48.363	52.192	55.668	59.892	62.883
38	43.462	49.513	53.384	56.896	61.162	64.181
39	44.539	50.660	54.572	58.120	62.428	65.476
40	45.616	51.805	55.758	59.342	63.691	66.766
41	46.692	52.949	56.942	60.561	64.950	68.053
42	47.766	54.090	58.124	61.777	66.206	69.336
43	48.840	55.230	59.304	62.990	67.459	70.616
44	49.913	56.369	60.481	64.201	68.710	71.393
45	50.985	57.505	61.656	65.410	69.957	73.166

4. t 分布表

$$P\{t(n) > t_\alpha(n)\} = \alpha$$

n	$\alpha=0.25$	0.10	0.05	0.025	0.01	0.005
1	1.000 0	3.077 7	6.313 8	12.706 2	31.820 7	63.657 4
2	0.816 5	1.885 6	2.920 0	4.303 7	6.964 6	9.924 8
3	0.764 9	1.637 7	2.353 4	3.182 4	4.540 7	5.840 9
4	0.740 7	1.533 2	2.131 8	2.776 4	3.746 9	4.604 1
5	0.726 7	1.475 9	2.015 0	2.570 6	3.364 9	4.032 2
6	0.717 6	1.439 8	1.943 2	2.446 9	3.142 7	3.707 4
7	0.711 1	1.414 9	1.894 6	2.364 6	2.998 0	3.499 5
8	0.706 4	1.396 8	1.859 5	2.306 0	2.896 5	3.355 4
9	0.702 7	1.383 0	1.833 1	2.262 2	2.821 4	3.249 8
10	0.699 8	1.372 2	1.812 5	2.228 1	2.763 8	3.169 3
11	0.697 4	1.363 4	1.795 9	2.201 0	2.718 1	3.105 8
12	0.695 5	1.356 2	1.782 3	2.178 8	2.681 0	3.054 5
13	0.693 8	1.350 2	1.770 9	2.160 4	2.650 3	3.012 3
14	0.692 4	1.345 0	1.761 3	2.144 8	2.624 5	2.976 8
15	0.691 2	1.340 6	1.753 1	2.131 5	2.602 5	2.946 7
16	0.690 1	1.336 8	1.745 9	2.119 9	2.583 5	2.920 8
17	0.689 2	1.333 4	1.739 6	2.109 8	2.566 9	2.898 2
18	0.688 4	1.330 4	1.734 1	2.100 9	2.552 4	2.878 4
19	0.687 6	1.327 7	1.729 1	2.093 0	2.539 5	2.860 9
20	0.687 0	1.325 3	1.724 7	2.086 0	2.528 0	2.845 3
21	0.686 4	1.323 2	1.720 7	2.079 6	2.517 7	2.831 4
22	0.685 8	1.321 2	1.717 1	2.073 9	2.508 3	2.818 8
23	0.685 3	1.319 5	1.713 9	2.068 7	2.499 9	2.807 3
24	0.684 8	1.317 8	1.710 9	2.063 9	2.492 2	2.796 9
25	0.684 4	1.316 3	1.710 8	2.059 5	2.485 1	2.787 4
26	0.684 0	1.315 0	1.705 6	2.055 5	2.478 6	2.778 7
27	0.683 7	1.313 7	1.703 3	2.051 8	2.472 7	2.770 7
28	0.683 4	1.312 5	1.701 1	2.048 4	2.467 1	2.763 3
29	0.683 0	1.311 4	1.699 1	2.045 2	2.462 0	2.756 4
30	0.682 8	1.310 4	1.697 3	2.042 3	2.457 3	2.750 0
31	0.682 5	1.309 5	1.695 5	2.039 5	2.452 8	2.744 0
32	0.682 2	1.308 6	1.693 9	2.036 9	2.448 7	2.738 5
33	0.682 0	1.307 7	1.692 4	2.034 5	2.444 8	2.733 3
34	0.681 8	1.307 0	1.690 9	2.032 2	2.441 1	2.728 4
35	0.681 6	1.306 2	1.689 6	2.030 1	2.437 7	2.723 8
36	0.681 4	1.305 5	1.688 3	2.028 1	2.434 5	2.719 5
37	0.681 2	1.304 9	1.687 1	2.026 2	2.431 4	2.715 4
38	0.681 0	1.304 2	1.686 0	2.024 4	2.428 6	2.711 6
39	0.680 8	1.303 6	1.684 9	2.022 7	2.425 8	2.707 9
40	0.680 7	1.303 1	1.683 9	2.021 1	2.423 3	2.704 5
41	0.680 5	1.302 5	1.682 9	2.019 5	2.420 8	2.701 2
42	1.680 4	1.302 0	1.682 0	2.018 1	2.418 5	2.698 1
43	1.680 2	1.301 6	1.681 1	2.016 7	2.416 3	2.695 1
44	1.680 1	1.301 1	1.680 2	2.015 4	2.414 1	2.692 3
45	0.680 0	1.300 6	1.679 4	2.014 1	2.412 1	2.689 6

5. F 分布表

$$P\{F(n_1,n_2)>F_\alpha(n_1,n_2)\}=\alpha$$

$$\alpha=0.10$$

n_2 \ n_1	1	2	3	4	5	6	7	8	9
1	39.86	49.50	53.59	55.33	57.24	58.20	58.91	59.44	59.86
2	8.53	9.00	9.16	9.24	6.29	9.33	9.35	9.37	9.38
3	5.54	5.46	5.39	5.34	5.31	5.28	5.27	5.25	5.24
4	4.54	4.32	4.19	4.11	4.05	4.01	3.98	3.95	3.94
5	4.06	3.78	3.62	3.52	3.45	3.40	3.37	3.34	3.32
6	3.78	3.46	3.29	3.18	3.11	3.05	3.01	2.98	2.96
7	3.59	3.26	3.07	2.96	2.88	2.83	2.78	2.75	2.72
8	3.46	3.11	2.92	2.81	2.73	2.67	2.62	2.59	2.56
9	3.36	3.01	2.81	2.69	2.61	2.55	2.51	2.47	2.44
10	3.20	2.92	2.73	2.61	2.52	2.46	2.41	2.38	2.35
11	3.23	2.86	2.66	2.54	2.45	2.39	2.34	2.30	2.27
12	3.18	2.81	2.61	2.48	2.39	2.33	2.28	2.24	2.21
13	3.14	2.76	2.56	2.43	2.35	2.28	2.23	2.20	2.16
14	3.10	2.73	2.52	2.39	2.31	2.24	2.19	2.15	2.12
15	3.07	2.70	2.49	2.36	2.27	2.21	2.16	2.12	2.09
16	3.05	2.67	2.46	2.33	2.24	2.18	2.13	2.09	2.06
17	3.03	2.64	2.44	2.31	2.22	2.15	2.10	2.06	2.03
18	3.01	2.62	2.42	2.29	2.20	2.13	2.08	2.04	2.00
19	2.99	2.61	2.40	2.27	2.18	2.11	2.06	2.02	1.98
20	2.97	2.50	2.38	2.25	2.16	2.09	2.04	2.00	1.96
21	2.96	2.57	2.36	2.23	2.14	2.08	2.02	1.98	1.95
22	2.95	2.56	2.35	2.22	2.13	2.06	2.01	1.97	1.93
23	2.94	2.55	2.34	2.21	2.11	2.05	1.99	1.95	1.92
24	2.93	2.54	2.33	2.19	2.10	2.04	1.98	1.94	1.91
25	2.92	2.53	2.32	2.18	2.09	2.02	1.97	1.93	1.89
26	2.91	2.52	2.31	2.17	2.08	2.01	1.96	1.92	1.88
27	2.90	2.51	2.30	2.17	2.07	2.00	1.95	1.91	1.87
28	2.89	2.50	2.29	2.16	2.06	2.00	1.94	1.90	1.87
29	2.89	2.50	2.28	2.15	2.06	1.99	1.93	1.89	1.86
30	2.88	2.49	2.22	2.14	2.05	1.98	1.93	1.88	1.85
40	2.84	2.41	2.23	2.00	2.00	1.93	1.87	1.83	1.79
60	2.79	2.39	2.18	2.04	1.95	1.87	1.82	1.77	1.74
120	2.75	2.35	2.13	1.99	1.90	1.82	1.77	1.72	1.68
∞	2.71	2.30	2.08	1.94	1.85	1.77	1.72	1.67	1.63

续表

n_2 \ n_1	10	12	15	20	24	30	40	60	120	∞
1	60.19	60.71	61.22	61.74	62.06	62.26	62.53	62.79	63.06	63.33
2	9.39	9.41	9.42	9.44	9.45	9.46	9.47	9.47	9.48	9.49
3	5.23	5.22	5.20	5.18	5.18	5.17	5.16	5.15	5.14	5.13
4	3.92	3.90	3.87	3.84	3.83	3.82	3.80	3.79	3.78	3.76
5	3.30	3.27	3.24	3.21	3.19	3.17	3.16	3.14	3.12	3.10
6	2.94	2.90	2.87	2.84	2.82	2.80	2.78	2.76	2.74	2.72
7	2.70	2.67	2.63	2.59	2.58	2.56	2.54	2.51	2.49	2.47
8	2.54	2.50	2.46	2.42	2.40	2.38	2.36	2.34	2.32	2.29
9	2.42	2.38	2.34	2.30	2.28	2.25	2.23	2.21	2.18	2.16
10	2.32	2.28	2.24	2.20	2.18	2.16	2.13	2.11	2.08	2.06
11	2.25	2.21	2.17	2.12	2.10	2.08	2.05	2.03	2.00	1.97
12	2.19	2.15	2.10	2.06	2.04	2.01	1.99	1.96	1.93	1.90
13	2.14	2.10	2.05	2.01	1.98	1.96	1.93	1.90	1.88	1.85
14	2.10	2.05	2.01	1.96	1.94	1.91	1.89	1.86	1.83	1.80
15	2.06	2.02	1.97	1.92	1.90	1.87	1.85	1.82	1.79	1.76
16	2.03	1.99	1.94	1.89	1.87	1.84	1.81	1.78	1.75	1.72
17	2.00	1.96	1.91	1.86	1.84	1.81	1.78	1.75	1.72	1.69
18	1.98	1.93	1.89	1.84	1.81	1.78	1.75	1.72	1.69	1.66
19	1.96	1.91	1.86	1.81	1.79	1.76	1.73	1.70	1.67	1.63
20	1.94	1.89	1.84	1.79	1.77	1.74	1.71	1.68	1.64	1.61
21	1.92	1.87	1.83	1.78	1.75	1.72	1.69	1.66	1.62	1.59
22	1.90	1.86	1.81	1.76	1.73	1.70	1.67	1.64	1.60	1.57
23	1.89	1.84	1.80	1.74	1.72	1.69	1.66	1.62	1.59	1.55
24	1.88	1.83	1.78	1.73	1.70	1.67	1.64	1.61	1.57	1.53
25	1.87	1.82	1.77	1.72	1.69	1.66	1.63	1.59	1.56	1.52
26	1.86	1.81	1.76	1.71	1.68	1.65	1.61	1.58	1.54	1.50
27	1.85	1.80	1.75	1.70	1.67	1.64	1.60	1.57	1.53	1.49
28	1.84	1.79	1.74	1.69	1.66	1.63	1.59	1.56	1.52	1.48
29	1.83	1.78	1.73	1.68	1.65	1.62	1.58	1.55	1.51	1.47
30	1.82	1.77	1.72	1.67	1.64	1.61	1.57	1.54	1.50	1.46
40	1.76	1.71	1.66	1.61	1.57	1.54	1.51	1.47	1.42	1.38
60	1.71	1.66	1.60	1.54	1.51	1.48	1.44	1.40	1.35	1.29
120	1.65	1.60	1.55	1.48	1.45	1.41	1.37	1.32	1.26	1.19
∞	1.60	1.55	1.49	1.42	1.38	1.34	1.30	1.24	1.17	1.00

$\alpha = 0.05$ 续表

n_2 \ n_1	1	2	3	4	5	6	7	8	9
1	161.4	199.5	215.7	224.6	230.2	234.0	236.8	238.9	240.5
2	18.51	19.00	19.16	19.25	19.30	19.33	19.35	19.37	19.38
3	10.13	9.55	9.28	9.12	9.90	8.94	8.89	8.85	8.81
4	7.71	6.94	6.59	6.39	6.26	6.16	6.09	6.04	6.00
5	6.61	5.79	5.41	5.19	5.05	4.95	4.88	4.82	4.77
6	5.99	5.14	4.76	4.53	4.39	4.28	4.21	4.15	4.10
7	5.59	4.74	4.35	4.12	3.97	3.87	3.79	3.73	3.68
8	5.32	4.46	4.07	3.84	3.69	3.58	3.50	3.44	3.39
9	5.12	4.26	3.86	3.63	3.48	3.37	3.29	3.23	3.18
10	4.96	4.10	3.71	3.48	3.33	3.22	3.14	3.07	3.02
11	4.84	3.98	3.59	3.36	3.20	3.09	3.01	2.95	2.90
12	4.75	3.89	3.49	3.26	3.11	3.00	2.91	2.85	2.80
13	4.67	3.81	3.41	3.18	3.03	2.92	2.83	2.77	2.71
14	4.60	3.74	3.34	3.11	2.96	2.85	2.76	2.70	2.65
15	4.54	3.68	3.29	3.06	2.90	2.79	2.71	2.64	2.59
16	4.49	3.63	3.24	3.01	2.85	2.74	2.66	2.59	2.54
17	4.45	3.59	3.20	2.96	2.81	2.70	2.61	2.55	2.49
18	4.41	3.55	3.16	2.93	2.77	2.66	2.58	2.51	2.46
19	4.38	3.52	3.13	2.90	2.74	2.63	2.54	2.48	2.42
20	4.35	3.49	3.10	2.87	2.71	2.60	2.51	2.45	2.39
21	4.32	3.47	3.07	2.84	2.68	2.57	2.49	2.42	2.37
22	4.30	3.44	3.05	2.82	2.66	2.55	2.46	2.40	2.34
23	4.28	3.42	3.03	2.80	2.64	2.53	2.44	2.37	2.32
24	4.26	3.40	3.01	2.78	2.62	2.51	2.42	2.36	2.30
25	4.24	3.39	2.99	2.76	2.60	2.49	2.40	2.34	2.28
26	4.23	3.37	2.98	2.74	2.59	2.47	2.39	2.32	2.27
27	4.21	3.35	2.96	2.73	2.57	2.46	2.37	2.31	2.25
28	4.20	3.34	2.95	2.71	2.56	2.45	2.36	2.29	2.24
29	4.18	3.33	2.93	2.70	2.55	2.43	2.35	2.28	2.22
30	4.17	3.32	2.92	2.69	2.53	2.42	2.33	2.27	2.21
40	4.08	3.23	2.84	2.61	2.45	2.34	2.25	2.18	2.12
60	4.00	3.15	2.76	2.53	2.37	2.25	2.17	2.10	2.04
120	3.92	3.07	2.68	2.45	2.29	2.17	2.09	2.02	1.96
∞	3.84	3.00	2.60	2.37	2.21	2.10	2.01	1.94	1.88

续表

n_2 \ n_1	10	12	15	20	24	30	40	60	120	∞
1	241.9	243.9	245.9	248.0	249.1	250.1	251.1	252.2	253.3	254.3
2	19.40	19.41	19.43	19.45	19.45	19.46	19.47	19.48	19.49	19.50
3	8.79	8.74	8.70	8.66	8.64	8.62	8.59	8.57	8.55	8.53
4	5.96	5.91	5.86	5.80	5.77	5.75	5.72	5.69	5.66	5.63
5	4.74	4.68	4.62	4.56	4.53	4.50	4.46	4.43	4.40	4.36
6	4.06	4.00	3.94	3.87	3.84	3.81	3.77	3.74	3.70	3.67
7	3.64	3.57	3.51	3.44	3.41	3.38	3.34	3.30	3.27	3.23
8	3.35	3.28	3.22	3.15	3.12	3.08	3.04	3.01	2.97	2.93
9	3.14	3.07	3.01	2.94	2.90	2.86	2.83	2.79	2.75	2.71
10	2.98	2.91	2.85	2.77	2.74	2.70	2.66	2.62	2.58	2.54
11	2.85	2.79	2.72	2.65	2.61	2.57	2.53	2.49	2.45	2.40
12	2.75	2.69	2.62	2.54	2.51	2.47	2.43	2.38	2.34	2.30
13	2.67	2.60	2.53	2.46	2.42	2.38	2.34	2.30	2.25	2.21
14	2.60	2.53	2.46	2.39	2.35	2.31	2.27	2.22	2.18	2.13
15	2.54	2.48	2.40	2.33	2.29	2.25	2.20	2.16	2.11	2.07
16	2.49	2.42	2.35	2.28	2.24	2.19	2.15	2.11	2.06	2.01
17	2.45	2.38	2.31	2.23	2.19	2.15	2.10	2.06	2.01	1.96
18	2.41	2.34	2.27	2.19	2.15	2.11	2.06	2.02	1.97	1.92
19	2.38	2.31	2.23	2.16	2.11	2.07	2.03	1.98	1.93	1.88
20	2.35	2.28	2.20	2.12	2.08	2.04	1.99	1.95	1.90	1.84
21	2.32	2.25	2.18	2.10	2.05	2.01	1.96	1.92	1.87	1.81
22	2.30	2.23	2.15	2.07	2.03	1.98	1.94	1.89	1.84	1.78
23	2.27	2.20	2.13	2.05	2.01	1.96	1.91	1.86	1.81	1.76
24	2.25	2.18	2.11	2.03	1.98	1.94	1.89	1.84	1.79	1.73
25	2.24	2.16	2.09	2.01	1.96	1.92	1.87	1.82	1.77	1.71
26	2.22	2.15	2.07	1.99	1.95	1.90	1.85	1.80	1.75	1.69
27	2.20	2.13	2.06	1.97	1.93	1.88	1.84	1.79	1.73	1.67
28	2.19	2.12	2.04	1.96	1.91	1.87	1.82	1.77	1.71	1.65
29	2.18	2.10	2.03	1.94	1.90	1.85	1.81	1.75	1.70	1.64
30	2.16	2.09	2.01	1.93	1.89	1.84	1.79	1.74	1.68	1.62
40	2.08	2.00	1.92	1.84	1.79	1.74	1.69	1.64	1.58	1.51
60	1.99	1.92	1.84	1.75	1.70	1.65	1.59	1.53	1.47	1.39
120	1.91	1.83	1.75	1.66	1.61	1.55	1.50	1.43	1.35	1.25
∞	1.83	1.75	1.67	1.57	1.52	1.46	1.39	1.32	1.22	1.00

$\alpha=0.025$ 续表

n_2 \ n_1	1	2	3	4	5	6	7	8	9
1	647.8	799.5	864.2	899.6	921.8	937.1	948.2	956.7	963.3
2	38.51	39.00	39.17	39.25	39.30	39.33	39.36	39.37	39.39
3	17.44	16.04	15.44	15.10	14.88	14.73	14.62	14.54	14.47
4	12.22	10.65	9.98	9.60	9.36	9.20	9.07	8.98	8.90
5	10.01	8.43	7.76	7.39	7.15	6.98	6.85	6.76	6.68
6	8.81	7.26	6.60	6.23	5.99	5.82	5.70	5.60	5.52
7	8.07	6.54	5.89	5.52	5.29	5.12	4.99	4.90	4.82
8	7.57	6.06	5.42	5.05	4.82	4.65	4.53	4.43	4.36
9	7.21	5.71	5.08	4.72	4.48	4.32	4.20	4.10	4.03
10	6.94	5.46	4.83	4.47	4.24	4.07	3.95	3.85	3.78
11	6.72	5.26	4.63	4.28	4.04	3.88	3.76	3.66	3.59
12	6.55	5.10	4.47	4.12	3.89	3.73	3.61	3.51	3.44
13	6.41	4.97	4.35	4.00	3.77	3.60	3.48	3.39	3.31
14	6.30	4.86	4.24	3.89	3.66	3.50	3.38	3.29	3.21
15	6.20	4.77	4.15	3.80	3.58	3.41	3.29	3.30	3.12
16	6.12	4.69	4.08	3.73	3.50	3.34	3.22	3.12	3.05
17	6.04	4.62	4.01	3.66	3.44	3.28	3.16	3.06	2.98
18	5.98	4.56	3.95	3.61	3.38	3.22	3.10	3.01	2.93
19	5.92	4.51	3.90	3.56	3.33	3.17	3.05	2.96	2.88
20	5.87	4.46	3.86	3.51	3.29	3.13	3.01	2.91	2.84
21	5.83	4.42	3.82	3.48	3.25	3.09	2.97	2.87	2.80
22	5.79	4.38	3.78	3.44	3.22	3.05	2.93	2.84	2.76
23	5.75	4.35	3.75	3.41	3.18	3.02	2.90	2.81	2.73
24	5.72	4.32	3.72	3.38	3.15	2.99	2.87	2.78	2.70
25	5.69	4.29	3.69	3.35	3.13	2.97	2.85	2.75	2.68
26	5.66	4.27	3.67	3.33	3.10	2.94	2.82	2.73	2.65
27	5.63	4.24	3.65	3.31	3.08	2.92	2.80	2.71	2.63
28	5.61	4.22	3.63	3.29	3.06	2.90	2.78	2.69	2.61
29	5.59	4.20	3.61	3.27	3.04	2.88	2.76	2.67	2.59
30	5.57	4.18	3.59	3.25	3.03	2.87	2.75	2.65	2.57
40	5.42	4.05	3.46	3.13	2.90	2.74	2.62	2.53	2.45
60	5.29	3.93	3.34	3.01	2.79	2.63	2.51	2.41	2.33
120	5.15	3.80	3.23	2.89	2.67	2.52	2.39	2.30	2.22
∞	5.02	3.69	3.12	2.79	2.57	2.41	2.29	2.19	2.11

续表

n_2 \ n_1	10	12	15	20	24	30	40	60	120	∞
1	968.6	976.7	984.9	993.1	997.2	1 001	1 006	1 010	1 014	1 018
2	39.40	39.41	39.43	39.45	39.46	39.46	39.47	39.48	39.49	39.50
3	14.42	14.34	14.25	14.17	14.12	14.08	14.04	13.99	13.95	13.90
4	8.84	8.75	8.66	8.56	8.51	8.46	8.41	8.36	8.31	8.26
5	6.62	6.52	6.43	6.33	6.28	6.23	6.18	6.12	6.07	6.02
6	5.46	5.37	5.27	5.17	5.12	5.07	5.01	4.96	4.90	4.85
7	4.76	4.67	4.57	4.47	4.42	4.36	4.31	4.25	4.20	4.14
8	4.30	4.20	4.10	4.00	3.95	3.89	3.84	3.78	3.73	3.67
9	3.96	3.87	3.77	3.67	3.61	3.56	3.51	3.45	3.39	3.33
10	3.72	3.62	3.52	3.42	3.37	3.31	3.26	3.20	3.14	3.08
11	3.53	3.43	3.33	3.23	3.17	3.12	3.06	3.00	2.94	2.88
12	3.37	3.28	3.18	3.07	3.02	2.96	2.91	2.85	2.79	2.72
13	3.25	3.15	3.05	2.95	2.89	2.84	2.78	2.72	2.66	2.60
14	3.15	3.05	2.95	2.84	2.79	2.73	2.67	2.61	2.55	2.49
15	3.06	2.96	2.86	2.76	2.70	2.64	2.59	2.52	2.46	2.40
16	2.99	2.89	2.79	2.68	2.63	2.57	2.51	2.45	2.38	2.32
17	2.92	2.82	2.72	2.62	2.56	2.50	2.44	2.38	2.32	2.25
18	2.87	2.77	2.67	2.56	2.50	2.44	2.38	2.32	2.26	2.19
19	2.82	2.72	2.62	2.51	2.45	2.39	2.35	2.27	2.20	2.13
20	2.77	2.68	2.57	2.46	2.41	2.35	2.29	2.22	2.16	2.09
21	2.73	2.64	2.53	2.42	2.37	2.31	2.25	2.18	2.11	2.04
22	2.70	2.60	2.50	2.39	2.33	2.27	2.21	2.14	2.08	2.00
23	2.67	2.57	2.47	2.36	2.30	2.24	2.18	2.11	2.04	1.97
24	2.64	2.54	2.44	2.33	2.27	2.21	2.15	2.08	2.01	1.94
25	2.61	2.51	2.41	2.30	2.24	2.18	2.12	2.05	1.98	1.91
26	2.59	2.49	2.39	2.28	2.22	2.16	2.09	2.03	1.95	1.88
27	2.57	2.47	2.36	2.25	2.19	2.13	2.07	2.00	1.93	1.85
28	2.55	2.45	2.34	2.23	2.17	2.11	2.05	1.98	1.91	1.83
29	2.53	2.43	2.32	2.21	2.15	2.09	2.03	1.96	1.89	1.81
30	2.51	2.41	2.31	2.20	2.14	2.07	2.01	1.94	1.87	1.79
40	2.39	2.29	2.18	2.07	2.01	1.94	1.88	1.80	1.72	1.64
60	2.27	2.17	2.06	1.94	1.88	1.82	1.74	1.67	1.58	1.48
120	2.16	2.05	1.94	1.82	1.76	1.69	1.61	1.53	1.43	1.31
∞	2.05	1.94	1.83	1.71	1.64	1.57	1.48	1.39	1.27	1.00

$\alpha=0.01$ 续表

n_2 \ n_1	1	2	3	4	5	6	7	8	9
1	4 052	4 999.5	5 403	5 625	5 764	5 859	5 928	5 982	6 062
2	98.50	99.00	99.17	99.25	99.30	99.33	99.36	99.37	99.39
3	34.12	30.82	29.46	28.71	28.24	27.91	27.67	27.49	27.35
4	21.20	18.00	16.69	15.98	15.52	15.21	14.98	14.80	14.66
5	16.26	13.27	12.06	11.39	10.97	10.67	10.46	10.29	10.16
6	13.75	10.92	9.78	9.15	8.75	8.47	8.46	8.10	7.98
7	12.25	9.55	8.45	7.85	7.46	7.19	6.99	6.84	6.72
8	11.26	8.65	7.59	7.01	6.63	6.37	6.18	6.03	5.91
9	10.56	8.02	6.99	6.42	6.06	5.80	5.61	5.47	5.35
10	10.04	7.56	6.55	5.99	5.64	5.39	5.20	5.06	4.94
11	9.65	7.21	6.22	5.67	5.32	5.07	4.89	4.74	4.63
12	9.33	6.93	5.95	5.41	5.06	4.82	4.64	4.50	4.39
13	9.07	6.70	5.74	5.21	4.86	4.62	4.44	4.30	4.19
14	8.86	6.51	5.56	5.04	4.69	4.46	4.28	4.14	4.03
15	8.68	6.36	5.42	4.89	4.56	4.32	4.14	4.00	3.89
16	8.53	6.23	5.29	4.77	4.44	4.20	4.03	3.89	3.78
17	8.40	6.11	5.18	4.67	4.34	4.10	3.93	3.79	3.68
18	8.29	6.01	5.09	4.58	4.25	4.01	3.84	3.71	3.60
19	8.18	5.93	5.01	4.50	4.17	3.94	3.77	3.63	3.52
20	8.10	5.85	4.94	4.43	4.10	3.87	3.70	3.56	3.46
21	8.02	5.78	4.87	4.37	4.04	3.81	3.64	3.51	3.40
22	7.95	5.72	4.82	4.31	3.99	3.76	3.59	3.45	3.35
23	7.88	5.66	4.76	4.26	3.94	3.71	3.54	3.41	3.30
24	7.82	5.61	4.72	4.22	3.90	3.67	3.50	3.36	3.26
25	7.77	5.57	4.68	4.18	3.85	3.63	3.46	3.32	3.22
26	7.72	5.53	4.64	4.14	3.82	3.59	3.42	3.29	3.18
27	7.68	5.49	4.60	4.11	3.78	3.56	3.39	3.26	3.15
28	7.64	5.45	4.57	4.07	3.75	3.53	3.36	3.23	3.12
29	7.60	5.42	4.54	4.04	3.73	3.50	3.33	3.20	3.09
30	7.56	5.39	4.51	4.02	3.70	3.47	3.30	3.17	3.07
40	7.31	5.18	4.31	3.83	3.51	3.29	3.12	2.99	2.89
60	7.08	4.98	4.13	3.65	3.34	3.12	2.95	2.82	2.72
120	6.85	4.79	3.95	3.48	3.17	2.96	2.79	2.66	2.56
∞	6.63	4.61	3.78	3.32	3.02	2.80	2.64	2.51	2.41

续表

n_2 \ n_1	10	12	15	20	24	30	40	60	120	∞
1	6 056	6 106	6 157	6 209	6 235	6 261	6 287	6 313	6 339	6 366
2	99.40	99.42	99.43	99.45	99.46	99.47	99.47	99.48	99.49	99.50
3	27.23	27.05	26.87	26.69	26.60	26.50	26.41	26.32	26.22	26.13
4	14.55	14.37	14.20	14.02	13.93	13.84	13.75	13.65	13.56	13.46
5	10.05	9.29	9.72	9.55	9.47	9.38	9.29	9.20	9.11	9.02
6	7.87	7.72	7.56	7.40	7.31	7.23	7.14	7.06	6.97	6.88
7	6.62	6.47	6.31	6.16	6.07	5.99	5.91	5.82	5.74	5.65
8	5.81	5.67	5.52	5.36	5.28	5.20	5.12	5.03	4.95	4.86
9	5.26	5.11	4.96	4.81	4.73	4.65	4.57	4.48	4.40	4.31
10	4.85	4.71	4.56	4.41	4.33	4.25	4.17	4.08	4.00	3.91
11	4.54	4.40	4.25	4.10	4.02	3.95	3.86	3.78	3.69	3.60
12	4.30	4.16	4.01	3.86	3.78	3.70	3.62	3.54	3.45	3.36
13	4.10	3.96	3.82	3.66	3.59	3.51	3.43	3.34	3.25	3.17
14	3.94	3.80	3.66	3.51	3.43	3.35	3.27	3.18	3.09	3.00
15	3.80	3.67	3.52	3.37	3.29	3.21	3.13	3.05	2.96	2.87
16	3.69	3.55	3.41	3.26	3.18	3.10	3.02	2.93	2.84	2.75
17	3.59	3.46	3.31	3.16	3.08	3.00	2.92	2.83	2.75	2.65
18	3.51	3.37	3.23	3.08	3.00	2.92	2.84	2.75	2.66	2.57
19	3.43	3.30	3.15	3.00	2.92	2.84	2.76	2.67	2.58	2.49
20	3.37	3.23	3.09	2.94	2.86	2.78	2.69	2.61	2.52	2.42
21	3.31	3.17	3.03	2.88	2.80	2.72	2.64	2.55	2.46	2.36
22	3.26	3.12	2.98	2.83	2.75	2.67	2.58	2.50	2.40	2.31
23	3.21	3.07	2.93	2.78	2.70	2.62	2.54	2.45	2.35	2.26
24	3.17	3.03	2.89	2.74	2.66	2.58	2.49	2.40	2.31	2.21
25	3.13	2.99	2.85	2.70	2.62	2.54	2.45	2.36	2.27	2.17
26	3.09	2.96	2.81	2.66	2.58	2.50	2.42	2.33	2.23	2.13
27	3.06	2.93	2.78	2.63	2.55	2.47	2.38	2.29	2.20	2.10
28	3.03	2.90	2.75	2.60	2.52	2.44	2.35	2.26	2.17	2.06
29	3.00	2.87	2.73	2.57	2.49	2.41	2.33	2.23	2.14	2.03
30	2.98	2.84	2.70	2.55	2.47	2.39	2.30	2.21	2.11	2.01
40	2.80	2.66	2.52	2.37	2.29	2.20	2.11	2.02	1.92	1.80
60	2.63	2.50	2.35	2.20	2.12	2.03	1.94	1.84	1.73	1.60
120	2.47	2.34	2.19	2.03	1.95	1.86	1.76	1.66	1.53	1.38
∞	2.32	2.18	2.04	1.88	1.79	1.70	1.59	1.47	1.32	1.00

$\alpha=0.005$ 续表

n_2 \ n_1	1	2	3	4	5	6	7	8	9
1	16 211	20 000	21 615	22 500	23 056	23 437	23 715	23 925	24 091
2	198.5	199.0	199.2	199.2	199.3	199.3	199.4	199.4	199.4
3	55.55	49.80	47.47	46.19	45.39	44.84	44.43	44.13	43.88
4	31.33	26.28	24.26	23.15	22.46	21.97	21.62	21.35	21.14
5	22.78	18.31	16.53	15.56	24.94	14.51	14.20	13.96	13.77
6	18.63	14.54	12.92	12.03	21.46	11.07	10.79	10.57	10.39
7	16.24	12.40	10.88	10.05	9.52	9.16	8.89	8.68	8.51
8	14.69	11.04	9.60	8.81	8.30	7.95	7.69	7.50	7.34
9	13.61	10.11	8.72	7.96	7.47	7.13	6.88	6.69	6.54
10	12.83	9.43	8.08	7.34	6.87	6.54	6.30	6.12	5.97
11	12.23	8.91	7.60	6.88	6.42	6.10	5.86	5.68	5.54
12	11.75	8.51	7.23	6.52	6.07	5.76	5.52	5.35	5.20
13	11.37	8.19	6.93	6.23	5.79	5.48	5.25	5.08	4.94
14	11.06	7.92	6.68	6.00	5.86	5.26	5.03	4.86	4.72
15	10.80	7.70	6.48	5.80	5.37	5.07	4.85	4.67	4.54
16	10.58	7.51	6.30	5.64	5.21	4.91	4.69	4.52	4.38
17	10.38	7.35	6.16	5.50	5.07	4.78	4.56	4.39	4.25
18	10.22	7.21	6.03	5.37	4.96	4.66	4.44	4.28	4.14
19	10.07	7.09	5.92	5.27	4.85	4.56	4.34	4.18	4.04
20	9.94	6.99	5.82	5.17	4.76	4.47	4.26	4.09	3.96
21	9.83	6.89	5.73	5.09	4.68	4.39	4.18	4.01	3.88
22	9.73	6.81	5.65	5.02	4.61	4.32	4.11	3.94	3.81
23	9.63	6.73	5.58	4.95	4.54	4.26	4.05	3.88	3.75
24	9.55	6.66	5.52	4.89	4.49	4.20	3.99	3.83	3.69
25	9.48	6.60	5.46	4.84	4.43	4.15	3.94	3.78	3.64
26	9.41	6.54	5.41	4.79	4.38	4.10	3.89	3.73	3.60
27	9.34	6.49	5.36	4.74	4.34	4.06	3.85	3.69	3.56
28	9.28	6.44	5.32	4.70	4.30	4.02	3.81	3.65	3.52
29	9.23	6.40	5.28	4.66	4.26	3.98	3.77	3.61	3.48
30	9.18	6.35	5.24	4.62	4.23	3.95	3.74	3.58	3.45
40	8.83	6.07	4.98	4.37	3.99	3.71	3.51	3.35	3.22
60	8.49	5.79	4.73	4.14	3.76	3.49	3.29	3.13	3.01
120	8.18	5.54	4.50	3.92	3.55	3.28	3.09	2.93	2.81
∞	7.88	5.30	4.28	3.72	3.35	3.09	2.90	2.74	2.62

续表

n_2 \ n_1	10	12	15	20	24	30	40	60	120	∞
1	24 224	24 426	24 630	24 836	24 940	25 044	25 148	25 253	25 359	25 465
2	199.4	199.4	199.4	199.4	199.5	199.5	199.5	199.5	199.5	199.5
3	43.69	43.39	43.08	42.78	42.62	42.47	42.31	42.15	41.99	41.83
4	20.97	20.70	20.44	20.17	20.03	19.89	19.75	19.61	19.47	19.32
5	13.62	13.38	13.15	12.90	12.78	12.66	12.53	12.40	12.27	12.14
6	10.25	10.03	9.81	9.59	9.47	9.36	9.24	9.42	9.00	8.88
7	8.38	8.18	7.97	7.75	7.65	7.53	7.42	7.31	7.19	7.08
8	7.21	7.01	6.81	6.61	6.50	6.40	6.29	6.18	6.06	5.95
9	6.42	6.23	6.03	5.83	5.73	5.62	5.52	5.41	5.30	5.19
10	5.85	5.66	5.47	5.27	5.17	5.07	4.97	4.86	4.75	4.64
11	5.42	5.24	5.05	4.86	4.76	4.65	4.55	4.44	4.34	4.23
12	5.09	4.91	4.72	4.53	4.43	4.33	4.23	4.12	4.01	3.90
13	4.82	4.64	4.46	4.27	4.17	4.07	3.97	3.87	3.76	3.65
14	4.60	4.43	4.25	4.06	3.96	3.86	3.76	3.66	3.55	3.44
15	4.42	4.25	4.07	3.88	3.79	3.69	3.52	3.48	3.37	3.26
16	4.27	4.10	3.92	3.73	3.64	3.54	3.44	3.23	3.22	3.11
17	4.14	3.97	3.79	3.61	3.51	3.41	3.31	3.21	3.10	2.98
18	4.03	3.86	3.68	3.50	3.40	3.30	3.20	3.10	2.99	2.87
19	3.93	3.76	3.59	3.40	3.31	3.21	3.11	3.00	2.89	2.78
20	3.85	3.68	3.50	3.32	3.22	3.12	3.02	2.92	2.81	2.69
21	3.77	3.60	3.43	3.24	3.15	3.05	2.95	2.84	2.73	2.61
22	3.70	3.54	3.36	3.18	3.08	2.98	2.88	2.77	2.66	2.55
23	3.64	3.47	3.30	3.12	3.02	2.92	2.82	2.71	2.60	2.48
24	3.59	3.42	3.25	3.06	2.97	2.87	2.77	2.66	2.55	2.43
25	3.64	3.37	3.20	3.01	2.92	2.82	2.72	2.61	2.50	2.38
26	3.49	3.33	3.15	2.97	2.87	2.77	2.67	2.56	2.45	2.33
27	3.45	3.28	3.11	2.93	2.83	2.73	2.63	2.52	2.41	2.29
28	3.41	3.25	3.07	2.89	2.79	2.69	2.59	2.48	2.37	2.25
29	3.38	3.21	3.04	2.86	2.76	2.66	2.56	2.45	2.33	2.21
30	3.34	3.18	3.01	2.82	2.73	2.63	2.52	2.42	2.30	2.18
40	3.12	2.95	2.78	2.60	2.50	2.40	2.30	2.18	2.06	1.93
60	2.90	2.74	2.57	2.39	2.29	2.19	2.08	1.96	1.83	1.69
120	2.75	2.54	2.37	2.19	2.09	1.98	1.87	1.75	1.61	1.43
∞	2.52	2.36	2.19	2.00	1.90	1.79	1.67	1.53	1.36	1.00

6. 二项分布的累积分布函数本表给出

$$\sum_{k=0}^{x} b(k;n,p) \text{的值}$$

n	x	p=0.025	0.05	0.10	0.20	0.25	0.30	0.40	0.50
1	0	0.975 0	0.950 0	0.900 0	0.800 0	0.750 0	0.700 0	0.600 0	0.500 0
2	0	0.950 6	0.902 5	0.810 0	0.640 0	0.562 5	0.490 0	0.360 0	0.250 0
	1	0.999 4	0.997 5	0.990 0	0.960 0	0.937 5	0.910 0	0.840 0	0.750 0
3	0	0.926 9	0.857 4	0.729 0	0.512 0	0.421 9	0.343 0	0.216 0	0.125 0
	1	0.998 2	0.992 8	0.972 0	0.896 0	0.843 8	0.784 0	0.648 0	0.500 0
	2	1.000 0	0.999 9	0.999 0	0.992 0	0.984 4	0.973 0	0.936 0	0.875 0
4	0	0.907 3	0.814 5	0.656 1	0.409 6	0.316 4	0.240 1	0.129 6	0.062 5
	1	0.996 4	0.986 0	0.947 7	0.819 2	0.738 3	0.651 7	0.475 2	0.312 5
	2	0.999 9	0.999 5	0.996 3	0.972 8	0.949 3	0.916 3	0.820 8	0.687 5
	3	1.000 0	1.000 0	0.999 9	0.998 4	0.996 1	0.991 9	0.974 4	0.937 5
5	0	0.881 1	0.773 8	0.590 5	0.327 7	0.237 3	0.168 1	0.077 8	0.031 2
	1	0.994 1	0.977 4	0.918 5	0.737 3	0.632 8	0.528 2	0.337 0	0.187 5
	2	0.999 8	0.998 8	0.991 4	0.942 1	0.896 5	0.836 9	0.682 5	0.500 0
	3	1.000 0	1.000 0	0.999 5	0.993 3	0.984 4	0.969 2	0.913 0	0.812 5
	4			1.000 0	0.999 7	0.999 0	0.997 6	0.989 8	0.968 8
6	0	0.859 1	0.735 1	0.531 4	0.262 1	0.178 0	0.117 6	0.046 7	0.015 6
	1	0.991 2	0.967 2	0.885 7	0.655 4	0.533 9	0.420 2	0.233 3	0.109 4
	2	0.999 7	0.997 8	0.984 2	0.901 1	0.830 6	0.744 3	0.544 3	0.343 8
	3	1.000 0	0.999 9	0.998 7	0.983 0	0.962 4	0.929 5	0.820 8	0.656 2
	4		1.000 0	0.999 9	0.998 4	0.995 4	0.989 1	0.959 0	0.890 6
	5			1.000 0	0.999 9	0.999 8	0.999 3	0.995 9	0.984 4
7	0	0.837 6	0.698 3	0.478 3	0.209 7	0.133 5	0.082 4	0.028 0	0.007 8
	1	0.987 9	0.955 6	0.850 3	0.576 7	0.444 9	0.329 4	0.158 6	0.062 5
	2	0.999 5	0.996 2	0.974 3	0.852 0	0.756 4	0.647 1	0.419 9	0.226 6
	3	1.000 0	0.999 8	0.997 3	0.966 7	0.929 4	0.874 0	0.710 2	0.500 0
	4		1.000 0	0.999 8	0.995 3	0.987 1	0.971 2	0.903 7	0.773 4

所有空格可以视为 1.000 0

续表

n	x	p							
		0.025	0.05	0.10	0.20	0.25	0.30	0.40	0.50
	5			1.000 0	0.999 6	0.998 7	0.996 2	0.981 2	0.937 5
	6				1.000 0	0.999 9	0.999 8	0.998 4	0.992 2
8	0	0.816 7	0.663 4	0.430 5	0.167 8	0.100 1	0.057 6	0.016 8	0.003 9
	1	0.984 2	0.942 8	0.813 1	0.503 3	0.367 1	0.255 3	0.106 4	0.035 2
	2	0.999 2	0.994 2	0.961 9	0.796 9	0.678 5	0.551 8	0.315 4	0.144 5
	3	1.000 0	0.999 6	0.995 0	0.943 7	0.886 2	0.805 9	0.594 1	0.363 3
	4		1.000 0	0.999 6	0.989 6	0.972 7	0.942 0	0.826 3	0.636 7
	5			1.000 0	0.998 8	0.995 8	0.988 7	0.950 2	0.855 5
	6				0.999 9	0.999 6	0.998 7	0.991 5	0.964 8
	7				1.000 0	1.000 0	0.999 9	0.999 3	0.996 1
9	0	0.796 2	0.630 2	0.387 4	0.134 2	0.075 1	0.040 4	0.010 1	0.002 0
	1	0.980 0	0.928 8	0.774 8	0.436 2	0.300 3	0.196 0	0.070 5	0.019 5
	2	0.998 8	0.991 6	0.947 0	0.738 2	0.600 7	0.462 8	0.231 8	0.089 8
	3	1.000 0	0.999 4	0.991 7	0.914 4	0.834 3	0.729 7	0.482 6	0.253 9
	4		1.000 0	0.999 1	0.980 4	0.951 1	0.901 2	0.733 4	0.500 0
	5			0.999 9	0.996 9	0.990 0	0.974 7	0.900 6	0.746 1
	6			1.000 0	0.999 7	0.998 7	0.995 7	0.975 0	0.910 2
	7				1.000 0	0.999 9	0.999 6	0.996 2	0.980 5
	8					1.000 0	1.000 0	0.999 7	0.998 0
10	0	0.776 3	0.598 7	0.348 7	0.104 7	0.056 3	0.028 2	0.006 0	0.001 0
	1	0.975 4	0.913 9	0.736 1	0.375 8	0.244 0	0.149 3	0.046 4	0.010 7
	2	0.998 4	0.988 5	0.929 8	0.677 8	0.525 6	0.382 8	0.167 3	0.054 7
	3	0.999 9	0.999 0	0.987 2	0.879 1	0.775 9	0.649 6	0.382 3	0.171 9
	4	1.000 0	0.999 9	0.998 4	0.967 2	0.921 9	0.849 7	0.633 1	0.377 0
	5		1.000 0	0.999 9	0.993 6	0.980 3	0.952 7	0.833 8	0.623 0
	6			1.000 0	0.999 1	0.996 5	0.989 4	0.945 2	0.828 1
	7				0.999 9	0.999 6	0.998 4	0.987 7	0.945 3
	8				1.000 0	1.000 0	0.999 9	0.998 3	0.989 3
	9						1.000 0	0.999 9	0.999 0
12	0	0.738 0	0.540 4	0.282 4	0.068 7	0.031 7	0.013 8	0.002 2	0.000 2
	1	0.965 1	0.881 0	0.659 0	0.274 9	0.158 4	0.085 0	0.019 6	0.003 2
	2	0.997 1	0.980 4	0.889 1	0.558 3	0.390 7	0.252 8	0.083 4	0.019 3
	3	0.999 8	0.997 8	0.974 4	0.794 6	0.648 8	0.492 5	0.225 3	0.073 0
	4	1.000 0	0.999 8	0.995 7	0.927 4	0.842 4	0.723 7	0.438 2	0.193 8
	5		1.000 0	0.999 5	0.980 6	0.945 6	0.882 2	0.665 2	0.387 2
	6			0.999 9	0.996 1	0.985 7	0.961 4	0.841 8	0.612 8

续表

n	x	p							
		0.025	0.05	0.10	0.20	0.25	0.30	0.40	0.50
	7			1.000 0	0.999 4	0.997 2	0.990 5	0.942 7	0.806 2
	8				0.999 9	0.999 6	0.998 3	0.984 7	0.927 0
	9				1.000 0	1.000 0	0.999 8	0.997 2	0.980 7
	10						1.000 0	0.999 7	0.996 8
	11							1.000 0	0.999 8
14	0	0.701 6	0.487 7	0.228 8	0.044 0	0.017 8	0.006 8	0.000 8	0.000 1
	1	0.953 4	0.847 0	0.584 6	0.197 9	0.101 0	0.047 5	0.008 1	0.000 9
	2	0.995 4	0.969 9	0.841 6	0.448 1	0.281 1	0.160 8	0.039 8	0.006 5
	3	0.999 7	0.995 8	0.955 9	0.698 2	0.521 3	0.355 2	0.124 3	0.028 7
	4	1.000 0	0.999 6	0.990 8	0.870 2	0.741 5	0.584 2	0.279 3	0.089 8
	5		1.000 0	0.998 5	0.956 1	0.888 3	0.780 5	0.485 9	0.212 0
	6			0.999 8	0.988 4	0.961 7	0.906 7	0.692 5	0.395 3
	7			1.000 0	0.997 6	0.989 7	0.968 5	0.849 9	0.604 7
	8				0.999 6	0.997 8	0.991 7	0.941 7	0.788 0
	9				1.000 0	0.999 7	0.998 3	0.982 5	0.910 2
	10					1.000 0	0.999 8	0.996 1	0.971 3
	11						1.000 0	0.999 4	0.993 5
	12							0.999 9	0.999 1
	13							1.000 0	0.999 9
15	0	0.684 0	0.463 3	0.205 9	0.035 2	0.013 4	0.004 7	0.000 5	0.000 0
	1	0.947 1	0.829 0	0.549 0	0.167 1	0.080 2	0.035 3	0.005 2	0.000 5
	2	0.994 3	0.963 8	0.815 9	0.398 0	0.236 1	0.126 8	0.027 1	0.003 7
	3	0.999 6	0.994 5	0.944 4	0.648 2	0.461 3	0.296 9	0.090 5	0.017 6
	4	1.000 0	0.999 4	0.987 3	0.835 8	0.636 5	0.515 5	0.217 3	0.059 2
	5		0.999 9	0.997 8	0.938 9	0.851 6	0.721 6	0.403 2	0.150 9
	6		1.000 0	0.999 7	0.981 9	0.943 4	0.868 9	0.609 8	0.303 6
	7			1.000 0	0.995 8	0.982 7	0.950 0	0.786 9	0.500 0
	8				0.999 2	0.995 8	0.984 8	0.905 0	0.696 4
	9				0.999 9	0.999 2	0.996 3	0.966 2	0.849 1
	10				1.000 0	0.999 9	0.999 3	0.990 7	0.940 8
	11					1.000 0	0.999 9	0.998 1	0.982 4
	12						1.000 0	0.999 7	0.996 3
	13							1.000 0	0.999 5
	14								1.000 0

续表

n	x	p 0.025	0.05	0.10	0.20	0.25	0.30	0.40	0.50
16	0	0.666 9	0.440 1	0.185 3	0.028 1	0.010 0	0.003 3	0.000 3	0.000 0
	1	0.940 5	0.810 8	0.514 7	0.140 7	0.063 5	0.026 1	0.003 3	0.000 3
	2	0.993 1	0.957 1	0.789 2	0.351 8	0.197 1	0.099 4	0.018 3	0.002 1
	3	0.999 4	0.993 0	0.931 6	0.598 1	0.405 0	0.245 9	0.065 1	0.010 6
	4	1.000 0	0.999 1	0.983 0	0.798 2	0.630 2	0.449 9	0.166 6	0.038 4
	5		0.999 9	0.996 7	0.918 3	0.810 3	0.659 8	0.328 8	0.105 1
	6		1.000 0	0.999 5	0.973 3	0.920 4	0.824 7	0.527 2	0.227 2
	7			0.999 9	0.993 0	0.972 9	0.925 6	0.716 1	0.401 8
	8			1.000 0	0.998 5	0.992 5	0.974 3	0.857 7	0.598 2
	9				0.999 8	0.998 4	0.992 9	0.941 7	0.772 8
	10				1.000 0	0.999 7	0.998 4	0.980 9	0.894 9
	11					1.000 0	0.999 7	0.995 1	0.961 6
	12						1.000 0	0.999 1	0.989 4
	13							0.999 9	0.997 9
	14							1.000 0	0.999 7
	15								1.000 0
18	0	0.634 0	0.397 2	0.150 1	0.018 0	0.005 6	0.001 6	0.000 1	0.000 0
	1	0.926 6	0.773 5	0.450 3	0.099 1	0.039 5	0.014 2	0.001 3	0.000 1
	2	0.990 4	0.941 9	0.733 8	0.271 3	0.135 3	0.060 0	0.008 2	0.000 7
	3	0.999 1	0.989 1	0.901 8	0.501 0	0.305 7	0.164 6	0.032 8	0.003 8
	4	0.999 9	0.998 5	0.971 8	0.716 4	0.518 7	0.332 7	0.094 2	0.015 4
	5	1.000 0	0.999 8	0.993 6	0.867 1	0.717 5	0.534 4	0.208 8	0.048 1
	6		1.000 0	0.998 8	0.948 7	0.861 0	0.721 7	0.374 3	0.118 9
	7			0.999 8	0.983 7	0.943 1	0.859 3	0.563 4	0.240 3
	8			1.000 0	0.995 7	0.980 7	0.940 4	0.736 8	0.407 3
	9				0.999 1	0.994 6	0.979 0	0.895 3	0.592 7
	10				0.999 8	0.998 8	0.993 9	0.942 4	0.759 7
	11				1.000 0	0.999 8	0.998 6	0.979 7	0.881 1
	12					1.000 0	0.999 7	0.994 2	0.951 9
	13						1.000 0	0.998 7	0.984 6
	14							0.999 8	0.996 2
	15							1.000 0	0.999 3
	16								0.999 9
	17								1.000 0
20	0	0.602 7	0.358 5	0.121 6	0.011 5	0.003 2	0.000 8	0.000 0	0.000 0
	1	0.911 8	0.735 8	0.391 7	0.069 2	0.024 3	0.007 6	0.000 5	0.000 0

n	x	p							
		0.025	0.05	0.10	0.20	0.25	0.30	0.40	0.50
20	2	0.987 0	0.924 5	0.676 9	0.206 1	0.091 3	0.035 5	0.003 6	0.000 2
	3	0.998 6	0.984 1	0.867 0	0.411 4	0.225 2	0.107 1	0.016 0	0.001 3
	4	0.999 9	0.997 4	0.956 8	0.629 6	0.414 8	0.237 5	0.051 0	0.005 9
	5	1.000 0	0.999 7	0.988 7	0.804 2	0.617 2	0.416 4	0.125 6	0.020 7
	6		1.000 0	0.997 6	0.913 3	0.785 8	0.608 0	0.250 0	0.057 7
	7			0.999 6	0.967 9	0.898 2	0.772 3	0.415 9	0.131 6
	8			0.999 9	0.990 0	0.959 1	0.886 7	0.595 6	0.251 7
	9			1.000 0	0.997 4	0.986 1	0.952 0	0.755 3	0.411 9
	10				0.999 4	0.996 1	0.982 9	0.872 5	0.588 1
	11				0.999 9	0.999 1	0.994 9	0.943 5	0.748 3
	12				1.000 0	0.999 8	0.998 7	0.979 0	0.868 4
	13					1.000 0	0.999 7	0.993 5	0.942 3
	14						1.000 0	0.998 4	0.979 3
	15							0.999 7	0.994 1
	16							1.000 0	0.998 7
	17								0.999 8
	18								1.000 0

7. 相关系数检验表

表中给出了满足 $P\{|R|>R_\alpha\}=\alpha$ 的 R_α 的数值,其中 $n-2$ 是自由度

$n-2$ \ α	0.10	0.05	0.02	0.01	0.001	α / $n-2$
1	0.987 69	0.996 92	0.999 507	0.999 877	0.999 998 8	1
2	0.900 00	0.950 00	0.980 00	0.990 00	0.999 00	2
3	0.805 4	0.878 3	0.934 33	0.958 73	0.991 16	3
4	0.729 3	0.811 4	0.882 2	0.917 20	0.974 06	4
5	0.669 4	0.754 5	0.832 9	0.874 5	0.950 74	5
6	0.621 5	0.706 7	0.788 7	0.834 3	0.924 93	6
7	0.582 2	0.666 4	0.749 8	0.797 7	0.898 2	7
8	0.549 4	0.631 9	0.715 5	0.764 6	0.872 1	8
9	0.521 4	0.602 1	0.685 1	0.734 8	0.847 1	9
10	0.497 3	0.576 0	0.658 1	0.707 9	0.823 3	10
11	0.476 2	0.552 9	0.633 9	0.683 5	0.801 0	11
12	0.457 5	0.532 4	0.612 0	0.661 4	0.780 0	12
13	0.440 9	0.513 9	0.592 3	0.641 1	0.760 3	13
14	0.425 9	0.497 3	0.574 2	0.622 6	0.742 0	14
15	0.412 4	0.482 1	0.557 7	0.605 5	0.724 6	15
16	0.400 0	0.468 3	0.542 5	0.589 7	0.708 4	16
17	0.388 7	0.455 5	0.528 5	0.575 1	0.693 2	17
18	0.378 3	0.443 8	0.515 5	0.561 4	0.678 7	18
19	0.368 7	0.432 9	0.503 4	0.548 7	0.665 2	19
20	0.359 8	0.422 7	0.492 1	0.536 8	0.652 4	20
25	0.323 3	0.380 9	0.445 1	0.486 9	0.597 4	25
30	0.296 0	0.349 4	0.409 3	0.448 7	0.554 1	30
35	0.274 6	0.324 6	0.381 0	0.418 2	0.518 9	35
40	0.257 3	0.304 4	0.357 8	0.393 2	0.489 6	40
45	0.242 8	0.287 5	0.338 4	0.372 1	0.464 8	45
50	0.230 6	0.273 2	0.321 8	0.354 1	0.443 3	50
60	0.210 8	0.250 0	0.294 8	0.324 8	0.407 8	60
70	0.195 4	0.231 9	0.273 7	0.301 7	0.379 9	70
80	0.182 9	0.217 2	0.256 5	0.283 0	0.356 8	80
90	0.172 6	0.205 0	0.242 2	0.267 3	0.337 5	90
100	0.163 8	0.194 6	0.230 1	0.254 0	0.321 1	100

习题答案

习　题　一

1. (1) $t=5$;(2) $t=8$;(3) $t=n(n-1)$.

2. $i=8, k=3$.

3. 正号.

4. (1) 0;(2) 25;(3) 0;(4) $-2(x^3+y^3)$;(5) $x_1=x_2=0, x_3=-6$;(6) 0;(7) 0;(8) -4;(9) 1 875;(10) 0;(11) 0;(12) $(a+b+c+d)(a-b)(a-c)(a-d)(b-c)(b-d)(c-d)$;(13) $x^n+(-1)^{n+1}y^n$;(14) $a^{n-2}(a^2-1)$;(15) $\prod\limits_{1\leqslant j<i\leqslant n+1}(i-j)$.

7. 10 368.

习　题　二

1. $\begin{bmatrix}-2 & 13 & 22\\ -2 & -17 & 20\\ 4 & 29 & -2\end{bmatrix}$; $\begin{bmatrix}0 & 5 & 8\\ 0 & -5 & 6\\ 2 & 9 & 0\end{bmatrix}$.

2. $\boldsymbol{X}=\dfrac{1}{2}\begin{bmatrix}10 & 3\\ -2 & 5\\ 7 & 11\end{bmatrix}$.

3. (1) $\begin{bmatrix}5 & -16\\ -3 & 0\\ 4 & 4\end{bmatrix}$; (2) $\begin{bmatrix}15\\ 0\end{bmatrix}$; (3) $\begin{bmatrix}-3 & -2 & 1\\ 6 & 4 & -2\\ 9 & 6 & -3\end{bmatrix}$;

(4) $a_{11}x_1^2+a_{22}x_2^2+a_{33}x_3^2+2a_{12}x_1x_2+2a_{13}x_1x_3+2a_{23}x_2x_3$;

(5) $\begin{bmatrix}a_{21} & a_{22} & a_{23}+ka_{22}\\ a_{11} & a_{12} & a_{13}+ka_{12}\\ a_{31} & a_{32} & a_{33}+ka_{32}\end{bmatrix}$; (6) $\begin{bmatrix}1 & 2 & 5 & 2\\ 0 & 1 & 2 & -4\\ 0 & 0 & -4 & 0\\ 0 & 0 & 0 & -3\end{bmatrix}$.

4. $\boldsymbol{A}=\begin{bmatrix}a & b\\ c & -a\end{bmatrix}$,其中 $bc=-a^2$.

5. (1) $\begin{bmatrix}1 & 2 & 3\\ 2 & 2 & 5\\ 3 & 5 & 1\end{bmatrix}\begin{bmatrix}x_1\\ x_2\\ x_3\end{bmatrix}=\begin{bmatrix}1\\ 2\\ 3\end{bmatrix}$或 $\boldsymbol{AX}=\boldsymbol{B}$;

(2) $\begin{bmatrix}1 & -1 & -1\\ 2 & -1 & -3\\ 3 & 2 & -5\end{bmatrix}\begin{bmatrix}x_1\\ x_2\\ x_3\end{bmatrix}=\begin{bmatrix}2\\ 1\\ 0\end{bmatrix}$;

(3) $$\begin{bmatrix} \delta_{11} & \delta_{12} & \cdots & \delta_{1n} \\ \delta_{21} & \delta_{22} & \cdots & \delta_{2n} \\ \vdots & \vdots & & \vdots \\ \delta_{n1} & \delta_{n2} & \cdots & \delta_{nn} \end{bmatrix} \begin{bmatrix} x_1 \\ x_2 \\ \vdots \\ x_n \end{bmatrix} = \begin{bmatrix} -\Delta_{1P} \\ -\Delta_{2P} \\ \vdots \\ -\Delta_{nP} \end{bmatrix}$$ 或 $\boldsymbol{\delta X} = \boldsymbol{\Delta}\mathrm{P}$.

6. (1) $\begin{bmatrix} \cos n\theta & -\sin n\theta \\ \sin n\theta & \cos n\theta \end{bmatrix}$;(2) $\begin{bmatrix} 1 & 0 & 0 \\ 0 & 1 & 0 \\ 0 & 0 & 1 \end{bmatrix}$;

(3) $\begin{bmatrix} 2^n & 0 & 0 \\ 0 & -(-2)^{n-1} & (-2)^{n-1} \\ 0 & (-2)^{n-1} & -(-2)^{n-1} \end{bmatrix}$.

7. (1) $\begin{bmatrix} 0 & 0 \\ 0 & 0 \end{bmatrix}$;(2) $\begin{bmatrix} 0 & 0 & 0 \\ 0 & 0 & 0 \\ 0 & 0 & 0 \end{bmatrix}$.

11. (1) $\frac{1}{2}\begin{bmatrix} 2 & -1 \\ -4 & 3 \end{bmatrix}$;(2) $\begin{bmatrix} 1 & 3 & -2 \\ -\frac{3}{2} & -3 & \frac{5}{2} \\ 1 & 1 & -1 \end{bmatrix}$;

(3) $\frac{1}{4}\begin{bmatrix} 1 & 1 & 1 & 1 \\ 1 & 1 & -1 & -1 \\ 1 & -1 & 1 & -1 \\ 1 & -1 & -1 & 1 \end{bmatrix}$;(4) $\begin{bmatrix} 1 & -2 & 1 & 0 \\ 0 & 1 & -2 & 1 \\ 0 & 0 & 1 & -2 \\ 0 & 0 & 0 & 1 \end{bmatrix}$.

12. (1) $\begin{bmatrix} \frac{1}{5} & 0 & 0 \\ 0 & -2 & \frac{3}{2} \\ 0 & 1 & -\frac{1}{2} \end{bmatrix}$;(2) $\begin{bmatrix} 2 & -3 & 0 & 0 & 0 \\ -1 & 2 & 0 & 0 & 0 \\ 0 & 0 & -\frac{2}{5} & \frac{3}{5} & 0 \\ 0 & 0 & \frac{3}{5} & -\frac{2}{5} & 0 \\ 0 & 0 & 0 & 0 & \frac{1}{2} \end{bmatrix}$;

(3) $\begin{bmatrix} 0 & 0 & 0 & \frac{1}{4} \\ 1 & 0 & 0 & 0 \\ 0 & \frac{1}{2} & 0 & 0 \\ 0 & 0 & \frac{1}{3} & 0 \end{bmatrix}$; (4) $-\frac{1}{7}\begin{bmatrix} 1 & -2 & 0 & 0 \\ -4 & 1 & 0 & 0 \\ -1 & 0 & 1 & -2 \\ 6 & 1 & -4 & 1 \end{bmatrix}$.

14. (1) $\begin{bmatrix} 1 & 1 \\ \frac{1}{4} & 0 \end{bmatrix}$; (2) $\begin{bmatrix} 3 & -8 & -6 \\ 2 & -9 & -6 \\ -2 & 12 & 9 \end{bmatrix}$.

15. (1) $\boldsymbol{C} = \boldsymbol{A}(\boldsymbol{E} - \boldsymbol{B})^{-1}$;(2) $\begin{bmatrix} -1 & -3 & 2 \\ 0 & 0 & -1 \\ -3 & -6 & 9 \end{bmatrix}$.

17. (1) $\boldsymbol{A}$; (2) $(\boldsymbol{E}-\boldsymbol{A})^2$.

18. (1) $\begin{bmatrix}2&0&0\\0&1&0\\0&0&2\end{bmatrix}$; (2) $\begin{bmatrix}2(1-2^{k-1})&10(2^k-1)&6(2^k-1)\\2^k-1&5-2^{k+2}&3(1-2^k)\\2(1-2^k)&10(2^k-1)&7\cdot2^k-6\end{bmatrix}$.

19. (1) 2; (2) 2; (3) 3.

23. $\lambda_1=\lambda_2=-1,\lambda_3=5$. 当 $\lambda=-1$ 时,特征向量 $\boldsymbol{x}_1=[-1,1,0]',\boldsymbol{x}_2=[-1,0,1]'$, -1 的全部特征向量可写成 $k_1\boldsymbol{x}_1+k_2\boldsymbol{x}_2$. 当 $\lambda=5$ 时, $\boldsymbol{x}_3=[1,1,1]'$,全部特征向量为 $k_3\boldsymbol{x}_3$.

24. $\lambda=1,\boldsymbol{x}=[-1,1,2]'$. $\boldsymbol{A}$ 不相似于对角矩阵.

习 题 三

1. $x_1=-1,x_2=2,x_3=-1$.

2. (1) $R(\widetilde{\boldsymbol{A}})=R(\boldsymbol{A})=3$, $\begin{bmatrix}x_1\\x_2\\x_3\\x_4\end{bmatrix}=\begin{bmatrix}-8\\3\\6\\0\end{bmatrix}+c\begin{bmatrix}0\\1\\2\\1\end{bmatrix}$;

(2) $R(\widetilde{\boldsymbol{A}})=R(\boldsymbol{A})=2$, $\begin{bmatrix}x_1\\x_2\\x_3\\x_4\end{bmatrix}=\begin{bmatrix}\frac{1}{3}\\0\\0\\1\end{bmatrix}+c_1\begin{bmatrix}-\frac{4}{3}\\1\\0\\0\end{bmatrix}+c_2\begin{bmatrix}-\frac{1}{3}\\0\\1\\0\end{bmatrix}$;

(3) $R(\widetilde{\boldsymbol{A}})=3,R(\boldsymbol{A})=2$,无解.

3. $\lambda\neq\pm2$ 时有唯一解; $\lambda=2$ 时有无穷多个解; $\lambda=-2$ 时无解.

4. 线性相关.

5. $\boldsymbol{x}=\begin{bmatrix}-2\\1\\0\\0\end{bmatrix}c_1+\begin{bmatrix}1\\0\\0\\1\end{bmatrix}c_2$.

6. $\begin{bmatrix}x_1\\x_2\\x_3\\x_4\end{bmatrix}=\begin{bmatrix}2\\0\\1\\0\end{bmatrix}+c_1\begin{bmatrix}-2\\1\\0\\0\end{bmatrix}+c_2\begin{bmatrix}-1\\0\\1\\1\end{bmatrix}$.

7. (1) $\begin{bmatrix}2\\-9\end{bmatrix}$; (2) $\begin{bmatrix}3\\1\\0\end{bmatrix}$; (3) $\boldsymbol{x}=\begin{bmatrix}1\\0\\2\end{bmatrix}+c\begin{bmatrix}3\\1\\0\end{bmatrix}$;

(4) 5; (5) 3; (6) -2; (7) 4; (8) $x_1=2c,x_2=0,x_3=c$;

(9) $c_1\boldsymbol{\xi}_1+c_2\boldsymbol{\xi}_2+c_3\boldsymbol{\xi}_3$; (10) $\boldsymbol{AX}=\boldsymbol{O}$.

8. $x_1=\frac{7}{2}$ (kN), $x_2=\frac{87}{4}$ (kN), $x_3=\frac{9}{2}$ (kN), $x_4=\frac{9}{4}$ (kN).

9. $x_1=62$(元), $x_2=64$(元), $x_3=72$(元).

习 题 五

1. $A=\{t\mid t>2\,000\}$, $B=\{t\mid t>3\,000\}$,

$C=\{t \mid t \geqslant 2\,000\}$, $B \subset A \subset C$.

2. (1) $AB\overline{C}=${被选学生是不戴眼镜的三年级男生}; (2) 全校戴眼镜的学生都是三年级男生; (3) 全校戴眼镜的学生都是三年级学生; (4) 全校女生都在三年级,并且三年级学生都是女生.

3. (1) $AB\overline{C}$; (2) $\overline{A}\,\overline{B}C$; (3) ABC; (4) $\overline{A}\,\overline{B}\,\overline{C}$;

(5) $\overline{ABC}$或$\overline{A}\cup\overline{B}\cup\overline{C}$; (6) $A\cup B\cup C$;

(7) $\overline{A}\,\overline{B}\cup\overline{B}\,\overline{C}\cup\overline{C}\,\overline{A}$ 或$A\overline{B}\,\overline{C}+\overline{A}B\overline{C}+\overline{A}\,\overline{B}C+\overline{A}\,\overline{B}\,\overline{C}$;

(8) $AB\cup BC\cup CA$.

4. (1) $A_1\overline{A}_2\overline{A}_3$; (2) $A_1\overline{A}_2\overline{A}_3+\overline{A}_1A_2\overline{A}_3+\overline{A}_1\overline{A}_2A_3$;

(3) $\overline{A}_1\overline{A}_2\overline{A}_3$; (4) $A_1\cup A_2\cup A_3$.

5. (1) 0.255 1; (2) 0.722 7; (3) 0.277 3; (4) 0.022 3.

6. 0.955.

7. (1) 0.562 5; (2) 0.187 5; (3) 0.375; (4) 0.75.

8. 占建筑面积的 10%.

9. (1) 45%; (2) 52%.

10. 0.113.

11. 0.983.

12. 0.029.

13. 0.942 8.

14. 0.997 9.

15. 0.342.

16. (a) $r^2(2-r)^2$; (b) $r^2(2-r^2)$.

17. (1) 0.568; (2) 0.124.

18. 0.967.

习　题　六

1. (1) $a=1$; (2) $b=2$.

2.

X	1	0
P	$\frac{3}{4}$	$\frac{1}{4}$

.

3. $\frac{1}{6e}$.　4.

X	0	1	2	3
P	$\frac{33}{91}$	$\frac{44}{91}$	$\frac{66}{455}$	$\frac{4}{455}$

.

5. $P\{X=k\}=p(1-p)^{k-1}, k=1,2,\cdots$(几何分布).

6. (1) 0.046; (2) 0.001 2.

7. (1) 0.048 6; (2) 0.000 1.

8. (1) $\frac{625}{24e^5}\approx 0.175\,5$; (2) 0.418; (3) 0.993.

9. 4 605 颗葡萄干.

10. (1) $a=\frac{1}{2}$;　(2) $\frac{1}{4}$;

(3) $F(x)=\begin{cases}0, & x\leqslant -\dfrac{\pi}{2},\\ \dfrac{1}{2}\sin x+\dfrac{1}{2}, & -\dfrac{\pi}{2}<x<\dfrac{\pi}{2},\\ 1, & x\geqslant\dfrac{\pi}{2}.\end{cases}$

11. (1) $f(x)=\begin{cases}1, 0<x<1\\ 0, 其他\end{cases}$; (2) 1，$\dfrac{1}{2}$.

12. $A=\dfrac{1}{2}, B=\dfrac{1}{\pi}, f(x)=\dfrac{1}{\pi}\cdot\dfrac{1}{1+x^2}\ (-\infty<x<+\infty)$.

13. (1) $F(x)=\begin{cases}0, & x<1,\\ 0.1, & 1\leqslant x<2,\\ 0.7, & 2\leqslant x<3,\\ 1, & x\geqslant 3;\end{cases}$ (2) 0.7;0.9.

14. (1) 0.4; (2) 0.5.

15. 0.027 2, 0.003 7.

16. 0.6.

17. $f_V(x)=\begin{cases}\dfrac{1}{3(b-a)}\sqrt[3]{\dfrac{6}{\pi x^2}}, & \dfrac{\pi a^3}{6}\leqslant x\leqslant\dfrac{\pi b^3}{6},\\ 0, & 其他.\end{cases}$

18. (1) $k=100$，$F(x)=\begin{cases}1-\dfrac{100}{x}, & x\geqslant 100,\\ 0, & x<100;\end{cases}$ (2) $\dfrac{8}{27}$.

19. (1) 0.105 9; (2) 0.468 5; (3) 0.682 7; (4) 0.

20. (1) 0.558 7; (2) 0.477 2; (3) 2.765;(4)0.427 7.

21. (1) 3.03;(2) 2.81.

22. $\sigma\leqslant 20.40$.

23. 184 (cm).

24. 0.063.

25. (1) 0.493 1;(2) 0.87.

26. (1)

p_{ij} Y \ X	0	$\frac{1}{3}$	1	$p_{i\cdot}$
−1	0	$\frac{1}{12}$	$\frac{1}{3}$	$\frac{5}{12}$
0	$\frac{1}{4}$	0	0	$\frac{1}{4}$
2	$\frac{1}{3}$	0	0	$\frac{1}{3}$
$p_{\cdot j}$	$\frac{7}{12}$	$\frac{1}{12}$	$\frac{1}{3}$	1

(2) 因为 $P\{X=0, Y=0\}=\dfrac{1}{4}, P\{X=0\}=\dfrac{1}{4}, P\{Y=0\}=\dfrac{7}{12}, P\{X=0, Y=0\}\neq P\{X=0\}\cdot P\{Y=$

0},所以 X 与 Y 不独立.

27. (1) $A=1$;

(2) $F(x,y)=\begin{cases}(1-e^{-x})(1-e^{-y}), & x>0,y>0,\\ 0, & \text{其他};\end{cases}$

(3) $1+3e^{-4}-4e^{-3}\approx 0.855\,8$;

(4) 因 $F_X(x)F_Y(y)=\begin{cases}(1-e^{-x})(1-e^{-y}), & x>0,y>0,\\ 0, & \text{其他}\end{cases}$

$=F(x,y)$,

所以 X 与 Y 互相独立.

28. $f_T(t)=\begin{cases}\dfrac{t^3}{6}e^{-t}, & t>0,\\ 0, & t\leqslant 0,\end{cases}$ 其中 $T=T_1+T_2$, T_1 与 T_2 分别是第一周与第二周的销售量.

习　题　七

1. 0.3,1.5,0.

2. (1) 3;(2) $\dfrac{1}{3}$.

3. 0,$\dfrac{1}{2}$.

4. $E(X_1)=E(X_2)$,但 $D(X_1)<D(X_2)$,所以机床 A 加工质量较好.

5. 0,2.

6. (1) 1;(2) $\dfrac{1}{2}$; (3) $e-1$.

7. $a=\dfrac{3}{5}$, $b=\dfrac{6}{5}$, $D(X)=\dfrac{2}{25}$.

8. 当 $bp>a$,则必须作防洪准备;$bp<a$,则不必作防洪准备;当 $bp=a$,则可作也可不作防洪准备.

9. $\dfrac{1}{3},\dfrac{1}{6},\dfrac{2}{3},\dfrac{3}{2}$.

10. $300e^{-\frac{1}{4}}-200=33.64$.

11. $\dfrac{\pi}{24}(a+b)(a^2+b^2)$.

12. $(ls_1+bs_2)/(b+l)$.

习　题　八

1. $\overline{X}=2\,240.44$, $S^2=221\,661.277\,8$.

2. (1) 0.937 6; (2) 0.045 6.

3. $Y\sim\chi^2(n)$.

4. (1) 16.919; (2) 38.932; (3) 10.865; (4) 1.697 3; (5) 2.119 9; (6) 2.441 1;
(7) 2.28; (8) 3.09; (9) 0.235 3.

5. (1) 2.364 6; (2) 2.228 1;(3) 2.718 1;(4) −1.356 2.

习　题　九

2. $\hat{\mu}=997$(小时),$\hat{\sigma}^2=17\,362$(小时^2),0.010 7.

3. $\dfrac{-1}{\dfrac{1}{n}\sum\limits_{i=1}^{n}\ln x_i}$.

4. $\hat{\theta}=3.18$.

5. (197.46,210.54).

6. (21.577,22.103),(21.295,22.385).

7. (195.66,205.54),(6.22,14.03).

8. (5.13,5.29),(0.17,0.3).

9. (118.73,122.07).

习 题 十

2. 无显著提高.

3. $\mu_0=1.78$, $\mu_\alpha=1.96$,生产符合要求.

4. $u_0=0.05$, $-u_\alpha=-1.65$,钢筋的平均抗拉强度不低于 350 MPa.

5. $t_0=-1.730$, $t_\alpha=2.145$,可认为楼面活荷载的平均值是 57.

6. 该批元件全部符合要求.

7. 有显著变化.

8. 有 95% 的把握说维修后的生产线性能变坏了(均方差 σ 显著增大了).

9. $F_2=2.6$, $F_0=3.14$,有显著性差异.

10. (1) 两个总体方差相等;(2) 使用甲砂石的混凝土预制块的平均强度显著高于用乙种砂石的预制块的平均强度.

11. 抗断强度的均方差无显著差异.

习 题 十 一

1. $\hat{y}=438.3687+3.5219x$.

2. $\hat{y}=0.9181+0.2063x$.

3. (1) $\hat{y}=359768+0.464569x$;

   (2) 68.5(英寸);

   (3) $\hat{b}=0.4646<1$,说明 F. Galton 断言正确.

4. (1) $\hat{y}=35.66+81.18x$; (2) 高度显著;

   (3) (47.32,47.91);(4) (0.126,0.141).

5. $\hat{y}^{-1}=0.163+3.365x^{-1}$.

6. $\hat{u}=100.786e^{-0.3126t}$.

7. (1) $\hat{y}=10.514-0.216x_1+0.04x_2$;

   (2) 显著.

第十二章第五节思考与练习答案

1. 无显著差异.

2. 三位化验员的化验技术没有显著差异,这 10 天生产的发酵粉的颗粒百分率有显著差异.

参考书目

1. 常柏林,卢静芳,李效羽. 概率与数理统计. 北京:高等教育出版社,1993
2. 杨有贵. 概率统计及其在土建中的应用. 北京:中国建筑工业出版社,1986
3. 周润兰,喻胜华. 应用概率统计. 北京:科学出版社,1999
4. 叶其孝. 大学生数学建模竞赛辅导教材. 长沙:湖南教育出版社,1998
5. 谢云荪,张志让. 数学实验. 北京:科学出版社,2000
6. 陈秉钊. 城市规划系统工程学. 上海:同济大学出版社,1991
7. 同济大学数学教研室. 线性代数. 第2版. 北京:高等教育出版社,1991